高等院校特色规划教材

精细有机合成

牛瑞霞　龙　彪　曲广淼　主编
王　俊　主审

石油工业出版社

内 容 提 要

本书以典型精细有机化学品的合成路线为主体框架，兼顾基础理论与生产实际，按照知识递进逻辑进行内容编排。全书共16章，主要内容包括有机化学反应基础理论，精细化工工艺学基础和新方法、新技术、新工艺，以及精细化工生产中应用最广泛的13类单元反应。本书详细阐述了卤化、磺化、硝化、还原、氨基化、重氮化、烃化、酰化、氧化、水解、缩合、成环、聚合等单元反应的反应原理、生产工艺、影响因素、应用范围及典型实例，每个单元反应都附有典型精细化学品的合成路线和制备工艺流程。每章均列出了明确的教学目标，章末附有巩固与提升题目，便于读者自学和理解。

本书可作为高等院校化学工程与工艺、精细化工、应用化学、轻化工程等专业本科生及研究生的教材，也可供精细化工、应用化学、有机化工、高分子材料、医药等相关行业的研究开发或技术人员参考。

图书在版编目（CIP）数据

精细有机合成／牛瑞霞，龙彪，曲广淼主编．
北京：石油工业出版社，2024.9.--（高等院校特色规划教材）.-- ISBN 978-7-5183-6940-9

Ⅰ.TQ202

中国国家版本馆CIP数据核字第2024ZR9092号

出版发行：石油工业出版社
　　　　　（北京市朝阳区安华里2区1号楼　100011）
　　网　　址：www.petropub.com
　　编辑部：（010）64256990
　　图书营销中心：（010）64523633　（010）64523731
经　销：全国新华书店
排　版：三河市聚拓图文制作有限公司
印　刷：北京中石油彩色印刷有限责任公司

2024年9月第1版　2024年9月第1次印刷
787毫米×1092毫米　开本：1/16　印张：19
字数：486千字

定价：49.00元
（如发现印装质量问题，我社图书营销中心负责调换）
版权所有，翻印必究

前　言

精细化学品直接服务于国民经济的诸多行业，尤其是高端制造业、电子信息和石化产业，是当今高科技领域的重要组成部分。新概念、新反应、新方法、新试剂、新技术不断涌现，新需求、新目标、新挑战不断被提出，实现高性能化、绿色低碳、本质安全生产，成为精细化工行业的发展新趋势。

本书编者长期从事精细有机合成课程教学工作，在多年教学讲义的基础上编写了本教材。教材内容既强调有机化学反应基础理论，又注重反映精细有机合成化学的新进展和新成就。内容的编排结合教学实际，以"必需"和"够用"为原则，兼顾知识的系统性和完整性，秉持绿色、低碳、安全、高效的化学合成理念，遵循认知规律，由浅入深依次展开。在以元素电负性、亲核—亲电化学反应性为核心，回顾、总结基础有机化学基本反应、化学计量、溶剂效应、合成新技术的基础上，主要讲述了13类单元反应的反应历程、反应动力学、影响因素、生产工艺及应用，详细阐述了卤化、磺化、硝化、还原、氨基化、重氮化、烃化、酰化、氧化、水解、缩合、成环、聚合等合成技术，并介绍了大量典型精细化学品的合成路线和制备工艺流程。本书强调理论联系实际，并适时融入课程思政。

在每章之前列有明确的教学目标，重难点突出，章末附有巩固与提升题目，便于读者自学和理解精细化学品生产所必需的基本知识、基本理论和基本技术，为学生从事精细有机化学品生产和新品种的设计开发工作，奠定必要的理论和技术基础。

全书共计16章，由牛瑞霞、龙彪、曲广淼主编，张娜、李杰参与编写。具体分工如下：第1、2章由衢州职业技术学院龙彪编写；第3~6章由衢州职业技术学院牛瑞霞编写；第7~9章由东北石油大学张娜编写；第10~13章由南京科技职业学院曲广淼编写；第14~16章由东北石油大学李杰编写。全书由牛瑞霞统稿，由东北石油大学王俊审稿。

由于编者能力和水平有限，错误、疏漏或欠妥之处在所难免，敬请选用本教材的广大师生和读者批评指正。

编者
2024年3月

目　录

第1章　绪论 ………………………………………………………………………… 1
1.1　精细有机合成的任务 …………………………………………………………… 1
1.2　精细有机合成发展史 …………………………………………………………… 2
1.3　精细有机化学品及其生产特征 ………………………………………………… 4
1.4　精细有机合成单元反应和原料资源 …………………………………………… 7
1.5　精细有机合成发展趋势 ………………………………………………………… 10
1.6　本课程的主要教学内容 ………………………………………………………… 12
巩固与提升 ……………………………………………………………………………… 12

第2章　精细有机合成理论基础 ……………………………………………… 13
2.1　元素周期表与成键理论 ………………………………………………………… 13
2.2　有机反应中的电子效应与空间效应 …………………………………………… 26
2.3　基本有机反应类型和反应机理 ………………………………………………… 34
2.4　有机反应中的热力学控制和动力学控制 ……………………………………… 52
巩固与提升 ……………………………………………………………………………… 54

第3章　精细有机合成工艺学基础 …………………………………………… 56
3.1　精细化工计量学 ………………………………………………………………… 56
3.2　精细化工反应设备 ……………………………………………………………… 61
3.3　精细有机合成中的溶剂效应 …………………………………………………… 68
3.4　精细有机合成工艺技术 ………………………………………………………… 76
巩固与提升 ……………………………………………………………………………… 84

第4章　卤化反应 ………………………………………………………………… 85
4.1　卤化反应概述 …………………………………………………………………… 85
4.2　取代卤化 ………………………………………………………………………… 89
4.3　加成卤化 ………………………………………………………………………… 104
4.4　置换卤化 ………………………………………………………………………… 106
巩固与提升 ……………………………………………………………………………… 113

第5章　磺化反应 ………………………………………………………………… 115
5.1　磺化反应概述 …………………………………………………………………… 115
5.2　芳香族亲电取代磺化反应 ……………………………………………………… 122

5.3 磺化产物的分离 ………………………………………………………………… 131
巩固与提升 …………………………………………………………………………… 133

第6章 硝化反应 ……………………………………………………………………… 135

6.1 硝化反应概述 …………………………………………………………………… 135
6.2 硝化反应历程和反应动力学 …………………………………………………… 141
6.3 硝化反应影响因素 ……………………………………………………………… 143
6.4 混酸硝化及其应用 ……………………………………………………………… 145
巩固与提升 …………………………………………………………………………… 157

第7章 还原反应 ……………………………………………………………………… 159

7.1 还原反应概述 …………………………………………………………………… 159
7.2 催化氢化 ………………………………………………………………………… 160
7.3 电解质溶液中的铁粉还原 ……………………………………………………… 166
7.4 锌粉还原 ………………………………………………………………………… 168
7.5 硫化碱还原 ……………………………………………………………………… 170
7.6 其他还原方法 …………………………………………………………………… 171
巩固与提升 …………………………………………………………………………… 173

第8章 氨基化反应 …………………………………………………………………… 174

8.1 氨基化反应概述 ………………………………………………………………… 174
8.2 卤基的氨解 ……………………………………………………………………… 177
8.3 羟基的氨解 ……………………………………………………………………… 182
8.4 其他胺化反应 …………………………………………………………………… 189
8.5 芳香性胺的致癌性及其毒性规避 ……………………………………………… 191
巩固与提升 …………………………………………………………………………… 191

第9章 重氮化和重氮基的转化反应 ………………………………………………… 193

9.1 重氮化反应 ……………………………………………………………………… 193
9.2 重氮基的转化反应 ……………………………………………………………… 200
9.3 偶合反应 ………………………………………………………………………… 202
9.4 重氮化反应和偶合反应的工业实例 …………………………………………… 208
巩固与提升 …………………………………………………………………………… 213

第10章 烃化反应 …………………………………………………………………… 215

10.1 烃化反应概述 ………………………………………………………………… 215
10.2 芳环上的 C-烷化 ……………………………………………………………… 215
10.3 O-烃化 ………………………………………………………………………… 220
巩固与提升 …………………………………………………………………………… 224

第 11 章　酰化反应 ··· 225

11.1　概述 ··· 225
11.2　N-酰化 ··· 226
11.3　O-酰化 ··· 230
巩固与提升 ··· 237

第 12 章　氧化反应 ··· 238

12.1　概述 ··· 238
12.2　空气液相氧化 ··· 239
12.3　空气的气—固相接触催化氧化 ··· 242
12.4　化学氧化 ··· 244
巩固与提升 ··· 249

第 13 章　水解反应 ··· 250

13.1　水解反应概述 ··· 250
13.2　脂链上卤基的水解 ··· 250
13.3　芳环上卤基的水解 ··· 252
13.4　芳磺酸及其盐类的水解 ··· 253
巩固与提升 ··· 256

第 14 章　缩合反应 ··· 257

14.1　概述 ··· 257
14.2　羟醛缩合反应 ··· 258
14.3　羧酸及其衍生物的缩合 ··· 261
14.4　缩合反应生产实例 ··· 265
巩固与提升 ··· 266

第 15 章　成环反应 ··· 267

15.1　成环反应概述 ··· 267
15.2　环加成反应 ··· 270
巩固与提升 ··· 280

第 16 章　聚合反应 ··· 281

16.1　概述 ··· 281
16.2　自由基连锁聚合反应 ··· 283
16.3　配位聚合反应 ··· 288
巩固与提升 ··· 297

参考文献 ··· 298

第1章 绪论

本章专业知识目标：

（1）了解精细有机合成发展史和发展趋势；
（2）掌握精细有机化学品的定义、分类和生产特征；
（3）掌握精细有机合成的单元反应类型和原料来源；
（4）了解我国和发达国家的精细化工发展水平。

本章素质能力目标：

（1）能够认识到精细有机化学品对国计民生的重要性；
（2）能够分辨精细化学品与通用化学品，掌握精细化学品的分类和特征；
（3）培养学生尊重科学事实、敢于质疑、不畏权威的科学精神；
（4）培养学生敢为天下先的创新精神，增强民族自信心和国家自豪感；
（5）激励学生为我国精细化工发展水平提升而努力学习；
（6）根植习近平生态文明思想，强化绿色、环保和安全意识。

1.1 精细有机合成的任务

有机合成是化学学科对人类文明做出重大贡献的领域，也是化学学科中最活跃、最具创造性的领域，已成为合成新型化合物和特殊材料的主要手段。精细有机合成以通用化学品为起始原料，用复杂的生产工序进行深度加工来合成药物、农药、香料等精细有机化学品。近年来，精细化工在化学工业中的比重不断加大，精细有机合成技术也愈发重要。

开展精细有机合成，一方面是为了合成特殊的、新的有机化合物，探索新的合成路线或研究其他理论问题，即实验室合成，物质纯度要求较高，但物质需要量较少，成本在一定范围内不是主要问题；另一方面是为了工业大量生产，即工业合成，成本问题非常重要，收率上的极小变化、工艺路线和设备的微小改进都会对成本产生很大影响。

精细有机合成的任务，按照2001年诺贝尔化学奖得主野依良治博士的表述，即一是实现有价值的已知化合物的高效生产；二是创造新的有价值的物质与材料。

1.2 精细有机合成发展史

19世纪以前,人类对于有价值的天然自然资源,通常是直接利用或简单加工利用,比如茜草、靛蓝、中草药等。但天然存在的有机物毕竟种类有限,甚至有的含量甚微,而人们需要的绝大多数有机物是纯品,几乎都需要依靠人工合成。精细有机合成的产生和发展,随时代和科技而变迁,是人类站在化学角度不断认识世界、改造世界的历程,也是人与疾病、人与自然不断产生矛盾并缓解的进步史。

1.2.1 初步发展阶段

精细有机合成的发展可以追溯到19世纪中叶,钢铁工业的发展带动了炼焦工业的发展,从煤焦油中提取了多种芳烃,以煤焦油及其提出物为原料,相继合成了染料、香料、糖精、炸药等。

1828年,德国化学家Wöhler用典型无机物氰酸铵合成了尿素,由此打破了"生命力学说",冲破了旧思想的桎梏,开创了有机合成的新时代。1845年,德国化学家Kolbe合成了醋酸。1854年,法国化学家Berthelot合成了油脂。1856年,Perkin以工业原料合成了苯胺紫。1892年,Willean发明了用石灰与焦炭生产电石的技术,为化学工业提供了重要的原料——乙炔,出现了以乙炔为原料,合成乙醛、氯乙烯等产品的化学工业。Baeyer的学生Fischer合成了葡萄糖,它的合成代表着19世纪末有机合成的最高水平。

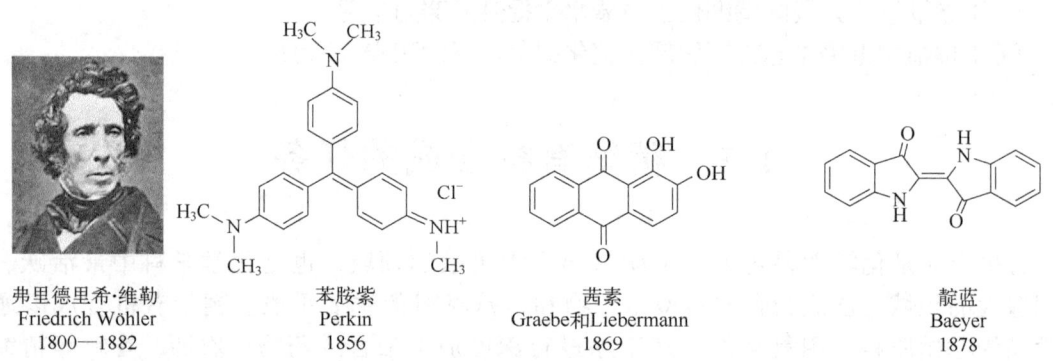

弗里德里希·维勒	苯胺紫	茜素	靛蓝
Friedrich Wöhler	Perkin	Graebe和Liebermann	Baeyer
1800—1882	1856	1869	1878

1.2.2 迅速发展阶段

进入20世纪50年代,以石油、天然气为原料的石油化学工业迅速兴起,高分子材料合成迅速发展,合成洗涤剂、黏合剂、涂料表面活性剂以及能赋予合成材料各种特性的稳定剂、增塑剂等纷纷出现。在此期间,核磁技术开始应用于有机化合物结构测定。

1.2.2.1 Woodward艺术期

20世纪50至70年代,Woodward不断向最复杂的天然有机物分子挑战,先后合成了奎宁、利血平、胆甾醇、维生素B_{12}和红霉素等,将有机合成发展到前所未有的水平。中国有机化学家合成了具有全功能生物活性的蛋白分子牛胰岛素，第一次突破了合成一般有机物与合成生物高分子的界限。20世纪60年代，Merrifield 发展了固相合成技术。

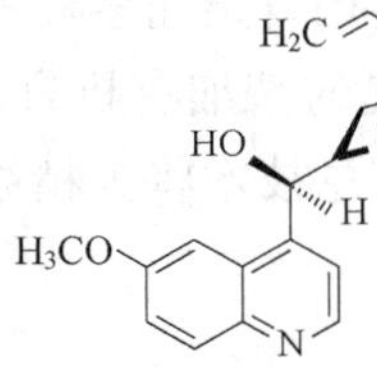

奎宁

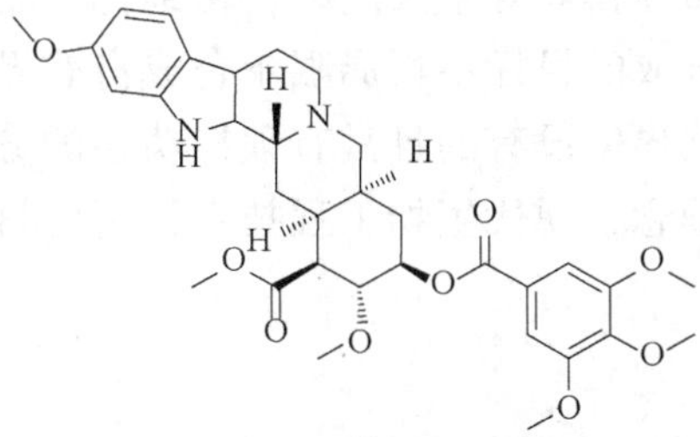

利血平

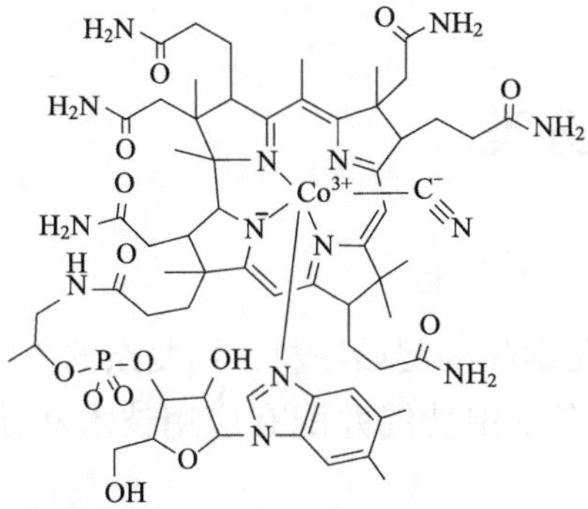

维生素 B_{12}

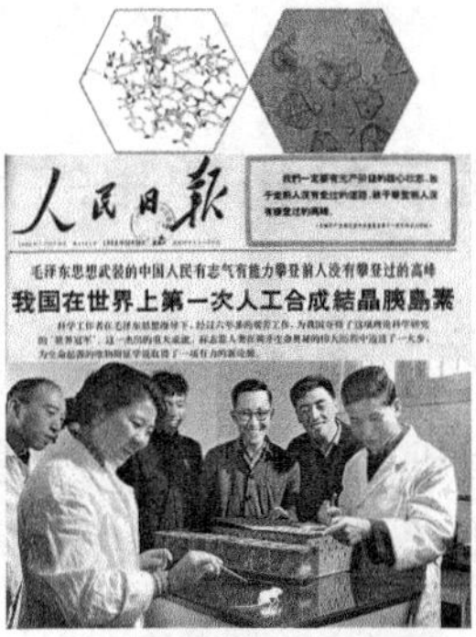

结晶牛胰岛素的人工合成

1.2.2.2 Corey 科学和艺术的融合期

Corey 完成了一百多种复杂天然产物的全合成，与同时代的其他化学家一起，到1990年已经征服了前列腺素、多醚、生物碱、β-内酰胺、大环内酯、卟啉等结构。他的最大贡献在于将 Woodward 创立的合成艺术变为合成科学，归纳并系统化了有机合成方法，提出逆合成分析理论，使得合成设计变成一门可以学习的科学。此外，Corey 发展了手性合成理论和方法。

20世纪70年代，两次世界性的"石油危机"，导致欧美和日本等石油化工发达地区或国家被迫调整产品，加强了精细化工和新技术的开发，精细化工开始形成独立的工业部门。

1.2.2.3 化学生物学时期

20世纪80年代以后，工业发达国家化学工业结构重组，产品结构升级换代，产品精细化和功能化，加速精细化工的发展成为世界化学工业的一个重要发展动向。1994年，Woodward 的学生 Kishi 合成了海葵毒素（分子式 $C_{129}H_{223}N_3O_{54}$，分子量2680，64个手性中心，7个骨架内双键），被称为世纪工程。20世纪90年代，发展了组合化学合成理论和技术。

Woodward 曾这样描述有机合成："有机合成非常刺激、冒险、富有挑战，甚至是伟大的艺术。" Corey 也曾说过："有机化学家不仅是逻辑学家和战略家，而且是具有很强的判断力、想象力甚至创造能力的开拓者。这些额外的素质是非常实际和极其重要的，这样可以保证在合成的基本原理下进行艺术性的创造。"

1.2.3　发展新阶段

进入21世纪，新试剂、新方法、新技术、新理念不断涌现，人类正面临着资源与能源、环境与健康、食品与营养等重大问题，精细化学品的发展也正依托高新技术、围绕这些问题展开。精细有机合成的目标不再局限于合成自然界存在的结构复杂而多样的有机物，而是要合成大量的、自然界中没有的且具有独特功能的分子。现代的精细有机合成更加注重环保，遵循可持续发展理念，现代生物工程技术、新材料技术、信息技术将为精细化工的发展提供条件。

1.3　精细有机化学品及其生产特征

1.3.1　精细有机化学品的定义和分类

1.3.1.1　定义

所谓精细有机化学品，是指以通用有机化学品为起始原料，用复杂的生产工序进行深度加工，制备的小批量、多品种、利润高、具有专用功能并配有应用技术和技术服务的化工产品。

1.3.1.2　分类

从结构上分类，精细化学品可分为精细有机化学品，比如有机高分子及天然有机物；精细无机化学品，比如无机高分子及天然无机物；精细生物化学品，比如微生物。

目前国内外较为统一的分类原则是以产品的功能来进行分类。从应用上分类，1986年我国化工部颁布了《关于精细化工产品分类的暂行规定和有关事项的通知》，明确规定我国精细化工产品包括11个类别：农药，染料，涂料（包括油漆和油墨），颜料，试剂和高纯物，信息用化学品（包括感光材料与接受电磁波的化学品），食品和饲料添加剂，黏合剂，催化剂和各种助剂，化工系统生产的化学药品（原料药或称医药和兽药两药）和日用化学品，功能高分子材料（包括功能膜、偏光材料等）。

1.3.2　精细化工的范畴和生产特征

精细化工是研究、开发、生产精细化学品的工业，是基础化工的升华与提高，包括除基础化学工业以外的所有化学工业，比如生物化工、医药化工、香料工业、材料化工、染料化工等。图1.1简要给出了精细化工行业的产业链全景图。

通常认为，精细化学品的生产全过程包括三部分：化学或生物合成、剂型加工和商品化。围绕具有特定应用性能的精细化学品这一核心，精细化工过程应涵盖合成筛选的分子设计理论与方法，具有工业实用价值的合成方法与路线，提高与强化最终应用性能的剂型配方技术，以及保证质量和降低能耗物耗的工业制造技术。生产特征主要有以下几方面。

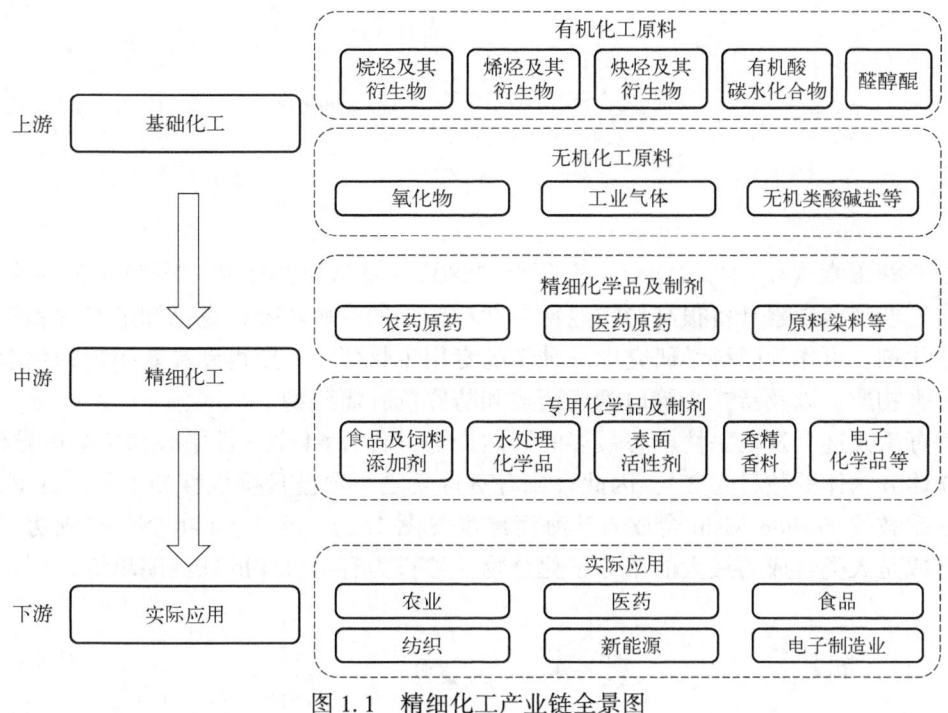

图 1.1 精细化工产业链全景图

1.3.2.1 小批量多品种

精细化学品都具有局部应用范围，功能性强，尤其是专用化学品和定制化学品，往往是一种类型的产品，可以有多种规格型号，而且新品种、新剂型不断涌现。

例如医药，全世界有医药原料药（含不同盐类、酯类）6000 多种，而不同厂家生产的不同剂型、不同配方、不同牌号的各种制剂几十万种。

又如表面活性剂，利用其所具有的表面特性，可制成各种洗净剂、分散剂、乳化剂、起泡剂、消泡剂等。目前国外表面活性剂的品种有 5000 多种，而法国仅发用化妆品就有 2000 多种牌号，日本三洋化学工业公司生产 1500 多个品种，且以每年增加 100 个新品种的速度扩大其生产品种。

1.3.2.2 高技术密集度

一个精细化学品的研究开发，一方面要从市场调查、产品合成、应用研究、市场开发，甚至技术服务各方面全面考虑和实施，解决一系列的技术难题，渗透着多方面的技术、知识、经验和手段。

从另一方面看，精细化工产品的技术开发的成功率是比较低的，特别是用于人体的医药和生物用药，随着对药效和安全性的要求越来越严格，新品种开发的时间长、费用大，其结果必然是造成高度的技术垄断，例如抗菌药曲伐沙星的合成工艺需要七步反应，该工艺研究用时四年半。尽管如此，为满足特殊性能的需求和市场竞争的需要，新品种的开发、研制工作仍是当今世界各国，尤其是工业发达国家发展精细化工的主要课题。

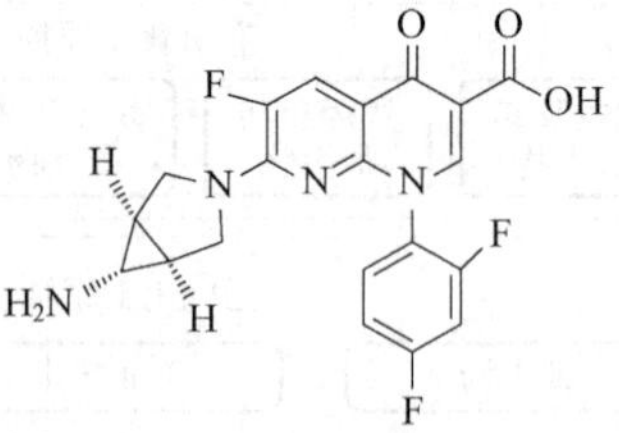

曲伐沙星

再如海葵毒素（$C_{129}H_{223}N_3O_{54}$，分子量2680），是从海洋生物中分离出的一种剧毒物质，其中岩沙海葵毒素具备很高的防癌特异性和较强的溶血功效，是已知最有效和特异性的细胞质活化剂，可作为膜科学研究中一种新的专用工具药，有望得到高效率生物化学特异性的有毒有害物质，以及新式心脑血管病药物和防癌抗肿瘤药物。

海葵毒素是迄今发现手性中心最多的天然产物，含有64个手性中心和7个可异构双键，理论上立体异构体的数目为2^{71}，因此合成海葵毒素是一项极具挑战性的工作。1986年哈佛大学化学系教授Yoshito Kishi合成岩沙海葵毒素（图1.2），至1994年全合成成功。海葵毒素的全合成是人类合成的最大的单分子化合物，被誉为有机合成的珠穆朗玛峰。

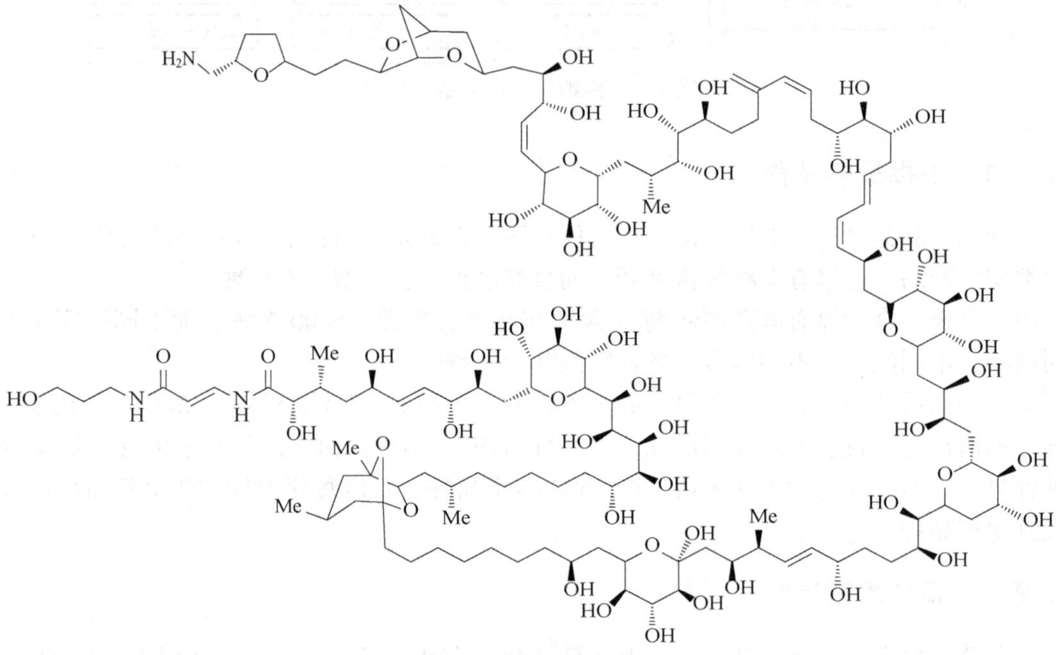

图1.2 岩沙海葵毒素结构式

1.3.2.3 综合性生产流程和多功能生产装置

尽管精细化学品种类繁多，但合成所涉及的单元反应，不外乎卤化、磺化、硝化、酯化、氧化等；所用化工单元操作，多为蒸馏、浓缩、脱色、结晶、干燥等组合。

为适应多品种、小批量的生产特点，可将若干单元反应、若干化工单元操作，按照最合理方案组合，并采用计算机控制，使装置具有生产多个产品的功能，而生产流程具有一定的综合性，从而改变单一产品、单一流程、单一装置的不足。例如英国帝国化学工业公司（Imperial Chemical Industries，简写为ICI）的一个子公司，1973年以一套装备、三台计算机生产当时的74个偶氮染料的50个品种,年产量3500t。采用同一套装备,生产工艺流程不同的多种产品,是精细化工装备的重大进展。

1.3.2.4 大量采用复配技术

为使精细化学品增效、改性或扩大应用范围,以满足各种专门要求,生产中常采用复配技术,即按照一定配方,将多种组分配合,而后加工制成粉剂、粒剂、乳剂、液剂等剂型。例如化妆品、胶黏剂、涂料、农药等,通常由十几种组分复合配制而成。

1.3.2.5 投资小,附加价值高,利润大,商品性强

精细化学品一般产量较小,装置规模小,很多都采用间歇生产方式,通用性强,与连续化生产的大装置相比,投资少,见效快。精细化学品的研究开发费用高、合成工艺精细、开发的时间长及技术密集度高,从而导致其必然具有较高的附加值。而且随着加工深度的增加,产品的附加价值也越来越大。

精细化学品的附加值一般高达50%以上,比化肥和石油化工的20%~30%的附加值高得多。据统计,每投入价值100美元的石油化工原料,产出初级化学品价值变为200美元,再产出有机中间体480美元和最终成品80美元;如果进一步加工为塑料、合成橡胶和纤维以及清洗剂和化妆品,则可产生价值800美元的中间产品和价值1000美元的最终产品;如果再深一步加工成用户直接使用的家庭耐用品、纺织品、鞋、汽车材料等,则总产值可达10600美元,即从原来的100美元投入增值106倍。

1.4 精细有机合成单元反应和原料资源

1.4.1 精细有机合成单元反应类型

精细有机化学品及其中间体虽然种类繁多,但从分子结构看,它们大多是在脂链、脂环、芳环或苯环上含有一个或多个取代基的衍生物。各类取代基的存在,赋予了精细化学品特定结构和特殊功能,结构与性能之间存在一定关系。

$$\text{精细化学品}\begin{cases}\text{主体结构}\\\text{取代基}\begin{cases}\text{卤 基:}-Cl、-Br、-I、-F\\\text{烷 基:}-C_nH_{2n+1}\\\text{含硫基:}-SO_3Na、-SO_2Cl\\\text{含氮基:}-NO_2、-NH_2、-N=N-\\\text{含氧基:}-OH、-COOH、\overset{\text{O}}{\underset{\|}{HC}}\end{cases}\end{cases}$$

比如印泥呈现鲜红色,源于偶氮染料中的生色基团—N=N—;十二烷基苯磺酸钠兼具疏水基和亲水基,是典型的阴离子表面活性剂,具有良好洗涤性能。

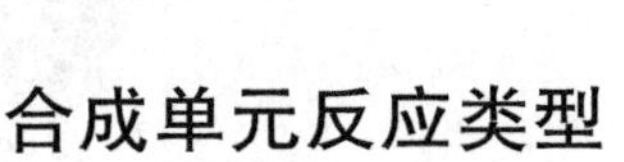

印泥的主要成分　　　　洗衣粉的主要成分

由此，精细有机化学品的合成就是基于有机反应基础理论，通过分子骨架构筑和官能团转换反应，来设计合成具有特定结构和特殊功能的有机化合物。所涉及的精细有机合成单元反应主要包括 13 种类型：卤化，磺化，硝化，还原，重氮化和偶合，氨化，烃化，酰化，氧化，水解，缩合，成环和聚合等。图 1.3 给出了它们在香料、染料和农药合成领域中的应用情况。

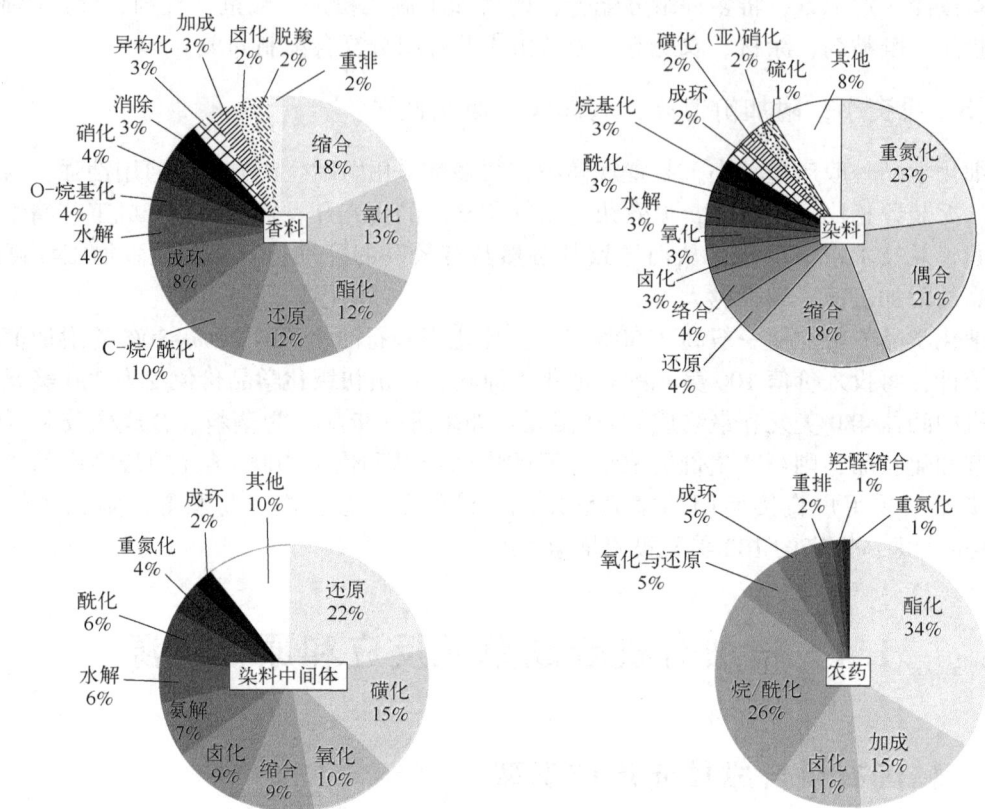

图 1.3 重要精细化工领域中的单元反应类型及使用频率

化学合成的农药主要有杀虫剂、杀菌剂、除草剂等。目前农药合成中涉及的化学反应多达 200 个，其中以酯化、加成、卤化、烷基化和酰化反应使用频率较高。酯化反应可以通过酸—醇直接酯化、酯交换、酰氯和醇/醇钠反应等实现。烷基化与酰化反应，在农药合成中的使用频率仅次于酯化反应。

比如，亚磷酸二甲酯，是合成农药——氧乐果的重要中间体。取代酚的亚磷酸酯还可以采用磷酰氯作原料。杀虫剂氯杀螨的合成涉及 S-烷基化。

$$Cl-\underset{}{\bigcirc}-SH + ClH_2C-\underset{}{\bigcirc}-Cl \xrightarrow{Na} Cl-\underset{}{\bigcirc}-SCH_2-\underset{}{\bigcirc}-Cl$$
杀虫剂氯杀螨

1.4.2 精细有机合成的原料资源

精细有机合成的原料主要包括有机可燃矿产资源和天然生物有机质，即煤、石油、天然气、生物质资源等均可作为精细有机化工生产的起始原料。

1.4.2.1 煤

从煤焦油中提取的芳烃，含氮、含氧及含硫有机物可制造出多种有机化学品如药物、染料等。煤焦油工业的发展奠定了有机化学工业的基础，对有机化学工业的发展起了极大的促进作用。20世纪70年代以来，煤化工研究主要集中在煤气化制合成气，再由合成气合成有机化工产品、液体燃料及高分子材料。因此一个以煤气化为龙头的"一碳化学"新兴领域迅速发展，是煤化工的一个新阶段。此外，煤炭液化方面的研究也很活跃。

(1) 煤焦油。煤在隔绝空气下，在1000~1200℃进行干馏，生成焦炭、煤焦油、粗苯和煤气。煤焦油为黑色黏稠液体，主要成分是芳烃和杂环化合物，已经鉴定出的成分有400多种。粗苯经分离可得到苯、甲苯和二甲苯。

(2) 乙炔。1892年，加拿大人Thomas Lovel Willson发明了用焦炭和石灰石熔炼出电石的方法，由电石可方便地得到乙炔。随着对乙炔化学利用的开发，由乙炔可以合成出许多种有机化学品，如乙醛、丙酮、醋酐、乙醇、正丁醇等，从而使电石工业迅速发展起来。此后，由于高分子材料的发展，乙炔制丁二烯、氯乙烯、丙烯腈、丁二醇、丙烯酸等的生产技术和生产规模，达到了一个新水平。由此乙炔被称为"有机合成工业之母"。

(3) 合成气。合成气是不同比例的一氧化碳和氢气的混合气，煤炭气化可以制取合成气。1880年开始的煤炭气化最初只是生产燃料（城市煤气）。1913年德国开始合成氨，20世纪20~30年代开始合成甲醇，之后各国开发出了大量有机化学品。与以合成气为原料有关的化学合成称为"一碳化学"。

1.4.2.2 石油

石油作为化工原料需要进行二次加工：一次加工就是石油炼制，是利用常减压蒸馏将石油分割成直馏汽油、柴油和润滑油等馏分；二次加工过程主要是催化重整和高温热裂解。催化重整使原料中的烷烃和环烷烃转化为芳烃，高温热裂解则生产基本有机化工原料，如乙烯。

利用二次加工的产物作为原料，生产塑料、橡胶、合成纤维及基本有机原料的加工过程，称作三次加工。日常生活中的聚乙烯PE、聚丙烯PP、聚苯乙烯PS（泡沫包装材料）、热塑性聚酯树脂PET（软饮料瓶），以及聚氯乙烯PVC，其生产都要用到乙烯。

1.4.2.3 天然气

天然气的主要成分是甲烷，油型天然气含C_2以上烃约2%（体积分数），煤型天然气含C_2以上烃20%~25%（体积分数），生物天然气含甲烷97%（体积分数）以上。甲烷是"一碳化学"的主要原料之一，可以经芳构化生产轻质芳烃、转化为水煤气或生产化肥等。

1.4.2.4 生物质资源

当前全球范围的能源资源短缺以及环境恶化，已成为制约石油和化学工业发展的瓶颈。与此同时，生物质精细化学品由于具有生产过程环境友好、产品可降解、有利于 CO_2 平衡等优势，能够很好地满足对化学品日趋严格的生物相容性要求，正逐步成为多种产品的原材料，有望替代相应的石油基化学品。

生物质资源是指一切直接或间接利用绿色植物光合作用形成的有机物，包括除化石燃料外的植物、动物和微生物及其排泄与代谢物等。以生物质资源为原料制备的精细化学品种类繁多，在世界范围受到关注且可规模化生产的主要有糖基生物质精细化学品、淀粉类精细化学品等，纤维素/半纤维素精细化学品、木质素精细化学品和油脂类精细化学品等的发展也很快。

图1.4给出了油脂的主要转化途径及其可制得的生物基精细化学品种类。

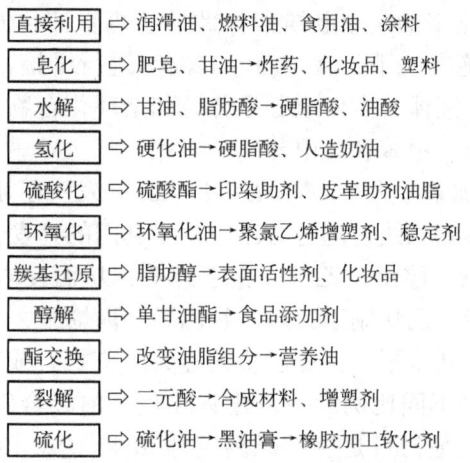

图 1.4　油脂的主要转化途径及其生物基精细化学品

虽然人们对于由生物质资源制造有机物质有着强烈需求，但生物质资源不能直接作为化学原料，其均一性也存在问题。如何通过热化学变换、生物变换和化学变换或其他手段，将生物质资源高效、规模化地转换为更多品种的精细化学品，是业界迫切需要解决的研究课题。

1.5　精细有机合成发展趋势

精细化工是当今化学工业中最具活力的新兴领域之一，是发展新材料的重要组成部分。大力发展精细化工已成为世界各国调整化学工业结构、提升化学工业产业能级和扩大经济效益的战略重点。

精细化工率（精细化工产值占化工总产值的比例）的高低，已经成为衡量一个国家或地区化学工业发达程度和化工科技水平高低的重要标志，是保护资源与环境、坚持可持续发展的重要发展策略。

1.5.1 全球精细化工总体发展态势

进入21世纪，全球精细化工呈现快速发展态势，正在朝着产业集群化、工艺清洁化、节能化、产品多样化、专用化、高性能化方向发展，总体发展趋势如下：

(1) 全球经济一体化进程的加快使国际竞争日益剧烈，跨国公司继续进行资产重组、兼并、收购、联合等，使生产更集中、更专业化。

(2) 普遍加大了精细化工产品的科研开发和应用研究力度，尤其是在生命科学方面（包括生物技术及工程、农药、医药、营养品等）投入大量资金、人力以获得更大利益。

(3) 21世纪，人类将面临资源与能源、环境与健康、食品与营养等重大问题，精细化工的发展也将围绕这些主题。现代生物工程技术、新材料技术、信息技术将为精细化工的发展提供条件。

(4) 高新技术的采用是当今世界化学工业激烈竞争的焦点，也是21世纪综合国力的重要标志之一。如生物工程技术将更多地应用于医药、农药、营养品中，利用计算机技术和组合化学技术进行分子设计，膜分离技术、超临界萃取技术、超细粉体技术、分子蒸馏技术等将进一步得到应用。

1.5.2 我国精细化工发展现状与趋势

经过50多年的发展，我国精细化工行业取得了较大的进步，精细化工率40%~45%，染料、农药、涂料产量均居世界前列，是世界第一染料生产大国和出口大国，约占世界染料贸易量的25%。2023年中国精细化工市场规模约为6.1万亿元，预计2027年市场规模有望达到11万亿元。

随着我国石油化工的蓬勃发展和化学工业由粗放型向精细化方向发展，以及高新技术的广泛应用，我国精细化工自主创新能力和产业技术能级将得到显著提高，将发展成为世界精细化学品生产和消费大国，总体发展趋势如下：

(1) 逐步向高端化发展。目前我国精细化工行业的生命周期处于成长阶段，产业结构不合理，高科技所占比例很低，精细化工新兴领域还有较大的提升空间，如半导体制造、液晶显示、高端化学催化剂、功能树脂等方面还有很大空白。在许多有相对优势的领域也尚未形成经济优势（如某些高科技生物技术、新材料技术亟待产业化或迅速扩大生产）。随着我国产业升级及国际贸易保护主义抬头，国产高端产品占比将逐步提升。

(2) 安全环保监管趋严。目前我国积极开展生态环境保护治理工作，精细化工企业环保不达标的生产线相继被取代。在安全环保政策监管趋严的双向政策高压下，生产中不具有相关资质及技术水平或无法承担相关成本的企业将加速退出市场。

(3) 绿色与循环发展。绿色发展已逐渐成为全球共识，也是现阶段我国社会经济发展的一项重大发展战略，在环境生态保护局势日益严厉的背景下，目前我国正坚持可持续发展的战略方针，推广绿色、低碳、低能耗的生产发展理念。

现代精细化工发展趋势表现为在环境友好、生态相容的前提下追求技术的高效、专一；同样，对产品的要求是对环境、生态、使用对象作用上的高度和谐统一。准确地说，精细化工目前正经历着由"人与技术"概念向"人与技术及生态环境"概念转变的过程。

1.6　本课程的主要教学内容

　　本课程以单元反应为主线，重点介绍13类单元反应的反应机理、工艺方法、影响因素和工业应用，基于有机化学反应的基础理论、合成工艺新技术新方法和分子设计策略，对单元反应规律进行归纳和总结；并通过大量精细化学品的合成实例，突出体现单元反应和合成技术在精细化学品合成中的综合应用。

🌸 巩固与提升 🌸

1. 什么是精细化学品？我国把精细化学品分为哪些类别？
2. 举例说明精细化学品在人们日常生活中的地位和作用。
3. 精细有机合成单元反应有哪些？
4. 精细有机合成的原料资源有哪些？
5. 精细化工有哪些特点？
6. 全球的化工企业都在大力发展精细化工，说说你对这种现象的看法。

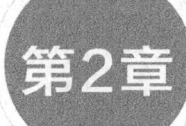

第 2 章 精细有机合成理论基础

本章专业知识目标：
（1）熟悉共价键及成键理论，电子效应和空间效应（重难点）；
（2）掌握有机反应基本理论和反应类型（取代、加成、消除等）（重难点）。

本章素质能力目标：
（1）能灵活运用成键理论判断有机分子的极性，正确书写共振结构式；
（2）能运用电子效应和共振理论，分析有机中间体的稳定性和定位效应；
（3）能熟练解析典型反应的亲电取代、亲核取代和自由基反应机理；
（4）能运用热力学控制和动力学控制，合理设计反应条件；
（5）增强唯物辩证思维能力，用发展的眼光看问题；
（6）牢固树立绿色合成理念，激发爱国热情和学习热情。

2.1 元素周期表与成键理论

几乎所有的精细有机合成单元反应都与极性、诱导极化、σ键和π键有直接或间接的联系。一切有机化学反应都可被理解为旧键的断裂和新键的生成，只有深刻理解了有机化学反应的本质，才能更快速地理解并记忆各种有机化学反应机理，进而综合运用它们，实现新型功能性精细化学品分子的设计合成。

2.1.1 元素的电负性

电负性是元素的原子在化合物中吸引电子能力的标度，其值越大，表示该原子在化合物中吸引电子的能力越强。通过电负性，可判断化合物的键合类型（离子键或共价键）。

按照Pauling标度，可以用数字0.7~4.0来表示每一个元素的电负性，电负性最大的是F，最小的是Cs，部分元素的电负性见图2.1。

同一周期元素，原子序数增加，电负性增加；同一主族元素，原子序数增加，电负性减小。原因在于，同周期从左至右，电子层数相同，核电荷数增大，原子半径递减，有效核电荷递增，对外层电子的吸引能力逐渐增强，因而电负性增加。同主族元素从上到下虽然核电荷数也增多，但电子层数增多引起原子半径增大比较明显，原子对外层电子的吸引能力逐渐减弱，元素的电负性递减。

H 2.1																	He
Li 1.0	Be 1.6											B 2.0	C 2.5	N 3.0	O 3.5	F 4.0	Ne
Na 0.9	Mg 1.2											Al 1.5	Si 1.8	P 2.1	S 2.5	Cl 3.0	Ar
K 0.8	Ca 1.0	Sc 1.3	Ti 1.5	V 1.6	Cr 1.6	Mn 1.5	Fe 1.8	Co 1.9	Ni 1.9	Cu 1.9	Zn 1.6	Ga 1.6	Ge 1.8	As 2.0	Se 2.4	Br 2.8	Kr
Rb 0.8	Sr 1.0	Y 1.2	Zr 1.4	Nb 1.6	Mo 1.8	Tc 1.9	Ru 2.2	Rh 2.2	Rd 2.2	Ag 1.9	Cd 1.7	In 1.7	Sn 1.8	Sb 1.9	Te 2.1	I 2.5	Xe
Cs 0.7	Ba 0.9	La 1.0	Hf 1.3	Ta 1.5	W 1.7	Re 1.9	Os 2.2	Ir 2.2	Pt 2.2	Au 2.4	Hg 1.9	Tl 1.8	Pb 1.9	Bi 1.9	Po 2.0	At 2.1	Rn

图 2.1 电负性元素周期表

2.1.2 共价键及其相关理论简介

共价键是两个原子的未成对而又自旋相反的电子耦合配对的结果，共用电子对通常会更靠近两个原子中电负性较大的原子。一般而言，电负性相差 0.5 以下的原子间的成键为非极性共价键，电负性相差 0.5~2 的原子间的成键为极性共价键，而电负性相差 2 以上的原子间成键大多为离子键。

通常用箭头→来表示极性键，箭头指向吸引电子能力较强的原子。

例如：$\overset{\delta+}{A} \rightarrow \overset{\delta-}{B}$，由于电子更靠近 B 原子，那么 B 带轻微的负电荷，A 带轻微的正电荷，A 和 B 之间的共价键就称为极性共价键。这些很微小的电荷统称为偶极。

常用偶极矩（μ）表征极性共价键的大小（表 2.1）。μ 等于正电中心或负电中心的电荷值 q（单位：C）与两个电荷中心之间的距离 d（单位：m）的乘积：$\mu = qd$。

表 2.1 有机化合物分子中常见的极性键及其偶极矩

键型	偶极矩/D	键型	偶极矩/D	键型	偶极矩/D
C—H	0.45	C—Br	1.38	C—O	0.74
C—F	1.41	C—I	1.19	C=O	2.30
C—Cl	1.36	C—N	0.22	C≡N	3.50

共价键涉及的理论有很多，相关理论也在不断发展完善之中，当前普遍认可的有机化学成键理论体系如图 2.2 所示。

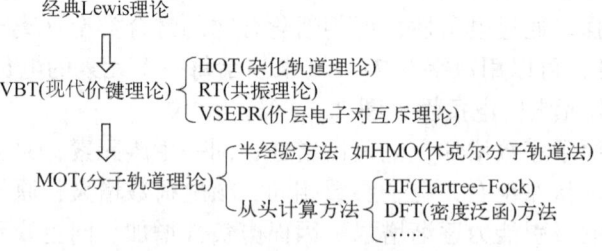

图 2.2 价键理论和分子轨道理论体系

2.1.2.1 经典 Lewis 理论

经典 Lewis 理论是共价键理论的基石，1916 年由 Lewis 提出，他认为八隅体最稳定，这标志着共价键概念的正式形成。该理论的基本观点是原子可通过成键共享一对电子；分子中原子的电子构型与同周期稀有气体元素的电子构型相同（又称"八隅律"）。

例如：H 原子成键后电子构型应当与 He 相同，有 2 个价电子；C、N、O 等第二周期原子成键后应当与 Ne 一样有 8 个价电子……

大部分有机物及部分无机物的结构都可以通过 Lewis 理论来描述。但仍存在各种特例（如大部分 B、P、Cl、S 化合物等），如含有 B、P 等元素的化合物可能不符合八隅律，不能解释苯环的结构（经典的 Lewis 结构认为苯中有三个双键，而实验测得苯中六根碳碳键等长），无法解释 O_2 的顺磁性（VBT 也无法解释）等。虽然经典 Lewis 理论难以解释很多缺电子化合物以及苯衍生物的结构，也无法解释很多分子的磁学性质，但这并不能撼动其作为现代共价键理论基础的地位。例如：氯乙烯分子结构符合八隅律，而三氯化硼等分子并不符合八隅律。

分子式	PCl_5	SF_6	$BeCl_2$	BF_3	NO, NO_2	……
中心原子周围价电子数	10	12	4	6	含奇数价电子的分子	……

经典 Lewis 理论最致命的局限，是将共价键的形成作为其基本假设，因此根本无法解释共价键的形成原因。它仅阐述了利用电子配对形成一种作用力（共价键）将原子与原子束缚在一起，但它并未延伸到去解释分子的结构、共价键的饱和性和方向性。

2.1.2.2 VBT（现代价键理论）

量子力学于 20 世纪初建立，1925 年 Pauli 提出了泡利不相容原理；1926 年 Schrödinger 提出了描述微观体系运动规律的薛定谔方程，从此有了原子轨道（s，p，d，f，…）和波函数的概念。

随着量子力学的逐渐完备，1927 年德国的 Heitler 和美籍德国人 London 完成了氢分子形成的相关研究。根据泡利不相容原理可知，若两个 H 原子的电子自旋方向相同时，体系能量没有最小值；Heitler 和 London 发现当两个 H 原子的电子自旋方向相反时，由无穷远处逐渐靠近，体系能量有最小值，此时即为氢分子的基态。将以上对氢分子的量子力学处理推广至其他体系，即发展成为 VBT，其发展十分迅速。1931 年 Pauling 提出了 HOT（杂化轨道理论，获 1954 年诺贝尔化学奖）、RT（共振理论），后来 Sidgwick 和 Powell 提出了 VSEPR（价层电子对互斥理论）。

1. 现代价键理论的核心观点

经过 Heitler、London 和 Pauling 等人对经典 Lewis 理论的进一步完善，形成了能层（K，L，M，N，O，P，Q）、能级（s，p，d，f）、杂化轨道理论、VSEPR，它们组成了 VBT，VBT 能够很好地解释化学键的本质、共价键的饱和性和方向性以及分子结构。

VBT 的核心思想是原子间共用自旋相反的价层未成对电子，两个原子的波函数叠加（也就是原子轨道相互重叠）使体系能量降低而成键。VBT 认为：参与共价键形成的是价层电子，V 指 valence，意为价层；相互配对的两个电子，必须自旋方向相反时，体系能量才最低；共用的电子在两原子间是离域的，注意与 MOT 中"电子离域于整个分子中"的概念做区分；原子轨道最大重叠，共价键形成时原子轨道重叠越好越稳定。

据上述 VBT 基本内容，可以总结出以下结论：

(1) 共价键的饱和性：可以理解为原子成键数是有上限的，而上限就是其未成对电子数。如 N 原子，其 2s 轨道有一对电子，3 个 p 轨道 $2p_x$、$2p_y$、$2p_z$ 上各有一个未成对电子，因此共计 3 个未成对电子，N 原子可以形成 3 根键。

(2) 共价键的方向性：除了球形的 s 轨道，其他原子轨道都是有朝向的，因此不同的重叠方向会形成不同类型的共价键，比如纺锤形的 p 轨道"头碰头"重叠可形成 σ 键、"肩并肩"重叠可形成 π 键，部分 d 轨道"面对面"重叠可形成 δ 键等。

正常的 σ、π、δ 键是两个原子共用电子形成的，除此之外还有一种特殊的共价键，是其中一个原子将自己的孤对电子填入另一个原子的空轨道形成的，这种特殊的共价键称为配位键，常用 A→B 表示，在过渡金属化合物中非常常见。比如 N 原子将孤对电子填入 B 原子的空 p 轨道形成配位键。

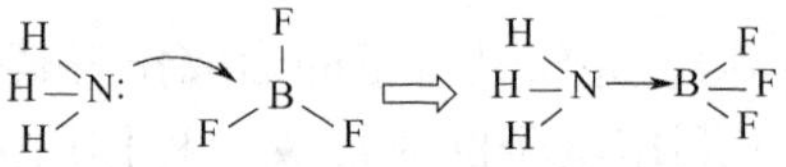

2. 现代价键理论的发展和完善

1) HOT（杂化轨道理论）

VBT 简明地说明了共价键的形成过程和本质，成功解释了共价键的方向性和饱和性，但在解释一些分子的空间结构方面却遇到了困难。例如 CH_4 分子的形成，按照 VBT，C 原子只有两个未成对的电子，只能与两个 H 原子形成两个共价键，而且键角应该大约为 90°。但这与实验事实不符，因为 C 与 H 可形成 CH_4 分子，其空间构型为正四面体，∠HCH = 109°28′。为了更好地解释多原子分子的实际空间构型和性质，1931 年 Pauling 和 Slater 在电子配对理论的基础上，提出了 HOT（hybrid orbital theory），丰富和发展了现代价键理论。

HOT 的根本要点是，为了更好地成键，能量相近的原子轨道会通过线性组合的方式重新分配空间取向、能量等，生成的新轨道数量与未杂化时原子轨道的数量相同，且所有新轨道的能量相同。重新分配的过程称为杂化，而新生成轨道称为杂化轨道（图 2.3）。

图 2.3 sp^3 杂化过程

杂化轨道理论其实是对现代价键理论的补充，其本身也融合进了现代价键理论。

2）RT（共振理论）

Pauling 为了解决大体系的薛定谔方程求解问题，使用变分法将体系所有可能结构的波函数线性组合，他认为这反映了体系的真实波函数。由于数学处理比较抽象，为了解释它的实际意义，1931 年 Pauling 创立了又一分子结构理论——共振理论。

共振理论是一种用经典结构式来描述具有离域大 π 键分子结构的理论。共振理论的观点是，当一个分子、离子或自由基的结构不能用 Lewis 结构式正确描述时，可以用多个路易斯式表示，这些路易斯式称为共振结构（resonance structure，又称共振式或极限式）。在共振结构之间用双箭头"↔"联系，以表示它们的共振关系。共振式是共振分子在参与共振过程中达到的一种极限状态，实际中并不能稳定单独存在。体系真实的电子分布是介于所有可能结构之间的，每个可能的结构都称为共振式，而各个共振式通过共振得到的共振杂化体（resonance hybrid），则反映了体系真实的结构。

共振理论的提出，从一定程度上来说，极大方便了对有机尤其是有机分子中共轭结构的讨论，比如对键级键能、电子效应、反应位点的粗略判断，因此本书在 2.1.3 小节将对共振理论进行详细解释，并在后续章节中较多地使用共振理论进行有机反应方向的分析。

当然，RT 其实是基于变分法提出的物理模型，因此对共振杂化体很难定量计算，"共振"这个概念非常抽象。

3）VSEPR（价层电子对互斥理论）

"经典的" HOT 在解释分子构型上仍有一些困难，比如水分子键角并不是109°28′，而是 104.5°，乙烯的 H=C=H 键角也不是 120°而是 117.4°。1940 年，Sidgwick 和 Powell 利用成键电子与孤对电子的不同特性，提出 VSEPR，该方法预测分子构型非常简便和快速，认为孤电子对与孤电子对之间的斥力>>孤电子对与成键电子对之间的斥力>成键电子对与成键电子对之间的斥力。当电子对间排斥作用最小时，分子形成稳定空间构型。

分子的形状主要由中心原子的价层电子决定。根据中心原子价电子数 n 和配位原子提供的电子总数 b，计算 $(n+b)/2$ 的值并对应表 2.2 即可判断杂化类型，再计算孤对电子数 = $(n+b)/2$-配体数，进而明确分子构型。关于配位原子提供电子数，规定卤素、H 原子提供 1 个，O、S 不提供。

表 2.2 化合物的分子构型

电子对数	杂化类型	轨道形状	孤对电子	分子形状	举例
2	sp	直线型	0	直线型	$BeCl_2$、CO_2
3	sp^2	平面正三角形	0	平面正三角形	BCl_3
			1	V形(角形、弯曲形)	SO_2

续表

电子对数	杂化类型	轨道形状	孤对电子	分子形状	举例
4	sp^3	正四面体	0	正四面体 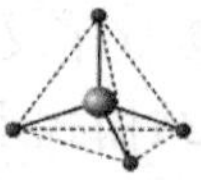	CCl_4
			1	三角锥 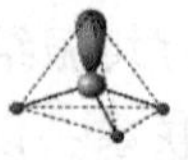	NH_3
			2	V形(角形、弯曲形) 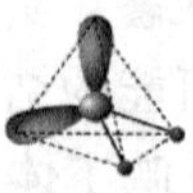	H_2O
5	sp^3d	三角双锥	0	三角双锥 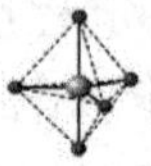	PCl_5
			1	变形四面体 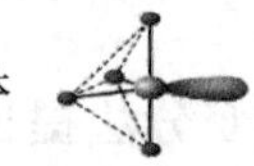	$TeCl_4$
			2	T形 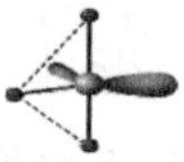	ClF_3
			3	直线型 	XeF_2
6	sp^3d^2	正八面体	0	正八面体 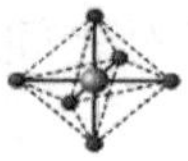	SF_6
			1	四方锥 	IF_5
			2	平面正方形 	ICl_4
7	sp^3d^3	五角双锥	0	五角双锥 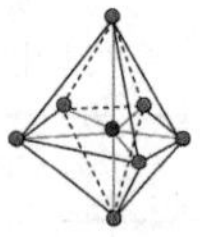	IF_7
			1	五角锥 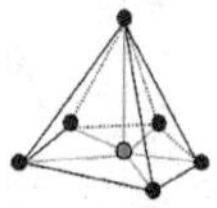	IF_5
			2	平面正方形 	XeF_4

VSEPR 的局限性体现在以下方面：

（1）ⅡA 族卤化物：CaF_2 等并不是 VSEPR 预测的直线构型，Ronald Gillespie 认为是配体使金属内层电子极化，进而破坏了电子云的对称性，使之偏离直线构型。

（2）Te(Ⅳ)、Bi(Ⅲ) 的六配位卤代物：$[TeCl_6]^{2-}$ 等为正八面体，说明其孤对电子并没有影响构型，这是 VSEPR 所不能解释的（可通过惰性电子对效应理解）。

（3）VSEPR 对 NF_3 等分子的键角解释不充分，NF_3 键角小于 NH_3 键角，这一点单独用 VSEPR 很难解释。

2.1.2.3 MOT（分子轨道理论）

1928—1932 年，德国的 Hund 和美国的 Mulliken 提出了"轨道"一词，标志着 MOT 的正式建立（Mulliken 由于建立和开展分子轨道理论，获 1966 年诺贝尔化学奖）。

MOT 法和 VBT 法是两种根本不同的物理方法，都是电子运动状态的近似描述，在一定条件下它们具有等价性。与传统价键理论认为电子在两原子间运动不同，分子轨道理论认为电子并不再属于某个原子，而是离域在整个分子中，其中电子的空间运动状态由相应的分子轨道波函数 ψ 来描述。

MOT 也使用了原子轨道的概念，其要点如下：

（1）形成过程：分子轨道是由原子轨道线性组合得到的，且生成的分子轨道的数量与原子轨道数量相同。

（2）三种类型：带有 * 的为反键轨道，如 σ^* 表示沿键轴方向重叠形成的反键轨道；不带 * 的为成键轨道，如 π 表示垂直于键轴方向重叠形成的成键轨道；还有一种轨道称为非键轨道，是原子轨道对称性不匹配、原子轨道未能有效重叠导致的。

（3）组合原则：对称性匹配原则、能量相近原则、轨道最大重叠原则。

当参与成键的对称性不匹配时，交换积分 $\beta = \int \varphi_a \overline{H} \varphi_b \mathrm{d}\tau$ 的值为 0，会导致生成的分子轨道能量与参与成键的原子轨道相同，认为此时的轨道为非键轨道。原子轨道组合时，符号相同的轨道相互作用形成成键轨道，而符号相反的轨道则会形成反键轨道，电子优先填充在能量低的轨道中。在分子轨道理论中，键级是通过（成键轨道电子数–反键轨道电子数）/2 计算得到的。

以 O_2 为例，2O 原子电子组态：$1s^2 2s^2 2p^4 \rightarrow O_2$，$8 \times 2 = 16$ 个电子，外层电子 12 个；MOT 认为价电子为 12，其中成键电子 $(\sigma_{2s})^2(\sigma_{2pz})^2(\pi_{2px})^2(\pi_{2py})^2$，共 8 个电子，反键电子 $(\sigma_{2s}^*)^2(\pi_{2px}^*)^1(\pi_{2py}^*)^1$，共 4 个电子。图 2.4 是 O_2 的成键轨道能级图：

（1）π_{2py}^*，π_{2pz}^* 除外的轨道统称占据轨道，意为有电子填充的轨道；

（2）σ_{2px} 为最高占据轨道（称 HOMO），π_{2py}^*，π_{2pz}^* 为最低非占据轨道（称 LUMO）；

（3）π_{2py} 和 π_{2pz} 能量相同，π_{2py}^* 和 π_{2pz}^* 能量相同。

尽管该键级与传统价键理论的结论一致，但分子轨道理论圆满解释了顺磁性（由分子中存在的未成对电子引起的），价键理论则解释不通。

2.1.3 共振理论详解

由最初的经典 Lewis 理论发展到 VBT，人们在不断地完善对物质结构的描述。VBT 中用价键结构式来表达分子的结构时，能看到许多分子具有单一的结构式（经典结构式），比如甲烷、乙烯、乙炔和苯（图 2.5）。

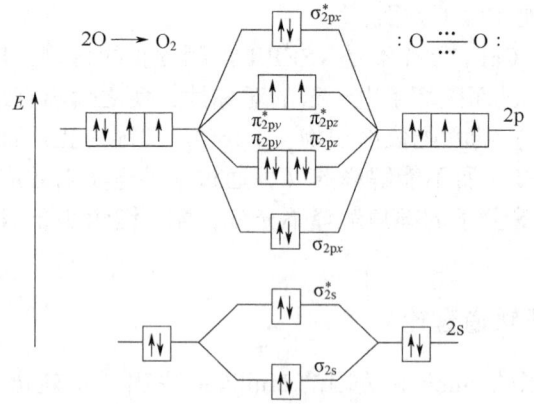

图 2.4　O_2 的成键轨道能级图

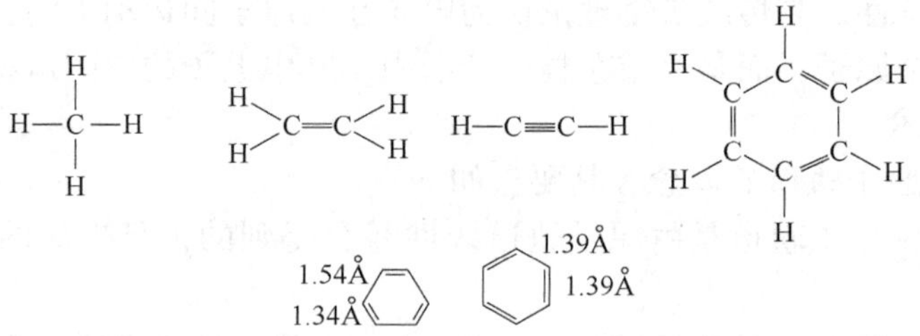

图 2.5　甲烷、乙烯、乙炔和苯的经典结构式

然而，对于含有共轭体系的分子，经典结构式并不能很好地描述它们的真实结构。如 Kekulé（凯库勒）式所描述的苯是一个单键、双键交替的结构（图 2.5），已知碳碳单键平均键长 0.154nm，碳碳双键平均键长 0.134nm，而实验测出碳碳键长均为 0.139nm，所以 Kekulé 式结构不符合苯的事实存在状态。而从另一角度分析，1mol 苯能与 3mol H_2 发生加成反应生成 1mol 环己烷，则说明 Kekulé 式确实体现了苯的化学性质。

矛盾之处就在于，用 VBT 的经典结构来表达苯的结构，能体现化学性质但不能反映正确的分子结构。这种模棱两可的结构式并不能很好地表达共轭分子的真实结构，这正是 VBT 的局限性。

苯分子到底是什么样的电子结构？科学界一直以来有很大的争议。2020 年，悉尼新南威尔士大学 ARC 杰出科学中心的 Timothy W. Schmidt 和堪培拉大学的 Terry J. Frankcombe 通过理论框架（包括轨道理论）获得化学层面的数据，应用 DVMS（dynamic Voronoi Metropolics sampling）在 126 个维度下绘制波函数，成功揭示了苯的电子结构，或将刷新人们对苯的认知，该成果发表在国际顶级期刊 *Nature* 的子刊 *Nature Communications*，图 2.6 即为苯的 DVMS 结构图和共振图。

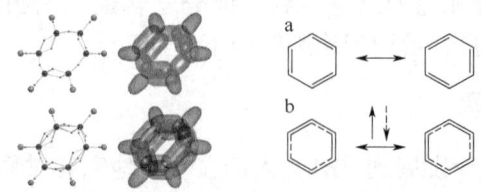

图 2.6　苯的 DVMS 结构图（左）和共振图（右）

a—经典的凯库勒结构；b—苯环内实线和虚线分别为不同的自旋

2.1.3.1 共振理论的提出

为解释苯的键长均一化,首先引入了共轭效应(详见 2.2),苯的六个碳原子的 p 轨道相互"肩并肩"重叠形成 6 中心 6 电子大 π 键(π_6^6),6 个 π 电子在整个碳六元环上离域,导致苯的 6 个碳碳键长相等。离域强调的是电子的运动充满整个共轭体系,电子的运动不再受限于两个原子之间。

可以想象 6 个 π 电子沿着苯的正六边形碳骨架"跑动",所以苯分子真正的结构式可以想象成是一个动态的结构式,是一个"动图",但是这种动态结构式无法书写,于是就有了一个正六边形里加上一个圆圈来表示苯分子的结构简式。但这对于其他共轭分子并不普适,因为这样的表达方式又抛弃了对物质化学性质的体现,一个圆圈、一条长线并不能令人满意地体现共轭分子也具有不饱和碳碳双键的性质。

Pauling 共振理论认为,若一定要用价键结构式来描述其结构,只有动态结构"瞬间"形态可用经典结构式表示,称为共振结构或者极限结构,相应的经典结构式称为共振式或者极限式,将这些代表性"瞬间"形态,以双箭头相连就得到苯的共振式,见图 2.7。

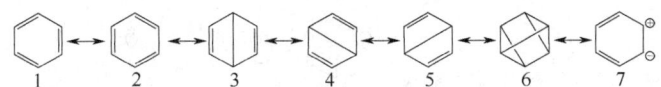

图 2.7 苯的多种共振式

这样的结构式既能表达离域,又保留了体现化学性质的要素。由此,共振理论把一种本来只能用分子轨道理论才能描述清楚的结构,用价键理论进行了清晰表达,它是一道架在分子轨道理论和价键理论之间的桥梁,是科学家在科学的准确性和使用的方便性之间找到的一个完美的妥协结果。

2.1.3.2 共振理论的基本思想

当一个分子、离子或者自由基无法用一个经典结构式圆满表达时,可以用若干个经典结构式共同表达该分子的结构,可理解为它们的真实结构是各种极限结构杂化而产生的杂化体。这个杂化体既不是各种极限结构的混合物,也不是它们的平衡体系,而是一个具有确定结构的单一体,这个单一体的结构不能用任何一个极限结构来代替。由于其他结构不稳定,就用经典结构 1 和 2(图 2.7)共同描述苯。

2.1.3.3 共振式的书写规则

所有共振式必须符合 Lewis 结构式(八隅体规则,碳正离子、碳自由基除外);所有共振式必须遵循各共振结构"核不变"原则,即共振式允许键和电子的移动,而不允许原子核位置的改变(原子排列顺序不变);所有共振式必须具有相同的未成对电子数目;推电子是 π 电子、孤对电子以及未成对电子在 π 体系上的移动,而 σ 电子不移动。

(1)"电子(对)只转移至相邻且处于 π 体系中的原子或者共价键上"是要保证精准写出所有共振式。常见的有三种情况(图 2.8):两原子间的 π 键变为其中一个原子上的孤对电子;原子上的孤对电子变为该原子及其键合原子之间的 π 键;原子上的未成对电子与另一未成对电子配对形成该原子与键合原子间的 π 键。

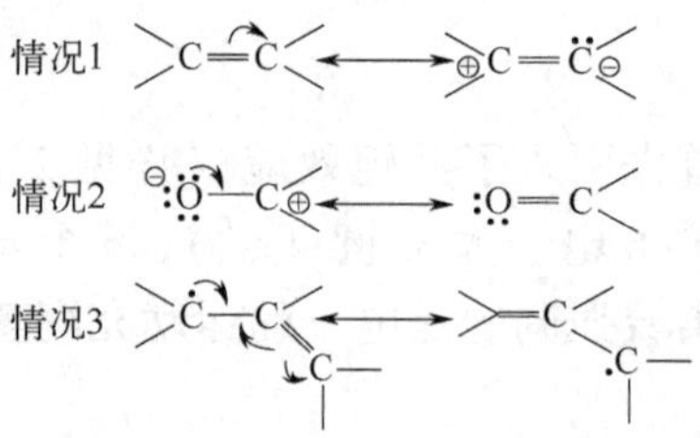

图 2.8　跨越"半根共价键"三种情况

注：电子对（双电子）转移用箭头表示，单电子转移用鱼钩箭头表示

（2）一次推电子过程可能会导致其他电子（对）的移动。

【例 2.1】 苯氧负离子。

氧原子上的一对孤对电子转移至相邻的碳氧单键上变为碳氧双键（图 2.9），此时羰基碳原子已经连有 5 条共价键，不符合八隅体规则，于是它原来的 C=C 必须"被迫"进行电子转移，将 C=C 的一对 π 电子变为另一端碳原子上的孤对电子，这样才能保证整体是正确的 Lewis 结构式。

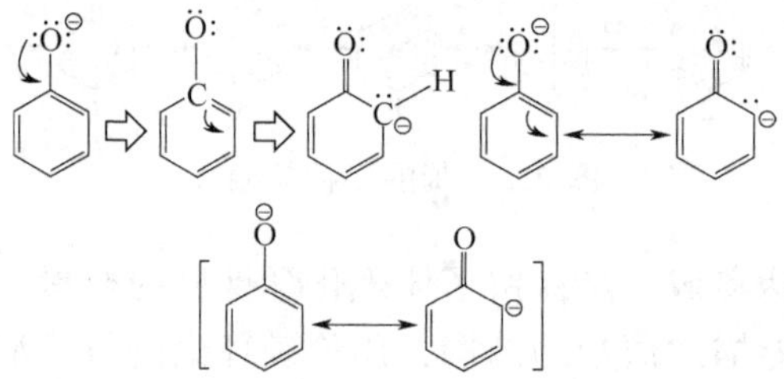

图 2.9　苯氧负离子的推电子过程

【例 2.2】 丁烯自由基（图 2.10）。

图 2.10　丁烯自由基的推电子过程

（3）一般按给定结构式中的 π 电子、孤对电子以及未成对电子的数目进行分情况书写共振式，每种情况只考虑 1 对 π 电子或 1 对孤对电子或 1 个未成对电子的移动。

写出给定结构的共振式，只需要写出主要的、相对比较稳定的共振结构即可。对于电中性的分子而言，相对稳定的共振结构首先是电中性的，其次是带一对正负电荷的共振结构，其余都是电荷极不分散的不稳定结构，对杂化体的贡献可忽略（不需写出）。碳碳双键（1 对 π 电子）的推电子见图 2.11。

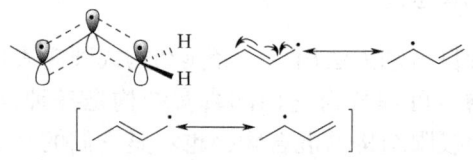

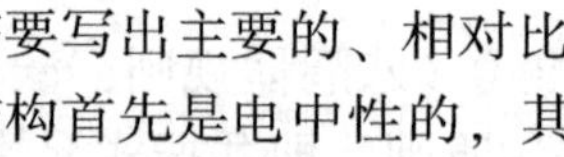

图 2.11　碳碳双键的推电子

比如，1,3-丁二烯是一个 π_4^4 体系（图 2.12），若考虑处于 ab 碳原子之间的这一对 π 电子，它的移动路径有两条，一条是往 a 走，另一条是沿着 b→c→d 方向；苯氧负离子、氧原子采取 sp² 杂化，其 p_z 轨道与苯环发生 p-π 共轭形成 π_7^8 体系，若要研究氧原子上的一对孤对电子的移动，那么这对电子将绕苯环移动。

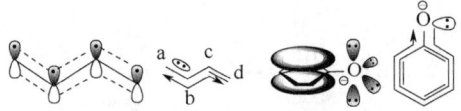

图 2.12 电子（对）沿着共轭骨架的移动

综上所述，写给定结构式的共振式有三个步骤：分析电子→分情况→走路径。

【例 2.3】 写出 1,3-丁二烯的主要极限式。

解：先分析 1,3-丁二烯的电子成分，有两个碳碳双键（C1═C2、C3═C4），于是它有 2 对 π 电子，所以要分两种情况来讨论推电子过程。注意在共振理论中它们是两对不一样的 π 电子！一对是 C1═C2 的 π 电子，另一对是 C3═C4 的 π 电子。

① 情况一：C1═C2 的 π 电子。

② 情况二：C3═C4 的 π 电子。

由此可以得到包括 1,3-丁二烯在内的 7 个主要共振式，去掉孤对电子和电子转移箭头，保留形式电荷，用双箭头连接所有共振结构。

【例 2.4】 请用共振理论解释，苯甲醚中的甲氧基对于苯环是供电子基。

解：

因为甲氧基氧原子上的孤对电子参与了和苯环的 p-π 共轭，使得孤对电子能够流入苯环骨架而增加了苯环上的电子云密度，特别是甲氧基的邻位和对位碳原子上的电子云密度增加明显，所以接在苯环上的甲氧基是一个供电子基。

2.1.3.4 共振结构的稳定性

（1）共振结构的电荷越分散，共振结构越稳定。电荷越分散应该理解为正负电荷分布越均匀，以至于在分子中没有明显的正电中心或者负电中心，不易被亲电试剂或亲核试剂进攻，所以稳定。

$$H_2\overset{\ominus}{C}-\overset{H}{\underset{}{C}}=O \longleftrightarrow H_2C=\overset{H}{\underset{}{C}}-\overset{\ominus}{O}$$
　　　　不稳定　　　　　　　　稳定

（2）满足八隅体规则的共振结构更稳定。价电子层满足稀有气体电子结构的更稳定。因为 C^+ 不是八隅体电子结构，而 O^+ 是八隅体电子结构，所以羟基是邻对位定位基，卤素、氨基等同理。

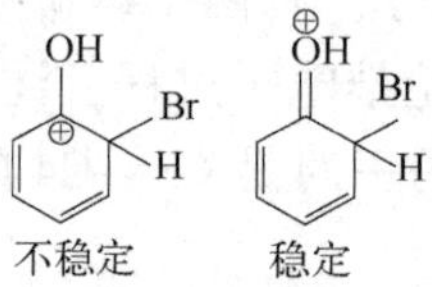

不稳定　　　稳定

（3）负电荷所在原子的电负性越强，或正电荷所在原子电负性越弱，共振结构越稳定。

$$H_2\overset{\ominus}{C}-\overset{H}{\underset{}{C}}=O \longleftrightarrow H_2C=\overset{H}{\underset{}{C}}-\overset{\ominus}{O}$$
　　　　不稳定　　　　　　　　稳定

（4）异性电荷相距越近，或者同性电荷相距越远，共振结构越稳定。

（5）共价键数目越多，共振结构越稳定。共价键数目越多，说明放出的能量越多，共振结构整体的能量越低，越稳定。

（6）相邻原子成键的，比不相邻原子间成键的稳定。比如，凯库勒苯比狄瓦尔苯稳定，因为相邻原子间距离短，形成的共价键更稳定。

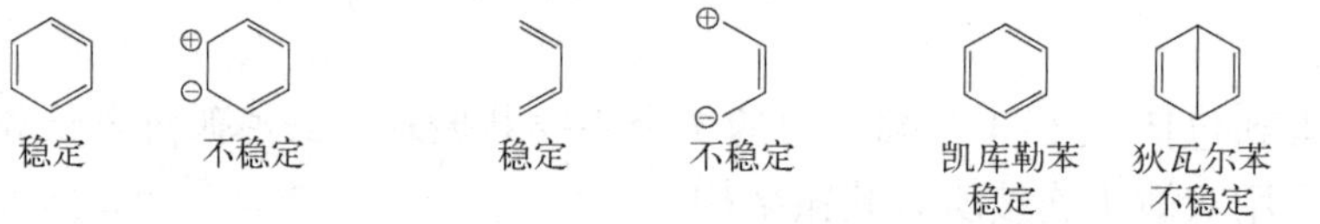

稳定　　不稳定　　　稳定　　不稳定　　凯库勒苯　狄瓦尔苯
　　　　　　　　　　　　　　　　　　　　稳定　　　不稳定

（7）如果能量最低的几个共振结构式相似，能量相同，则共振杂化体十分稳定。例如下列三个共振体都是很稳定的：

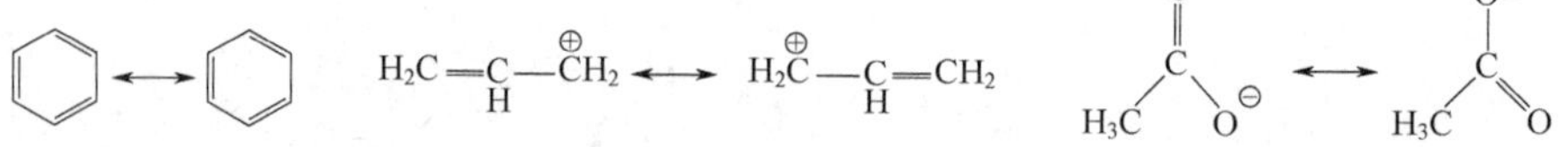

2.1.4 共振理论在有机合成中的应用

（1）判断有机化合物的稳定性。能写出的共振式越多，真实分子越稳定，可判断分子及反应中间物种的稳定性，从而推断反应难易程度。比如苄基正离子的稳定性高于伯碳正离子（$PhCH_2^+ > RCH_2^+$）。

(2) 判断有机化合物的酸碱性。有机化合物的质子越易离去，酸性越强；共轭碱越稳定，酸性越强。运用共振理论可对共轭碱的稳定性进行准确判断，比如苯酚（$pK_a = 9.94$）的酸性大于甲醇（$pK_a = 19$），苯胺（$K_a = 2.6 \times 10^{-5}$）的碱性小于甲胺（$K_a = 2.3 \times 10^{-11}$）。

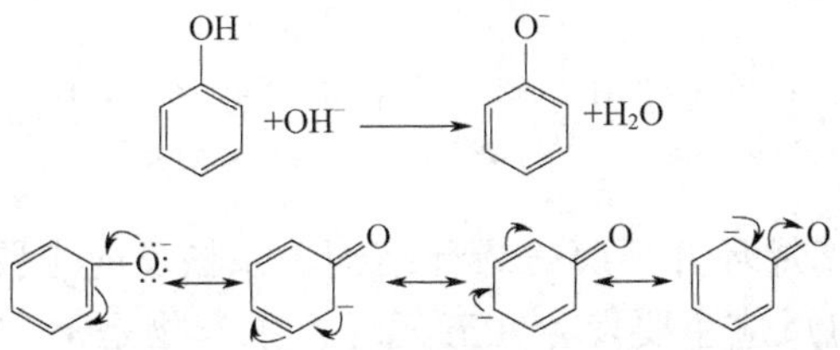

(3) 预测芳环上亲电取代反应的定位。取代反应是一个竞争过程，可以从中间体稳定性判断反应的方向。对于第一类定位基，邻对位取代的中间体共振结构多，稳定性高，邻对位产物占优。对于第二类定位基，邻对位取代的中间体共振结构少，稳定性低，主要为间位产物。比如苯酚和硝基苯的亲电取代反应，活性中间体的极限式中，苯酚邻位、对位均有4个共振极限式，稳定性高；而硝基苯只有3个共振极限式，且邻对位各有一个极限式，稳定性低。

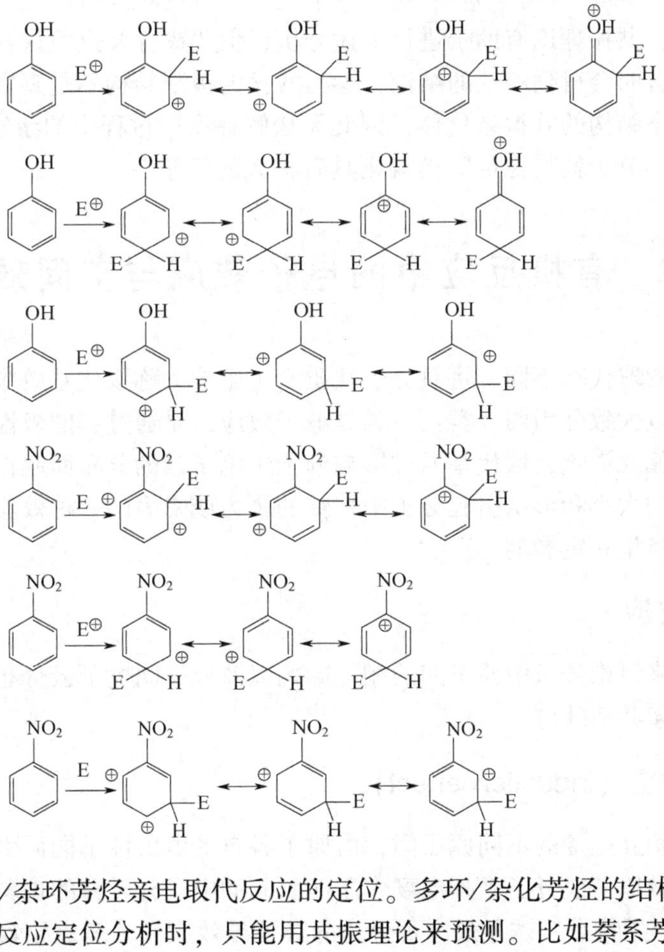

(4) 预测多环/杂环芳烃亲电取代反应的定位。多环/杂化芳烃的结构不同于苯系芳烃，进行芳烃亲电取代反应定位分析时，只能用共振理论来预测。比如萘系芳烃，在温和反应条

件下，α位取代的中间体有两个特别稳定的结构（带完整苯环），反应速率快，是主要产物。β位取代的中间体只有一个特别稳定的结构，反应速率慢，是次要产物。

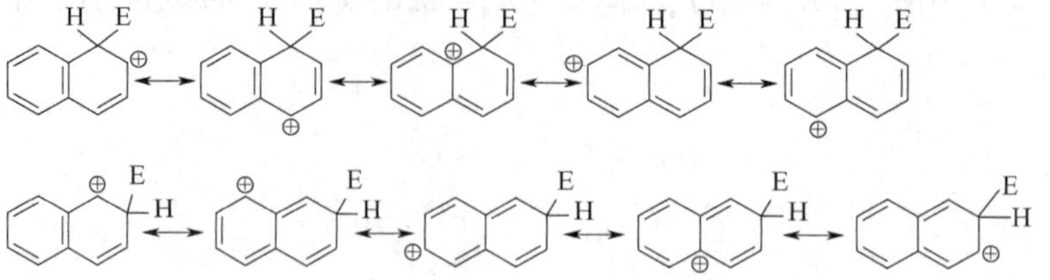

再如，薁是一个环戊二烯环并环庚三烯环结构。亲核反应主要发生在七元环，主产物是4，6，8位取代产物；亲电反应主要发生在五元环，主产物是1，3位取代产物。

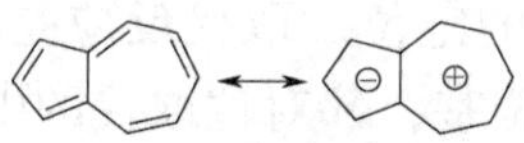

（5）预测反应速率。一般而言，有机反应中间体的稳定性越高，则反应速率越快。比如溴代烷烃的水解反应，由于烯丙基正离子稳定性高、反应快，而溴丙烷的情况与之相反。

$$H_2C=CHCH_2Br \xrightarrow{-Br^-} H_2C=CHCH_2^+ \xrightarrow{+OH^-} H_2C=CHCH_2OH$$

$$H_3C-CH_2CH_2Br \xrightarrow{-Br^-} H_2C-CH_2CH_2^+ \xrightarrow{+OH^-} CH_3CH_2CH_2OH$$

需要指出的是，共振理论有助于进行上述分析，但仍尚存几点争议：共振理论不能解释化合物的芳香性，有时会得到相反的结论；参与共振的极限结构不是真实存在的；共振理论假定分子是非激发态结构的共振杂化体，因此无法解释反应过程中的激发态问题；"分子参加共振的数目越多，分子就越稳定"的规则具有很大的任意性。

2.2 有机反应中的电子效应与空间效应

有机化合物中的取代基不同，将对分子性质产生影响，称取代基效应。

取代基效应可以大致分为两大类：一类是电子效应，是通过键的极性传递所表现的分子中原子或基团间的相互影响，取代基通过影响分子中电子云的分布而起作用；另一类是空间效应，是由取代基的大小和形状引起分子中特殊的张力或阻力的一种效应，空间效应也对化合物分子的反应性产生一定影响。

2.2.1 电子效应

电子效应可用来讨论分子中原子间的相互影响以及原子间电子云分布的变化，分为诱导效应、共轭效应和超共轭效应。

2.2.1.1 诱导效应（induction effect）

在有机分子中相互连接的不同原子间，由原子各自的电负性不同而引起的连接键内电子云偏移的现象，以及原子或分子受外电场作用而引起的电子云转移的现象称为诱导效应，用符号 I 表示。根据作用特点，诱导效应可分为静态诱导效应和动态诱导效应。

1. 共价键的极性和静态诱导效应 I_s

诱导效应是由分子内成键原子的电负性不同所引起的，电子云沿键链（包括 σ 键和 π 键）按一定方向移动的效应，或者说键的极性通过键链依次诱导传递的效应。这种效应如果存在于未发生反应的分子中，是化合物分子内固有的性质，就被称为静态诱导效应，用 I_s 表示，其中 s 为 static（静态）一词的缩写。

诱导效应的方向通常以 C—H 键作为基准，比氢电负性大的原子或原子团具有较大的吸电性，称吸电子基，由此引起的静态诱导效应称为吸电静态诱导效应，通常以 $-I_s$ 表示；比氢电负性小的原子或原子团具有较大的供电性，称给电子基，由此引起的静态诱导效应称为供电静态诱导效应，通常以 $+I_s$ 表示。其一般的表示方法如下（键内的箭头表示电子云的偏移方向）：

$$\overset{\delta^+}{Z}{\rightarrow}\overset{\delta^-}{CR_3} \quad H{-}CR_3 \quad \overset{\delta^+}{Z}{\leftarrow}\overset{\delta^-}{CR_3} \quad \overset{\delta^-}{X}{\leftarrow}\overset{\delta^+}{A}{\leftarrow}\overset{\delta\delta^+}{B}{\leftarrow}\overset{\delta\delta\delta^+}{C}{\cdots}$$

给电子　　　吸电子

诱导效应的传导是以静电诱导的方式沿着单键或重键进行的，只涉及电子云密度分布的改变，引起键的极性改变，一般不引起整个分子的电荷转移、价态的变化。这种影响沿分子链迅速减弱，实际上，经过三个原子之后，诱导效应已很微弱，相隔五个原子以上则基本观察不到诱导效应的影响。

例如，氯乙酸的酸性强于丙酸，正是由于氯原子吸电静态诱导效应的依次传递，促进了质子的离解，酸性增加；而甲基供电静态诱导效应依次诱导传递，阻碍了质子离解，酸性降低。

$$Cl{\leftarrow}CH_2{\leftarrow}\overset{\overset{O}{\parallel}}{C}{-}O{\leftarrow}H \qquad CH_3{\rightarrow}CH_2{\rightarrow}\overset{\overset{O}{\parallel}}{C}{-}O{\rightarrow}H$$

以 α-氯代丁酸、β-氯代丁酸、γ-氯代丁酸和丁酸为例，氯原子距羧基越远，诱导效应作用越弱。氯原子的影响随着距离的增加而急速减小。

	$K\times 10^4$
α-氯代丁酸	14.0
β-氯代丁酸	0.89
γ-氯代丁酸	0.26
丁酸	0.155

诱导效应具有加和性，比如 α-氯代乙酸，氯原子取代越多，酸性越强。

	pK_a
CH_3COOH	4.75
$ClCH_2COOH$	2.86
$Cl_2CHCOOH$	1.26
Cl_3CCOOH	0.64

诱导效应不仅可以沿 σ 键链传递，同样也可以通过 π 键传递，而且由于 π 键电子云流动性较大，因此不饱和键能更有效地传递。

2. 动态诱导效应 I_d

在化学反应中，当进攻试剂接近底物时，因外界电场的影响，共价键上电子云分布也会发生改变，键的极性发生变化，这被称为动态诱导效应，也称可极化性，用 I_d 表示。

发生动态诱导效应时，外电场的方向将决定键内电子云偏离方向。

$$A \longrightarrow B \xrightleftharpoons[\text{去}[X]^+\text{的作用}]{[X]^+\text{的作用}} A \longrightarrow B[X]^+$$
$$\text{正常状态} \qquad\qquad \text{试剂存在下的状态}$$

如果 I_d 和 I_s 的作用方向一致时，将有助于化学反应的进行。在两者的作用方向不一致时，I_d 往往起主导作用。

3. 诱导效应的相对强度

对于静态诱导效应，其强度取决于原子或基团的电负性。

同周期的元素中，其电负性和 $-I_s$ 随族数的增大而递增，但 $+I_s$ 则相反。如 $-I_s$：—F>—OH>—NH_2>—CH_3。

同族元素中，其电负性和 $-I_s$ 随周期数增大而递减，但 $+I_s$ 则相反。如 $-I_s$：—F>—Cl>—Br>—I，—OR>—SR>—SeR。

同种中心原子上，带有正电荷的比不带正电荷的 $-I_s$ 要强；带有负电荷的比同类不带负电荷的 $+I_s$ 要强。例如，$-I_s$：—$^+NR_3$>—NR_2，—$^+OR_2$>—$^+SR_2$>—$^+SeR_2$，—$^+NR_3$>—$^+PR_3$>—$^+AsR_3$；$+I_s$：—O^->—OR

中心原子相同而不饱和程度不同时，则随着不饱和程度的增大，$-I_s$ 增强。例如，$-I_s$：≡O>—OR；≡N>=NR>—NR_2。

一些常见取代基的吸电子能力、供电子能力强弱的次序如下。$-I_s$：—$^+NR_3$>—$^+NH_3$>—NO_2>—SO_2R>—CN>—COOH>—F>—Cl>—Br>—I>—OAr>—COOR>—OR>—COR>—OH>—C≡CR>—C_6H_5>—CH=CH_2>—H；$+I_s$：—O^->—CO_2^->—$C(CH_3)_3$>—$CH(CH_3)_2$>—CH_2CH_3>—CH_3>—H。

对于动态诱导效应，其强度与施加影响的原子或基团的性质有关，也与受影响的键内电子云可极化性有关。动态诱导效应是一种暂时的效应，不一定反映在分子的物理性质上，不能由偶极矩等物理性质的测定来比较强弱次序。比较科学、可靠的方法是根据元素在周期表中所在的位置来进行比较。

在同族或同周期元素中，元素的电负性越小，其电子云受核的约束也越弱，可极化性就越强，即 I_d 越大，反应活性越大。如 I_d：—I>—Br>—Cl>—F；—CR_3>—NR_2>—OR>—F。

原子的富电荷性将增加其可极化的倾向。如 I_d：—O^->—OR>—O^+R_2。

电子云的流动性越强，其可极化倾向越大。一般来说，不饱和化合物的不饱和程度大，其 I_d 也大。如 I_d：—C_6H_5>—CH=CH_2>—CH_2CH_3。

4. 诱导效应对反应活性的影响

比如，丙烯与卤化氢加成，遵守马氏规则，而3,3,3-三氯丙烯与卤化氢加成，则遵循反马氏规则。

$$Cl_3C \leftarrow CH=CH_2 + HCl \longrightarrow Cl_3C—CH_2—CH_2Cl$$

再如，在苯环的定位效应中，$^+N(CH_3)_3$ 具有强烈的诱导效应，所以是很强的间位定位基，在苯环亲电取代反应中主要得到间位产物，而且使亲电取代比苯难于进行。

2.2.1.2 共轭效应（conjugative effect）

1. 共轭效应的定义

在单双键交替排列的体系中，或具有未共用电子对的原子与双键直接相连的体系中，p轨道与π轨道或π轨道与π轨道之间存在着相互作用和影响。电子云不再定域在成键原子之间，而是围绕整个分子形成整体的分子轨道。每个成键电子不仅受到成键原子的原子核的作用，而且也受分子中其他原子核的作用，因而分子能量降低，体系趋于稳定。这种现象被称为电子的离域，这种键称为离域键，由此而产生的额外的稳定能被称为离域能（或称共轭能）。含有这样一些离域键的体系统称为共轭体系。

在共轭体系中，由于π电子离域，分子中电子云的密度分布有所改变，键长趋于平均化，体系能量降低而分子稳定性增加的效应称共轭效应（又称电子离域效应）。

2. 共轭体系

共轭体系中以 p-π 共轭、π-π 共轭最为常见。

π-π 共轭体系：单键双键交替排列组成共轭体系，由π轨道与π轨道电子离域的体系称为π-π共轭体系。不只双键，其他π键如三键也可组成π-π共轭体系，如：

$$CH_2=CH-CH=CH_2 \qquad CH_2=CH-\underset{H}{C}=O$$

p-π 共轭体系：具有处于 p 轨道的未共用电子对的原子与π键直接相连的体系，称为p-π共轭体系。根据电子数量，分三种形式：

多电子 p-π 共轭：$CH_2=CH-\ddot{C}l \qquad \pi_3^4 \qquad CH_2=CH-\ddot{O}-CH_3 \qquad \pi_3^4$

等电子 p-π 共轭：$CH_2=CH-\dot{C}H_2 \qquad \pi_3^3$

少电子 p-π 共轭：$CH_2=CH-\overset{+}{C}H_2 \qquad \pi_3^2$

由于 p-π 共轭效应分散了正电荷或独电子性，烯丙基型正离子、自由基都比较稳定。

3. 共轭效应的分类

共轭效应也可分为静态共轭效应（以 C_s 表示）、动态共轭效应（以 C_d 表示），可进一步细分为给电子效应的正共轭效应（$+C_s$，$+C_d$）、吸电子效应的负共轭效应（$-C_s$，$-C_d$）。

例如：1,3-丁二烯在基态时由于存在 C_s，表现出体系能量降低、π电子离域、键长趋于平均化。当与HCl发生加成反应时，由于质子外电场的影响，丁二烯内部发生 $-C_d$，分子上π电子云沿着共轭链发生转移，出现各碳原子被极化——所带部分电荷正负交替分布的情况，这是动态共轭效应（$-C_d$）所致。

在反应中生成的上述活性中间体——正碳离子，由于结构上具有烯丙基型正碳离子的 p-π 共轭离域而稳定，进而产生1,2-加成和1,4-加成两种产物。

4. 共轭效应的相对强度

共轭体系出现正、负电荷交替现象，共轭效应随共轭链传递，不减弱。共轭效应的强弱与组成共轭体系的原子性质、价键状况以及空间位阻等因素有关。静态共轭效应（C_s）和动态共轭效应（C_d）有相同的传递方式，它们的强弱比较次序是一致的。

同族元素，随元素的原子序数增加，共轭效应+C 减少，-C 变大。
$$+C：—F>—Cl>—Br>—I$$
同周期元素，+C 效应随原子序数的增加而变小，而-C 变大。
$$+C：—NR_2>—OR>—F$$
带正电荷的取代基具有相对更强的-C，而带负电荷的取代基具有相对更强的+C。
$$+C：—O^->—OR>—O^+R_2$$

2.2.1.3 超共轭效应

单键与重键以及单键与单键之间也存在着电子离域的现象，即出现 σ-π 共轭和 σ-σ 共轭，一般称为超共轭效应。

烷基超共轭效应与 C—H 键的性质有关，碳原子的 sp^3 杂化轨道与氢原子的 1s 轨道重叠为 C—H 键，由于 H 原子很小，它好比嵌在碳的原子轨道中，而电子云密度相对地向碳集中。在它和 π 键相邻时，就发生电子的离域现象，即 σ 键与 π 键之间的电子偏移，使体系变得较稳定，如图 2.13 所示。

图 2.13　超共轭（烷基的 σ 轨道和双键的 π 分子轨道重叠）

很明显，烷基超共轭效应的强弱，由烷基中与重键发生共轭的 C—H 键数目多少决定。这种碳氢键数目越多，则所发生超共轭效应也越强。详见下式：

→ 表示诱导效应；　↷ 表示超共轭效应

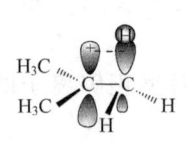
碳氢键不仅可与 π 键发生超共轭效应，也可与 p 轨道相互作用而发生 σ-p 超共轭效应。例如丙烯分子中，甲基上的 C—H 键可与不饱和体系发生共轭，使 σ 键和 π 键间的电子云发生离域，形成 σ-π 键共轭体系。C—H 键的电子云也可离域到相邻的空 p 轨道或仅有单个电子的 p 轨道上，形成 σ-p 超共轭效应，使电荷分散，体系稳定性增加。

再如，自由基具有电子不饱和性，它的单电子有配对成键的趋势。但它的稳定程度却随自由基的结构不同而异。当一个烷基自由基的单电子 p 轨道与 C—H 键的 σ 轨道同处于一个体系时，可发生 σ-p 超共轭效应。C—H 键的成键电子云向具有单电子的碳原子转移，使此单电子不再局限在一个碳原子上，而为整个超共轭体系所分散，因而增加了自由基的稳定性。参与超共轭的 C—H 键越多，体系就越稳定。下述烷基自由基稳定次序为：

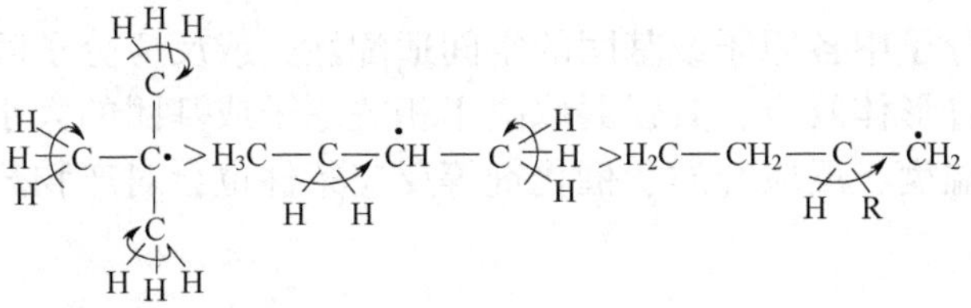

（结构式图示）

除了 σ-p 及 σ-π 超共轭外，还存在 σ-σ 超共轭效应，这种效应在静态分子中不明显，只在试剂进攻时才发生，此处不再讨论。

【例 2.5】 找出下列分子中存在的共轭体系。

$$H_3C-CH=CH-C\equiv CH \qquad CH_2=CH-\overset{H}{\underset{+}{C}}-CH_3 \qquad CH_3-\overset{H}{\underset{+}{C}}-Cl$$

$$\sigma\text{-}\pi \quad \pi\text{-}\pi \qquad\qquad p\text{-}\pi \quad \sigma\text{-}p \qquad\qquad \sigma\text{-}p \quad p\text{-}p$$

2.2.1.4 电子效应的应用

（1）解释烷基自由基、碳正离子的稳定性。

$$PhCH_2\cdot > CH_2=CHCH_2\cdot > 3°R\cdot > 2°R\cdot > 1°R\cdot > \cdot CH_3$$

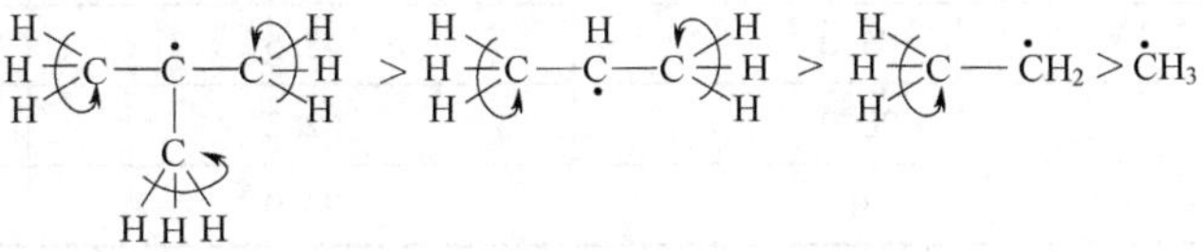

（结构式图示）

（2）结合"稳定性原理"解释反应现象。

【例 2.6】 解释下列反应产物为什么不是后者。

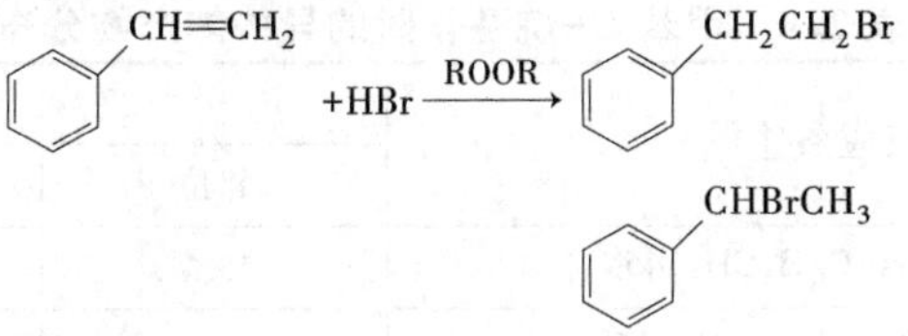

$$\text{PhCH=CH}_2 + HBr \xrightarrow{ROOR} PhCH_2CH_2Br$$

$$PhCHBrCH_3$$

解： 比较中间体自由基的稳定性。

$$Ph\dot{C}HCH_2Br \qquad\qquad PhCHBr\dot{C}H_2$$

（具有 p-π 共轭，稳定）　（没有 p-π 共轭，稳定性小）

【例 2.7】 下列反应产物是哪种？为什么？

$$PhCH=CH-CH=CH_2 + HBr \longrightarrow ?$$

$$PhCH-CH_2-CH=CH_2 \qquad\qquad PhCH=CH-CH-CH_3$$
$$\quad\ |\qquad\qquad\qquad\qquad\qquad\qquad\qquad\qquad\ |$$
$$\ Br\qquad\qquad\qquad\qquad\qquad\qquad\qquad\qquad Br$$

$$Ph\overset{+}{C}H-CH_2-CH=CH_2 \qquad\qquad PhCH=CH-\overset{+}{C}H-CH_3$$

解：应为后者，因为后者存在 p-π 共轭，且因共轭体系大而更稳定。

2.2.2 空间效应

空间效应是指由分子中各原子或基团的空间适配性，或反应分子间的各原子或基团的空间适配性所引起的一种形体效应，其强弱取决于相关原子或基团的大小和形状。此外，亲电试剂的活泼性、反应温度、反应介质、催化剂等反应条件也会对产物分子的形体结构产生重要影响。

2.2.2.1 空间位阻效应

最普通的空间效应是所谓的空间位阻效应，指体积庞大的取代基直接影响化合物反应活性部位的显露，阻碍反应试剂对反应中心的有效进攻；也可以指进攻试剂的庞大体积影响其有效地进入反应位置。

（1）取代基极性相差不大时，其体积越大，邻位异构产物的比例越小。例如，烷基苯进行一硝化反应时，随着烷基基团增大，硝基进入取代基邻位的空间位阻增大，邻位产物产率降低，而对位产物产率增加，见表2.3。

表 2.3 烷基苯硝化反应的异构体产物分布

原有基团	异构体分布/%		
	邻位	对位	间位
甲基	58.5	37.1	4.40
乙基	45.0	48.5	6.5
异丙基	30.0	62.3	7.7
叔丁基	0	93.0	7.0

同样，在向甲苯分子中引入甲基、乙基、异丙基和叔丁基时，随着引入基团（进攻试剂）体积增大，进入甲基邻位的空间位阻增大，邻、对位产物比例发生变化，见表2.4。

表 2.4 甲苯 C-烷基化时的异构体产物分布

新引入基团	反应条件	异构体分布/%		
		邻位	对位	间位
甲基	$CH_3Br(GaBr_3, C_6H_5CH_3, 45℃)$	55.7	9.9	34.4
乙基	$C_2H_5Br(GaBr_3, C_6H_5CH_3, 25℃)$	38.4	21.0	40.6
异丙基	$CH(CH_3)_2Br(GaBr_3, C_6H_5CH_3, 25℃)$	26.2	26.2	47.2
叔丁基	$C(CH_3)_3Br(GaBr_3, C_6H_5CH_3, 25℃)$	0	32.1	67.9

又如，卤代烷与胺类物质进行 N-烷基化反应时，一般不用卤代叔烷作烷化剂，这是因为卤代叔烷的空间位阻大。在反应条件下，卤代叔烷的反应中心不能有效地作用于氨基，相反，自身却容易发生消除反应，产生烯烃副产物。

（2）当取代基极性效应起主导作用时，结果可能相反。例如卤苯在25℃进行一硝化，邻位/对位异构体比例随着卤基的极性增加而减小。

2.2.2.2 亲电试剂的活泼性

亲电试剂的活泼性越高，亲电取代反应速率越快，反应的选择性越低。亲电试剂的活泼性越低，亲电取代反应速率越低，反应的选择性越高（表2.5）。

表 2.5　亲电试剂活泼性对产物异构比例的影响

异构产物比例/%	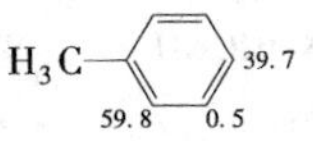 H₃C—⟨⟩ 39.7 / 59.8　0.5	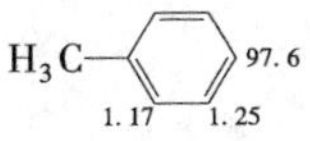 H₃C—⟨⟩ 97.6 / 1.17　1.25	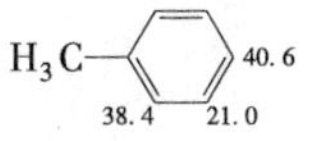 H₃C—⟨⟩ 40.6 / 38.4　21.0
反应类型	氯化	C-酰化	C-烷化
反应条件（25℃）	Cl_2 (CH_3COOH)	CH_3COCl ($AlCl_3$, $C_2H_4Cl_2$)	C_2H_5Br ($GaBr_3$, $C_6H_5CH_3$)
k_T/k_B	340	128	2.47

2.2.2.3　反应温度

通常情况下，温度升高，亲电取代反应活性增高，选择性下降。

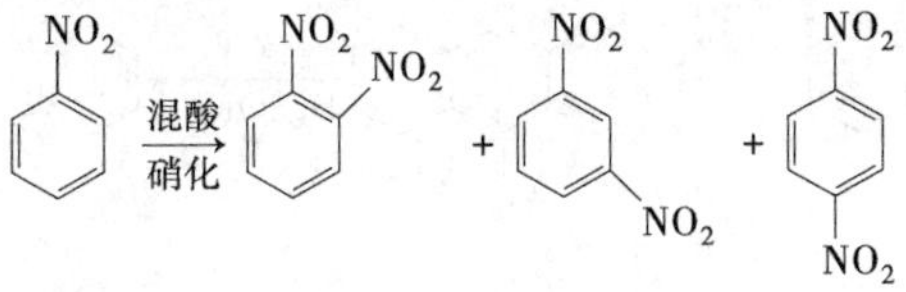

	邻位	间位	对位
0℃	5%	94%	1%
40℃	7%	91%	2%
90℃	13%	85%	2%

反应温度升高，还会使不可逆的磺化、C-烷化反应转变为可逆反应，从而影响产物异构体的比例（图2.14）。

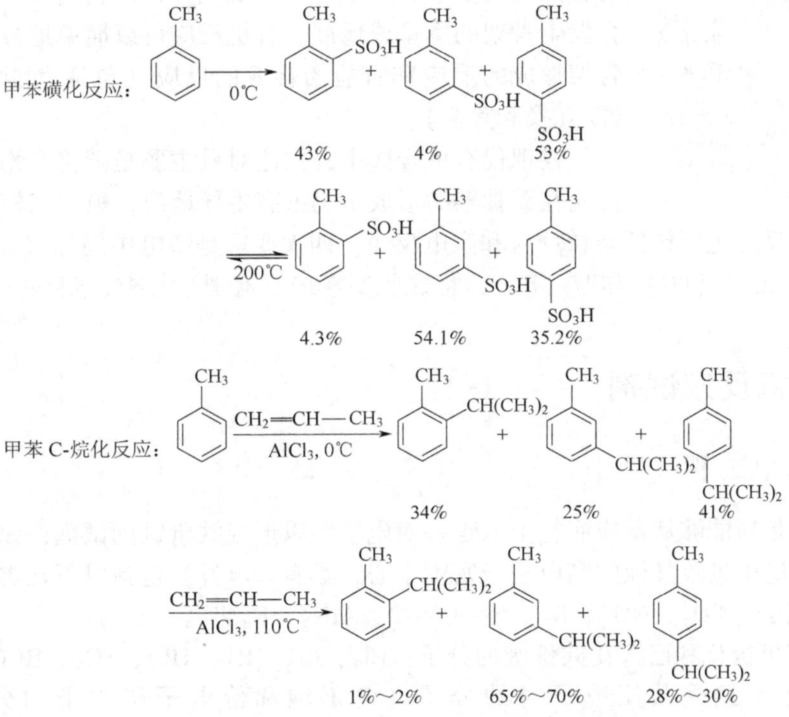

甲苯磺化反应：

0℃：43%　4%　53%

200℃：4.3%　54.1%　35.2%

甲苯 C-烷化反应：

$CH_2=CH-CH_3$ / $AlCl_3$, 0℃：34%　25%　41%

$CH_2=CH-CH_3$ / $AlCl_3$, 110℃：1%~2%　65%~70%　28%~30%

图 2.14　反应温度对产物异构体比例的影响

2.2.2.4 反应介质

例如乙酰苯胺的硝化反应，在质子型溶剂中生成的产物以对位异构体为主。

	乙酸酐	硫酸
邻位	约92%	约30%
间位	少量	少量
对位	约8%	约70%

2.2.2.5 催化剂

催化剂的加入，会改变亲电中间体的极性效应或空间效应，改变反应历程。

2.3 基本有机反应类型和反应机理

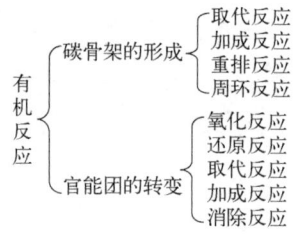

有机化合物通常由碳骨架和官能团两部分组成。当然也有不含官能团的分子，如烷烃、环烷烃等，但它们在一定条件下，也会发生骨架的重排或增减。有机反应可以简单地分为两大类：碳骨架形成的反应和官能团转变的反应（包括官能团的导入、修饰/互换和除去）。

在现代有机合成中，关注对象主要是碳化合物的合成，极性反应在碳骨架的形成中仍占有主导地位，极性亲核中间体与亲电中间体的极性反应主要包括亲核反应和亲电反应。四大要素是亲电中间体（E$^+$）、亲核中间体（Nu$^-$）、离去基（LG）和碱（B$^-$），将这些要素进行梳理、分类、归纳，就可把握好这类反应。

2.3.1 有机反应试剂

2.3.1.1 亲电试剂

亲电试剂是指能够从反应底物上取走一对电子，以形成共价键的试剂，该试剂电子云密度较低，在反应中进攻其他的高电子云密度中心，具有亲电性，包括以下几类：

（1）正离子：NO_2^+、NO^+、R^+、$R-C\overset{+}{=}O$、ArN_2^+、R_4N^+等。

（2）含有可极化和已极化共价键的分子：Cl_2、Br_2、HF、HCl、SO_3、RCOCl、CO_2等。

（3）含有可接受共用电子对的分子（含未饱和价电子层原子的分子）：$AlCl_3$、$FeCl_3$等。

(4) 羰基的双键。

(5) 卤代烷中的烷基：R—X。

由该类试剂进攻引起的离子反应称为亲电反应。例如，亲电取代、亲电加成。

2.3.1.2 亲核试剂

亲核试剂是指能够把一对电子提供给反应底物，以形成共价键的试剂，该试剂电子云密度较高，在反应中进攻其他的低电子云密度中心，具有亲核性，包括以下几类：

(1) 负离子：OH^-、RO^-、ArO^-、CN^-等。

(2) 极性分子中的偶极负端：NH_3、RNH_2、$RR'NH$、NH_2OH等。

(3) 烯烃双键和芳环：$CH_2=CH_2$、C_6H_6等。

(4) 还原剂。

(5) 有机金属化合物中的烷基：$RMgX$、$RC\equiv CM$等。

2.3.1.3 自由基试剂

含有未成对单电子的自由基（也称自由基）或是在一定条件下可产生自由基的化合物称自由基试剂。例如，偶氮二异丁腈热分解可产生自由基$(CH_3)_2CN\cdot$，氯分子(Cl_2)可产生氯自由基$(Cl\cdot)$。

2.3.2 有机反应基本过程

(1) 断键与成键。断键有均裂和异裂两种形式。化学键键能较小，裂解释放出较稳定大分子时易发生均裂；化学键断裂能产生较为稳定的带电离子时易发生异裂。成键有三种途径：两自由基成键、带异种电荷的离子成键、离子和中性分子成键。反应过程中，如果先断键后成键，则属于S_N1、S_E1反应历程，断键是决速步骤；若部分断部分成键，则属于S_N2、S_E2反应历程（S_N1、S_N2机理详见2.3.4.1小节）。

(2) 基团迁移。基团由分子中一个原子迁移至另一个原子上，从而使分子由热力学不稳定状态变成热力学稳定状态。

(3) 电子传递。电子由低电离电位的质点传递到高电离电位的质点上，从而完成氧化与还原反应。

$$Fe^{2+} + RO-OH \longrightarrow Fe^{3+} + RO\cdot + OH^-$$

$$2H_3C-\underset{O}{\overset{\|}{C}}-CH_3 \xrightarrow{Mg} 2H_3C-\underset{O^-}{\overset{\cdot}{C}}-CH_3 \longrightarrow \begin{matrix}CH_3\\H_3C-C-O^-\\|\quad\quad\;\;Mg^{2+}\\H_3C-C-O^-\\CH_3\end{matrix} \xrightarrow{H^+} \begin{matrix}CH_3\\H_3C-C-OH\\|\\H_3C-C-OH\\CH_3\end{matrix}$$

2.3.3 活性中间体稳定性原理及应用

大多数有机合成反应属多步骤反应，反应过程涉及一个或多个活性中间体，对活性中间体进行研究，对于研究和推断有机合成反应机理至关重要。若活性中间体稳定性大，则反应所需能量低，即活化能越少，反应速率越快。

（1）根据静电学原则，过渡态（带电体系）的稳定性决定于体系所带电荷的分布、分配情况，电荷越易分散，则整个体系就越稳定，反应越容易发生；

（2）从空间结构上讲，过渡态（带电体系）内各原子或原子团间拥挤程度越小，其稳定性也就越高，反应越容易发生。

活性中间体的种类很多，此处仅简要介绍碳正离子、碳负离子和自由基。

2.3.3.1 碳正离子

1. 碳正离子的结构和稳定性

碳正离子的基本结构如图 2.15 所示。

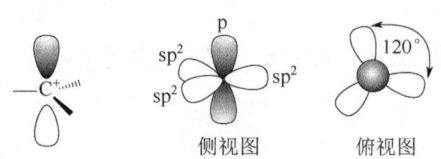

图 2.15 碳正离子示意图

带正电荷的碳原子取 sp^2 杂化，三个取代基与中心碳所形成的三个共价键处于同一平面，这样有利于取代基之间尽量远离。垂直于分子平面的 p 轨道为空轨道，这样较带 s 成分的轨道为空轨道稳定，因为杂化轨道中 s 成分越多，则轨道离核就越近，电子填充在含 s 成分多的轨道中可降低体系的能量。根据带正电荷碳原子的位置，可分为一级、二级和三级碳正离子。

碳正离子的稳定性受电子效应（包括共轭效应、超共轭效应、诱导效应和场效应）、位阻效应、溶剂效应等因素的影响。任何使碳正离子中心碳原子电子云密度增加的电子效应都可使中心碳原子的正电荷分散，提高碳正离子的稳定性。由于碳正离子的中心碳原子取 sp^2 杂化，与 sp^3 杂化相比，sp^2 杂化有利于取代基之间相互远离，降低张力。因此，碳正离子的中心碳原子上取代基越拥挤，则相应碳正离子越稳定。对于带电荷的碳正离子，溶剂效应对其稳定性的影响也很大。如在水溶液中叔丁基溴的离解只需 83.72kJ/mol 的能量，而在气相中则需要 837.2kJ/mol。可见，极性溶剂通过溶剂化作用可以很好地稳定碳正离子。溶剂效应将在 3.3 小节予以详细介绍。

2. 碳正离子的生成

碳正离子的生成方法主要有四种：直接离子化法（或中性分子异裂）、离子化官能团脱中性分子法、质子或其他带正电的物种与含不饱和键中性分子的加成法，以及阳离子自由基脱自由基法。

（1）直接离子化法：是指与碳原子相连的一个基团带着一对电子离去。

$$R—X \longrightarrow R^{\oplus}+X^{\ominus}（可能是可逆的）$$

其中，X = F、Cl、Br、I、OH、CF_3COO、CF_3SO_3、CH_3COO、OTs（对甲苯磺酸基）等。当 X 所对应的共轭酸酸性强时，X 就是一个好的离去基团，则有利于碳正离子的形成。Lewis 酸被广泛地用于协助 X 离去形成碳正离子。

（2）离子化官能团脱中性分子法：是指官能团通过离子化反应转变成离去基团。例如醇羟基质子化形成氧镓盐，或者伯胺转变成重氮盐，它们都可以进一步形成相应的碳正离子。

$$R-OH \xrightarrow{H^+} R-OH_2^{\oplus} \longrightarrow R^{\oplus} + H_2O \quad (可能是可逆的)$$

$$R-NH_2 \xrightarrow{HONO} R-N_2^{\oplus} \longrightarrow R^{\oplus} + N_2$$

（3）质子或其他带正电的物种与含不饱和键中性分子的加成法：是使相邻的碳原子带正电荷。例如烯烃与 H^+ 反应，甲苯硝化。

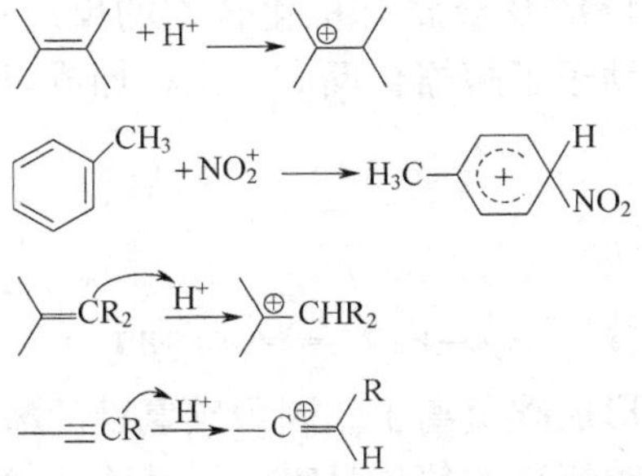

（4）阳离子自由基脱自由基法：是在质谱中常见的形成碳正离子的方法，与有机反应无关。

用任一方法产生的碳正离子常常都是短暂存在的物种，不用分离即进行下一步反应。

3. 碳正离子的反应

涉及碳正离子中间体的反应类型很多，如亲核取代反应、β-消除反应、烯烃的亲电加成反应等。在这些反应中，生成的碳正离子中间体可能发生重排，有些重排还是反应过程中的关键步骤。重排反应是碳正离子的一个重要性质。如 1-溴丙烷在 $AlBr_3$ 催化下生成 2-溴丙烷，就涉及中间体碳正离子的重排反应。

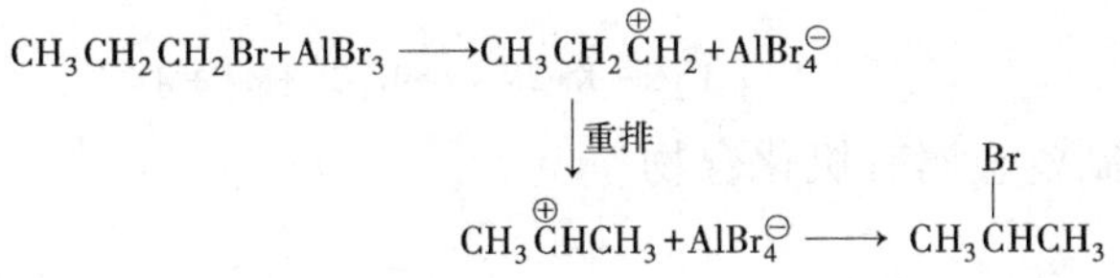

$$CH_3CH_2CH_2Br + AlBr_3 \longrightarrow CH_3CH_2\overset{\oplus}{C}H_2 + AlBr_4^{\ominus}$$
$$\downarrow 重排$$
$$CH_3\overset{\oplus}{C}HCH_3 + AlBr_4^{\ominus} \longrightarrow CH_3\overset{Br}{C}HCH_3$$

2.3.3.2 碳负离子

1. 碳负离子的结构和稳定性

碳负离子是四价碳原子以三价与三个原子或原子团结合，同时含有一对未共用电子对，而形成带负电的活性中间体，如 $^-CH_3$、$^-CH_2NO_2$、$^-CH_2CN$ 等。

近代理论认为，碳负离子有两种杂化形式：sp^2 杂化和 sp^3 杂化。与 sp^3 杂化的碳负离子相比，sp^2 杂化的碳负离子的能量较高。由价键理论可知，sp^2 杂化的碳负离子中孤对电子与 C—R 键距离较近，它们之间的斥力使体系的能量增加。大部分的碳负离子取 sp^3 杂化，只有少数与芳烃等不饱和基团相连的碳负离子取 sp^2 杂化，使孤对电子与不饱和体系很好地共轭，分散负电荷，降低体系的能量，如三苯甲基碳负离子。

碳负离子非常活泼，其稳定程度取决于富电子碳所连基团对其负电荷的分散程度，负电荷越分散，碳负离子就越稳定。当富电子碳与烷基相连时，由于烷基的给电子性能，使碳上负电荷更趋集中，因此稳定性次序为：甲基碳负离子>伯碳负离子>仲碳负离子>叔碳负离子。相反，当富电子碳所连基团是吸电子的，如—NO_2、—$COOC_2H_5$ 等，或者不饱和体系，如—CH=CH—、—Ar 等，则使碳负离子趋于稳定。例如，下述两物质的稳定性顺序为：$^-CH_2NO_2 > {}^-CH_2COCH_3$。由于多数碳负离子取 sp^3 杂化，取代基之间较为拥挤，所以与碳正离子的稳定性相反，随着碳负离子的取代基的体积变大，分子内张力增加，碳负离子稳定性降低。同时，其他因素也影响碳负离子的稳定性。

由于碳负离子是路易斯碱，因此它一般产生于碱性条件下的离子反应。羰基化合物的缩合反应、卤化反应、互变异构反应及金属有机化合物的反应中都可有碳负离子生成。研究它，可推断过渡态结构，也有助于了解缩合反应、亲核加成以及亲核取代反应的历程。

2. 碳负离子的生成

(1) 酸碱反应。

$$R_3C-H + B^\ominus \rightleftharpoons R_3C{:}^\ominus + BH$$

该法使碳氢键发生异裂而形成碳负离子。因为碳氢键的酸性很弱，所以只有使用强碱才可能使碳氢键发生异裂。如果碳氢键的邻位是吸电子基团，较易生成碳负离子。在羰基化合物脱 α-H 反应中，如果所用碱选择不当，会导致碱对羰基进行亲核进攻。为解决这一问题，常采用二异丙基氨基锂（LDA）等位阻大的含氮碱，如：

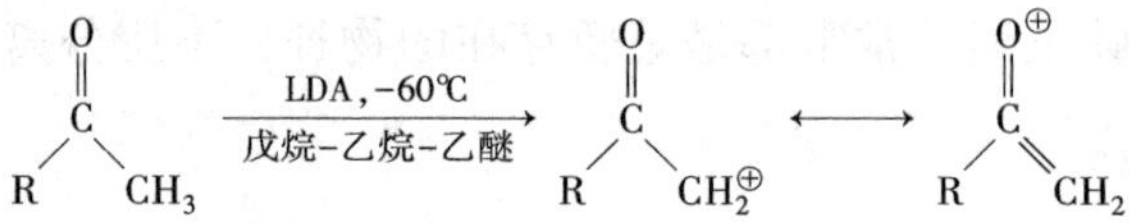

(2) 一个负离子加成到碳—碳双键或三键上。

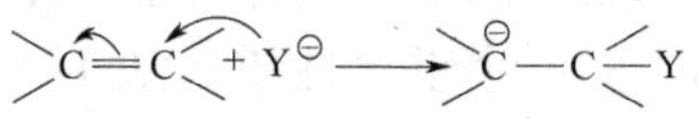

(3) 金属还原碳卤键。

$$R_3C-X + 2M \rightleftharpoons R_3C{:}^\ominus + M^\oplus + MX$$

该法常用于制备金属有机化合物。

(4) 其他。

有些金属能与烯烃直接反应生成碳负离子。

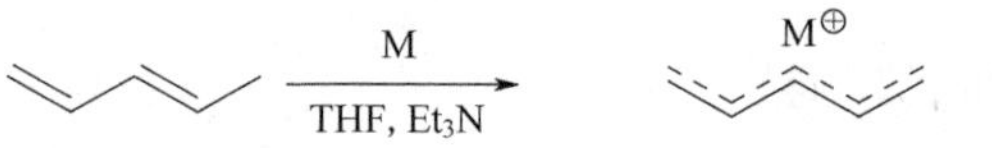

(M=Li, Na, K, Rb, Cs)

有时，碳负离子还可由烯烃与亲核试剂反应形成。

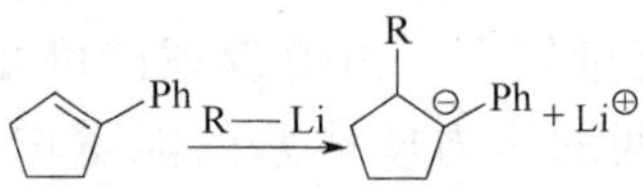

3. 碳负离子的反应

亲核反应是碳负离子的主要反应之一，经碳负离子中间体的反应大部分涉及碳负离子的亲核反应。碳负离子可以与带有较好的离去基团的碳原子发生亲核取代反应，这是形成 C—C 键的常用方法。最常见的反应是与带正电的物种结合（通常是 H^+），或与其他外电子层壳中具有空轨道的物种结合。

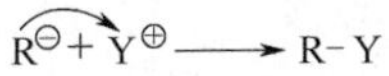

$$R^\ominus + Y^\oplus \longrightarrow R-Y$$

例如 2,3-二苯基丙酸的合成，就是利用碳负离子与苄氯的反应。

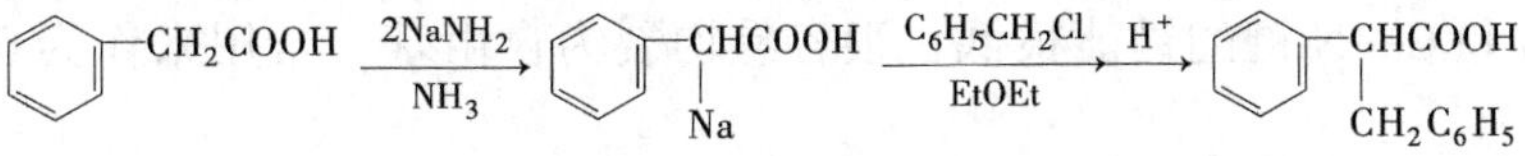

$$C_6H_5CH_2COOH \xrightarrow[NH_3]{2NaNH_2} C_6H_5CHCOOH\text{(Na)} \xrightarrow[EtOEt]{C_6H_5CH_2Cl} \xrightarrow{H^+} C_6H_5CH(CH_2C_6H_5)COOH$$

碳负离子还可以与已经有四根键的碳成键，取代四个基团中的一个。

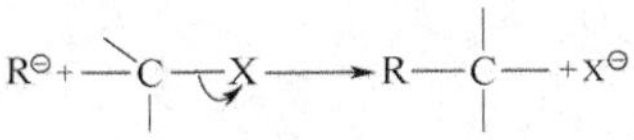

$$R^\ominus + -\overset{|}{\underset{|}{C}}-X \longrightarrow R-\overset{|}{\underset{|}{C}}- + X^\ominus$$

也能采用转变成非中性物种的方式反应，可以加成到双键上（通常为 C=O）。

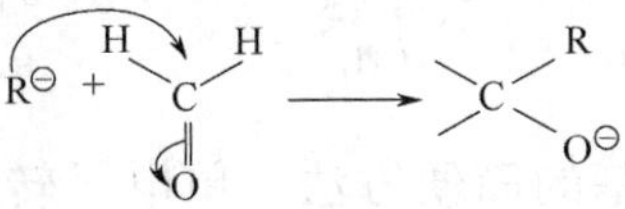

$$R^\ominus + \overset{H}{\underset{O}{C}}=\overset{H}{} \longrightarrow \overset{R}{\underset{O^\ominus}{C}}$$

或发生重排，尽管碳负离子的重排很少。

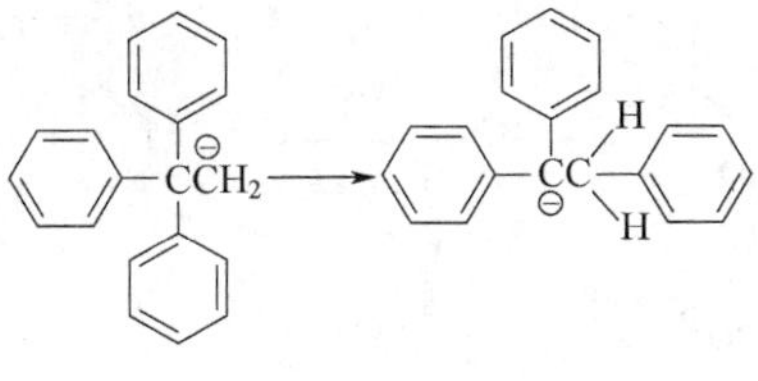

或被氧化成自由基。

2.3.3.3 自由基

1. 自由基的结构和稳定性

自由基是指有一个未成对电子的原子或分子，不带电荷。大多数烷基自由基具有角锥型结构，含有未成对电子的碳原子取 sp^3 杂化，未成对电子占据其中一个 sp^3 杂化轨道。角锥型自由基可以像氨分子一样快速地翻转，中间经过一个 sp^2 杂化的平面结构（未成对电子处于 p 轨道）。自由基翻转的能垒很低，只有 2.5kJ/mol。自由基的快速翻转使得一些具有光学活性的反应物经自由基机理反应后得到的是外消旋产物，例如光学活性的 1-氯-2-甲基丁烷的氯化反应，得到的产物是外消旋体，如图 2.16 所示。

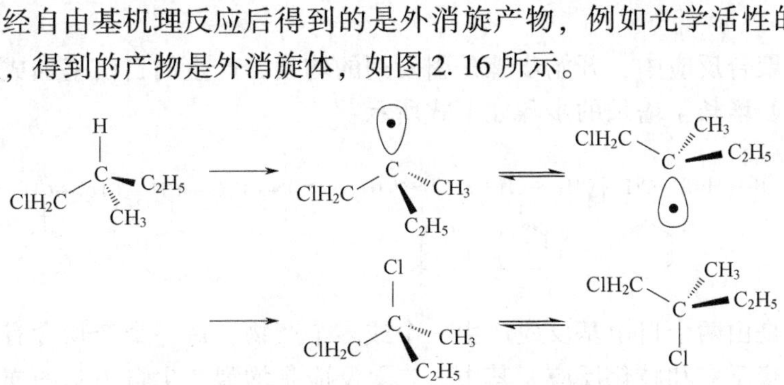

图 2.16 光学活性的 1-氯-2-甲基丁烷的外消旋化氯化反应

烷基自由基的稳定性受共轭效应、超共轭效应和空间位阻效应等多种因素的影响。与自由基相连的烷基数目越多，稳定性越高，即稳定性顺序为叔碳自由基>仲碳自由基>伯碳自由基。烷基对自由基的稳定化作用主要来自超共轭效应的贡献。

2. 自由基的产生

自由基可通过热解或光解，使适当的化学键均裂而产生。有机过氧化物和偶氮化合物分子中的 O—O 键和 C—N 键的键能很低，很容易均裂为自由基，常用来作为自由基反应的引发剂。

$$\text{(PhCO)}_2\text{O}_2 \xrightarrow{\Delta} 2\ \text{PhCOO}\cdot$$

$$\text{PhC(CH}_3)_2\text{-N=N-C(CH}_3)_2\text{Ph} \xrightarrow{h\nu} \text{N}_2 + 2\ \text{PhC(CH}_3)_2\cdot$$

氧化还原反应也是产生自由基的简便方法。单电子转移过程先生成阳离子自由基（氧化）或阴离子自由基（还原），然后分解成自由基和离子。

$$\text{(PhCOO)}_2 + \text{Cu}^+ \longrightarrow \text{Cu}^{2+} + [\text{PhCOO-OOCPh}]^{\ominus}$$

$$\longrightarrow \text{PhCOO}^{\ominus} + \text{PhCOO}\cdot$$

3. 自由基的反应

有关自由基的反应包括链反应、重排反应、加成反应、芳香自由基取代反应、裂解反应、自氧化反应等。这里仅简要介绍链反应。

链反应是自由基最重要的反应类型，一般由链引发、链增长和链终止三个过程组成。

链增长步骤是自由基聚合反应中的关键步骤，都是由一个自由基产生另一个自由基，每一步中的反应物为上一步反应的产物。链增长方式有多种，如由一个自由基从其他分子中夺取一个原子生成稳定的分子，同时产生另一个自由基；或者通过自由基对不饱和键的加成产生另一自由基。

如在苯乙烯聚合反应中，开始步骤是引发剂的均裂，产生的自由基加成到苯乙烯分子上从而使聚合链开始增长，增长的步骤如下式所示：

$$R\!-\![\text{H}_2\text{C}\!-\!\text{CH(Ph)}]_n\!-\!\text{CH}_2\!-\!\dot{\text{C}}\text{H(Ph)} + \text{CH}_2\!=\!\text{CH(Ph)} \longrightarrow R\!-\![\text{H}_2\text{C}\!-\!\text{CH(Ph)}]_{n+1}\!-\!\text{CH}_2\!-\!\dot{\text{C}}\text{H(Ph)}$$

链终止步骤是由两个自由基反应产生一个或多个产物，每一个产物含有偶数个电子，它包括自由基的二聚反应和歧化反应。其中，二聚反应是均裂产生自由基的逆反应，该反应为放热反应，活化能很低，甚至可以忽略。歧化反应可理解为一个自由基从另外一个自由基上夺取一个氢原子，总的结果是使两个自由基消失，生成一个 C—H 键和一个双键。

2.3.4　基本有机反应类型

根据原料与产物的关系，有机反应可以分为以下四种基本类型：

取代反应 —反应试剂的性质 / 反应物分子中 C—H 键断裂方式→ 亲电取代、亲核取代、自由基取代

加成反应 —加成的基本途径→ 亲电加成、亲核加成、自由基加成、环加成

消除反应 —被消除原子或原子团位置→ α-消除、β-消除

重排反应 —发生重排原子（团）位置→ 分子内重排、分子间重排

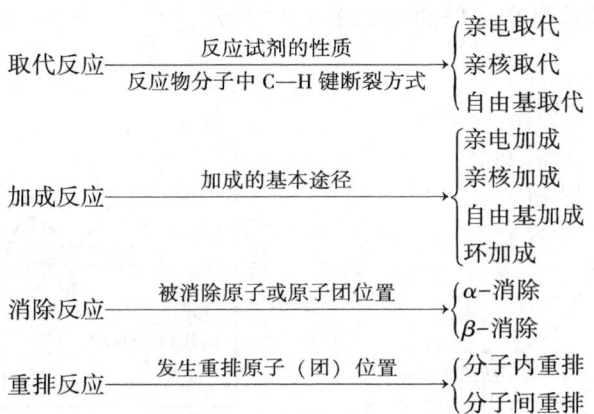

在精细化学品的合成中，以亲电反应、亲核反应、自由基反应和消除反应为主。其中取代反应通常是指与碳原子相连的原子或基团被另一个原子或基团所替代的反应，此处仅详细介绍使用频率较高的亲核取代反应和芳香族亲电取代反应。

2.3.4.1　亲核取代反应

亲核取代反应是指有机分子中与碳相连的原子或原子团，被作为亲核试剂的某原子或原子团取代的反应。其中，芳环上的亲核取代反应对反应物、试剂及反应条件等都有一定限制，当且仅当芳环上引入了强吸电子基团时，才能发生亲核取代反应。

亲核取代反应是卤代烷的典型反应，且卤代烷的水解反应研究最为充分，因此主要以卤代烷烃为例来介绍亲核取代反应。

1. 亲核取代反应机理

1）双分子亲核取代反应（S_N2）

S_N2 型反应是两种分子参与决速步的亲核取代反应，离去基团离开中心碳原子的同时，亲核试剂与中心碳原子发生部分键合，无中间体生成。

例如：溴甲烷的碱性水解时，反应速率与底物浓度和亲核试剂 OH^- 的浓度都有关，动力学上表现为二级反应，这说明反应最慢的一步中两个分子都参加了反应，故称双分子亲核取代反应（S_N2），其反应过程可表示为：

$$CH_3Br+OH^- \longrightarrow CH_3OH+Br^-$$

$$v=k[CH_3Br][OH^-]$$

TS

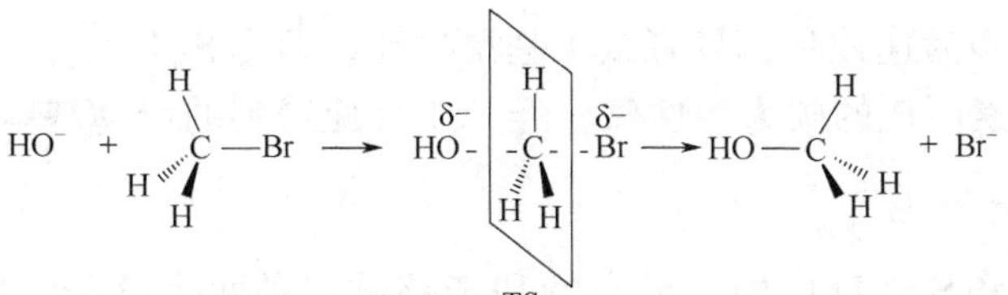

S_N2 型反应是一步反应,只一个过渡态,反应速率与反应物及亲核试剂的浓度都有关,动力学表现为二级反应;亲核试剂进攻中心碳原子时总是从离去基团溴原子的背面,沿着碳原子和离去基团连接的中心线方向进攻。这个过程会使碳原子与三个未参与反应的键发生翻转,构型100%翻转,这种翻转称Walden翻转,又称构型翻转。

溴甲烷碱性水解反应进程势能曲线如图2.17所示。

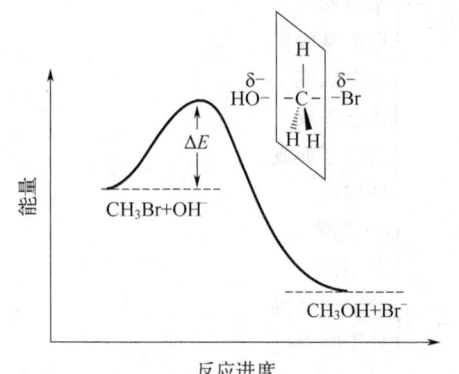

图 2.17 溴甲烷碱性水解反应进程势能曲线　　图 2.18 叔丁基溴 S_N1 水解反应的反应进程势能曲线

2) 单分子亲核取代反应（S_N1）

S_N1 型反应是两步反应。

第一步是碳原子上正电荷增加,离去基团负电性增加,经过过渡态并最终解离,生成活性中间体碳正离子与离去基团负离子。由于这一步反应的活化能较高,速率较慢,所以这一步是反应的决速步。反应速率仅与底物浓度成正比,动力学上属于一级反应。

第二步是活性中间体的碳正离子与亲核试剂作用,生成反应产物。这一步仅需少量能量,速率很快。

例如,叔丁基溴水解反应机理为:$(CH_3)_3CBr + OH^- \longrightarrow (CH_3)_3COH + Br^-$

$$v = k[(CH_3)_3CBr]$$

第一步:叔丁基溴的 C—Br 键发生异裂生成碳正离子。

$$(CH_3)_3C-Br \xrightarrow{慢} [(CH_3)_3\overset{\delta+}{C}\cdots\overset{\delta-}{Br}] \longrightarrow (CH_3)_3\overset{+}{C} + \overset{-}{Br}$$
$$\text{TS}$$

第二步:亲核试剂进攻碳正离子生成叔丁醇。

$$(CH_3)_3\overset{+}{C} + OH^- \xrightarrow{快} [(CH_3)_3\overset{\delta+}{C}\cdots\overset{\delta-}{OH}] \longrightarrow (CH_3)_3C-OH$$
$$\text{TS}$$

第一步反应很慢,是决定反应速率的一步,一旦生成了碳正离子,OH^- 马上进攻生成醇。因此,叔丁基溴的碱性水解只与底物浓度有关,而与亲核试剂浓度无关。其反应进程势能曲线如图2.18所示。

$\Delta E_1 > \Delta E_2$,第一步为速控步,只有叔丁基溴参加,即为 S_N1。

如果卤代烃中卤素所连的碳为手性碳,经 S_N1 反应得到的产物基本上是外消旋化的。

2. 邻近基团参与反应

以上讨论的 S_N1 和 S_N2 反应中,反应物和亲核试剂是两个分子,反应是在两个分子之间进行的。如果一个分子内同时存在可离去基团和亲核基团，而且两基团空间位置合适，就可以发生分子内的亲核取代反应。例如：2-氯乙醇在碱的作用下生成环氧乙烷。

$$\underset{\underset{OH}{|}}{CH_2}-\underset{\underset{Cl}{|}}{CH_2} \xrightarrow[\triangle]{OH^-} \underset{O}{H_2C-CH_2}$$

$$\underset{\underset{Cl}{|}}{CH_2}-\underset{\underset{OH}{|}}{CH_2} \xrightarrow{OH^-} \underset{\underset{Cl}{|}}{CH_2}-\underset{\underset{O^-}{|}}{CH_2} \longrightarrow \underset{O}{H_2C-CH_2} + Cl^-$$

在碱的作用下，羟基中的质子离去生成氧负离子（O^-），因为氧负离子与离去基团很近，靠 C—C 键旋转，O^- 与 Cl 可处于反式共平面，O^- 从 Cl 的反方向进攻碳，发生分子内的 S_N2 亲核取代反应。

像这样，同一分子内一个基团参与并制约另一基团发生的反应，称为邻近基团参与反应（简称邻基参与）。存在邻基参与的分子，亲核基团与离去基团不限于连在相邻的位置上，只要两个基团处于反式共平面，其位置适当，都可发生邻基参与反应。

在有机化学反应中，若反应物分子内中心碳原子邻近有—COO^-、—O^-、—OH、—OR、—NR_2、—X、—SR 等基团时，且空间距离适当，都有可能发生邻近基团参与反应。

3. 影响亲核取代反应的因素

影响亲核取代反应速率的因素很多，以下仅讨论烃基结构、离去基团、亲核试剂和溶剂对 S_N1 和 S_N2 反应的影响。

1）反应物的结构

反应物结构对 S_N1 和 S_N2 反应速率影响不同，是电子效应和空间效应共同作用的结果。

S_N1 反应主要由碳正离子的稳定性决定，碳正离子越稳定，越有利于 S_N1 反应。当中心原子上有供电子诱导效应和供电子共轭效应，以及杂原子（O、N、S）直接与中心碳原子相连时，都有利于 S_N1 反应。

碳正离子的稳定性顺序为：$(CH_3)_3C^+>(CH_3)_2CH^+>CH_3CH_2^+>CH_3^+$，因此，叔卤代烷发生 S_N1 反应最快，溴甲烷最慢。从空间效应来看，三级卤代烷中心碳原子连有三个取代基，空间拥挤程度较大，生成碳正离子后，形成平面形结构，解除了空间拥挤因素，故反应速率快。但对于 S_N1 反应，电子效应是影响反应速率的主要因素。综上所述，烃基结构对 S_N1 反应的影响（图 2.19）为：3°>2°>1°>CH_3X。

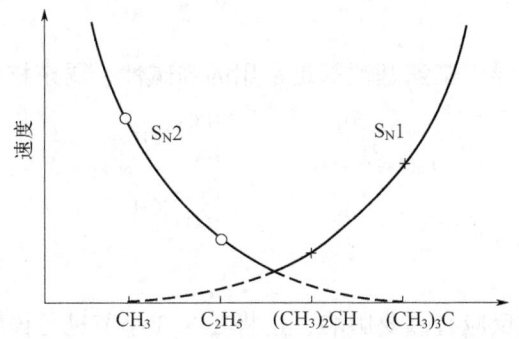

图 2.19 烃基结构对 S_N1 和 S_N2 反应速率的影响规律

S_N2 反应主要由空间效应决定，α 或 β 碳原子上烷基数目越多，烷基体积越大，S_N2 反应过渡态的中心碳原子周围的拥挤程度就越严重，越不利于 S_N2 反应。

2）离去基团

无论是 S_N1 还是 S_N2 反应，最慢的一步都涉及 C—X 的断裂。离去基团的离去能力主要决定于 X 的电负性和 X^- 的稳定性。电负性越小，C—X 键断裂越容易；X^- 碱性越弱，X^- 越稳定，离去基团的离去能力越强。卤代烷中卤素的离去能力为：I>Br>Cl。

强酸的共轭碱易离去，最重要的离去基团是 $pK_a<5$ 的酸的共轭碱。一般情况下，离去基团的离去能力大小顺序是：$RSO_3^->I^->Br^->Cl^->RCOO^->$—$OH>$—$NH_2$。

3）亲核试剂的亲核性

S_N1 反应速率与亲核试剂无关。在 S_N2 反应中，亲核试剂向中心碳进攻形成过渡态，故亲核试剂的亲核性越强，S_N2 反应速率越快。

试剂的亲核性与两个因素有关：一个是给电子能力，即碱性；另一个是可极化性，即在外界电场的作用下，电子云的变形性。在发生 S_N2 反应时，原子的变形能力强，其电子云就可变为一种有利的形状向中心碳进攻形成过渡态，反应速率快。如图 2.20 所示，I^- 比 Cl^- 可极化性大，变形容易，与碳结合能力强，反应速率快。

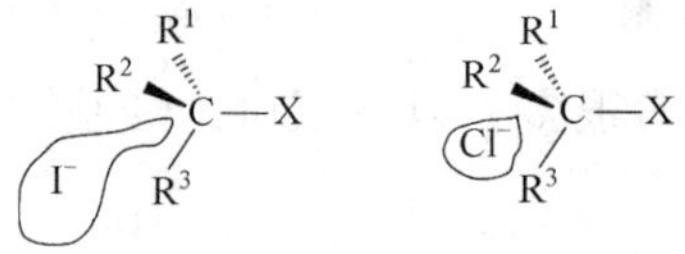

图 2.20 可极化性与亲核试剂的亲核能力示意图

在质子溶剂（如 H_2O、ROH 等）中，具有相同原子的不同基团，其亲核性与碱性是一致的，碱性强，亲核性也强；带负电荷的基团比中性分子亲核性强。例如，具有氧原子的不同亲核试剂亲核能力为：$RO^->HO^->ArO^->RCOO^->ROH>H_2O>ArOH>RCOOH$。

同一周期中的各种原子的碱性与亲核性是一致的，如：$H_2N^->HO^->F^-$；$R_3C^->R_2N^->RO^->F^-$；$H_3N>H_2O$。

同一主族中的各原子，从上到下碱性逐渐降低，但亲核性却逐渐增大，如：

碱性强弱：$I^-<Br^-<Cl^-<F^-$；$RS^-<RO^-$；$RSH<ROH$。

亲核性强弱：$I^->Br^->Cl^->F^-$；$RS^->RO^-$；$RSH>ROH$。

另外，试剂的空间体积大，亲核性降低，如：$CH_3O^->CH_3CH_2O^->(CH_3)_2CHO^->(CH_3)_3CO^-$。

因此，叔丁醇钠和二异丙基氨基锂都是常用的强碱性、弱亲核性的试剂。

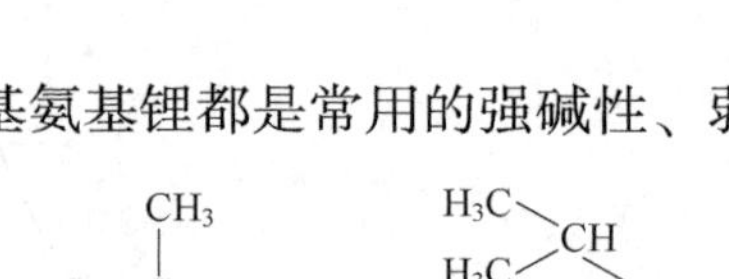

4）溶剂效应

溶剂效应对亲核取代反应有重要影响，这将在 3.3 小节进行详细阐述。此处仅给出溶剂极性对亲核取代反应的影响规律。

在S_N1反应中,第一步为决速步骤,在过渡态时,正、负电荷分离,极性溶剂可促使C—X键的断裂,反应速率加快。因此,极性溶剂有利于S_N1反应。

在S_N2反应中,溶剂极性越大,对S_N2反应越不利。

如果同一反应改变其溶剂的极性,则可能改变其反应历程。如叔丁基溴在甲酸或水中主要发生S_N1反应,在无水丙酮中则可发生S_N2反应。

5) 竞争副反应

不同结构的RX究竟按哪种机理进行反应,与底物结构、Nu^-的亲核能力强弱有关。如C_2H_5OH,$C_2H_5O^-$亲核能力不同,在相同条件下的反应历程不同。

$$\text{新戊基溴} \xrightarrow{\text{相同条件}} \begin{cases} \xrightarrow[S_N2]{C_2H_5O^-} \text{取代产物} \\ \xrightarrow[S_N1]{C_2H_5OH} \text{C}^+\text{重排} \to \text{取代} + \text{消除} \end{cases}$$

此外,还会存在消除反应与亲核取代反应之间的竞争,见表2.6。

表 2.6 卤代烃的亲核取代反应和消除反应竞争反应

项目	CH_3X	RCH_2X	R^1R^2CHX	$R^1R^2R^3CX$
S_N1	—	—	—	低温
S_N2	有	为主	为主:弱碱(I^-,CN^-,$RCOO^-$)	无
E_1	—	—	—	高温
E_2	—	大体积强碱	强碱(RO^-)	强碱(RO^-)

4. 典型的亲核取代反应

精细有机合成过程中涉及的典型亲核取代反应列于表2.7。在后续各章的单元反应中,将对它们的反应情况进行详细介绍。

表 2.7 典型的亲核取代反应类型

亲核试剂	HX	$SOCl_2$ 卤化磷	1°卤代烃或醇	2°卤代烃或醇	3°卤代烃或醇	酰氯或酸酐	强酸酯
1°醇或卤代烃	S_N2	S_N2	S_N2	—	—	S_N2	
2°醇或卤代烃	S_N1	S_N2	E1	—	E_1	S_N2	
3°醇或卤代烃	S_N1	S_N2	S_N1	E_1	—	S_N2	
烯丙醇/苄醇	S_N1	S_N2	S_N2			S_N2	
酚	—	—	S_N2	S_N2,E	E	S_N1	S_N1

注:$HX=H_2O$,NH_3,HCN,氢卤酸。

2.3.4.2 芳香族亲电取代反应

芳香族化合物中芳环上的π-电子云高度离域,具有很高的流动性,容易与亲电试剂发生亲电取代反应，包括磺化、硝化、卤化、C-烷化、C-酰化等。

1. 苯的一元亲电取代

（1）加成—消除反应历程。

亲电试剂进攻芳环时，先形成 π-络合物，然后进一步作用，形成 σ-络合物。该络合物脱去质子，芳环恢复原来的结构，从而完成亲电取代反应的全过程。一般说来，π-络合物的生成是可逆的，σ-络合物的生成是不可逆的，且通常是反应速率的控制步骤。

图 2.21 给出了苯发生亲电取代反应的能量变化图。

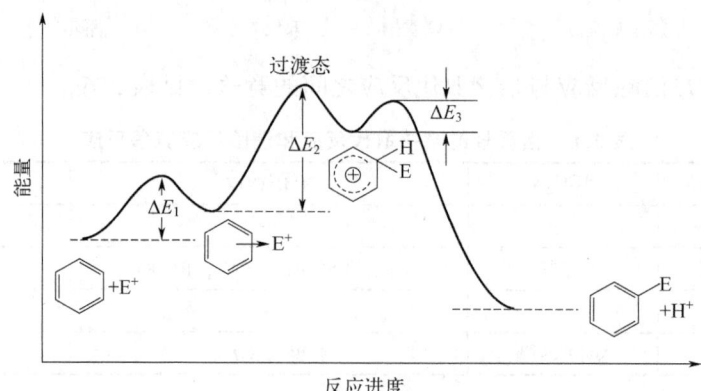

图 2.21　苯亲电取代的能量变化图

（2）亲电取代反应的可逆性。当芳环上引入吸电子基，如硝基、卤素、酰基等，不可逆；引入供电子基（如烷基），如 C-烷基化，通常是可逆的。需特别注意磺化反应的可逆性，详见 5.2 小节。

2. 苯环亲电取代定位规律

在进行亲电取代反应时，苯环上原有取代基（也称定位基），不仅影响苯环的取代反应活性，同时决定取代反应位置。

1）定位基的类型及其定位作用

当亲电试剂 E^+ 进攻一取代苯时，生成三种 σ 络合物：

取代基 Z 不同，生成的三种 σ-络合物碳正离子的稳定性不同，出现了两种定位作用：

邻、对位定位基（也称第一类定位基）和间位定位基（也称第二类定位基）。

第一类定位基与苯环直接相连的原子上只有单键，且多数有孤对电子或是负离子；第二类定位基与苯环直接相连的原子上有重键，且重键的另一端是电负性大的元素或带正电荷。两类定位基中每个取代基的定位能力不同，其强度次序近似如下：

第一类定位基：—O^-，—$N(CH_3)_2$，—NH_2，—OH，—OCH_3，—$NHCOCH_3$，—$OCOCH_3$，—F，—Cl，—Br，—I，—R，—C_6H_5 等。

第二类定位基：—$N^+(CH_3)_3$，—NO_2，—CN，—SO_3H，—CHO，—$COCH_3$，—COOH，—$COOCH_3$，—$CONH_2$，—N^+H_3 等。

2) 邻对位定位基的电子效应解释

以甲基为例，甲苯中甲基的碳为 sp^3 杂化，苯环碳为 sp^2 杂化，sp^2 杂化碳的电负性比 sp^3 杂化碳的大，因此，甲基表现出供电子的诱导效应（+I）。另外，甲基 C—H 键的 σ 轨道与苯环的 π 轨道形成 σ-π 超共轭体系（+C）。供电诱导效应和超共轭效应的结果是苯环上电子密度增加，尤其邻、对位增加得更多。因此，甲苯进行亲电取代反应比苯容易，而且主要发生在邻、对位上。

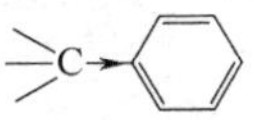

若采用共振理论分析，亲电试剂 E^+ 进攻 Z 基团的邻、间、对位置，形成三种 σ-络合物中间体，三种 σ-络合物碳正离子的稳定性可用共振杂化体表示：

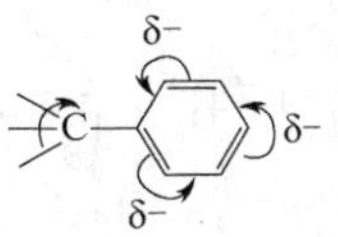

邻位取代：

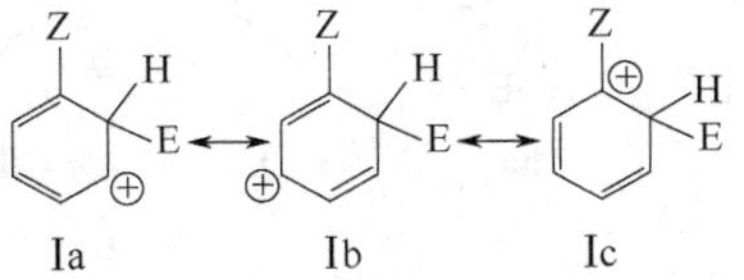

Ia　　Ib　　Ic

对位取代：

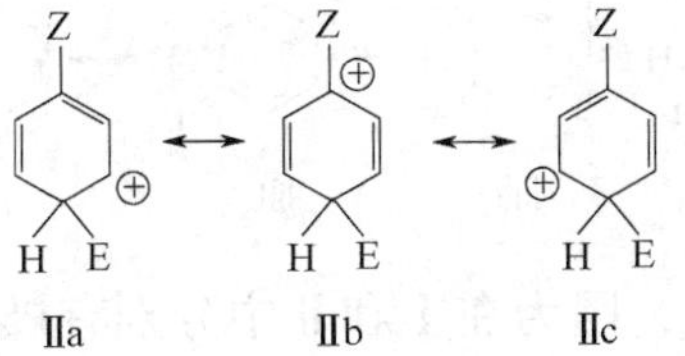

IIa　　IIb　　IIc

间位取代：

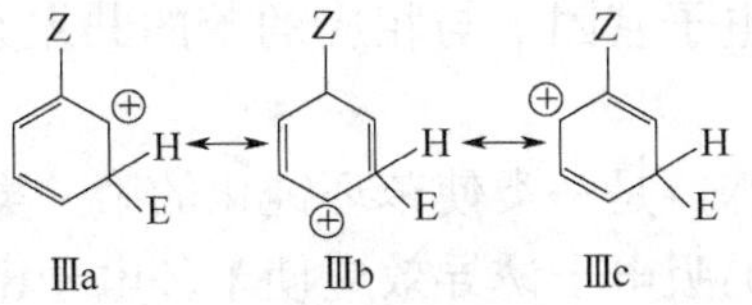

IIIa　　IIIb　　IIIc

亲电试剂进攻苯时，生成的 σ-络合物的碳正离子也可以用共振杂化体表示：

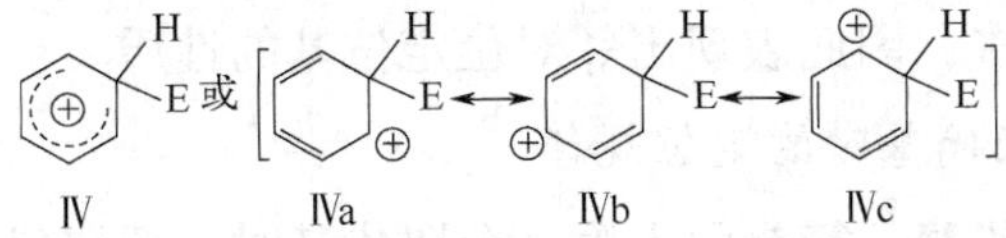

IV　　IVa　　IVb　　IVc

显然，共振杂化体Ⅰ和Ⅱ比Ⅲ稳定，因为Ⅰc和Ⅱb的正电荷在有供电子基的叔碳上，较分散。而在Ⅲ中，正电荷都分布在仲碳上，不稳定。所以甲基是邻对位定位基。共振杂化体Ⅲ比Ⅳ稳定，虽然在Ⅲ和Ⅳ中的共振极限结构式都是正电荷分布在仲碳上，但甲基有供电性，使Ⅲ的正电荷可以分散在环和甲基上，因此，甲基活化了苯环。

电子效应和共振理论两种观点，都认为甲基是第一类定位基，有活化苯环的作用。

3）间位定位基的电子效应解释

以硝基为例进行分析。硝基苯中硝基存在 $-I$ 和 $-C$ 效应：

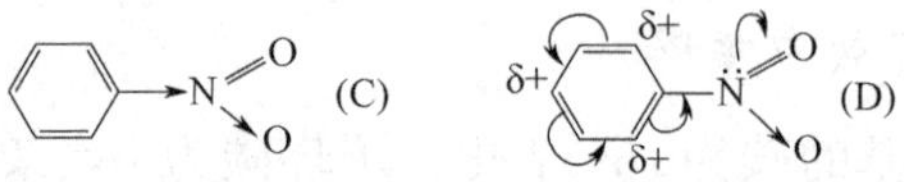

这两种电子效应都使苯环上电子密度降低，亲电取代反应比苯难；共轭效应使硝基的间位上电子密度降低得少些，表现出间位定位基的作用。

若采用共振理论分析，亲电试剂进攻硝基苯时，形成邻、间、对三种 σ 络合物中间体：

进攻邻位：

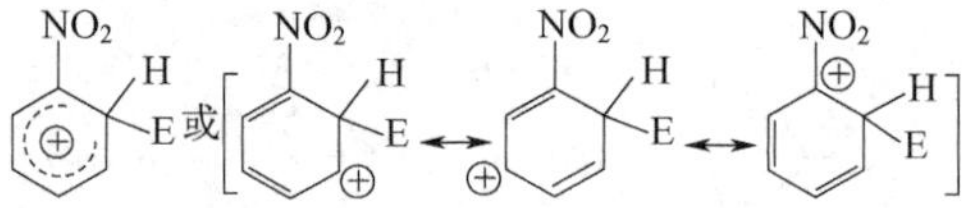

Ⅰ　Ⅰa　Ⅰb　Ⅰc

进攻对位：

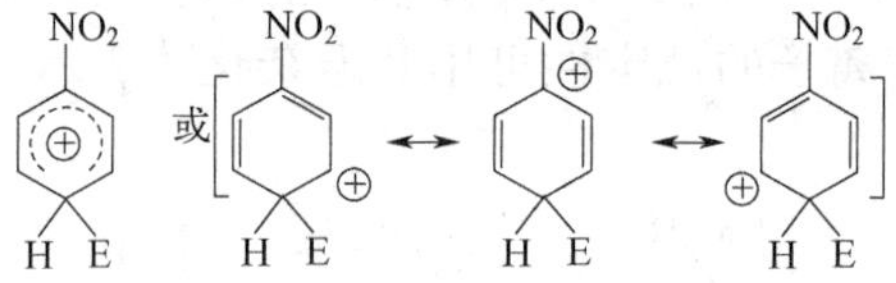

Ⅱ　Ⅱa　Ⅱb　Ⅱc

进攻间位：

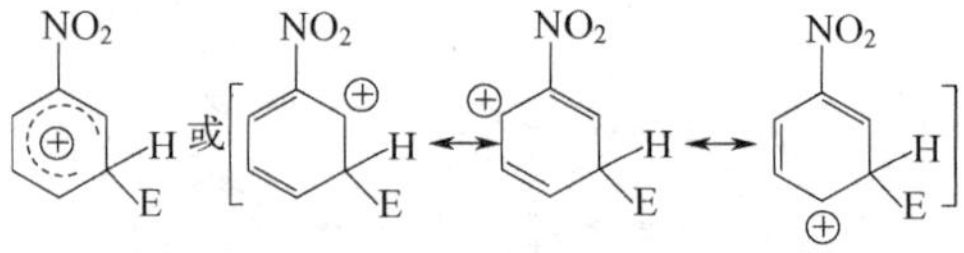

Ⅲ　Ⅲa　Ⅲb　Ⅲc

共振杂化体Ⅲ比Ⅰ和Ⅱ稳定，因为在Ⅰ和Ⅱ中分别有极限结构式Ⅰc和Ⅱb，它们的正电荷分布在有强吸电子基团的叔碳上，不稳定。因此，硝基是第二类定位基，取代反应发生在间位上。共振杂化体Ⅲ有强吸电子基团，与相应的苯的共振杂化体相比，Ⅲ不稳定。因此，硝基表现出钝化苯环的作用。

特别指出，卤原子比较特殊，是一类使苯环钝化的第一类定位基。以氯苯为例，在氯苯中氯原子是强吸收电子基，强的吸电子诱导效应使苯环电子密度降低，比苯难进行亲电取代反应。但氯原子与苯环又有弱的供电的 p-π 共轭效应（碳的 2p 轨道与氯的 3p 轨道形成 p-π 共轭体系，没有碳的 2p 轨道与氮的 2p 轨道形成的 p-π 共轭体系有效），使氯原子邻、对位上电子密度减少得不多，因此表现出邻对位定位基的性质。

4）苯环上已有两个取代基时的定位规律

当苯环上已有两个取代基，需要引入第三个取代基时，新取代基进入苯环的位置主要取决于已有取代基的类型、它们的相对位置和定位能力的相对强弱。

当两个取代基属同一类型（都属于第一类或都属于第二类）并处于间位时，其定位作用是一致的。当两个取代基属不同类型并处于邻位或对位时，其定位作用也是一致的。

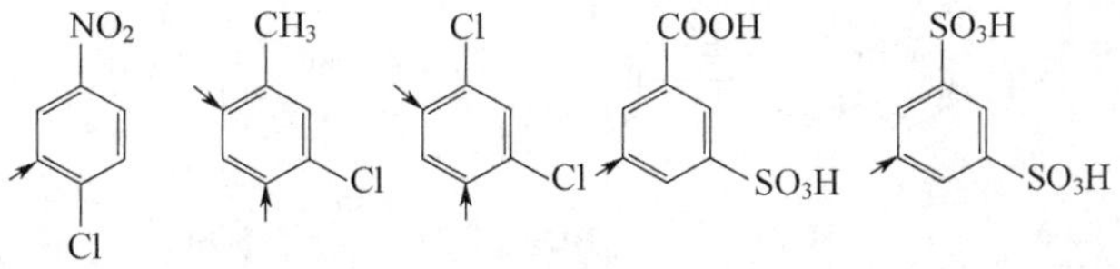

当两个已有取代基的定位作用不一致时，新取代基进入苯环的位置将取决于已有取代基的相对定位能力，通常第一类取代基的定位能力比第二类取代基强得多，同类取代基定位能力的强弱与前述两类定位基的排列次序是一致的。

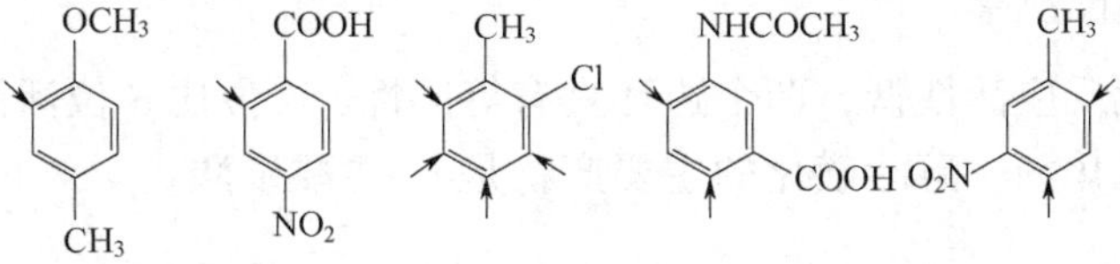

在考虑第三个取代基进入苯环的位置时，除考虑原有两个取代基的定位作用外，还应该考虑空间位阻效应，如3-乙酰氨基苯甲酸的2位取代产物很少。

3. 萘环上亲电取代定位规律

萘环比苯环易于发生亲电取代反应，且容易发生 α 位取代，某些反应在一定条件下可逆，使低温反应产物以 α 位为主，高温反应产物以 β 位为主。

α 位取代：

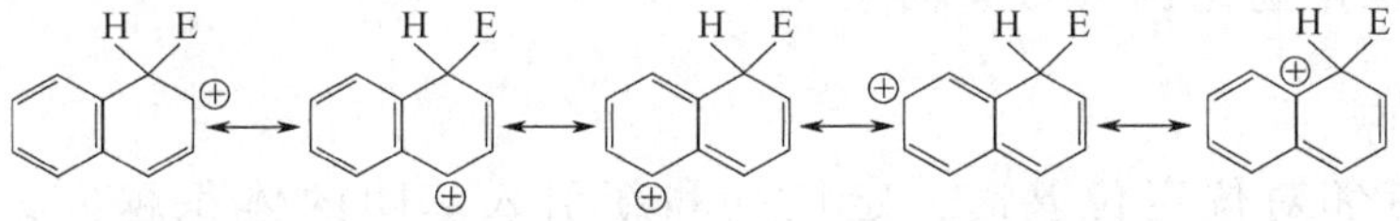

β 位取代：

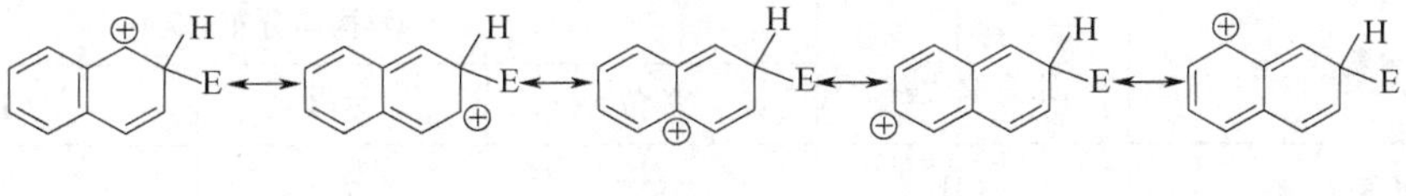

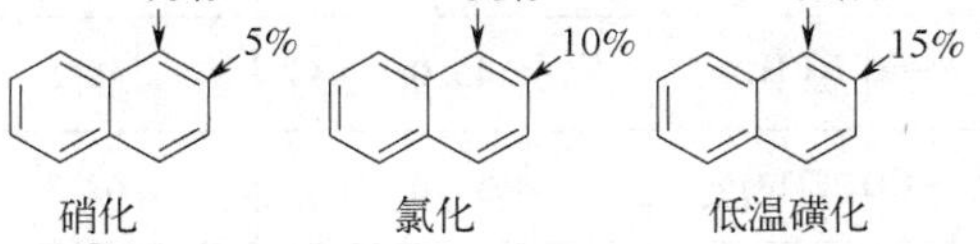

硝化 95% / 5%　　氯化 90% / 10%　　低温磺化 85% / 15%

当已有一个取代基时，若它使萘环活化，则新取代基进入已有取代基的同环；使苯环钝化时，新取代基进入异环的 α 位。

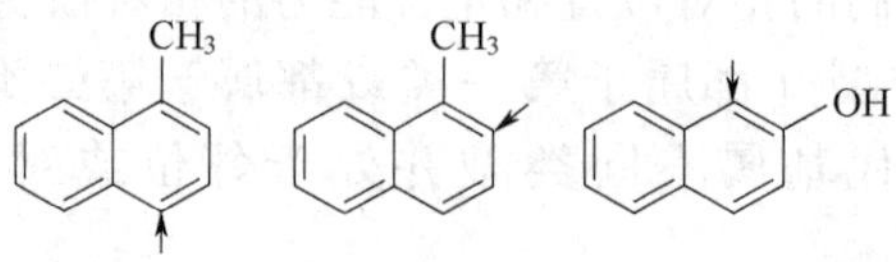

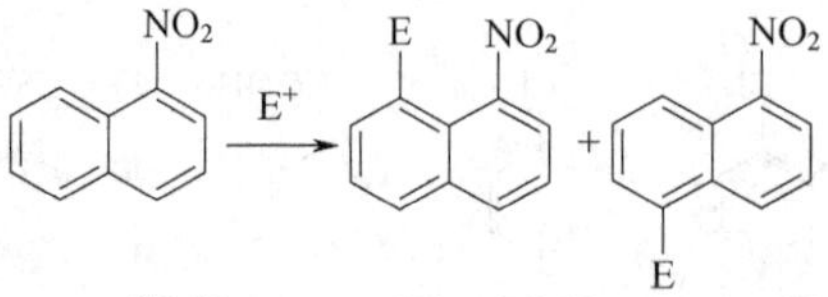

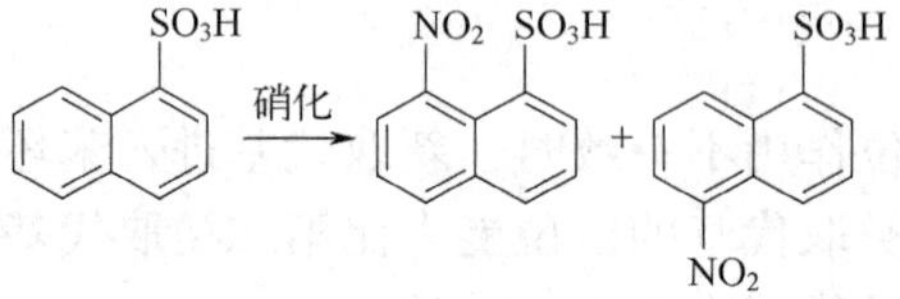

4. 蒽醌环的定位规律

蒽醌环亲电取代反应活性低，两个边环具有等同性，α位比β位活泼。催化剂将改变定位，如采用汞盐作催化剂，蒽醌磺化的主要产物是α-蒽醌磺酸。

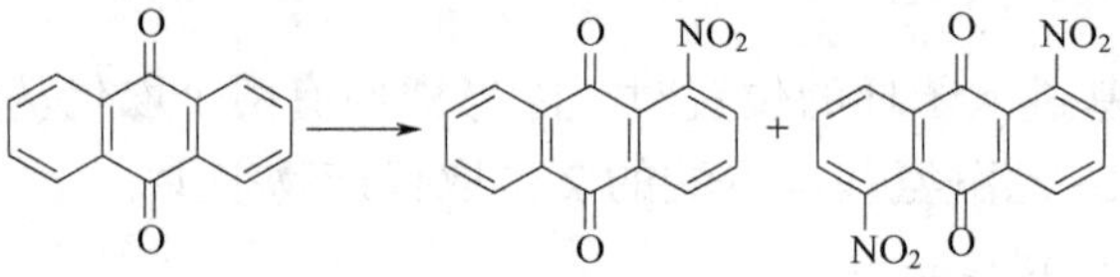

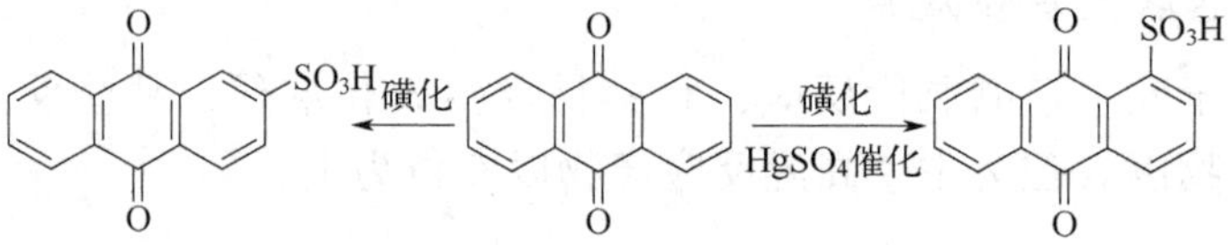

5. 邻、对位产物比例的影响因素

1）空间效应

当苯环上有邻对位定位基时，定位基和新引入基团的体积越大，邻位产物越少（表2.8）。

表2.8 烷基苯硝化反应时已有取代基对异构体比例的影响

化合物	环上原有取代基	异构体分布/%		
		邻位	对位	间位
甲苯	—CH_3	58.5	37.2	4.4
乙苯	—CH_2CH_3	45.0	48.5	4.5
异丙苯	—$CH(CH_3)_2$	30.0	62.3	7.7
叔丁苯	—$C(CH_3)_3$	15.8	72.7	11.5

若苯环上原有定位基不变，随着新引入基团体积增大，邻位异构体的比例减少，甲苯与不同溴代烷烃发生C-烷基化时的异构体生成情况列于表2.9。

表 2.9　甲苯 C-烷基化时新引入基团对异构体比例的影响

新引入基团	反应条件	异构体分布/%		
		邻位	对位	间位
—CH_3	$CH_3Br(GaBr_3, C_6H_5CH_3, 45℃)$	55.7	9.9	34.4
—CH_2CH_3	$C_2H_5Br(GaBr_3, C_6H_5CH_3, 25℃)$	38.4	21.0	40.6
—$CH(CH_3)_2$	$CH(CH_3)_2Br(GaBr_3, C_6H_5CH_3, 25℃)$	26.2	26.2	47.2
—$C(CH_3)_3$	$C(CH_3)_3Br(GaBr_3, C_6H_5CH_3, 25℃)$	0	32.1	67.9

2) 反应温度

通常情况下，温度升高，亲电取代反应活性增高，选择性下降。温度不同，邻、对位异构体的比例不同。如：

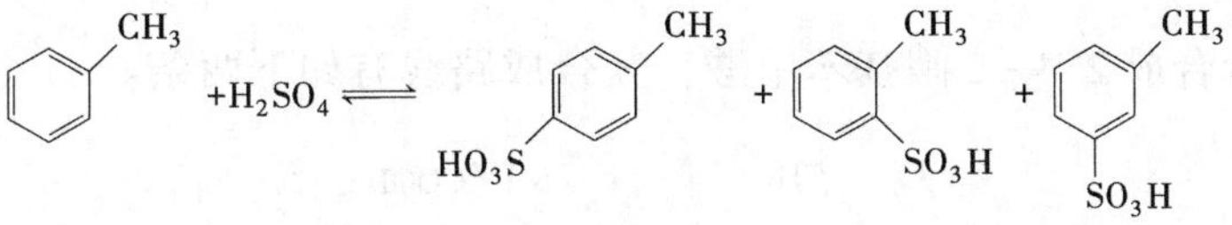

	对位	邻位	间位
0℃	53%	43%	4%
100℃	79%	13%	8%
200℃	35.2%	4.3%	54.1%

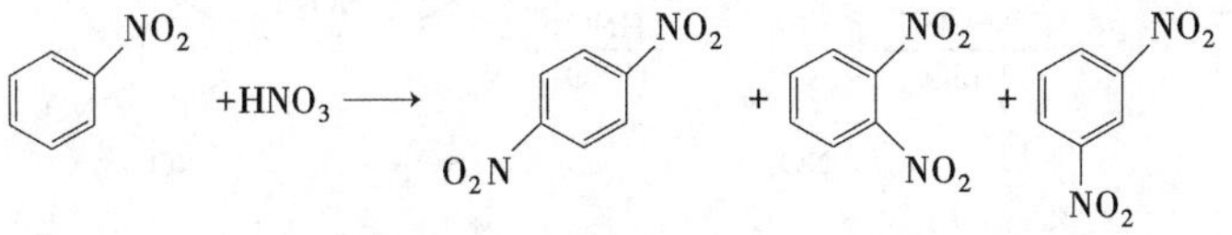

	对位	邻位	间位
0℃	1%	5%	94%
40℃	2%	7%	91%
90℃	2%	13%	85%

3) 催化剂

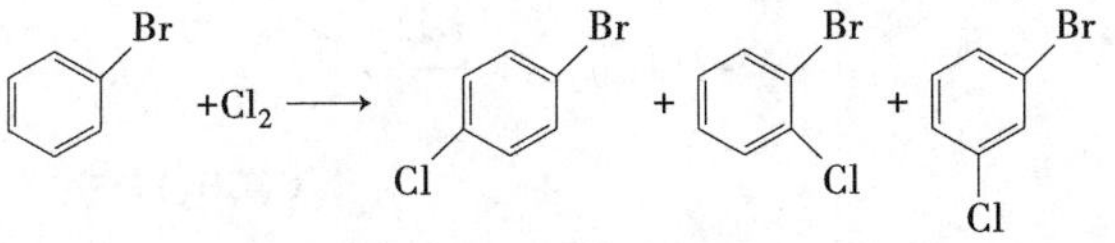

	对位	邻位	间位
$AlCl_3$	65%	30%	5%
$FeCl_3$	51%	42%	7%

利用现代催化技术，可以控制取代基的定位作用，如使用有择型催化作用的分子筛催化乙苯的乙基化，可以得到高选择性的对二乙苯。工业上就是用分子筛催化合成对二乙苯。后者催化脱氢，得到交联聚苯乙烯的共聚单体对二乙烯基苯：

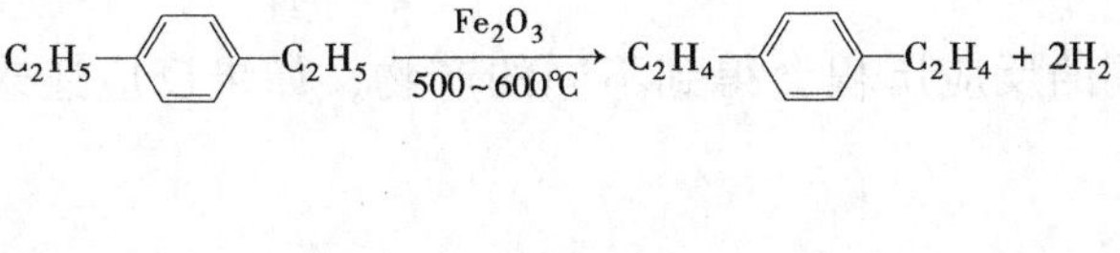

$C_6H_5-C_2H_5 + CH_2=CH_2 \xrightarrow{\text{择型分子筛}} C_2H_5-C_6H_4-C_2H_5$

$C_2H_5-C_6H_4-C_2H_5 \xrightarrow[500\sim600℃]{Fe_2O_3} C_2H_4-C_6H_4-C_2H_4 + 2H_2$

4) 反应介质

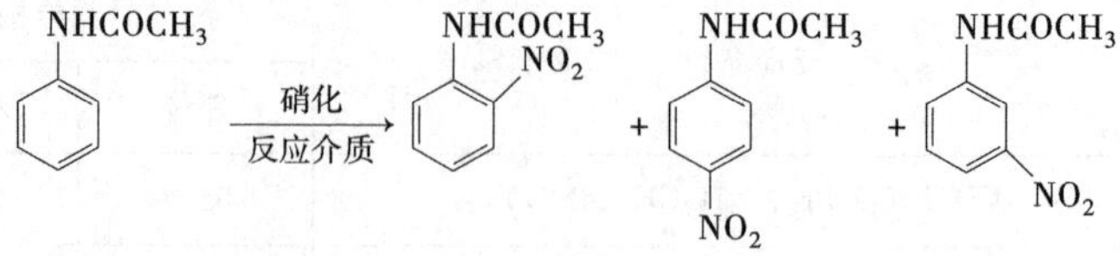

	邻位	对位	间位
乙酸酐	约92%	约8%	少量
硫酸	约30%	约70%	少量

6. 定位规律在有机合成上的应用

应用定位规律可以选择可行的合成路线，得到较高的产率和避免复杂的分离过程。例如由甲苯合成间硝基苯甲酸，应采用先氧化后硝化的步骤：

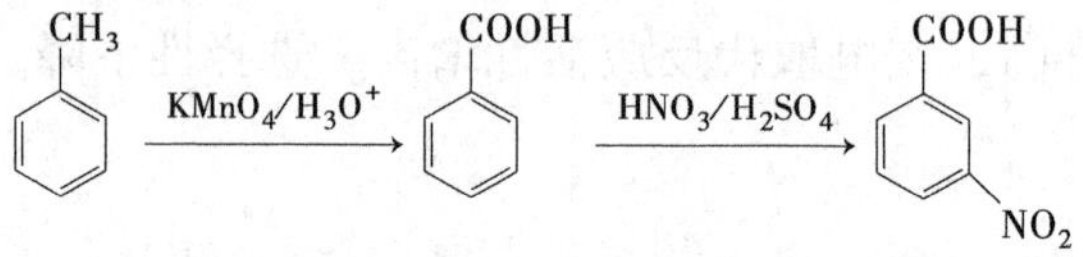

$$CH_3\text{-苯} \xrightarrow{KMnO_4/H_3O^+} COOH\text{-苯} \xrightarrow{HNO_3/H_2SO_4} \text{间-}NO_2\text{-苯甲酸}$$

由对硝基甲苯合成2,4-二硝基苯甲酸，其合成路线有如下两条：

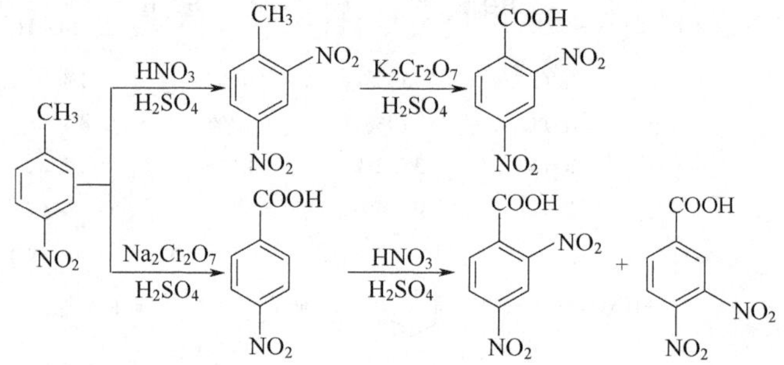

显然第一条合成路线较合理，可以简化分离步骤，同时硝化一步反应较第二条路线的硝化一步反应易进行，因为两个取代基（—CH_3，—NO_2）的定位作用是一致的。

还需指出的是，定位规律只适用于动力学控制的反应。例如，叔丁苯在$FeCl_3$催化下，与叔丁基氯反应生成对二叔丁苯：

$$\text{叔丁苯} + (CH_3)_3CCl \xrightarrow{FeCl_3} \text{对二叔丁苯}$$

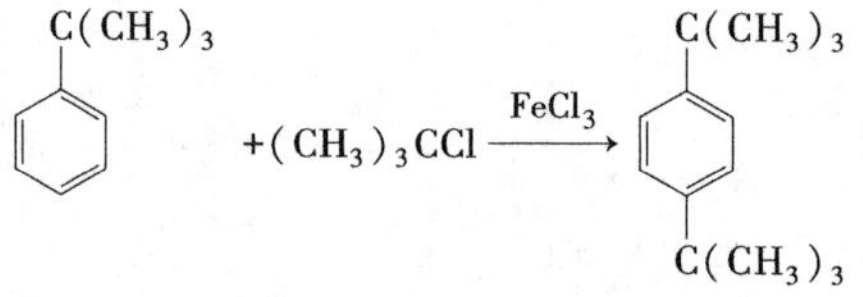

这与定位规律一致，但以过量$AlCl_3$为催化剂，则生成1,3,5-三叔丁基苯：

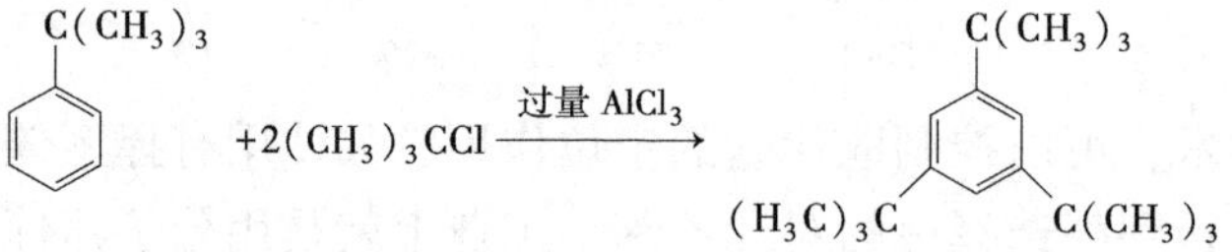

$$\text{叔丁苯} + 2(CH_3)_3CCl \xrightarrow{\text{过量}AlCl_3} \text{1,3,5-三叔丁基苯}$$

2.4 有机反应中的热力学控制和动力学控制

有机反应沿着不同的反应历程会得到不同的产物，如果反应还未达成平衡前就分离产物，利用各种产物生成速率差异来控制产物分布称动力学控制反应，其主要产物称动力学控制产物。

如果让反应体系达成平衡后再分离产物，利用各种产物热稳定性差异来控制产物分布称热力学控制反应或平衡控制反应，其主要产物称热力学控制产物。

两种控制的区别是在分离产物时反应体系是否达到平衡态，而此概念中并没有涉及反应条件，反应条件不同只是通过影响在分离产物时反应体系离化学平衡态的距离而影响反应产物的分布。

下面以 A 分别生成 B 和 C 两种产物为例：

其一，两个方向均有明显的可逆性，如果两个方向的反应几乎没有可逆性，B、C 一旦生成就不能逆转，直到反应物消耗完为止，很明显生成速度快者量最多，它就是主要产物，平衡也无从谈起，则产物都为动力学控制产物。

其二，两种不同产物之间有较明显的热稳定性差异，如图 2.22 所示，如产物 C 的热稳定性明显高于 B，且热稳定性相对较好的 C 产物，生成反应有较高的活化能，当然它的生成反应速率较低，而热稳定性相对较低的 B，生成反应却有较低的活化能，相应 B 有较高的生成反应速率。根据阿伦尼乌斯公式 $k=Ae^{-E_a/RT}$（指数式），活化能 E_a 越小，反应速率常数越大。

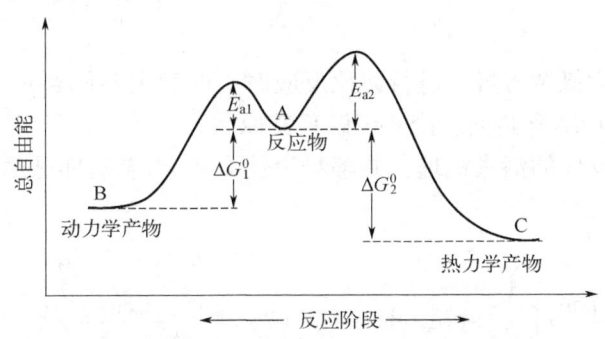

图 2.22 平行反应的能量变化图

其三，有的反应还应当在一定的温度范围内进行。同样，根据阿伦尼乌斯公式，增加温度可以减小活化能的影响，因此，增加温度有利于得到热力学控制产物；降低温度，有利于得到动力学控制产物。

在反应达到平衡前分离产物，无论什么温度范围内，始终有生成 B 产物的速率大于 C 产物，只是随着温度的升高两者的差异减小，因此在任意温度下进行反应，都有反应未达成平衡就分离产物，反应受动力学控制，B 产物为主要产物。若达成平衡后才分离产物，反应受热力学控制，C 产物为主要产物。

绝大多数有机化学反应属动力学控制反应，定位效应的规律性一般基于动力学控制情况。

也有很多涉及动力学和热力学控制竞争的例子。例如羟醛缩合反应用 NaOH 这种弱碱会生成更稳定的化合物，主要产物为热力学更稳定的产物，动力学控制的反应通常设计低温、强（路易斯）酸强（路易斯）碱的条件，二异丙基氨基锂（LDA）拔氢条件下，会拔掉位阻最小（动力学上最容易接近）的氢生成烯醇负离子中间体，然后进攻另一个羰基，得到的反应结果很可能与 NaOH 条件下的不同；1,3-丁二烯与氯化氢的加成反应，1,2-加成产物为动力学控制产物，1,4-加成产物为热力学控制产物；甲苯磺化反应，邻对位取代的比例控制；萘磺化反应，α，β 异构体的比例控制。

🌸 巩固与提升 🌸

1. 下列哪些是共振结构？

   (1) 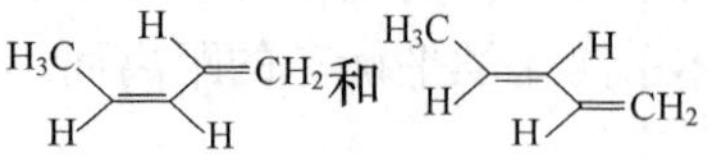 $H_3C-CH=CH-CH_2·$ 和 $H_3C-CH·-CH=CH_2$

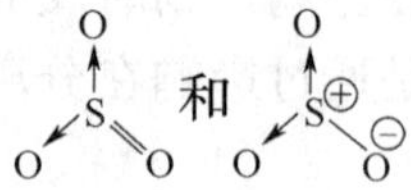

   (2) SO_3 和 SO_3^{-} （带正电的S与带负电的O）

   (3) 环己烯基正离子 和 另一个环己烯基正离子

   (4) H_3C-CHO 和 $H_2C=CH-OH$

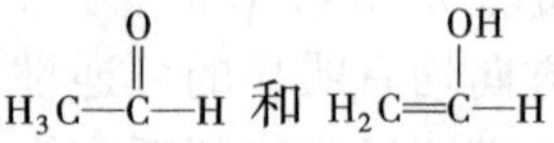

2. 用共振理论解释为何钝化基团卤素是邻对位定位基。

3. 1,3,5-己三烯与 1mol Br_2 反应可能有四种产物，实际上没有 3,4-二溴产物。请结合共振理论知识解释其原因。

   $$\text{CH}_2=\text{CH-CH=CH-CH=CH}_2 \xrightarrow{Br_2} \text{1,2-二溴} + \text{1,4-二溴} + \text{1,6-二溴}$$

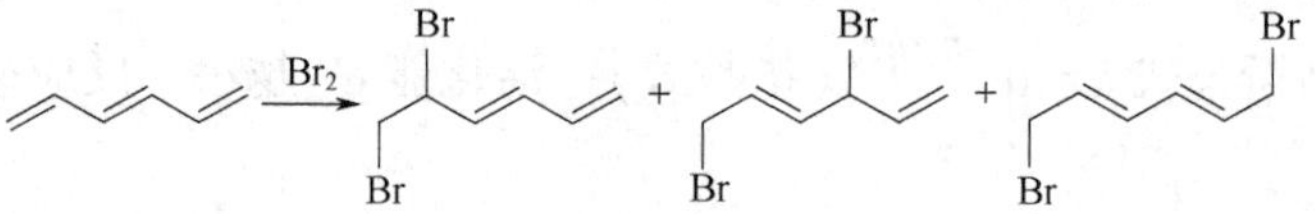

4. 吡啶和吡咯均为氮杂芳烃，进行卤化反应时，前者主要得到 β-卤代产物，而后者主要得到 α-卤代产物。请结合共振理论知识解释其原因。

5. 解释下列两个反应的消去机理，并解释为什么 4-乙氧基环己酮在 NaOH 溶液中加热没有消除反应发生。

   (1) 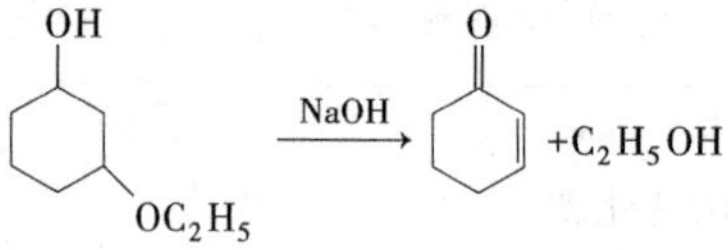 3-羟基-1-乙氧基环己烷 $\xrightarrow{\text{NaOH}}$ 环己-2-烯酮 + C_2H_5OH

   (2) 4-氯环己酮 $\xrightarrow{\text{NaOH}}$ 环己-2-烯酮

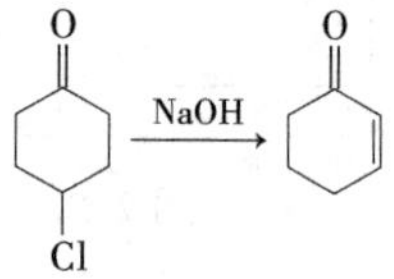

6. 判断下列说法是发生 S_N1 反应还是 S_N2 反应：
   (1) 一步完成的反应；
   (2) 有重排产物生成；
   (3) 碱的浓度增大，水解反应明显增快；
   (4) 产物的构型完全转化；
   (5) 增加溶剂的含水量，反应速率加快；
   (6) 一级卤代烷的反应速率比二级的快；
   (7) 动力学表现为一级反应；
   (8) 试剂亲核性越强，反应速率越快。

7. 如果以下两个卤代烷与水作用是 S_N1 反应，下列哪种说法是合理的？

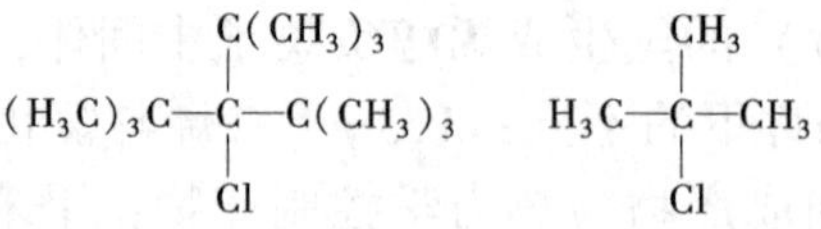

   I: $(H_3C)_3C-C(Cl)(C(CH_3)_3)-C(CH_3)_3$

   II: $H_3C-C(Cl)(CH_3)-CH_3$

(1) Ⅰ比Ⅱ反应快,因为溶剂分子较易进攻Ⅰ中的氯并把它驱除;

(2) Ⅰ比Ⅱ反应快,因为Ⅰ达到过渡态时,空间排列的张力可有较大的消除(与Ⅱ相比);

(3) Ⅱ比Ⅰ反应快,因为Ⅱ的空间张力比Ⅰ大,Ⅱ更易形成碳正离子;

(4) Ⅱ比Ⅰ反应快,因为由Ⅱ所形成的碳正离子不如Ⅰ稳定;

(5) Ⅰ和Ⅱ反应速率几乎一样,因为空间效应在S_N1反应中不起作用。

8. 解释为什么(1)的酸性比(2)强。

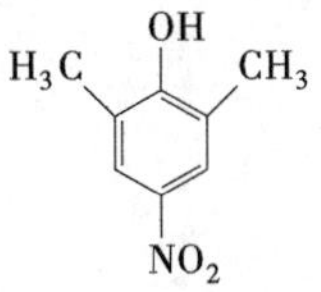

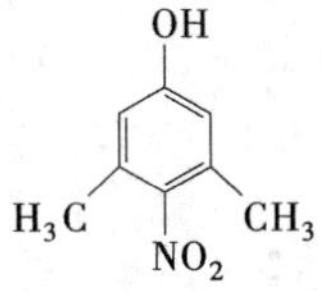

第3章

精细有机合成工艺学基础

本章专业知识目标:

(1) 掌握化学计量学计算方法;
(2) 熟练掌握化学反应器类别和用途;
(3) 掌握溶剂效应与溶剂的选择原则(重难点);
(4) 掌握相转移催化剂的种类及相转移催化原理(重点);
(5) 掌握电解有机合成的基本反应和反应全过程(重点)。

本章素质能力目标:

(1) 使学生能够运用化学计量学指标衡量工艺条件和合成路线的优劣;
(2) 使学生能够针对某一单元反应选择合适的溶剂;
(3) 使学生能够针对某一单元反应选择合适的合成技术;
(4) 能运用相转移催化、电解有机合成原理,对实验现象或结果进行合理分析;
(5) 培养学生绿色合成理念和化工生产安全意识;
(6) 进一步激发学生为国家社会发展进步而努力的学习热情。

由于精细有机化学品种类多、原料来源广、单元反应类型多、反应形式多样,精细有机合成的工艺过程具有相当程度的复杂性。

对于具体的精细有机化学品,精细化工工艺学要解决的主要问题包括:合成路线和工艺路线的确定、原料预处理方法、反应方式及反应条件的选择、产物后处理方法、工艺流程的组织等。

对于具体的有机单元反应,则要寻找最佳合成工艺条件,优化投料比、反应温度、反应时间、催化剂、反应形式、反应动力学、反应器、合成技术等。

为完成工业生产,还需要了解各种物料的重要物理性质、化学性质,分析、测试、检验方法,环境保护和三废治理等问题。

这些问题既要从技术角度考虑,又要从经济角度考虑,还要从对环境的影响(污染物、副产物的处理与排放)上考虑,应使得最终产品高质量、高收率、成本最低。

3.1 精细化工计量学

精细化工计量学研究精细化工单元反应物系组成的变化情况,体现在化学反应进行的过程中，反应物及产物量的变化关系的计算规则，是对反应过程进行物料衡算和热量衡算的依据之一。实际生产中，通过进行计量统计，对精细生产过程中各种物料的变化进行定量了解，可以准确衡量反应条件的优劣，调整优化生产过程，提高经济效益。

3.1.1 化学计量方程

化学计量方程是化学计量学计算的基础方程。设反应组分（反应物及反应产物）A_1，A_2，…，A_n 间进行一个化学反应，根据反应前后反应物系的质量保持不变（核反应除外），即反应物消失的质量恒等于反应产物生成的质量，其化学计量方程可以下列通式表示：

$$v_1A_1+v_2A_2+\cdots+v_nA_n=0 \tag{3.1}$$

式中 v_i——反应组分 A_i 的化学计量系数（反应物，$v_i<0$；反应产物，$v_i>0$；惰性组分，$v_i=0$）；
A_i——反应组分。

若将反应物集中在左端，而反应产物全部移至右端，则式（3.1）就是化学方程式。

化学计量方程仅表示反应过程中反应组分摩尔质量变化的比例关系，而不反映反应实际进行的机理。

3.1.2 反应物的计量

（1）投料摩尔比。投料摩尔比是指加入反应器中的几种反应物之间的物质的量之比。大多数精细化工反应中，各种反应物的投料摩尔比并不等于化学计量比。

（2）限制反应物和过量反应物。当反应物不按化学计量比投料时，其中以最小化学计量数（投料量与化学计量系数之比）存在的反应物称为"限制反应物"。而当某种反应物的量超过与限制反应物完全反应的所需理论量时，则称该反应物为"过量反应物"。

例如，用过量硫酸磺化法生产 β-萘磺酸的工艺，为保证萘完全转化，萘与浓硫酸投料比为 1∶1.09，二者的化学计量数分别为 1 和 1.09，所以萘为限制反应物。

（3）过量百分数。过量反应物超过限制反应物所需的理论量部分，与所需理论量之比称为过量百分比。若以 N_e 表示过量反应物的物质的量，N_t 表示过量反应物与限制反应物完全反应所消耗的物质的量，则过量百分数为：

$$过量百分数=\frac{N_e-N_t}{N_t}\times100\% \tag{3.2}$$

上例中浓硫酸的过量百分数为 9%。

3.1.3 反应进程的计量

通常采用反应进度、转化率、选择性、收率来衡量某一单元反应进行的程度。

（1）反应进度。反应进度指反应组分的变化量与其化学计量系数之比，是一个广度变量，单位为 mol。反应进度是对一个反应而言的，若有 m 个独立反应，相应的有 m 个反应进度。

（2）转化率。转化率是对某一反应组分而言的，是指反应所消耗掉的某一物料量占投入反应设备的该物料量的百分比。转化率为一强度因素，其值≤1。

以 x_A 表示 A 组分的反应转化率，则得：

$$x_A=\frac{反应消耗\ A\ 组分的量}{投入反应器\ A\ 组分的量} \tag{3.3}$$

（3）收率。收率又称产率，也被称为理论收率，是指主产物的实际产量与按投入原料完全反应计算的理论产量之比值，用分率或百分率表示。转化率为一强度因素，其值≤1。

以符号 y 表示收率，则：

$$y = \frac{反应主产物实际产量}{投入反应器原料的理论计算产量} \quad (3.4)$$

或表示为

$$y = \frac{反应主产物实际产量折算成原料量}{投入反应器原料量} \quad (3.5)$$

对于具体单元反应的收率计算，主产物通常指某一产品，但在实际反应中衡量其收率高低时，有时主产物不是单一的，如甲苯硝化反应得到邻、间、对位异构体比例为 60:4:35，此时邻、对位硝基甲苯都是主产物。

（4）选择性。选择性是针对发生副反应的复杂反应而言的，表示一个主产物占所有主副产物的分率或百分率。以符号 s 表示选择性，则：

$$s = \frac{反应主产物生成量折算成原料量}{发生反应消耗的原料量} \quad (3.6)$$

或

$$s = \frac{反应主产物生成量}{发生反应消耗的原料量应得主产物量} \quad (3.7)$$

在有机单元反应中，转化率、产率与选择性之间存在如下关系：

$$y = xs \times 100\% \quad (3.8)$$

【例3.1】 在苯的混酸硝化生产硝基苯车间，投入含量为 98% 的苯 300kg，经硝化反应后得酸性硝基物 468kg，其中硝基苯含量 98%，二硝基苯含量 0.1%，废酸带走损失硝基苯 0.5kg，忽略其他副反应等损失。求硝化反应中苯的转化率、收率和选择性。

解：

$$\bigcirc + HNO_3 \longrightarrow \bigcirc\text{-}NO_2 + H_2O \quad 主反应$$

摩尔质量/(g/mol)　　78　　　　　123

$$\bigcirc + 2HNO_3 \longrightarrow \underset{NO_2}{\bigcirc}\text{-}NO_2 + 2H_2O \quad 副反应$$

摩尔质量/(g/mol)　　78　　　　　168

$$投入苯 = 300 \times 98\% = 294(kg)$$

$$反应消耗苯 = (468 \times 98\% + 0.5) \times \frac{78}{123} + 468 \times 0.1\% \times \frac{78}{168} = 291.4(kg)$$

$$x_{苯} = \frac{291.4}{294} = 0.991$$

$$反应实得硝基苯 = 468 \times 98\% + 0.5 = 459.14 \text{ (kg)}$$

$$投入苯理论应得硝基苯 = 300 \times 98\% \times \frac{123}{78} = 463.62(kg)$$

$$y = \frac{459.14}{463.62} \times 100\% = 99\%$$

$$反应消耗苯折算成硝基苯 = \frac{291.4}{78} \times 123 = 459.52(kg)$$

由苯生产硝基苯的反应选择性：$s=\dfrac{459.14}{459.52}\times100\%=99.9\%$

（5）车间收率和阶段收率。在对整个车间进行物料衡算时，常需涉及车间收率和阶段收率。

车间收率和车间产品及原料消耗关系如下：

车间收率

$$y_{总}=\dfrac{成品产量折算为原料量}{原料消耗量}\times100\% \tag{3.9}$$

或

$$y_{总}=\dfrac{成品产量}{原料消耗量折算为成品量}\times100\% \tag{3.10}$$

阶段收率则表示一个工段或工序的产品或半成品输出量，折算为投入物料量与实际投入物料量之间的比例关系，可用下式表示：

$$y_{阶段}=\dfrac{阶段产品或半成品输出量折算为投入物料量}{投入物料量}\times100\% \tag{3.11}$$

车间收率与阶段收率之间关系可用下式表示：

$$y_{总}=y_1 y_2 y_3 \cdots y_n \tag{3.12}$$

式中，y_1，y_2，y_3，$\cdots$，y_n 为各阶段收率。

【例3.2】 邻硝基氯苯经氨化与硫化钠还原生产邻苯二胺。已知工业邻硝基氯苯纯度为98%，生产每吨邻苯二胺消耗1800kg工业邻硝基氯苯。氨化工段收率为95%，求该车间收率及还原工段收率。

解：

摩尔质量/(g/mol)　157.5　　　138　　　　108

车间收率：

$$y_{总}=\dfrac{1000\times\dfrac{157.5}{108}}{1800\times98\%}\times100\%=83\%$$

还原工段收率：

$$y_{还原}=\dfrac{y_{总}}{y_{氯化}}=\dfrac{83\%}{95\%}\times100\%=87.5\%$$

（6）单程转化率和全程转化率。有些生产过程，主要反应物每次经过反应器后的转化率并不太高，有时甚至很低，但是未反应的主要反应物大部分可经过分离回收，并可循环使用。

对于设有循环过程的反应系统，反应器流出的物料分离出大部分产品后，又回到反应器进口处。此时，进出反应器的物料组成将不同于进出反应系统的原料组成。以一次进出反应器的物料为基准计算的收率和转化率，称为单程收率和单程转化率；以经过全部生产过程的进出物料为基准来计算转化率和收率，则称为全程转化率和总收率。

【例3.3】 在苯的一氯化制氯苯时，为了减少副产二氯苯的生成量，每100mol苯用40mol氯，反应产物中含38mol氯苯、1mol二氯苯，还有61mol未反应的苯，经分离后可回收60mol苯，损失1mol苯（图3.1）。试求：苯的单程转化率、全程转化率，生成氯苯的选择性和总收率。

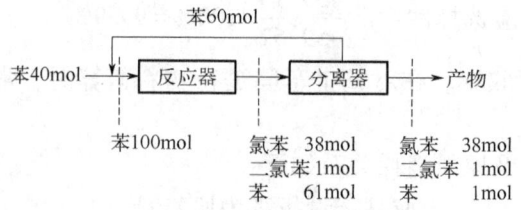

图 3.1 苯—氯化循环系统工艺流程图

解：苯一次经过反应器时的单程转化率 $x_\text{单} = \dfrac{100-61}{100} \times 100\% = 39\%$

苯的全程转化率：

$$x_\text{总} = \dfrac{100-60-1}{100-60} \times 100\% = 97.5\%$$

生成氯苯的选择性：

$$s = \dfrac{38}{(100-60-1) \times \dfrac{1}{1}} \times 100\% = 97.44\%$$

生成氯苯的总收率：

$$y_\text{总} = \dfrac{38}{(100-60) \times \dfrac{1}{1}} \times 100\% = 95.00\%$$

或

$$y_\text{总} = 97.5\% \times 97.44\% = 95.00\%$$

由上例可知，对于某些反应，主反应物的单程转化率可以很低，但全程转化率和总收率可以很高。

（7）质量收率。在实际工业生产中，为了清晰地衡量某一反应单元的经济效益，便于迅速进行成本和效益核算，常常采用质量收率。质量收率是指目标产物的质量占某一输入反应物质量的百分比，常用 y_m 表示，当目标产物的分子量大于反应物时，$y_m > 100\%$。

【例 3.4】 苯胺采用烘焙磺化法制备对氨基苯磺酸，投料为纯度 99% 的苯胺 100kg，制得 158kg 纯度 97% 的目标产物，计算其质量收率，并与理论收率对比。

解：

摩尔质量/(g/mol)	93.1	173.1
质量/kg	100	158
纯度/%	99	≥97

$$y_m = \dfrac{158 \times 97\%}{100 \times 99\%} \times 100\% = 154.8\%$$

$$y = \dfrac{158 \times 97\%}{\dfrac{100}{93.1} \times 173.1 \times 99\%} \times 100\% = 83.3\%$$

（8）原料消耗定额。是指每生产1t产品需要消耗多少吨（或千克）各种原料。对于主反应物而言，恰好就是质量收率的倒数。例3.4中，每生产1t目标产物，苯胺的原料消耗定额为：

$$\frac{100\times 99\%}{158\times 97\%}\times 100\% = 0.65(t) = 650(kg)$$

3.2 精细化工反应设备

3.2.1 精细化工设备简介

精细化工设备是指精细化学品生产过程中的通用机械与设备，虽然也属于化工设备，但因其用于生产精细化学品，故在性能、结构和材质等方面都具有该行业设备的特点。常用的精细化工设备，包括输送设备、破碎和筛分设备、容器和反应设备、分离设备、装料和包装设备等设备。常见的精细化学品生产过程中所需的化工设备见表3.1。

表3.1 典型的精细化学品生产所需的化工设备

精细化学品	所需主要设备
涂料	反应釜、砂磨机、球磨机、搅拌机、灌装机、各种容器等
胶黏剂	反应釜、搅拌机、灌装机、各种容器等
洗衣粉、香皂等	各种泵、胶体磨、容器、干燥设备、成型设备、筛分设备等
洗涤剂	容器、各种输送设备、乳化设备、均质机、过滤设备、灌装机等
化妆品	乳化设备、均质机、过滤设备、筛分设备、无菌包装设备、各种泵等
医药中间体等	反应设备、过滤设备、结晶提纯设备、产品成型设备等
食品添加剂等	反应设备、萃取设备、结晶提纯设备、过滤设备、输送设备、干燥成型设备等

精细化工设备是生产力的主要因素之一，是产品质量保证体系的重要组成部分。它服务于精细化学品生产工艺过程，先进的精细化工设备有助于促进化学工艺过程的发展。

精细化工设备性能的优劣及使用者对其掌握的程度，将直接关系到精细化工生产的正常进行，并对整个装置的产品质量、生产能力、消耗定额以及"三废"处理和环境保护等各方面都有重大影响。

3.2.1.1 输送设备

输送设备是将原料、成品及半成品，包括固体、液体和气体等从一个设备输送到另一个设备，或者使其压力升高以满足化工工艺的要求，包括各种泵、压缩机、鼓风机、带式输送机、斗式输送机等各种固体输送设备以及与其相配套的管线和阀门等。这类设备的一个共同特点是它们都可用于许多场合，不仅限于化工、炼油生产和精细化学品生产，因此也称其为通用设备。

3.2.1.2 粉碎和筛分设备

粉碎机械的功能是用机械的方法克服固体物料内部凝聚力并将其分裂，这一过程称为破碎或粉磨，根据被处理物料尺寸的大小不同，将大块物料分裂成小块者称为破碎，将小块物料变成细粉者称为粉磨，破碎和粉磨统称为粉碎。

固体物料粉碎后经过筛分机械细分分级，可以保证产品的规格和质量指标，降低后续加工过程中原料的损耗率，提高原料利用率，降低产品的成本，提高劳动生产率，改善工作环境，有利于生产的连续化和自动化。

3.2.1.3 混合机械设备

混合是精细化学品加工工艺过程中不可缺少的单元操作之一，例如涂料、胶黏剂、洗涤剂、化妆品、医药制剂、功能食品等的配制。混合后的物料可以是精细化学品工业的最终产品，也可以作为实现某种工艺操作的需要组合在工艺过程中。

3.2.1.4 均质和乳化设备

均质和乳化是指借助于流动中产生的剪切力将物料细化、将液滴碎化的操作，其作用是将洗发液、化妆品等原料进行细化、混合、均质处理，以提高产品的质量和档次。

在日用化学品的生产中，乳化和均质设备是一种重要的生产设备。在化妆品等生产中，除了乳化设备外，还需要采用均质设备，经过乳化后的液体，其乳液稳定性往往不是很理想，如再经过均质处理，则可使乳液中分散颗粒更细小、更均匀，得到高度稳定产品。均质机按构造分有高压均质机、离心均质机、超声波均质机等。

3.2.1.5 容器和反应设备

在精细化工生产中，为化学反应提供反应空间和反应条件的装置称为反应设备，它是精细化学品工厂的核心关键设备之一。夹套式搅拌反应器在精细化工生产中应用较多。

精细化学品中日用化学品的生产往往是从原料的合成开始，进而形成产品，所以，常要用诸如酯化、还原、氧化、缩合、硝化等单元反应技术。如合成洗涤剂中广泛应用的烷基苯磺酸盐的制备就包括烷基化、磺化、中和等过程，它们都需在反应设备中进行。

在精细化学品生产中，还需要各种形状的器皿来储存或存放原材料，称为容器。

3.2.1.6 分离设备

精细化学品生产中，并不是把所有的原料全部加工成最终产品，在加工时必须去除不适合加工的部分，在生产工艺过程中，也要根据具体产品的感官、理化指标的不同要求，对其半成品中的某些组分予以分离，例如：粉体制备过程中的液—固分离；食品原料中有效成分的分离；植物色素、香精、营养物质的提取等。这些操作一般均需要分离设备来实现。

3.2.1.7 产品成型设备

产品成型设备主要是指固体产品加工成一定的商品形态的一类设备。

3.2.1.8 装料和包装设备

将加工后的涂料、胶黏剂、洗涤剂等装到玻璃瓶、铁罐等容器进行包装，是精细化学品工业生产过程中的主要工序之一。按照产品形态分，可分为固体装料机和液体装料机。

3.2.1.9 管道和阀门设备

管道是精细化工生产的大动脉，它将整个生产联系成一个整体，所以保持管路的畅通是保证精细化工生产正常进行的重要环节。按照管道设计的压强分为真空管道、低压管道、中压管道、高压管道、超高压管道等；按照管道工作温度分为低温管道、常温管道、高温管道等；按照管道的材质分为金属管道、非金属管道、衬里管道等。

阀门是化工管道中常用的重要附件，在管路中起切断或连通管内流体流动、调节其流量和压力、改变或控制流体方向等作用。按用途分为通用阀门和专用阀门；按结构特征分为闸门型、旋塞型等；按压力分为真空阀、低压阀、中压阀、高压阀、超高压阀等。

3.2.2 精细化工反应设备分类

3.2.2.1 按几何形式分类

按几何形式分类的反应设备类型及其特点列于表3.2、图3.2~图3.10。

表3.2 反应设备按几何形式的分类

形式	图号	结构特点	适用场合及应用举例
釜式反应器（立式搅拌釜）	3.2（a）	标准型，带椭圆底或折边球形底	适用于在液体介质内进行的各种反应
	3.2（b）	带锥形底	结晶型产物或需静止分层的产物
	3.2（c）	半球形底	压热反应，如氨化、水解等加压下的反应
釜式反应器（卧式反应釜）	3.3（a）	卧式圆筒内设搅拌	带固体沉淀物的反应，如 β-氯蒽醌的氨化
	3.3（b）	圈筒形，内设钢球或磁球，筒体旋转	需要不断粉碎结块固体的场合，用于固相缩合反应等
管式反应设备	3.4（a）	水平管式	气相或均液相反应，如热裂解、氨化及水解等反应
	3.4（b）	垂直排管	气液相反应，带悬浮固体的液—固或气—液—固反应，如液相催化加氢还原
	3.4（c）	环形管内设搅拌器	非均液相反应，如芳烃的硝化反应
	3.4（d）	水平管带螺杆搅拌器	黏稠物料与半固态物料的反应，例如固相缩合
塔式反应设备	3.5（a）	圆柱形塔体内设挡板及鼓泡器	气—液相反应，气—液—固三相反应，如芳烃液相氧化及烃化反应，硝基加氢还原
	3.5（b）	塔内部有填充物	气体的化学吸收，如苯的沸腾氯化制氯苯
	3.5（c）	塔体内部有塔板结构	气—液相逆流操作的反应，要求伴随蒸馏的化学反应，如酯化反应、异丙苯氧化反应
	3.5（d）	塔体内部有搅拌装置或脉冲振动装置	气—液、液—液、液—固等非均相反应及要求伴随萃取的化学反应，如烃类液相氧化、硝化废酸的萃取
	3.5（e）	塔体内部不设任何构件	气液反应
固定床反应设备	3.6（a）	单筒体内装催化剂	气—固、液—固、气—液—固相催化反应，如硝基物气相加氢还原及液相加氢还原
	3.6（b）	列管式，管内装催化剂	反应热较大的快速气—固相催化反应，如芳烃气相催化氧化

续表

形式	图号	结构特点	适用场合及应用举例
流化床反应设备	3.7	圆筒体,催化剂靠气速或液速呈流化状态	放热量较大的气—固相或气—液—固相催化反应,如芳烃氧化、硝基物催化加氢还原
喷射型反应设备	3.8	类似喷射器结构	气—液、液—液相快速反应,如某些中和及酯化反应、气体的化学吸收
泵式反应设备	3.9	类似水环泵式透平泵结构	液相、气—液相等快速反应,如烷基苯的磺化反应、酸性硝基物中和
微通道反应设备	3.10	类似管式反应器	流动性良好的液—液非均相反应,强放热反应,如混酸硝化反应、氧化反应

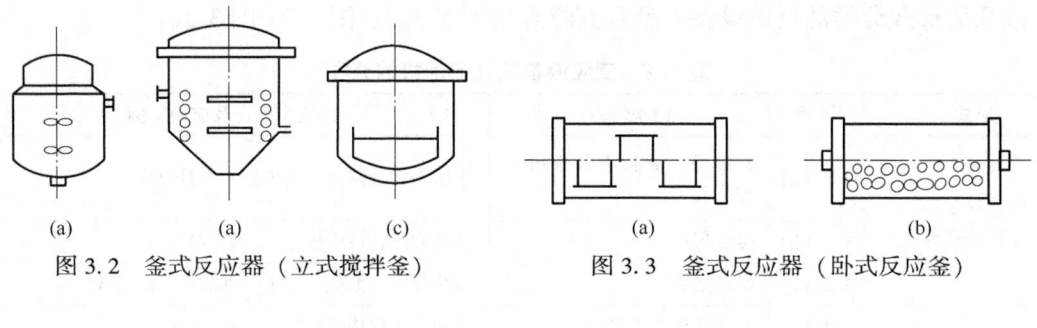

图 3.2 釜式反应器（立式搅拌釜）　　　图 3.3 釜式反应器（卧式反应釜）

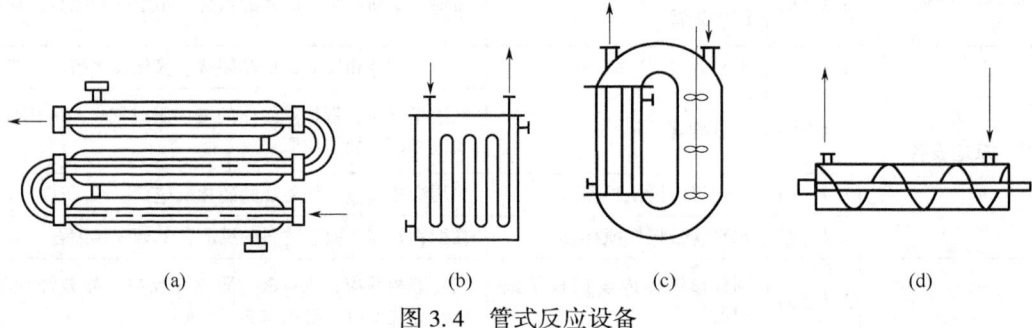

图 3.4 管式反应设备

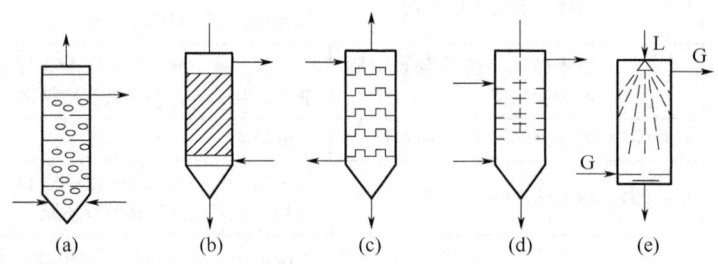

图 3.5 塔式反应设备

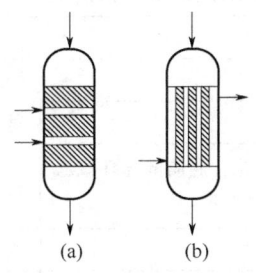
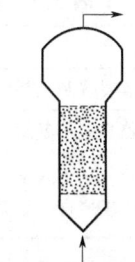

图 3.6 固定床反应设备　　　　图 3.7 流化床反应设备

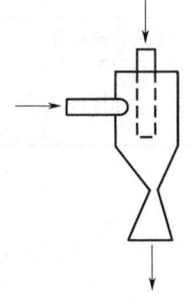
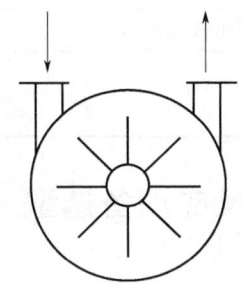
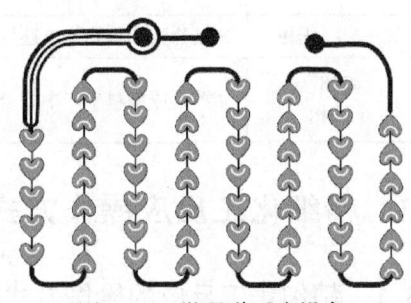

图 3.8 喷射型反应设备　　图 3.9 泵式反应设备　　图 3.10 微通道反应设备

3.2.2.2 按传热形式分类

按传热形式可将反应设备分为间壁传热式、直接传热式、蒸发传热式、外循环传热式和绝热式等。

间壁传热式即反应物料与传热剂通过反应设备的壁、蛇管等间壁进行传热，这是使用最广泛的一种反应设备，其特点是反应物与传热剂不能直接接触，温度控制较严格。

直接传热式是使传热剂直接与反应物料接触，其特点是升降温快，如硝基物的铁粉还原是向还原锅中直接通入蒸汽，某些低温下的反应则可向反应设备中投入冰。当然这种传热方式适合于允许传热剂和反应物直接接触的场合。

蒸发传热式，靠挥发性反应物或产品、溶剂的蒸发移除热量，在沸腾下反应时传热量大，反应稳定易控制，如苯环上氯化、甲苯等侧链氯化等许多情况下都使用蒸发传热式。

外循环传热式适合反应设备内部不能设置传热结构和反应设备壁难于进行传热时使用，为强化传热，在设备外部设置足够传热面积的换热器使反应物料不断循环换热。

绝热式反应设备不需设置传热结构，靠进料的显热及反应热维持反应温度，从反应设备结构来说要简单得多，但要允许在一定的范围之内不影响反应，一般在反应热效应不大的情况下使用，如乙烯水合制乙醇的固定床绝热反应设备。

3.2.2.3 按反应物相态分类

按反应物料的相态分为均相反应设备和非均相反应设备。对均相按相态相应地称为气相反应设备、均液相反应设备等。对非均相则相应地称为气—液相、液—液非均相、气—固相及气—液—固相等反应设备。各种相态组合的反应举例及其使用反应器形式见表 3.3。

表 3.3　按反应物相态分类适用的反应器形式

相态		反应举例	使用的反应器形式
均相	气相	乙酸裂解制乙烯酮	管式
	液相	邻硝基氯苯氨解、均相中和反应	釜式、管式、喷射器式
非均相	气—液相	甲苯、二甲苯液相氧化，甲基蒽醌氨化，脂肪醇与环氧乙烷加成聚合，烷基苯的SO_3磺化	釜式、管式、塔式
	液—液相	苯、甲苯、氯苯的硝化	釜式、列管式
	液—固相	蒽醌硝化、β-氯蒽醌氨化	釜式、塔式
	气—固相	萘、蒽等芳烃的气相催化氧化，硝基物气相催化加氢还原，苯酚、β-萘酚的羧化	固定床、移动床、流化床
	气—液—固相	硝基物液相催化加氢还原，苯氯化制氯苯	釜式、塔式、流化床
	固相 半固相	某些还原染料生产中缩合反应	球磨机型、螺杆型

3.2.3　精细化工反应操作方式及反应设备选型

3.2.3.1　精细化工反应的操作方式

1. 分批式操作

分批（或称间歇）操作是指将一批反应物料一次性全部投入反应设备，经过一定时间的反应，达到反应要求后，将反应产物一次卸出，生产为间歇地分批进行。

这种操作方式适用于反应速率较慢、热效应较小和生产规模不大的场合，一般均采用搅拌反应器式反应设备。此种方法属于非定常态操作，反应设备内的工艺参数，如温度、压力、浓度等都可随时间改变，在过程分析上复杂一些。优点是便于更换产品、设备可以多用及反应过程易控制等。因此，间歇操作方式被广泛用于精细化学品的生产中。

2. 连续式操作

连续式操作即反应物和产物连续稳定地流入和引出反应器的操作方式。一般用于产品品种比较单一而产量较大的场合。

这是一种稳定状态下的操作，反应设备内工艺参数，如温度、压力及浓度等不随时间而改变，反应物料在反应器内停留时间不同。因连续稳定，所以劳动生产力高，劳动强度小，便于实现自动控制和远距离控制。

精细化工生产中许多有机中间体实现了连续化，如苯、甲苯、氯苯、硝基苯等的硝化反应，硝基物的还原反应，烷基苯的磺化反应，苯的氯化反应等。

3. 半分批式操作

半分批（或称半连续）式操作是指将一部分物料一次投入反应设备内，另一部分物料则连续地加入或排出反应设备反应完毕后放料，再进行下一周期的操作。这种操作可以通过加料快慢来调节反应速率，对需严格控制反应物料的浓度、强放热反应、可逆反应等尤为适合。半连续操作适用于生产规模较小的产品，和间歇操作一样便于改变工艺条件和生产品种，反应设备灵活多能，在精细化工生产中得到广泛使用。

下面以某染料厂的重氮化反应过程为例（图3.11），分析操作方式对生产效率的影响。

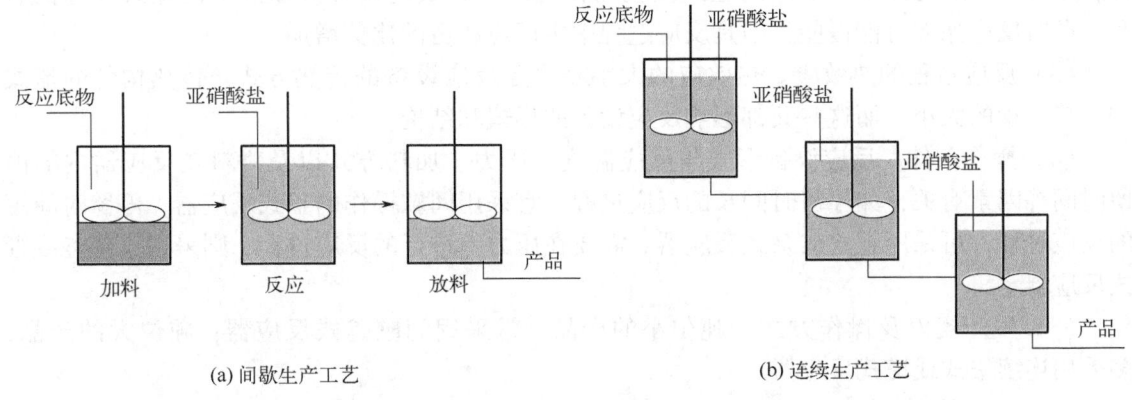

图 3.11 间歇生产工艺与连续生产工艺对比（以重氮化反应为例）

重氮化反应是一个反应速率非常快而且放热非常剧烈的反应，一般来说重氮化反应在搅拌釜中完成，大致操作步骤为：将底物投加入搅拌釜中，然后滴加亚硝酸盐溶液进行反应。这个过程中滴加速度需要严格控制，加料过快反应非常剧烈，温度升高会非常明显，导致整体选择性下降。待试剂滴加完毕后再搅拌反应一段时间，进行放料。整个过程包括：底物投料→滴加药剂→搅拌反应→放料四个过程。

间歇操作下，这四个步骤反复进行，其中底物投料与放料是辅助操作过程，这种操作会严重降低反应效率。比如一个反应釜操作4h，其中2h在投料和放料，实际有效的反应时间只有2h。同时每一次滴加药剂就涉及阀门的开启关闭以及流量调节，这种反复操作可能带来失误概率的增高，而且操作水平不同也会导致批次间产品质量有差异。

染料厂通过技改，使用了一套连续化系统，采用多个釜串联，物料连续进入，连续采出，每一个釜内采用一定的固定流速滴加亚硝酸盐溶液。这个过程一旦物料进入与采出的速度控制好后，就仅仅需要微调，甚至不需要调整，省去了投料放料过程，整个生产效率大大提高，产能比同样3个间歇釜扩大了3倍，产品质量稳定性大大提高。

3.2.3.2 反应设备的选型

当开发一个化学反应使其实现工业规模生产或设计一个新的生产车间时，如何合理地选择反应设备类型、设计内部构件和传热方式，常常是需要认真考虑的问题。在选择反应设备形式时，应针对化学反应本身的特点来确定。通常需要考虑以下因素：

（1）物料的相态。如均液相反应可采用管式反应器和釜式反应器，气相反应则采用管式反应器，气固相催化反应采用固定床或流化床反应器。

（2）反应的动力学特征。精细化工生产中所涉及的化学反应，不少为复合反应，如平行反应、串联反应，也有平行串联反应。反应设备具有合理的形式，使其能促进主反应的进行，而对副反应有抑制作用。例如平行反应：

$$A \xrightarrow{k_1} R \qquad r_R = k_1 C_A^\alpha$$

$$A \xrightarrow{k_2} S \qquad r_S = k_2 C_A^\beta$$

选择反应设备形式时,主要是比较主副反应的反应级数,若 α>β,应选择间歇操作的釜式反应器或连续操作的管式反应器,这样将有利于主反应的进行,提高该反应过程的选择性;若 α<β,则选择连续操作的釜式反应器比选用管式反应器和间歇操作的釜式反应器有利,此时反应速率可能慢些,但是反应过程中主反应所占的比例增加。

(3) 反应过程的热效应。热效应的大小将决定反应设备的传热方式、传热构件的形式和传热面积的大小,而这些又都影响反应设备的形式和结构。

(4) 操作条件。反应设备形式与反应温度、压力、加料方式以及物料在反应器内的停留时间等因素有关,如停留时间长的反应过程,宜采用间歇操作的釜式反应器;停留时间短的反应过程,可采用管式或泵式反应器。需要在压力下进行的反应过程,则采用压热釜或管式反应器。

(5) 生产规模及操作方式。吨位小的产品,常采用间歇釜式反应器;吨位大的产品,多采用连续釜式或塔式反应器。

(6) 物料的腐蚀性。反应物料的腐蚀性将决定反应设备的材质。当反应物料具有强烈的腐蚀性时,所采用的反应设备形式和结构往往都比较简单,以便于维修。

对于具体的反应过程而言,并不是上述因素同等重要,常常是其中的一个因素对反应器形式起决定性的作用。因此,在选择反应设备形式时,应该对化学反应过程进行具体分析,抓主要因素,做出合理的选择,使反应设备能满足生产效率高、产品质量好、原料消耗少、劳动强度小、设备结构简单、操作费用低、保证安全生产等要求。

3.3 精细有机合成中的溶剂效应

在精细有机合成中,大多数单元反应是在溶剂中进行的。溶剂的作用不仅是提供反应环境、强化物理混合和传热传质,还会与反应物发生一定的相互作用,影响反应速率、化学平衡、反应历程、反应方向和立体化学。因此,了解并合理选择溶剂具有重要意义。

溶剂与反应物间的相互作用力主要包括:

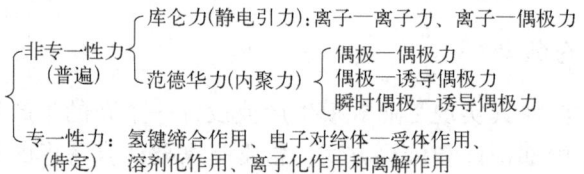

3.3.1 溶剂的分类和溶剂化作用

3.3.1.1 溶剂的分类和性质

溶剂的分类方法大致有两种,一种是根据溶剂的极性进行分类,另一种是根据溶剂是否具有形成氢键的能力进行分类。两种方法相结合,溶剂可被分为四类,物性参数列于表 3.4 中,它们的性质主要体现极性、氢键以及酸碱性。

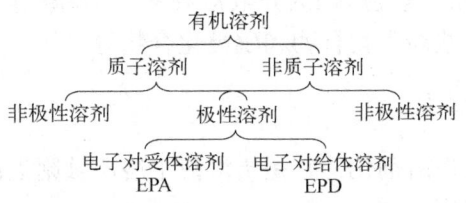

表 3.4 溶剂的分类及其物性参数

分类	质子溶剂			非质子溶剂		
	名称	介电常数 ε（25℃）	偶极矩 μ/D	名称	介电常数 ε（25℃）	偶极矩 μ/D
极性溶剂	水	78.29	1.84	乙腈	37.50	3.47
	甲酸	58.50	1.82	二甲基甲酰胺	37.00	3.90
	甲醇	32.70	1.72	丙酮	20.70	2.89
	乙醇	24.55	1.75	硝基苯	34.82	4.07
	异丙醇	19.92	1.68	六甲基磷酰三胺	29.60	5.60
	正丁醇	17.51	1.77	二甲基亚砜	48.90	3.90
	乙二醇	38.66	2.20	环丁砜	44.00	4.80
非极性溶剂	异戊醇	14.70	1.84	乙二醇二甲醚	7.20	1.73
	叔丁醇	12.47	1.68	乙酸乙酯	6.01	1.90
	苯甲醇	13.10	1.68	乙醚	4.34	1.34
	仲戊醇	13.82	1.68	二烷	2.21	0.46
	乙二醇单丁醚	9.30	2.08	苯	2.28	0
				环己烷	2.02	0
				正己烷	1.88	0.085

（1）极性质子溶剂，这类溶剂介电常数 $\varepsilon>15$，偶极矩 1.5~2.5D，具有能电离的质子。它们最显著的特点是能同负离子或强电负性元素形成氢键，从而对负离子产生很强的溶剂化作用。因此，极性质子溶剂有利于共价键异裂，能加速大多数离子型反应，O—H、N—H 键的 O 和 N 都有孤对电子，因此质子溶剂既是氢键的给体，又是氢键的受体，如 H_2O、ROH、RNH_2 等。

（2）极性非质子溶剂，又称偶极非质子溶剂或惰性质子溶剂。其介电常数 $\varepsilon>15$，偶极矩 2.5~5.0D，故具有较强的极性。分子中氢一般同碳原子相连，由于 C—H 键结合牢固，故难以给出质子。常见的偶极非质子溶剂有 N,N-二甲基甲酰胺（DMF）、二甲基亚砜（DMSO）、六甲基磷酰三胺（HMPA），以及丙酮、乙腈、硝基烷等。由于这类溶剂一般含有电负性强的氧原子（如 C=O、S=O、P=O），而且氧原子周围无空间障碍，因此，能对正离子产生很强的溶剂化作用。相反在这类溶剂的结构中正电性部分一般包藏于分子内部，故难于对负离子产生溶剂化。

（3）非极性质子溶剂。该类溶剂极性很弱，介电常数 $9<\varepsilon<15$，偶极矩 1.5~2.0D，常见的是一些醇类，如叔丁醇、异戊醇等，它们的羟基质子可以被活泼金属置换。

（4）非极性非质子溶剂。这类溶剂的介电常数 $\varepsilon<8$，偶极矩 $0\sim2\text{D}$，在溶液中既不能给出质子，极性又很弱，如一些烃类化合物和醚类化合物等。

3.3.1.2 溶剂化作用的本质

溶质和溶剂相互作用称作溶剂化，它是指溶液中溶质被附近的溶剂包围起来的现象。水溶液中的溶剂化即为水合作用。

一个极性溶剂分子有带部分正电荷的正端和带部分负电荷的负端，如 $RO^{\delta-}\text{—}H^{\delta+}$。正离子与溶剂的负端，负离子与溶剂的正端互相吸引，称为离子—偶极作用（图 3.12），也称为离子—偶极键。离子—偶极作用是溶剂化的本质，一个离子可形成多个离子—偶极键，结果离子被溶剂化，处于溶剂包围圈中。

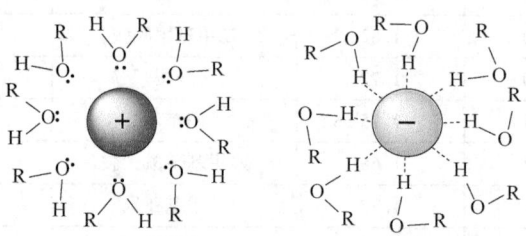

图 3.12　溶剂 ROH 与离子间的离子—偶极作用

极性质子溶剂的溶剂化作用除了离子—偶极键外，往往还有氢键的作用。

3.3.1.3 离子化作用和离解作用

离子原是指在固态时具有分子晶格的偶极型化合物，在液态时它仍以分子状态存在，但是当它与溶剂发生作用时可以形成离子，例如卤化氢、烷基卤和金属有机化合物等。

离子体是指在晶态时是离子型的，而在熔融状态以及在稀溶液中则以离子形式存在的化合物，例如金属卤化物等二盐。

离子化过程指的是离子原的共价键发生异裂产生离子对的过程，而离解过程则指的是离子对（缔合离子）转变为独立离子的过程。离子对指具有共同溶剂化层、电荷相反的成对离子。离子化和离解过程示意图如图 3.13 所示。

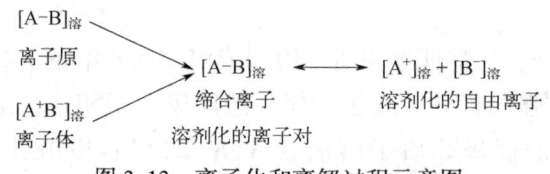

图 3.13　离子化和离解过程示意图

注：下标"溶"表示括号内的质点处于一种溶剂笼内

$\varepsilon>40$ 的溶剂中，几乎不存在离子缔合；$\varepsilon<10\sim15$ 的溶剂中，未发现有自由离子。溶剂的离子化能力主要取决于其发挥电子对受体或电子对给体作用的能力，而非介电常数。

3.3.2 溶剂对有机合成反应的影响

按溶剂的性质和它与溶质间相互作用力的性质，分别讨论两类不同的溶剂化效应：静电溶剂化效应和专一溶剂化效应。

3.3.2.1 静电溶剂化效应

静电溶剂化效应用溶剂极性来确定相对的溶剂化能力及其对化学反应性的影响。

极性溶剂（如水或乙醇）可有效地把离子溶剂化，因此可降低其活化能而使之稳定，使溶质的离解反应易于进行。而在非极性溶剂中（如苯或己烷等），离子不能很好地被溶剂化，因此溶质的离解反应具有较高的活化能。

1. Houghes-Ingold 规则（H-I 规则）

溶剂极性不仅对溶质的离子化过程有影响，对某些反应速率也有影响。为此就要考察反应物的始态和过渡态与溶剂分子间的静电作用，以比较起始反应物和过渡态电荷分离程度的大小，从而可以预测溶剂极性对离子型反应速率的影响。

Houghes 和 Ingold 采用过渡态理论来处理溶剂对反应速率的影响时，发现由起始反应物之间相互作用所生成的过渡态，大都是偶极型活化配合物，与相应的起始反应物相比，它们在电荷分布上常常有明显的差别。Houghes 和 Ingold 对这类反应的宏观溶剂效应，用静电效应做了概括，即根据起始反应物变为活化配合物时，电荷密度的变化来判断溶剂极性对反应速率的影响：

（1）若中间过渡态物种电荷密度大于起始反应物，溶剂极性增加，有利于过渡态生成，有利于化学反应。

（2）若中间过渡态物种电荷密度小于起始反应物，溶剂极性增加，不利于过渡态生成，不利于化学反应。

（3）若二者电荷密度差别不大或无差别，溶剂极性变化对反应速率影响极小。

比如，氯代叔丁烷水解反应，溶剂对反应速率的影响见表 3.5。随着溶剂极性的增加，反应速率急剧增加。

表 3.5 溶剂极性对氯代叔丁烷水解反应速率的影响

溶剂	C_2H_5OH	CH_3OH	HCOOH	H_2O
ε	24.55	32.70	58.5	78.39
μ/D	1.73	1.70	1.82	1.82
k（相对）	1	9	12200	335000

2. 溶剂极性对不同电荷类型反应的影响

溶剂极性对不同电荷类型反应的影响有差异，大体情况见表 3.6。

表 3.6　不同反应类型所需反应溶剂

序号	起始物种　活化络合物　产物	反应溶剂
1	$A^+ + B^- \longrightarrow {}^{\delta+}A\cdots B^{\delta-} \longrightarrow A-B$	非极性溶剂中有利
2	$A-B \longrightarrow {}^{\delta+}A\cdots B^{\delta-} \longrightarrow A^+ + B^-$	极性溶剂中有利
3	$A + B \longrightarrow A\cdots B \longrightarrow A-B$	对溶剂极性不敏感
4	$A-B^+ \longrightarrow [A\cdots B]^+ \longrightarrow A^+ + B$	极性溶剂中略有利
5	$A + B^+ \longrightarrow [A\cdots B]^+ \longrightarrow A-B^+$	非极性溶剂中略有利

3. 溶剂极性对亲电取代反应的影响

溶剂极性增加，有利于亲电取代反应。

例如，在水介质中一溴化制 3-溴苯绕蒽酮的反应，是典型的芳环上的亲电取代反应，亲电质点是 Br^+，表 3.7 给出了不同极性的溶剂对转化率的影响情况。

表 3.7　溶剂极性对苯绕蒽酮一溴化转化率的影响

溶剂	二噁烷	氯苯	四氯乙烷	二氯乙烷	乙酐	DMF	硝基苯
ε	2.24	5.65	8.00	10.45	20.7	36.71	38.24
$\mu / \times 10^{-30} C \cdot m$	0	5.14	5.70	6.20	9.41	12.9	14.0
转化率/%	0	1.37	3.31	8.36	15.32	17.56	28.67

加入少量氯苯等非极性溶剂可以有效地抑制二溴化副反应；在苯绕蒽酮的二溴化制 3,9-二溴苯绕蒽酮时，加入少量极性溶剂硝基苯，则可以使二溴化反应更完全。

4. 溶剂极性对亲核取代反应的影响

溶剂极性对亲核取代反应的影响规律可归纳为表 3.8。

表 3.8　不同类型亲核取代反应的溶剂效应预测

反应类型	起始物种	过渡态物种	电荷变化	极性溶剂影响
(a) S_N1	$R-X$	$R^+\cdots X^-$	电荷分离	明显加快

续表

反应类型	起始物种	过渡态物种	电荷变化	极性溶剂影响
(b) S_N1	R—X$^+$	R$^+$----X$^+$	电荷分散	略微减慢
(c) S_N2	Y+R—X	Y$^+$----R----X$^-$	电荷分离	明显加快
(d) S_N2	Y$^-$+R—X	Y$^-$----R----X$^-$	电荷分散	略微减慢
(e) S_N2	Y+R—X$^+$	Y$^+$----R----X$^+$	电荷分散	略微减慢
(f) S_N2	Y$^-$+R—X$^+$	Y$^-$----R----X$^-$	电荷减少	明显减慢

上述静电溶剂化理论是一个简单的定性的纯静电理论，有一定的局限性。它忽略反应中的熵变以及溶剂与溶质的相互作用等，因此有些例外情况。

比如，对于最常见的（d）型亲核取代反应的实验数据，可以举出放射性标记碘负离子 $^*I^-$ 与碘甲烷之间的碘交换反应，列于表 3.9 中。

$$^*I^- + CH_3I \xrightleftharpoons{k} [\,^*I^{\delta-}\text{----}CH_3\text{----}I^{\delta-}\,] \longrightarrow\,^*I\text{—}CH_3 + I^-$$

表 3.9 溶剂极性对碘交换反应速率的影响

溶剂	CH_3COCH_3	C_2H_5OH	CH_3OH	$(CH_2OH)_2$	H_2O
ε	20.7	24.55	32.7	37.7	78.39
μ/D	2.86	1.73	1.70	2.28	1.82
$k_{相对}$	13000	44	16	17	1

在上述反应中，在活化过程中产生电荷分散作用，因此，在质子传递性溶剂中，溶剂介电常数的增加，略微减慢反应速率（乙二醇例外）。但是在非质子传递极性溶剂丙酮中的反应速率相当快。这组数据说明 H-I 规则有一定的局限性，原因在于 H-I 规则只考虑了溶剂的极性，而没有考虑溶剂的质子传递性和非质子传递性，以及电子对受体性和电子对给体性等因素对反应速率的影响。

需要指出，虽然 H-I 规则有一定的局限性，但对于许多偶极型过渡态反应（例如亲电取代、亲核取代、消除、不饱和体系的亲电加成等），还是可以用上述规则预测其溶剂效应，并得到许多实验数据的支持。

3.3.2.2 专一溶剂化效应

专一溶剂化可分为负离子的专一溶剂化和正离子的专一溶剂化两种。前者是靠氢键结合力，后者是靠电子给体与受体之间的作用力。特殊的结构效应可使反应物或过渡态特别强烈地被溶剂化。这比前述的溶剂静电效应要强烈很多。其原因是，氢键的形成及由电子对的给予和接受而产生的作用，比溶剂因静电作用所产生的分子间作用力要大得多。

1. 硬软酸碱原则（HSAB 原则）

硬酸和硬碱指的是由电负性高的小原子或小分子所构成的酸和碱。属于硬酸的有 H^+、Li^+、Na^+、BF_3、$AlCl_3$ 和氢键给体 HX 等；属于硬碱的有 F^-、Cl^-、R^-、H_2O、ROH、R_2S 和 NH_3 等。

软酸和软碱指的是由电负性低的大原子或大分子所构成的酸或碱。属于软酸的有 Ag^+、Hg^+、I_2、1,3,5-三硝基苯和四氰基乙烯等;属于软碱的有 H^-、I^-、R^-、RS^-、RSH、R_2S、烯烃和苯等。

通常地,硬酸容易和硬碱结合,软酸容易和软碱结合,即硬软酸碱原则。

2. 负离子的专一溶剂化效应(氢键缔合作用形成的专一溶剂化)

极性质子溶剂有形成氢键的能力,因此是优良的负离子溶剂化剂。具有未共用电子对而半径较小的负离子(F^-,Cl^-,OH^-)是强的氢键受体。大的负离子或电荷分散的负离子(I^-)是弱的氢键受体。

氢键缔合作用被认为是较硬的作用,所以负离子 Y^- 越硬(体积越小),其在质子性溶剂中被专一性溶剂化倾向越强,亲核反应活性就越低。一些负离子在质子型溶剂中的活性顺序为:$F^-<Cl^-<Br^-<OH^-$,$CH_3O^-<I^-<CN^-$。

一般来说,质子溶剂对 S_N1 都是有利的,但会使 S_N2 反应的速率减慢。

在亲核取代反应中,离去基团的溶剂化非常重要,质子溶剂的氢键作用优先发生,因此质子溶剂对亲核取代反应一般都有加速作用,故卤代烷与磺酸酯的亲核取代反应一般都需要以水、醇或羧酸作为溶剂。

比如,卤代烷中的卤原子与质子溶剂形成氢键或专属溶剂化,降低了反应离解能,碳卤键容易电离,形成碳正离子,促进 S_N1 反应,这种专一溶剂化影响往往大于极性溶剂。

$$HS+R-X \xrightleftharpoons{S_N1} [\overset{\delta+}{R}\cdots\overset{\delta-}{X}\cdots HS]^{\neq} \longrightarrow R^+ + X^-\cdots HS$$

对甲苯磺酸-2-甲基-2-(4-甲氧基苯基)丙酯在几种溶剂中的相对离子化速率见表3.10。

表3.10 溶剂类型对酯的离子化速率的影响

溶剂	$(C_2H_5)_2O$	CH_3COCH_3	$(CH_3)_2SO$	C_2H_5OH	CH_3COOH	H_2O	$HCOOH$
$k_{相对}$	1	169	3600	1.2×10^4	3.3×10^4	1.3×10^6	5.1×10^6
ε	4.34	20.7	46.7	24.55	6.15	78.39	58.5

溶剂分解速率:乙酸($\varepsilon=6.2$):二甲亚砜($\varepsilon=49.6$)= 9:1

乙酸($\varepsilon=6.2$):四氢呋喃($\varepsilon=7.6$)= 2000:1

3. 正离子的专一溶剂化效应

一般来说,正离子的专一溶剂化剂是具有电子给体的化合物,它会使反应物的亲核性大大增强。电子对给体溶剂及开链或大环醚类都是良好的正离子专一溶剂化剂。

聚醚(n=0, 1, 2, …)

二甲基甲酰胺(DMF)

二甲基乙酰胺(DMAC)

二甲基亚砜(DMSO)

六甲基磷酰三胺(HMPA)

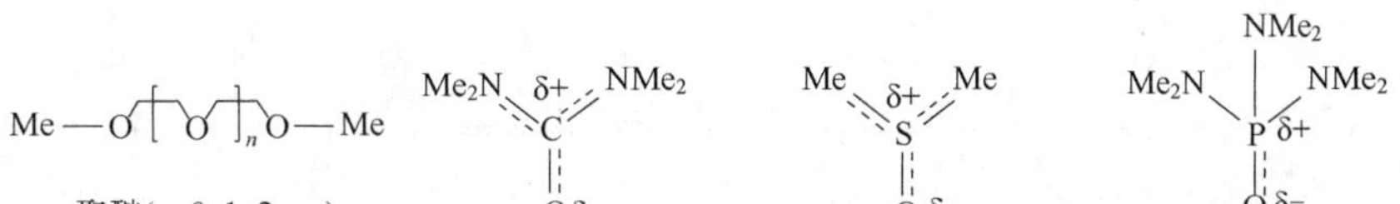

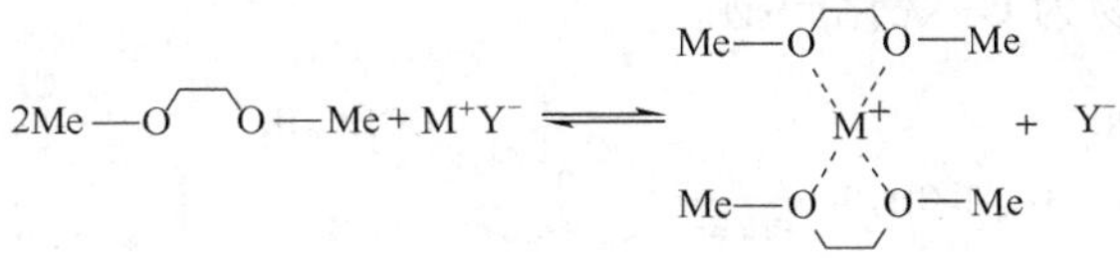

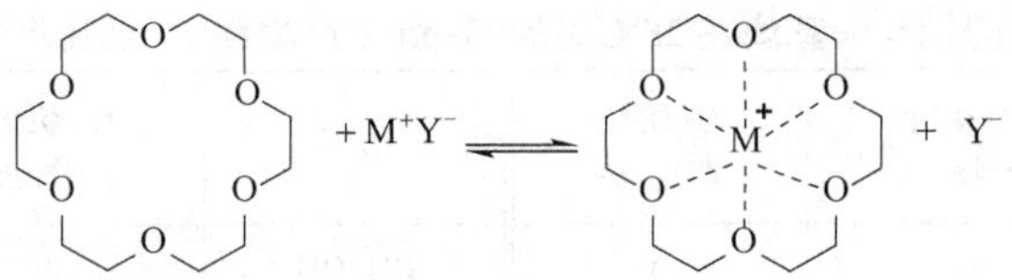

这些溶剂的特点是正端被基团包围在内，而负端裸露在外，立体障碍很小，供电性强，故它们容易与正离子发生离子—偶极相互作用，使正离子溶剂化，同时也使试剂的负离子成为裸露的负离子，具有很好的亲核性，极大加快反应速率。

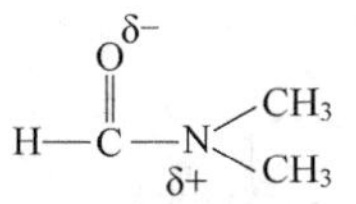

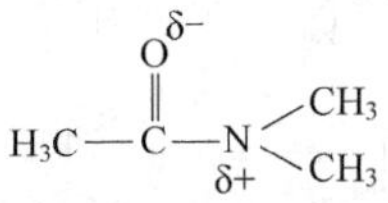

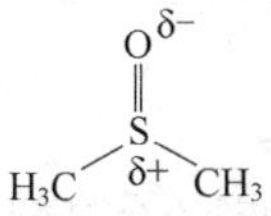

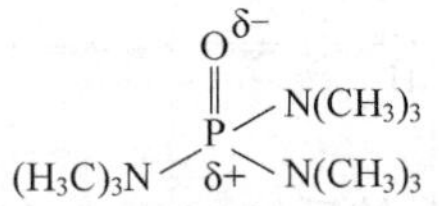

例如碘甲烷与氰化钠的氰代反应，在极性非质子溶剂 DMF 中比在水中反应快 5×10^5 倍。表 3.10 所述碘交换反应属于 S_N2 反应，质子溶剂会与 $^*I^-$ 形成氢键，产生专属溶剂化，使反应速率减慢，极性越大反应速率越低。丙酮是含孤对电子的极性非质子溶剂，能将碳正离子溶剂化，而对 $^*I^-$ 影响较小，所以丙酮作溶剂时碘交换反应速率高于质子溶剂。

不同的溶剂使正离子溶剂化的强度按下列次序减弱，这与它们的给电子能力一致：

$$HMPA>DMSO>DMAc>DMF>CH_3CN>CH_3NO_2$$

正离子越小越易被溶剂化，因它接受负电荷的能力是随单位体积所具有正电荷的增大而增加。

卤素负离子在极性非质子溶剂中的亲核性和碱性次序为：

$$F^->Cl^->Br^->I^-$$

溶剂效应对化学反应的影响，除了反应活性以外，有时也影响反应机理。如溴甲烷在乙醇的水溶液中水解，是按 S_N2 机理进行，而在极性更强的离子型溶剂如在甲酸中反应时，机理要变为 S_N1。

此外，溶剂效应会影响反应方向，当反应体系中含至少具有两个反应中心的互变异构型的负离子时，溶剂类型将影响产物异构体的比例。这样的负离子包括 1,3-二羰基化合物的烯醇盐负离子、羟基吡啶负离子、酚盐负离子和羧酰胺负离子，根据这些负离子的共振极限式，它们有两个以上的反应位点。

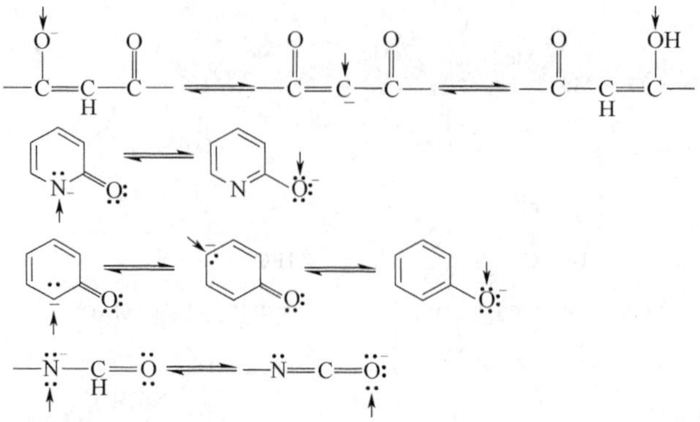

比如β-萘酚钠与苄基溴的反应（表3.11），极性非质子溶剂中反应主产物为O-烷化产物，而在质子溶剂中主产物为C-烷化产物。

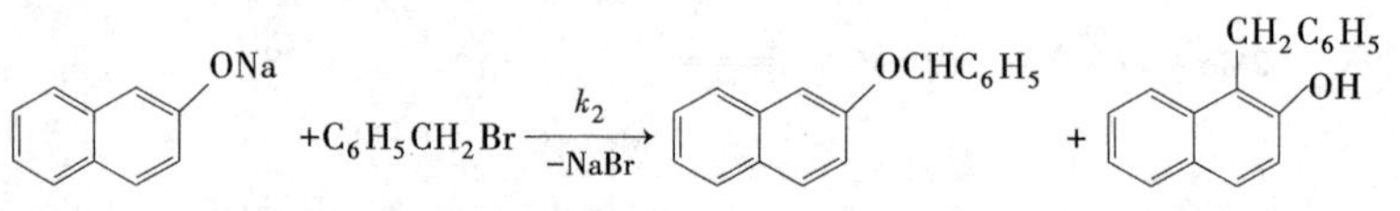

表3.11　β-萘酚钠与苄基溴在25℃时的O-烷化产物和C-烷化产物的比例

溶剂	O-烷化产物/%	C-烷化产物/%	溶剂	O-烷化产物/%	C-烷化产物/%
$HCON(CH_3)_2$	97	0	CH_3OH	57	34
CH_3SOCH_3	95	0	CH_3CH_2OH	52	28
$CH_3OCH_2CH_2OCH_3$	70	22	H_2O	10	84
$(CH_2)_4O_2$	60	36	CF_3CH_2OH	7	85

3.3.3　精细有机合成反应溶剂的选择

不同类型反应需要的溶剂不同，自由基反应需要非极性溶剂，离子型反应需要极性溶剂。在有机化学反应中溶剂的使用和选择，除了考虑溶剂对主反应速率、反应历程、反应方向和立体化学的影响以外，还必须考虑以下因素：

(1) 稳定性。溶剂与反应物和反应产物不发生化学反应，不降低催化剂活性。
(2) 分散性。溶剂对反应物有较好的溶解性，或者使反应物在溶剂中能良好分散。
(3) 可回收性。溶剂容易从反应体系中回收，损失少，不影响产品质量。
(4) 本质安全性。溶剂应尽可能不需要太高的技术安全措施。
(5) 环保性。溶剂的毒性小、含溶剂的废水容易治理。
(6) 经济性。溶剂的价格便宜、供应方便。

3.4　精细有机合成工艺技术

随着科学技术的进步，许多新技术已在精细有机合成中得到广泛的应用，尤其是近30年来，随着环保意识的增强，可持续发展战略的实施，对有机合成提出了更高的要求。目前,正向高效、环保、高选择性、高效率的方向发展,并取得了显著成效,本小节主要介绍相转移催化和电解有机合成技术。

3.4.1 相转移催化有机合成技术

在有机合成中,当反应体系是非均相体系时,处于不同相的反应物之间彼此不能接触,从而使反应效果不佳或根本不反应。此时,若在反应体系中加入少量"相转移催化剂"(phase transfer catalysis,PTC)使两反应物转移到同一相中,便可使反应顺利进行。这种反应就称为相转移催化反应。

相转移催化技术是 1968 年由 Starks 首先提出,并逐渐发展起来的有机合成新方法,具有反应条件缓和、操作简便、反应时间短、产品收率高、产品纯度高等突出优点。

相转移催化主要用于液—液两相体系,有时也可用于液—固两相体系和液—固—液三相体系。不同体系中相转移催化反应的基本原理是相同的。

3.4.1.1 相转移催化的基本原理

在负离子型反应中,常用的相转移催化剂为季铵盐,表示为 Q^+X^-。以亲核试剂二元盐 M^+Nu^- 与有机反应物 R—X 的液—液非均相亲核取代反应为例,阐述其相转移催化原理。

总反应式: $$R—X + M^+Nu^- \xrightarrow{QX} M^+X^- + R—Nu$$

如果 M^+Nu^- 只溶于水相,而不溶于有机相,R—X 只溶于有机相而不溶于水相,这时,Nu^- 和 R—X 两者不易相互靠拢并发生化学反应。加入少量季铵盐 Q^+X^- 后,季铵盐中的负离子 X^- 可以和亲核试剂中的负离子 Nu^- 发生离子交换,形成离子对 Q^+Nu^-。季铵盐是典型的阳离子表面活性剂,其正离子 Q^+ 具有亲油性,在有机相中有良好的溶解性,Nu^- 与 Q^+ 形成离子对,可进入有机相中。在有机相中,R—X 迅速与离子对发生亲核取代反应,生成目的产物 R—Nu 和原季铵盐 Q^+X^-,该季铵盐再回到水相,重复上一过程,相转移催化作用原理如图 3.14 所示。

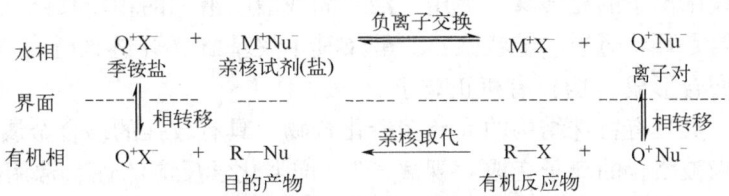

图 3.14 以季铵盐为催化剂的相转移催化原理示意图

可见,正是季铵盐中的正离子 Q^+ 将亲核试剂中的负离子 Nu^- 从水相转移到有机相中,从而促使反应的顺利进行。

3.4.1.2 相转移催化剂

具有工业使用价值的相转移催化剂必须具备以下条件:(1)用量少、效率高,自身不易发生不可逆的反应而消耗掉,或者在过程中失去转移特定离子的能力;(2)制备不太困难、价格合适;(3)毒性小,可用于多种反应。

$$\text{聚醚}\begin{cases}\text{季铵盐和叔胺}: R_4N^+X^-、\text{吡啶、三丁胺} \\ \text{链状聚乙二醇}: H(OCH_2CH_2)_nOH \\ \text{链状聚乙二醇二烷基醚}: R(OCH_2CH_2)_nOR \\ \text{环状冠醚}\end{cases}$$

1. 鎓盐类

鎓盐类相转移催化剂能够将负离子转移到有机相中，它由第Ⅴ主族元素 N、P、As 等组成，只适用于液—液两相相转移过程。

最常用的相转移催化剂是烷基总碳数为 15~25 的季铵盐 Q^+X^-，包括：

$$\begin{array}{cccc}\underset{Bu}{\underset{|}{Bu-\overset{Bu}{\overset{|}{N^+}}-Bu}}X^- & \underset{Oct}{\underset{|}{Oct-\overset{Me}{\overset{|}{N^+}}-Oct}}X^- & \underset{Me}{\underset{|}{cetyl-\overset{Me}{\overset{|}{N^+}}-Me}}X^- & \underset{Bzy}{\underset{|}{Et-\overset{Et}{\overset{|}{N^+}}-Et}}X^-\end{array} \quad (X=Cl, Br, HSO_4)$$

$(C_4H_9)_4N^+ \cdot HSO_4^-$ 　四丁基硫酸氢铵（TBAB）

$(C_8H_{17})_3N^+(CH_3) \cdot Cl^-$ 　三辛基甲基氯化铵（TOMAC）

$C_{16}H_{33}N^+(CH_3)_3 \cdot Br^-$ 　十六烷基三甲基溴化铵（CTAB）

$C_6H_5CH_2N^+(C_2H_5)_3 \cdot Cl^-$ 苄基三乙基氯化铵（TEBAC）

当烷基相同时，鎓盐的相转移催化能力以季鏻盐强。这与氮、磷、砷、锑、铋的电负性和其盐的水溶性有关。

季鏻盐的结构和季铵盐相似、催化原理也相同，但对碱和热的稳定性比季铵盐好，催化性能也比季铵盐好，季鏻盐作为相转移催化剂价格比季铵盐贵得多，一般不太使用。

此外，季砷盐（毒性大）、季锑盐、季铋盐和季锍盐等鎓盐也可以用作相转移催化剂，但制备困难、价格昂贵，目前只用于实验室研究。

有时也可以用叔胺（例如吡啶和三丁胺等）作相转移催化剂，这是因为它们在反应条件下可生成季铵盐。

2. 聚醚类

聚醚能够实现阳离子的相转移，适用于液—固或液—液相的相转移催化过程。聚醚相转移催化剂中，主要是环状冠醚、链状聚乙二醇及其单烷基醚（开链聚醚）。这类催化剂的特点是能与正离子配合形成（伪）有机正离子。

环状冠醚是一类具有特殊结构的大环多醚化合物，具有较强的络合金属离子或其他离子的能力，从而使未被络合的离子变成"裸离子"，增强化学反应活性。常用的冠醚催化剂有 15-冠-5、二苯并 15-冠-5、18-冠-6、二苯并 18-冠-6、二环己基并 18-冠-6 等。

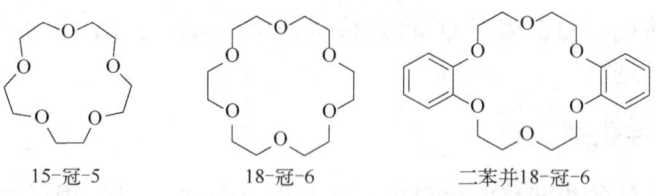

15-冠-5　　　18-冠-6　　　二苯并18-冠-6

冠醚的相转移催化反应机理：首先，冠醚与溶液中的阳离子进行配位，形成（伪）有机正离子（图3.15），然后，复合物溶解在有机介质中，阳离子的络合作用使无机阴阳离子相互作用减弱，阴离子更易于发生反应。

$$\text{KMnO}_4 + \text{[二环己基并18-冠-6]} \rightleftharpoons \text{[K·冠醚]}^+ \text{MnO}_4^-$$

图3.15 以二环己基并18-冠-6为催化剂的相转移催化原理示意图

冠醚的催化效果非常好，不向体系引入其他负离子，但制备困难、价格贵，只有在高温相转移反应中季铵盐不稳定时，才考虑使用冠醚。

开链聚醚（又称多足体），于1970年开始被用作P.T.C.，常用的开链聚醚有聚乙二醇类PEG-600、PEG-800，聚氧乙烯脂肪醇类和聚氧乙烯烷基酚类等。与冠醚相比，开链聚醚价廉易得、无毒、耐热性好、蒸气压小。

在正离子的引导下，开链聚醚形成可以自由滑动的螺旋结构的链，形同冠醚，能与金属离子形成配合物，但不像冠醚那样受孔道大小的限制。开链聚醚反应条件温和，操作简便及产率较高，是一类有发展前途的相转移催化剂，是冠醚的理想替代品。

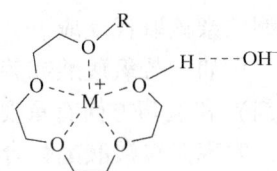

3. 三相相转移催化剂

液—固—液三相相转移催化剂，是将鎓盐或聚醚负载到固态高分子化合物（如聚苯乙烯）或吸附到无机固相载体上，而形成既不溶于水又不溶于一般有机溶剂的固态相转移催化剂。其优点是产物容易分离，催化剂反应后可定量回收。

$$\text{SiO}_2 \text{---} \text{O} \text{---} \text{Si(CH}_2)_3[\text{NHCO(CH}_2)_{10}] \text{---} \text{P} \text{---} (n\text{-C}_4\text{H}_9)_3\text{Br}$$

季鏻盐键合在SiO$_2$上

3.4.1.3 相转移催化技术在有机合成中的应用

目前，相转移催化技术已成功地应用于催化卤化、烷基化、酰化、加成、氧化等多种反应，已成为合成精细有机化学品的重要手段。

1. 二氯卡宾的产生和应用

CCl_2称作二氯卡宾，反应活性很高，过去，有二氯卡宾参与的反应都是在严格无水的条件下进行的。现在，由于相转移催化剂的介入，在水相—有机相两相体系中产生二氯卡宾变得十分方便，其机理如下：

水相　　$Q^+Cl^- + NaOH \rightleftharpoons Q^+OH^- + Na^+Cl^-$

　　　　　　　　　　　　　　$Q^+OH^- + CHCl_3$ ↓

有机相　$Q^+Cl^- + :CCl_2 \rightleftharpoons Q^+CCl_3^-$

此法可在有机相生成二氯卡宾，保持较长时间的活性，它可与反应物发生加成反应而得到多种类型化合物。如苯甲醛在氯仿溶液中在相转移催化剂TEBA存在下，与NaOH的50%

水溶液相作用，可一步直接制得扁桃酸（医药中间体，此法所得为外消旋体）。

$$\text{PhCHO} + \text{CHCl}_3 \xrightarrow[\text{TEBA}]{\text{NaOH}} \xrightarrow{\text{H}^+} \text{PhCH(OH)COOH}$$

CCl$_2$ 与苯甲醛加成—重排反应机理：

$$\text{PhCHO} + :\text{CCl}_2 \longrightarrow \text{中间体} \xrightarrow{\text{重排}} \text{PhCHClCOCl}$$

2. O-烃化、O-酰化反应（醚、酯的生成）

可将 RO⁻、RS⁻、R⁻、RCOO⁻、F⁻、CN⁻ 等负离子从水相或同相萃取到有机相进行多种类型的亲核取代反应。

例如，芳氧羧酸或芳氧羧酸酯，是重要的精细化工中间体，在合成农化（植物生长调节剂）和医药方面有重要的应用，利用相转移催化反应，易于将酚氧负离子 ArO⁻ 转入有机相，实现芳氧羧酸酯化合物的合成。

$$\text{PhOH} + \text{X—CH}_2\text{COOR} \xrightarrow[\text{碱溶液}]{\text{Q}^+\text{Y}^-} \text{PhOCH}_2\text{COOR}$$

3. 氧化反应

ClO⁻、MnO$_4^-$、HC$_2$O$_7^-$ 等负离子可被季铵正离子或冠醚从水相或固相萃取到有机相进行氧化或过氧化反应。

$$\text{环烯} + \text{KMnO}_4 \xrightarrow[\text{CH}_2\text{Cl}_2]{\text{NaOH(4\%)}} \text{无产物}$$

$$\text{环烯} + \text{KMnO}_4 \xrightarrow[\text{NaOH(4\%), CH}_2\text{Cl}_2, 0℃]{\text{C}_6\text{H}_5\text{CH}_2\text{N}^+(\text{C}_2\text{H}_5)_3\text{Cl}^-} \text{二醇} \quad 50\%$$

4. 腈类化合物的合成

相转移催化剂可将 CN⁻ 从水相萃取到有机相进行还原反应。

$$\text{PhCH}_2\text{X} + \text{NaCN} \xrightarrow{\text{Q}^+\text{Y}^-} \text{PhCH}_2\text{CN} + \text{NaX}$$

3.4.2 电解有机合成技术

3.4.2.1 电解过程的基本反应

电化学反应是在电极和电解液的界面发生的。

在阳极，有机反应物（R—H）发生失电子反应（氧化），转变成正离子基 [R—H]⁺。正离子基在界面或电解液中可进一步发生氧化、还原、歧化、偶联、与亲核试剂或碱的反应等基本反应。

在阴极，有机反应物发生得电子反应（还原），转变成负离子基 [R—H]⁻。负离子基可在界面或电解液中进一步发生氧化、还原、歧化、偶联、与亲电试剂反应等基本反应。

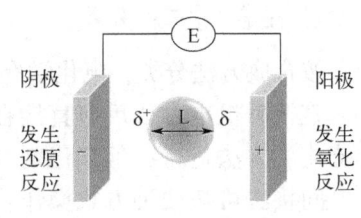

由上述基本反应生成的各种离子基、单电荷离子、双电荷离子和自由基还可以进一步（与其他质点）发生各种各样的反应而生成目的产物。

氧化（E 或 C）：$[R—H]^{\cdot+} \xrightarrow{-e} [R—H]^{2+}$

还原（E 或 C）：$[R—H]^{\cdot+} \xrightarrow{+e} R—H$

偶联（C）：$2[R—H]^{\cdot+} \longrightarrow H—\overset{+}{R}—\overset{+}{R}—H$

歧化（C）：$2[R—H]^{\cdot+} \longrightarrow [R—H]^{2+} + R—H$

与 Nu^-（碱）（C）：$[R—H]^{\cdot+} + Nu^- \longrightarrow R\cdot + HNu$

与 Nu^-（亲核试剂）（C）：$[R—H]^{\cdot+} + Nu^- \longrightarrow H\dot{R}Nu$。

负离子基除了可以发生氧化还原歧化和偶联反应外，还可以与亲电试剂 E^+ 发生化学反应：$[R—H]^{\cdot+} + E^+ \longrightarrow H\dot{R}E$。

各种离子基、双电荷离子和自由基还可以进一步发生各种各样的反应而生成目的产物，几乎所有类型的有机反应都可以用化学方法来实现。

3.4.2.2 电解过程的反应顺序

起始反应物在电解槽中所经历的电化学反应（E）和化学反应（C）的顺序，即反应历程。

如丙烯腈电解加氢二聚生成己二腈，一种可能的反应历程为 ECECC 历程：

$$CH_2=CH-CN \xrightarrow[(E)]{+e} CH_2-\overset{-}{C}H-CN \xrightarrow[(C)]{+H^+} NC-CH_2-\overset{\cdot}{C}H_2 \xrightarrow[(E)]{+e} NC-CH_2-\overset{-}{C}H_2 \xrightarrow[(C)]{CH_2=CH-CN}$$

$$NC-CH_2-CH_2-\overset{\cdot}{C}H-\overset{-}{C}H-CN \xrightarrow[(C)]{+H^+} NC-CH_2-CH_2-CH_2-CH_2-CN$$

而电解反应的全过程，则包括反应质点从电解液中扩散到电极表面，吸附在电极表面，发生电化学反应（E）生成中间产物Ⅰ，Ⅰ从电极表面脱吸附，扩散到电解液中，在电解液中发生化学反应（C）生成中间产物Ⅱ，Ⅱ再经过 E 或 C……最后生成目的产物。

3.4.2.3 电化学有机合成工艺

1. 按电极表面发生的有机反应类型分类

按电极表面发生的有机反应类型分类，电化学有机合成工艺分为阳极氧化过程和阴极还原过程。

阳极氧化过程包括电化学环氧化反应、电化学卤化反应、苯环及苯环上侧链基团的阳极氧化反应、杂环化合物的阳极氧化反应、含氮硫化物的阳极氧化反应等。

阴极还原过程包括阴极二聚和交联反应、有机卤化物的电还原反应、羰基化合物的电还原反应、硝基化合物的电还原反应、腈基化合物的电还原反应等。

2. 按合成方法分类

按合成方法分类，电化学有机合成工艺分为直接有机电合成反应和间接有机电合成反应。直接有机电合成反应直接在电极表面完成，间接有机电合成氧化（或还原）反应采用传统化学方法进行，但氧化剂（或还原剂）反应后以电化学方法再生以后循环使用。

间接法可按两种方式操作：槽内式和槽外式。槽内式间接电合成是在同一装置中进行化学合成反应和电解反应，因此这一装置既是反应器也是电解槽。槽外式间接电合成是先在化学反应器中用可变价金属盐类的水溶液将有机反应物氧化或还原成目的产物，然后将用过的盐类水溶液在电解槽中再转变成所需的氧化剂或还原剂，循环利用。对于氧化反应，常用的离子对有：Ce^{4+}/Ce^{3+} 和 Mn^{3+}/Mn^{2+}。对于还原反应，常用的离子对有：Fe^{2+}/Fe^{3+}、Sn^{2+}/Sn^{4+} 和 Ti^{3+}/Ti^{4+}。

3.4.2.4 电解有机合成的主要影响因素

（1）电极电势：指电极和电解液之间界面上的电势差。反应电极电势是能使特定电化学反应开始发生的最低电极电势。工作电极电势是为了使电化学反应能以适当速度进行的电极电势。阳极工作电势一般在+3~0V；阴极工作电势一般在0~-3V。

（2）槽电压：包括阳极电势和阴极电势，以及电解液、液体接界、隔膜和导线等欧姆电阻损失。

（3）电解质：电解质的基本作用是使电流能通过电解液。对阳极氧化反应，电解质中负离子的氧化电势必须高于有机反应物的氧化电势；对于阴极还原反应，电解质中正离子的还原电势（负值）必须低于有机反应物的还原电势（负值）。

（4）溶剂：当水对有机反应物的溶解度太差时，要用高介电常数的极性有机溶剂或水—有机溶剂混合液。溶剂在工作电极电势下必须是电化学惰性的。

（5）隔膜：为了防止阴极或阳极产物进一步在阳极氧化或在阴极还原，需要用离子交换膜将阴、阳两室分开。离子交换膜的典型材质是全氟磺酸酯及全氟磺酸酯羧酸酯，以交链的接枝膜最为适宜。可以说，离子交换膜是有机电解合成工业中的又一技术关键问题。国内有机所、有机氟材料研究所、上海原子核研究所和华东理工大学等都在阳离子交换膜的工业化上做了大量工作，但还需要在降低成本、延长寿命、提高离子选择性透过率等方面做一些工作，以提高有机电合成相对于化学合成的竞争能力。

（6）电极材料：电极既是电化学过程的催化剂，又是电极反应进行的场所，电极材料的性质对整个电合成反应途径和选择性都有很大的影响，因此有关电极材料的研究成为近些年来有机电合成的研究热点。常用的阴极材料有：汞、铅、锡、铜、铁、铝、铂、镍和碳等。

阳极材料在阳极反应中存在腐蚀问题，合适的阳极材料非常少，这仍是电解有机合成工业中一个亟待解决的关键问题。实验室常用的有铂、金和碳。在稀硫酸介质中，一般采用铅或铅银合金电极。

对于阳极氧化反应，要选用氧超电势高的阳极材料和氢超电势尽可能低的阴极材料。

对于阴极还原反应，要选用氢超电势高的阴极材料和氧超电势尽可能低的阳极材料。

其他的电化学特有的影响因素还有：单电极电流密度、电解槽的体积电流密度、电流效率、电量效率、单位质量产物的电耗和电解槽的设计等。

3.4.2.5 电解有机合成的优缺点

电解有机合成具有高选择性和特异性、节能、经济、无公害等优点。但仍存在以下几方面的问题：（1）工程技术问题和电解设备复杂，专用性强。考虑两极分别有氧化产物和还原产物，要保证反应物和目的产物的扩散分离，往往对电极材料、电解槽结构和隔膜材质要求较高。若需槽外设备，电解装置更复杂。（2）电解反应仅限于氧化和还原反应。（3）合成理论及工艺技术不够成熟，尤其是电合成反应动力学原理中许多问题有待深入研究。另外，在均匀分布、分离技术方面也存在难题。

3.4.2.6 电解有机合成的应用实例——己二腈的生产

己二腈（ADN），分子式 $C_6H_8N_2$，是一种重要的有机化工中间体，90%的产能用于生产尼龙 66 的中间体己二胺，因此，己二腈的重要之处就在于尼龙 66 很重要。我国已经成为全球最大的尼龙 66 生产国和消费国，但是因为当前己二腈的生产无法实现国产化，还无法打通尼龙 66 全生产链。因此，实现该生产链上己二腈这一"卡脖子"原料的国产化生产意义重大。

目前工业上己二腈生产工艺有三种：丙烯腈电解法、己二酸胺化法和丁二烯氰化法。

丙烯腈电解法被认为是一种清洁生产工艺，该法又可分为隔膜法以及无隔膜法，最早于 20 世纪 60 年代由孟山都公司研制成功。隔膜法的反应过程如图 3.16 所示，季铵盐（R_4NX）可以用来增强电解液的电导率，增加丙烯腈溶解度，提高己二腈收率和电流效率。电解反应在负极进行，电解后的复相阴极液进入汽提塔，塔顶采出含有丙烯腈、丙腈、水的共沸物，塔底液经分离提纯后得到己二腈半成品，再经过精制得到己二腈产品。

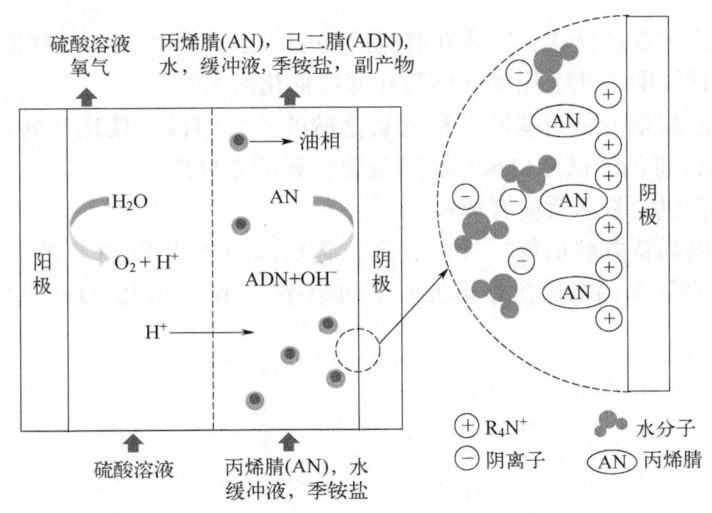

图 3.16 丙烯腈电解法制己二腈

无隔膜法则是将丙烯腈溶于磷酸钾和氢氧化四乙基铵（$C_8H_{21}NO$，用于支持电解质）的水溶液中电解，得到的混合物送入分离器中分离水相和油相，油相送入精制系统精制，最终得到己二腈产品。与隔膜法相比，无隔膜法能耗更低，产品收率更高，成为丙烯腈电解二聚法的攻关方向。

电解法的技术难点是电解过程中会析出大量氢气，从而造成析氢腐蚀，影响己二腈的产率以及电流效率。除此之外，控制温度兼顾丙烯腈流失以及己二腈选择性、副产物的分离等均是电解法制己二腈的技术难点。当下全球相对较为主流的生产工艺为丁二烯直接氰化法，与丙烯腈电解法相比，该生产工艺较为节能，降低了电力消耗量，从而在成本上更具竞争优势。

❋ 巩固与提升 ❋

1. 精细化工生产常用的生产设备有哪些？
2. 举例说明日用化学品生产中常用到的生产设备。
3. 举例说明涂料生产中常用到的生产设备。
4. 100mol 苯胺在用浓硫酸进行溶剂烘焙磺化时，反应产物中含 89mol 对氨基苯磺酸，2mol 苯胺，另外还有一定数量的焦油物等副产物。试计算此反应中：（1）苯胺的转化率；（2）苯胺转化成目的产物的选择性和理论收率；（3）按苯胺计的质量收率。
5. 有机合成中的溶剂有哪些主要作用？
6. 简述溶剂静电效应规则（Houghes-Ingold 规则），并举例说明其局限性。
7. 简述专一性溶剂化作用对 S_N 反应速率的影响规律及其原因。
8. 试比较四种卤负离子在非质子传递性溶剂中的亲核反应活性，并说明原因。
9. 下列有机反应：

$$BrCH_2(H_3C)C=CHCOOC_2H_5 + K_2Cr_2O_7 \longrightarrow HCOC(CH_3)CHCOOC_2H_5$$

在室温条件下几乎不发生，但在反应体系中加入少量冠醚，产率可达 95%，试解释原因。

10. 某负离子亲核置换反应，需要在有机溶剂中，于无水和在相转移催化剂存在下，在 170~190℃进行，试说明工业上用哪些溶剂和哪些催化剂为宜。
11. 对硝基苯乙醚是由对硝基氯苯和氢氧化钠的乙醇溶液，使用相转移催化剂季铵盐，采用相转移催化法制得的，试画出该相转移催化过程的原理图。
12. 电解有机合成的基本反应有哪些？
13. 有人提出丙烯腈电解加氢二聚生成己二腈反应历程为 ECECC 的反应顺序（主要按丙烯腈得电子、加质子与丙烯腈二聚再加质子的顺序），试导出其反应顺序式和电解反应的全过程图。

第4章 卤化反应

本章专业知识目标：

(1) 了解卤化剂和卤化反应的种类；
(2) 掌握卤化质点的产生历程和催化剂种类；
(3) 熟悉芳环上取代卤化反应的反应历程和反应动力学（重难点）；
(4) 掌握脂肪烃和芳环侧链的取代卤化反应的反应历程；
(5) 熟练掌握羰基 α-H 的取代卤化反应机理（重难点）；
(6) 掌握加成卤化反应和 Markovnikov 规则（重点）；
(7) 掌握置换卤化反应（重点）。

本章素质能力目标：

(1) 能够明确含卤精细化学品的构效关系，合理运用于生产生活；
(2) 能够综合运用卤化反应机理和卤化反应规则，优化设计合成路线；
(3) 培养良好的职业道德、职业伦理；
(4) 强化提升辩证思维能力，正确认识含卤精细化学品；
(5) 根植习近平生态文明思想，强化绿色合成意识和环保安全意识。

4.1 卤化反应概述

4.1.1 卤化反应及其重要性

卤化反应是精细化学品合成中的重要反应之一。向有机化合物分子中引入卤素生成 C—X 键的反应称为卤化反应。按卤原子的不同，可以分成氟化、氯化、溴化和碘化。由于氯化剂来源广泛，氯化在工业上大量应用；溴化、碘化的应用较少；氟的自然资源较广，且许多氟化物化学稳定性强，性能突出，近年来对含氟化合物的合成十分重视。

卤化有机物通常有卤代烃、酰卤等，通过卤化反应，可实现如下目的：

4.1.1.1 赋予或增进精细化学品的特殊功能

向某些精细化学品中引入一个或多个卤原子，可以改进其性能。几类含卤基的精细化学品见图 4.1。

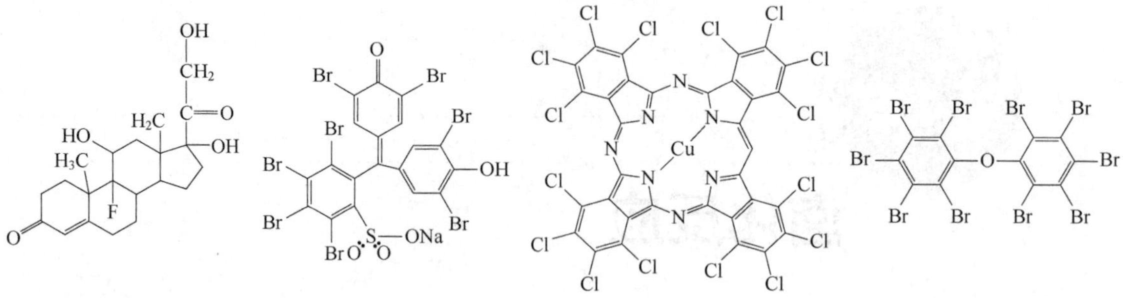

氟化可的松(医药)　　四溴酚蓝钠(指示剂)　　酞菁绿(颜料)　　十溴二苯醚(阻燃剂)

图 4.1　几类含卤基的精细化学品

世界上最畅销的药物中，约 30% 中含有氟元素，例如氟化可的松、诺氟沙星；溴酚蓝钠是 pH 变色范围 3.0~4.6 的酸碱指示剂；铜酞菁分子中引入不同氯、溴原子，可制备不同黄光绿色调的颜料；向某些有机分子中引入多个卤原子，可增进有机物阻燃性。

4.1.1.2　提高反应选择性，利于官能团转换反应

有机分子内的 C—X 键具有明显极性，可有效增强有机物分子的亲核取代反应活性。

$$Nu^-: + R-\overset{\delta+}{C}H_2-\overset{\delta-}{X} \longrightarrow R-\overset{\delta+}{C}H_2-Nu + X^-:$$

C—X 键进一步转化可生成 C—CN、C—OH、C—OR、C—NH$_2$ 等。

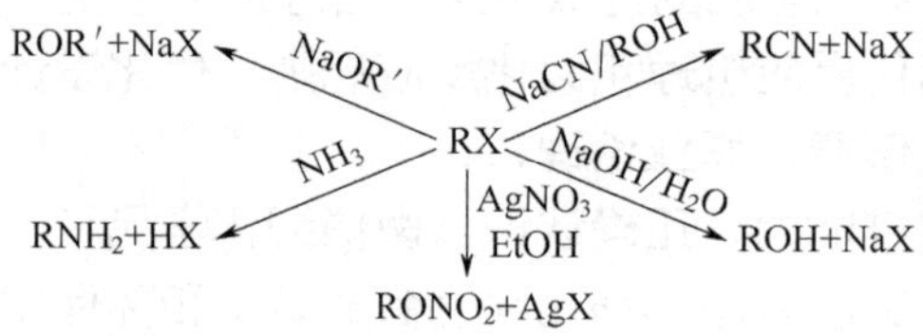

$$
\begin{array}{c}
ROR' + NaX \xleftarrow{NaOR'} \quad \xrightarrow{NaCN/ROH} RCN + NaX \\
\xleftarrow{NH_3} RX \xrightarrow{NaOH/H_2O} \\
RNH_2 + HX \xleftarrow{} \quad \downarrow{AgNO_3 \atop EtOH} \quad \xrightarrow{} ROH + NaX \\
RONO_2 + AgX
\end{array}
$$

由此，有机卤化物成为重要的中间体，用于合成染料、农药、香料、医药等精细化学品。比如药物中间体——糖皮质激素醋酸可的松的合成路线中，通过碘化反应在末端 CH$_3$ 上形成 C—I 键，促进 CH$_3$COOK 的亲核取代反应发生。

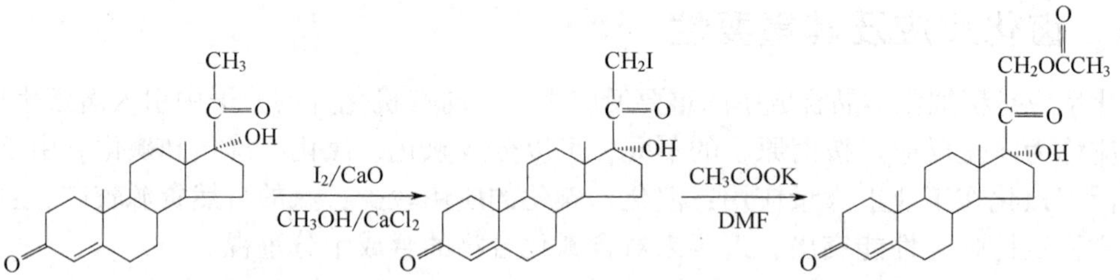

再如，邻硝基氯苯氨解制备邻硝基氨基，对硝基氯苯通过乙氧基化制对硝基苯甲醚。

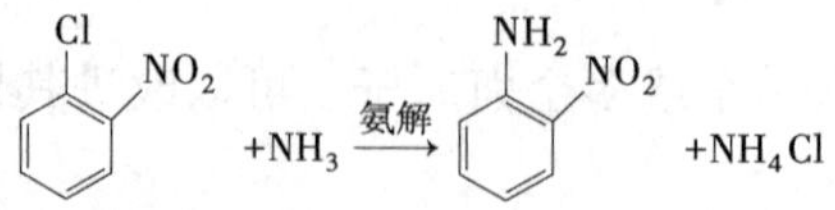

$$\underset{\underset{NO_2}{\bigg|}}{\overset{\overset{Cl}{\bigg|}}{\bigcirc}} \xrightarrow{\text{乙氧基化}} \underset{\underset{NO_2}{\bigg|}}{\overset{\overset{OC_2H_5}{\bigg|}}{\bigcirc}}$$

4.1.2 卤化反应类型和卤化试剂

4.1.2.1 卤化反应类型

卤化反应主要包括三种类型，即卤原子与不饱和烃的卤加成反应，卤原子与有机物氢原子之间的卤取代反应，卤原子与非氢原子或基团的卤置换反应。

取代卤化：芳环上亲电取代，芳烃侧链和脂肪烃的自由基取代卤化。

$$C_6H_6 + Cl_2 \xrightarrow{FeCl_3} C_6H_5Cl + HCl$$

$$C_6H_5CH_3 + Cl_2 \xrightarrow{h\nu} C_6H_5CH_2Cl + HCl$$

$$CH_4 + Cl_2 \xrightarrow{h\nu} CH_3Cl + HCl$$

加成卤化：亲电加成（酸催化）和自由基加成卤化。

$$C_6H_6 + 3Cl_2 \xrightarrow{h\nu} C_6H_6Cl_6$$

$$HC \equiv CH + 2Cl_2 \xrightarrow{FeCl_3} Cl_2CHCHCl_2$$

置换卤化：亲核置换卤化，硝基、磺酸基、羟基、重氮基置换为卤基。

$$C_2H_5OH + HCl \xrightarrow{ZnCl_2} C_2H_5Cl + H_2O$$

4.1.2.2 卤化试剂

常用的卤化剂包括卤素单质、氢卤酸+氧化剂、次卤酸、金属和非金属卤化物，其中卤素应用最广。卤素参与反应时主要有均裂和异裂两种方式，所需能量不同，见表4.1。

表 4.1 卤素均裂和异裂所需能量

反应类型	键能/(kJ/mol)			
	氟	氯	溴	碘
均裂	153.2	242.8	193.0	151.1
异裂	1404.3	1134.7	999.4	848.3

氟的自然资源较广，但由于氟的极性很强，氟分子很难被极化，生成氟正离子十分困难，所以亲电取代氟化不易发生。F_2 活性太高，均裂所需能量很小，很容易离解为自由基，与有机物发生十分激烈的自由基反应，放出大量热量，发生碳链断裂等副反应，难以控制。所以，一般不能直接用作氟化剂，常需采用间接方法获得氟衍生物。

Cl_2 价格低廉、供应量大。

$$2NaCl + 2H_2O \xrightarrow{\text{电解}} 2NaOH + Cl_2 + H_2$$

溴资源比氯少，价格也比较高。为回收副产物溴化氢，常在反应中加入氧化剂（如次氯酸钠、氯酸钠、氯气、双氧水等），使生成的溴化氢氧化成溴素而得到充分利用。

$$2BrH + NaClO \xrightarrow{H_2O} Br_2 + NaCl + H_2O$$

碘价格昂贵,资源比其他几种卤素少得多。分子碘是芳烃取代反应中活泼性最低的反应试剂,而且碘化反应是可逆的。为使反应进行完全,必须移除并回收反应中生成的碘化氢。碘化氢具有较强的还原性,可在反应中加入适当的氧化剂(如硝酸、过碘酸、过氧化氢等),使碘化氢氧化成碘继续反应。

上述卤化剂中,用于取代卤化和加成卤化的卤化剂有:卤素(Cl_2、Br_2、I_2)、氢卤酸和氧化剂($HCl + NaClO$、$HCl + NaClO_3$、$HBr + NaBrO$、$HBr + NaBrO_3$)及其他卤化剂(SO_2Cl_2、$SOCl_2$、$HOCl$、$COCl_2$、SCl_2、ICl)等,用于置换卤化的卤化剂有HF、KF、NaF、SbF_3、HCl、PCl_3、HBr等。SO_2Cl_2是引入氯的高活性反应剂,SO_2Cl_2、SCl_2、$AlCl_3$相混合为高氯化剂。

在精细有机合成中,大规模生产的卤化产品包括氯和氟有机单体(氯乙烯、四氟乙烯)、有机溶剂(四氯化碳、二氯乙烷、氯苯等)、制冷剂(氟利昂),氯化产物品种最多、产量最大,氯化是最重要的卤化反应,也是本章讨论的重点。

4.1.3 卤化反应热力学

4.1.3.1 卤化反应热

有机反应的反应热通常是利用生成焓来计算的,在标准状态下,反应的反应热等于产物的生成焓之和减去反应物的生成焓之和。不同卤化反应的反应热见表4.2。

表4.2 不同卤化反应的反应热

反应类型	反应热/(kJ/mol)			
	氟	氯	溴	碘
取代苯的一个氢	437.9	104.3	35.6	−25.5
X_2对脂肪族双键加成	419.9	146.9	91.3	61.9

通过计算,乙烷在用分子态氟进行取代氟化时的反应热$\Delta_f H_m^{\ominus} = -449.69 kJ/mol$,这已经超过了氟化产物$H_3C-CH_2F$分子中C—C键的键能(约为372kJ/mol),而乙烯如果用分子态氟进行加成氟化时,其反应热大于乙烷的取代氟化的反应热,并大大超过了氟化产物H_2FC-CH_2F中C—C键的键能[(368±8.8)kJ/mol]。由此可见,在用分子态氟进行取代氟化或加成氟化时,会发生氟化产物分子中C—C键断裂的副反应,以及由此引起的聚合等副反应。所以,实际上都不采用分子态氟为氟化剂。

当确需采取直接氟化反应时,需要控制高反应热来获得全氟化或选择氟化产物,一般方法是选用合适的溶剂在液相反应,氟气用惰性气体稀释;还有一个方法是将待反应的有机物涂在氟化钠粉末上发生反应,或采取缓慢的逐步增加氟气浓度的方法实现全氟化,近几年,微反应器作为控制氟化过程产生大量反应热的设备,得到广泛的应用,该技术能从根本上提升化工生产本质安全性。

4.1.3.2 碳—卤键的稳定性和反应活性

(1) C—F键的键能(452~531kJ/mol)非常大,C—F键非常稳定,不易发生氟基被其他基团所置换的反应,因此有机氟化物相当稳定。

(2) C—Cl 键的键能稍弱（351~405kJ/mol），有机氯化物一般比较稳定，但是在一定条件下，可以发生—Cl 被—F、—OH、—OCH$_3$、—NH$_2$、—CN 等取代基所置换的反应。因此，有机氯化物在精细有机合成中有广泛用途。

(3) 用分子态碘进行取代碘化时，是吸热反应。为了抑制脱碘逆反应，通常要向反应液中加入氧化剂，将生成的 HI 氧化成 I$_2$。

(4) 用 ICl 进行碘化时，是放热反应，反应过程中不产生 HI，不会发生脱碘的逆反应。

4.2 取代卤化

取代卤化是合成有机卤化物最重要的途径，主要包括芳环上的取代卤化、芳环侧链及脂肪烃的取代卤化。取代卤化以取代氯化和取代溴化最为常见。

4.2.1 芳环上的取代卤化

4.2.1.1 反应历程及催化剂

芳环上的取代卤化是亲电取代反应。进攻芳环的活泼质点，都是卤正离子，不管使用什么类型的催化剂，都是促使卤正离子的形成。

$$\text{C}_6\text{H}_6 + \text{Cl}^+ \underset{慢}{\rightleftharpoons} [\text{C}_6\text{H}_6\text{Cl}]^+ \xrightarrow{快} \text{C}_6\text{H}_5\text{Cl} + \text{H}^+$$

1. 以金属卤化物为催化剂的反应历程

在无水状态下，用氯气进行氯化时，最常用的催化剂是各种金属氯化物，例如 FeCl$_3$、AlCl$_3$、SbCl$_3$、TiCl$_4$、Lewis 酸等。无水 FeCl$_3$ 的催化作用可简单表示如下：

$$\text{Cl}_2 + \text{FeCl}_3 \rightleftharpoons [\text{FeCl}_3\cdots\overset{\delta-}{\text{Cl}}\cdots\overset{\delta+}{\text{Cl}}] \rightleftharpoons \text{FeCl}_4^- + \text{Cl}^+$$

$$\text{C}_6\text{H}_6 + \text{Cl}^+ \underset{慢}{\rightleftharpoons} \text{C}_6\text{H}_6\cdot\text{Cl}^+ \underset{慢}{\rightleftharpoons} [\text{C}_6\text{H}_6\text{Cl}]^+ \xrightarrow{快} \text{C}_6\text{H}_5\text{Cl} + \text{H}^+$$

$$\text{FeCl}_4^- + \text{H}^+ \longrightarrow \text{FeCl}_3 + \text{HCl}$$

在氯化过程中，FeCl$_3$ 并不消耗，因此用量极少。

2. 以碘为催化剂的反应历程

在无水状态下或在浓硫酸介质中，用氯气进行氯化时，有时用碘作催化剂，其催化作用可表示如下：

$$\text{Cl}_2 + \text{I}_2 \longrightarrow 2\text{ICl} \rightleftharpoons 2\text{I}^+ + 2\text{Cl}^-$$

$$\text{I}^+ + \text{Cl}_2 \rightleftharpoons \text{ICl} + \text{Cl}^+$$

3. 以硫酸为催化剂的反应历程

在浓硫酸介质中用氯气进行氯化时，硫酸的催化作用可简单表示如下：

$$H_2SO_4 \rightleftharpoons HSO_4^- + H^+$$

$$H^+ + Cl_2 \rightleftharpoons HCl + Cl^+$$

4. 水介质中用氯气进行氯化的反应历程

当有机物易被氯化时，可以不用催化剂，而且反应可以在水介质中进行。

$$Cl_2 + H_2O \rightleftharpoons HOCl + H^+ + Cl^-$$

$$HOCl + H^+ \rightleftharpoons H_2O + Cl^+$$

5. 盐酸+氧化剂为催化剂

在水介质中进行氯化时，一般用盐酸加氧化剂来产生 Cl_2 或 Cl^+，并利用控制氧化剂的用量来控制 Cl_2 的生成量。

$$2HCl + NaClO \longrightarrow NaCl + H_2O + Cl_2$$

$$2HCl + H_2O_2 \longrightarrow 2H_2O + Cl_2$$

$$6HCl + NaClO_3 \longrightarrow NaCl + 3H_2O + 3Cl_2$$

6. 以硫酰二氯为氯化剂的反应历程

$$SO_2Cl \rightleftharpoons SO_2\overset{\delta-}{Cl} \leftarrow \overset{\delta+}{Cl} \rightleftharpoons SO_2Cl^- + Cl^+$$

$$Ar-H + Cl^+ \longrightarrow Ar-Cl + H^+$$

$$SO_2Cl^- + H^+ \longrightarrow SO_2\uparrow + HCl\uparrow$$

7. 以 N-卤代酰胺（例如 N-氯代或 N-溴代丁二酰胺）为卤化剂的反应历程

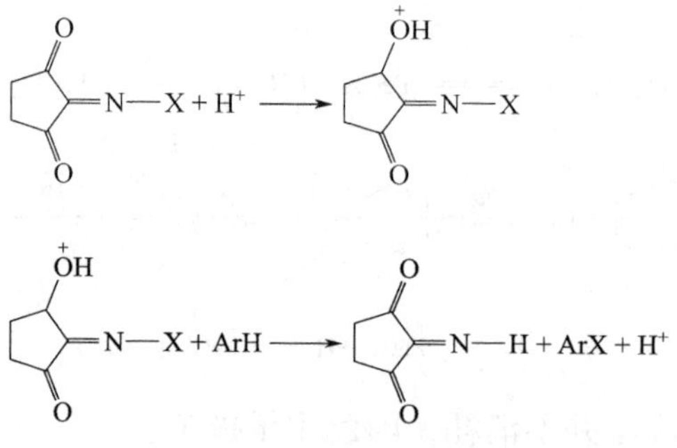

4.2.1.2 卤化反应动力学

以苯为例，在苯环上引入一个氯基后，仅使苯环上的电子云密度稍稍下降，所以苯的二氯化（即生成的一氯苯的再氯化）的反应速率常数 k_2 只下降为苯的一氯化反应速率常数 k_1 的 1/10 左右，即 $k_2/k_1 = K = 10^{-1}$。因此苯的取代氯化是一个典型的连串反应，生成较多的二氯化物及多氯化物。

$$C_6H_6 + Cl_2 \xrightarrow{k_1} C_6H_5Cl + HCl$$

$$C_6H_5Cl + Cl_2 \xrightarrow{k_2} C_6H_4Cl_2 + HCl$$

$$C_6H_4Cl_2 + Cl_2 \xrightarrow{k_3} C_6H_3Cl_3 + HCl$$

……

$$C_6H_6 \xrightarrow[-HCl]{+Cl_2,\, k_1} C_6H_5Cl \xrightarrow[-HCl]{+Cl_2,\, k_2} C_6H_4Cl_2$$

代号　　　x_A　　　　　x_B　　　　　x_C

下面推导苯一氯化时的氯化液组成。

在苯的一氯化制氯苯时，假设通入的氯气完全反应，生成的 HCl 完全逸出，氯化液中 $FeCl_3$ 和三氯苯的浓度可以忽略不计，即氯化液中只有苯、氯苯和二氯苯，它们的含量分别用摩尔分数 x_A、x_B 和 x_C 表示，当用纯苯（$x_{A0}=1.00$）为原料时，则氯化液中：

$$x_C + x_A + x_B = 1.00 \tag{4.1}$$

通过连串反应动力学的运算，可以得出苯在间歇氯化时，或在活塞流型反应器中连续氯化时，氯化液中 x_B 和 x_A 的关系式如下：

$$x_B = \frac{x_A^k - x_A}{1 - K}$$

$$x_C = 1.00 - x_A - x_B \tag{4.2}$$

对于某一氯化液组成来说，每 1mol 苯所消耗的 Cl_2 的物质的量，即 Cl_2/C_6H_6（摩尔比）或氯化深度 X 为：

$$X = x_B + 2x_C \tag{4.3}$$

如果在一定温度下，向含有微量 $FeCl_3$ 的纯苯中不断地通入氯气，在氯化过程中不断取样分析 x_A、x_B 和 x_C 的数值，就可以得出在不同 X 值时的氯化液组成。图 4.2 是麦克默林（Mac-Mullen）测得的氯化液组成图。

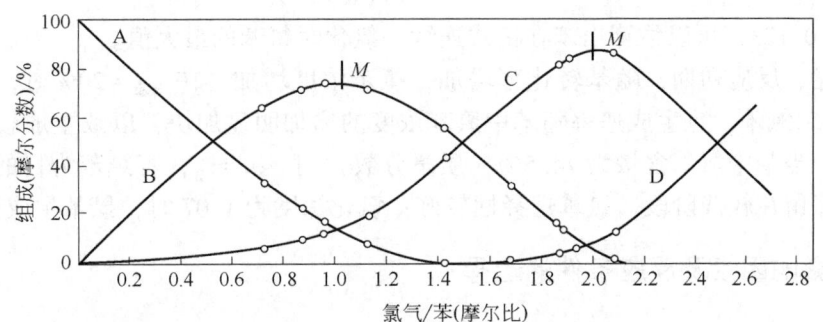

图 4.2　苯氯化时的氯化液组成图（55℃，催化剂 $FeCl_3$，分批操作）
A—苯；B—氯苯；C—二氯苯；D—三氯苯；M—最大值

根据接近最大值时测得的氯化液组成 x_A 和 x_C，可用试差法算出 K 约为 0.123。
苯间歇氯化或在平推流反应器中连续氯化时：

$$-\frac{dx_A}{dt} = k_1 x_A [Cl_2] \tag{4.4}$$

$$\frac{dx_B}{dt}=k_1 x_A[\text{Cl}_2]-k_2 x_B[\text{Cl}_2] \tag{4.5}$$

$$\frac{dx_B}{dx_A}=\frac{k_2}{k_1}\times\frac{x_B}{x_A}-1=K\frac{x_B}{x_A}-1\ (\diamondsuit\ k_2/k_1=K) \tag{4.6}$$

解之,得:

$$x_B=\frac{x_A^K-x_A}{1-K} \tag{4.7}$$

将式 (4.7) 对 x_A 求导,

$$\frac{dx_B}{dx_A}=Kx_A^{K-1}-1=0 \tag{4.8}$$

$$x_A=K^{\frac{1}{1-K}} \tag{4.9}$$

代入式 (4.7),间歇氯化时,氯化液中氯苯的最高浓度 $x_{B,\max}$ 为:

$$x_{B,\max}=\frac{x_A^K-x_A}{1-K}=K^{\frac{K}{1-K}} \tag{4.10}$$

恒定温度下,取瞬时反应液分析苯、氯苯含量 (x_A、x_B),代入式 (4.7),可求出该温度的 K 值 (如 30℃,K=0.123)。已知 K,利用式 (4.2)、式 (4.3) 和式 (4.7),即可求出不同苯转化率下氯苯、二氯苯的量 x_B、x_C 和 Cl_2 消耗量 X,得出不同 X 时氯化液组成。

例如,已知 30℃ 下,计算氯苯含量最高时的氯化液组成为:x_A=0.092,x_B=0.745,x_C=0.163,X=1.071,与实测数据近似。

根据化学动力学还可算出,在苯的多槽串联连续一氯化时,氯化液组成的公式为:

$$x_{B,N}=\frac{1}{1-K}\{[1+Kx_{A,N}^{-1/N}-K]^{-N}-x_{A,N}\} \tag{4.11}$$

式中,N 为同体积反应槽个数;$x_{A,N}$、$x_{B,N}$ 分别为第 N 槽中 A 和 B 的摩尔分数。当 N=1 时:

$$x_{B,\max}=\frac{1}{(1+\sqrt{K})^2} \tag{4.12}$$

根据 K=0.123,可以估算出苯在槽式连续一氯化时氯苯的最大值。

综上所述,反应初期,随苯转化率增加,氯苯浓度增加,在 $x_{苯}$=20% 时,氯苯开始与 Cl_2 作用生成二氯苯,且生成速率随苯中氯苯浓度的增加明显加快,以致生成较多二氯化物和多氯化物。当苯中氯苯含量为 74.5% (质量分数) 时,$v_1=v_2$;若氯苯为目的产物,可控制氯化深度停留在较浅阶段,氯苯选择性较好;氯化深度为 1.07 时,氯苯生成量达最大值。

4.2.1.3 影响因素及反应条件的选择

1. 被卤化芳烃的结构

芳环上有给电子基团时,有利于形成 σ-络合物,卤化容易进行,主要形成邻对位异构体,但常出现多卤代现象;反之,芳环上有吸电子基团时,因其降低了芳环上电子云密度而使卤化反应较难进行,需要加入催化剂并在较高温度下反应。

例如:苯胺与氯气的反应,在室温无催化剂存在时便能迅速进行,并几乎定量地生成 2,4,6-三氯苯胺,而硝基苯的溴化,需加铁粉并加热至 135~140℃ 才发生反应。蒽醌的直接卤化,要求强烈的卤化条件和催化剂,一般采用浓 H_2SO_4、I_2 或 ICl 作催化剂。

$$\underset{}{\text{C}_6\text{H}_5\text{NH}_2} + \text{Cl}_2 \xrightarrow[\text{室温}]{\text{CHCl}_3} \text{2,4,6-三氯苯胺}$$

$$\text{蒽醌} + \text{Cl}_2 \xrightarrow[90\sim100℃]{I_2,\ 100\%H_2SO_4} \text{1,4,5,8-四氯蒽醌} + \text{HCl}$$

表 4.3 给出了苯一取代衍生物与 Cl_2 和 Br_2 反应时的异构体分配比例。

表 4.3 苯一取代衍生物在卤化时的定位

已有取代基	Cl_2			邻/对	Br_2			邻/对
	邻-/%	间-/%	对-/%		邻-/%	间-/%	对-/%	
OH	50	—	50	1.00	10	—	90	0.11
NHCOCH$_3$	30	—	70	0.43	—	—	约100	—
OCH$_3$	21	—	79	0.27	约4	—	约96	—
C$_6$H$_5$	约50	—	约50	1.00	—	—	约100	—
CH$_3$	59.8	0.48	39.7	1.51	32.9	0.3	66.8	0.49
(CH$_3$)$_3$C	21.8	2.1	76.1	0.29	8	—	92	0.09
F	—	—	约90	—	10.7	0.2	89.1	0.12
Cl	39	6	55	0.71	10.7	0.1	89.2	0.12
Br	42	6	52	0.81	13.4	0.1	86.5	0.15
COOH	—	约100	—	—	—	—	—	—
NO$_2$	1	95	4	0.25	—	约100	—	—

含多个 π 电子的杂环化合物（如噻吩、吡咯和呋喃等）的卤化反应容易发生，且卤基主要进入 α-位；而缺 π 电子、芳香性较强的杂环化合物如吡啶等，其卤化反应较难发生，卤基主要进入 β-位。

$$\text{2-乙酰基噻吩} \xrightarrow[\text{室温}]{Br_2/AcOH} \text{5-溴-2-乙酰基噻吩}$$

$$\text{吡啶} \xrightarrow[130℃,\ \text{封管}]{Br_2/SO_3} \text{3-溴吡啶}$$

2. 卤化剂

卤化剂往往会影响反应的速率、卤原子取代的位置、数目及异构体的比例等。

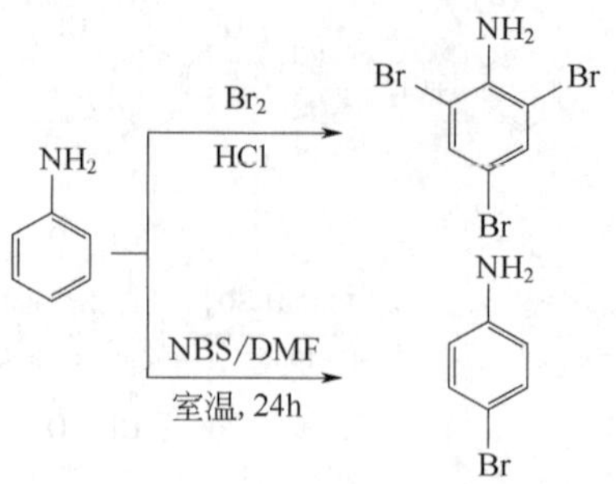

卤素是合成卤代芳烃最常用的卤化剂，反应活性顺序为：$Cl_2 > BrCl > Br_2 > ICl > I_2$。

常用的氯化剂有氯气、次氯酸钠、硫酰氯等，活性顺序：$Cl_2 > ClOH > ClNH_2 > ClNR_2 > ClO^-$。

常用的溴化剂有溴、溴化物、溴酸盐和次溴酸的碱金属盐等，活性顺序：$Br^+ > BrCl > Br_2 > BrOH$。芳环上的溴化可用金属溴化物作催化剂，如溴化镁、溴化锌，也可用碘。

氯化碘、羟酸的次碘酸酐（RCOOI）等碘化剂，可提高反应中碘正离子的浓度，增加碘的亲电性，有效地进行碘取代反应。例如：

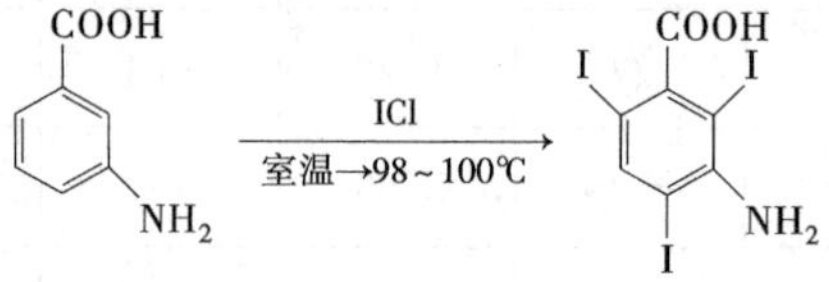

3. 反应介质

对于在反应温度下呈液态的被卤化物，不需要反应介质。

对于性质活泼、易卤化的芳烃及其衍生物，可以水为反应介质，将被卤化物分散悬浮在水中，在盐酸或硫酸存在下进行卤化，例如对硝基苯胺的氯化。

对于较难卤化的物料，可以浓硫酸、发烟硫酸等为反应溶剂，有时还需加入适量的催化剂碘。如蒽醌在浓硫酸中氯化制取 1,4,5,8-四氯蒽醌。先将蒽醌溶于浓硫酸中，再加入 0.5%~4% 的碘催化剂，在 100℃ 下通氯气，直到含氯量为 36.5%~37.5% 为止。

当要求反应在较缓和的条件下进行，或是为了定位的需要，有时可选用适当的有机溶剂。如萘的氯化采用氯苯为溶剂，水杨酸的氯化采用乙酸作溶剂等。

选用溶剂时还应考虑溶剂对反应速率、产物组成与结构、产率等的影响。

4. 催化剂

催化剂不仅会影响卤化反应速率，而且还会影响卤原子进入芳环的位置。苯的一氯化制氯苯催化剂是 $FeCl_3$；苯的二氯化制对二氯苯催化剂，可用 $FeCl_3$、Sb_2S_3、Sb_2S_3-I_2 等；对氯甲苯的氯化制 2,4-二氯甲苯催化剂可用 $SbCl_3$。

5. 反应温度

一般反应温度越高，反应速率越快。对于卤取代反应而言，反应温度还影响卤素取代的定位和数目。例如，萘的溴化反应，在室温、无催化剂下溴化，得动力学控制产物 α-溴萘；而在 150~160℃ 和铁催化下溴化，则得热力学控制产物 β-溴萘。

工业生产上，卤化温度的确定，还需考虑主产物的产率及装置的生产能力。如氯苯的生产,为避免多卤化,早期采用低温(35~40℃)生产,但由于氯化反应是强放热反应,维持低温反应需较大的冷却系统,且反应速率低,生产能力低。近代则普遍采用在氯化液的沸腾温度下(78~80℃)用塔式反应器进行反应,不需冷却系统,生产能力大幅提高。

6. 原料纯度与杂质

首先,有机原料中杂质含量要低。例如,在苯的氯化反应中,原料苯中不能含有含硫杂质(如噻吩等)。因为它易与催化剂 $FeCl_3$ 作用生成不溶于苯的黑色沉淀,并包覆在铁催化剂表面,使催化剂失效;另外,噻吩在反应中生成的氯化物在氯化液的精馏过程中分解出氯化氢,对设备造成腐蚀。

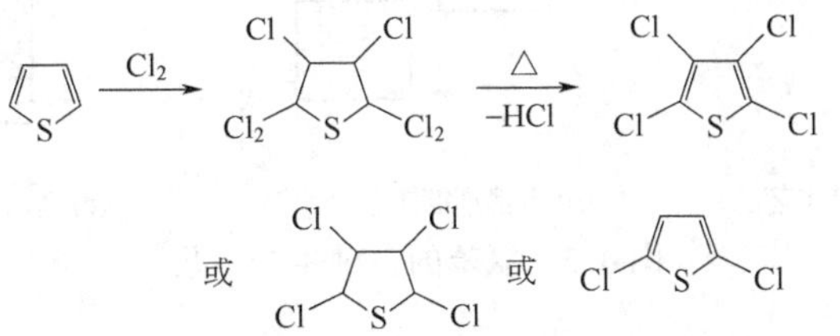

其次,有机原料中不宜含水。因为水能吸收反应生成的 HCl 成为盐酸,对设备造成腐蚀,还能萃取苯中的催化剂 $FeCl_3$,导致催化剂离开反应区,使氯化速率变慢。苯中 $FeCl_3$ 的最低浓度是 0.01%,当含水量>0.2%,苯中所含 $FeCl_3$ 被提取入盐酸层,氯化反应不能进行。要求原料苯和 Cl_2 中含水量均应<0.04%。

此外,Cl_2 中不宜含 H_2。当 H_2>4%(体积分数)时,会引起火灾甚至爆炸。要求 Cl_2 中含氢量<2%~6%。

7. 卤化深度

以氯化为例,反应深度即为氯化深度,它表示原料烃被氯化程度的大小。通常用烃的实际氯化增重与理论单氯化增重之比来表示,也可以用氯化烃的含氯量或反应转化率来表示。由于芳烃环上氯化是一个连串反应,因此要想在一氯化阶段少生成多氯化物,就必须严格控制氯化深度。工业上采用苯过量,控制苯氯摩尔比为 4:1,低转化率反应。

对于苯氯化反应,由于二氯苯、一氯苯、苯的密度依次递减,因此,反应液相对密度越低,说明苯含量越高,反应转化率越低,氯化深度越低,生产上采用控制反应器出口液的相对密度来控制氯化深度。

8. 混合作用

在苯氯化中,若搅拌不好或反应器选择不当,会造成传质不匀和物料的严重返混,使一氯代选择性下降。在连续化生产中,减少返混现象是所有连串反应,特别是当连串反应的两个反应速率常数 k_1 和 k_2 相差不大,而又希望得到较多一取代衍生物时常遇到的问题。

为减轻和消除返混现象,可以采用塔式连续氯化器,苯和氯气都以足够的流速由塔的底部进入,物料便可保持柱塞流通过反应塔,生成的氯苯,即使相对密度较大也不会下降到反应区下部,从而可以有效克服返混现象,保证在塔的下部氯气和纯苯接触。

4.2.1.4 生产实例——氯苯

氯苯是制备农药医药、染料、助剂及其他有机合成产品的重要中间体,也可以直接作溶剂，用途广泛，需要量很大，全世界年生产总量达数十万吨。

氯苯的生产工艺不断进行改进，最初是单锅间歇式生产，为提高生产效率，先后开发了多锅连续氯化（返混严重）和塔式沸腾连续氯化工艺，见图4.3。

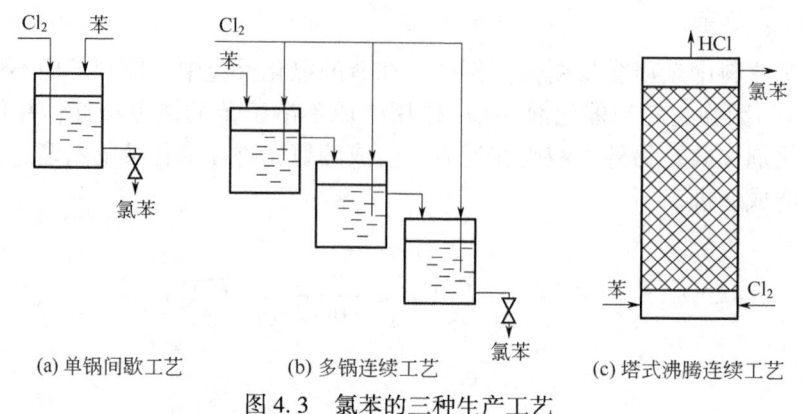

(a) 单锅间歇工艺　　(b) 多锅连续工艺　　(c) 塔式沸腾连续工艺

图4.3　氯苯的三种生产工艺

目前，氯苯的生产普遍采用沸腾氯化法，工艺流程见图4.4。

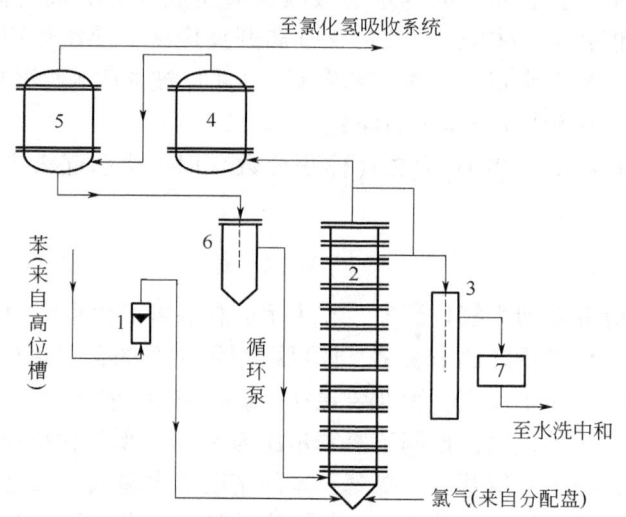

图4.4　苯的塔式沸腾连续氯化工艺流程

1—转子流量计；2—氯化器；3—液封；4,5—管式石墨冷却器；
6—酸苯分离器；7—氯化液冷却器

生产的操作过程如下：将经过固体食盐干燥的苯和氯气，按苯氯比约4∶1（摩尔比）的比例，送入充满铁环填料（作催化剂）的氯化器底部，部分氯气与铁环反应生成 $FeCl_3$ 并溶解于苯中，保持反应温度在75~80℃，使其在沸腾状态下进行反应。氯化液溢流入液封槽，经冷却后进入储罐，控制氯化液的相对密度在0.935~0.950，此时温度控制在15℃，氯化产物的质量组成大致为氯苯25%~30%、苯66%~74%、多氯苯<1%。经水洗、中和，送往蒸馏分离，蒸出的苯循环使用。除产品氯苯外，得到的混合二氯苯还可以进一步分离；反应器顶部溢出的苯蒸气和HCl气体，经冷凝回收苯，再以水吸收得副产盐酸。

用沸腾氯化法生产氯苯的主要优点是生产能力大，并且由于减少了返混，在相同的氯化深度下二氯苯的生成量少于釜式生产工艺，表4.4中列出了塔式沸腾氯化工艺与釜式生产工艺生产的氯化液组成情况。

表4.4 氯苯的生产操作方式与氯化液组成（质量分数）的关系

氯化方式	未反应苯/%	一氯苯/%	二氯苯/%	$\dfrac{二氯苯}{一氯苯}\times 10^{-2}$
单锅间歇	63.2	35.2~35.4	1.4~1.6	3.97~4.5
多锅连续	63.2	34.4	2.4	6.98
塔式连续	63~66	32.9~35.6	1.1~1.4	3.34~3.93

4.2.2 脂肪烃及芳烃侧链的取代卤化

脂肪烃和芳烃侧链的取代卤化是在光照、加热或引发剂存在下卤原子取代烷基上氢原子的过程。它是合成有机卤化物的重要途径，也是精细有机合成中的重要反应之一。

4.2.2.1 脂肪烃及芳烃侧链取代卤化的反应特点

1. 自由基反应历程

芳环侧链 α-H 的取代卤化是典型的自由基链反应，以氯化为例。
（1）链引发。Cl_2 在高温、光照或引发剂的作用下，均裂为氯自由基。

$$Cl_2 \xrightarrow[均裂]{光、高温或引发剂} 2Cl\cdot$$

（2）链增长。氯自由基与甲苯按以下历程发生氯化反应。

$$C_6H_5CH_3 + Cl\cdot \longrightarrow C_6H_5CH_2\cdot + HCl\uparrow$$
$$C_6H_5CH_2\cdot + Cl_2 \longrightarrow C_6H_5CH_2Cl + Cl\cdot$$
$$C_6H_5CH_3 + Cl\cdot \longrightarrow C_6H_5CH_2Cl + H\cdot$$
$$H\cdot + Cl_2 \longrightarrow Cl\cdot + HCl\uparrow$$

在上述条件下，芳环侧链的非 α-H 一般不发生卤取代反应。当芳环上有极性基团（如羧基、羟基、氨基等）时容易抑制自由基，并极化 Cl_2 诱导芳环上卤取代反应，故一般应将极性基团衍生化后再进行自由基氯化。如将氨基转化为异氰酸酯，将羧基转化成酰氯等。

（3）链终止。自由基互相碰撞将能量转移给反应器壁，或自由基与杂质结合导致链终止。

$$2Cl\cdot \xrightarrow{器壁或填料} Cl_2$$
$$Cl\cdot + O_2 \longrightarrow ClO_2 \xrightarrow{Cl\cdot} Cl_2 + O_2$$
$$Cl\cdot + 器壁 \longrightarrow Cl_{吸附}$$
$$C_6H_5CH_2\cdot + Cl\cdot \longrightarrow C_6H_5CH_2Cl$$
$$2C_6H_5CH_2\cdot \longrightarrow C_6H_5CH_2CH_2C_6H_5$$

2. 反应动力学

脂肪烃及芳烃侧链取代卤化反应也是一个连串反应。
例如，甲苯在侧链氯化时，其 α-H 可依次被氯取代，即甲苯的侧链氯化是连串反应。

$$C_6H_5CH_3 \xrightarrow{k_1} C_6H_5CH_2Cl \xrightarrow{k_2} C_6H_5CHCl_2 \xrightarrow{k_3} C_6H_5CCl_3$$

沸点/℃　　　110.6　　　　179.4　　　　207.2　　　　220.6

不同研究者根据甲苯在100℃侧链氯化的数据，对 k 进行了计算，结果见表4.5。

表4.5　甲苯在100℃侧链氯化时各阶段相对反应速率

研究者	BenOy 等	Haring 等	Serguchev 等
年份	1995	1964	1983
k_1/k_2	9.0	6.0	7.3
k_2/k_3	9.0	5.7	10.7

在催化剂存在下，环上取代氯化比环上加成和侧链氯化快得多，只能得到环上取代产物。在光照、加热或引发剂存在下，侧链氯化又比环上加成氯化快得多。因此，只要条件选择适当，可使芳烃氯化反应按照所希望的方向进行。

4.2.2.2　影响因素及反应条件的选择

1. 被卤化物的性质

若无立体因素的影响，各种被卤化物中氢原子的活性次序为：
$ArCH_2$—H>CH_2=CH—CH_2—H≫叔 C—H>仲 C—H>伯 C—H>CH_2=CH—

这与反应中形成的碳自由基的稳定性规律相同。

2. 卤化剂

卤素反应活性顺序为：$F_2>Cl_2>Br_2>I_2$，但其选择性与此相反。碘的活性差，通常很难直接与烷烃反应；而氟的反应性极强，常常使有机物裂解成为碳和氟化氢。所以，有实际意义的只是烃类的氯代和溴代反应。

由于卤素可以与脂肪烃中的双键发生加成反应，一般不宜采用卤素进行烯丙位取代卤化反应；而芳环上不易发生卤素的加成反应，则可采用卤素进行苄位取代卤化。NBS用于烯丙位或苄位氢的卤代反应，具有反应条件温和、选择性高和副反应少的特点。例如分子中存在多种可被卤代的活泼氢时，用NBS卤化的主产物为苄位溴化物或烯丙位溴化物：

$$\text{PhCH}_2\text{CH}_2\text{CH}_2\text{COPh} \xrightarrow[h\nu, \text{回流}]{\text{NBS/CCl}_4} \text{PhCHBrCH}_2\text{CH}_2\text{COPh}$$

$$H_2C=\underset{CH_3}{\overset{|}{C}}-CH_2C(CH_3)_3 \xrightarrow[\text{过氧化二苯甲酰, 回流}]{\text{NBS/CCl}_4} H_2C=\underset{CH_3}{\overset{|}{C}}-CHBrC(CH_3)_3$$

3. 引发条件及温度

烃类化合物的取代卤化反应发生的快慢主要取决于引发自由基的条件。

光照引发以紫外光照射最为有利。以氯化为例，氯分子的光离解能是250kJ/mol，与此对应的引发光波长是478nm。波长越短的光，其能量越强，有利于引发自由基，但波长小于300nm的紫外光透不过普通玻璃。因而，实际生产中常将发射波长范围为400~700nm的日光灯作为照射光源；光引发时，其反应温度一般控制在60~80℃。

热引发可分为中温液相氯化与高温气相氯化，氯分子的热离解能是239kJ/mol，一般液相氯化反应的热引发温度范围为100~150℃，而气相氯化反应则高达250℃以上。

一般在高温下进行苄位和烯丙位的取代卤化反应。

4. 催化剂及杂质

通过自由基反应进行芳环侧链的卤化时，不能存在使环上发生取代的催化剂。同时，原料需有较高的纯度，需严格控制其杂质。

若有铁存在，通氯时会转变成 $FeCl_3$，则对自由基反应不利，并起抑制作用，同时若原料为烯烃或芳烃时，还会加快加成氯化及环上取代氯化。因此，原料中不能有铁，反应设备不能用普通钢设备，需用衬玻璃、衬镍、搪瓷或石墨反应器。

O_2 对反应有阻碍作用，需严格控制其浓度。对于光引发：烃中氧含量 $<1.25\times10^{-4}$ 时，Cl_2 中氧含量需 $<5.0\times10^{-5}$；或烃中氧含量 $=5.0\times10^{-5}$ 时，Cl_2 中氧含量需 $<2.0\times10^{-4}$。

$$Cl\cdot + O_2 \longrightarrow \underset{\text{稳定}}{ClO_2\cdot} \xrightarrow{Cl\cdot} Cl_2 + O_2$$

$$R\cdot + O_2 \longrightarrow RO_2\cdot \xrightarrow{Cl\cdot} RCl + O_2$$

原料中少量的水，也不利于自由基取代反应的进行。因此，工业上常用干燥 Cl_2。

此外，固体杂质或具有粗糙反应器内壁，会使链终止。

$$2Cl\cdot \xrightarrow{\text{器壁或填料}} Cl_2（吸附）$$

5. 反应介质

常选用惰性溶剂四氯化碳作为反应介质，可用溶剂还有苯、石油醚和氯仿等。反应物若为液体，则可不用溶剂。

6. 氯化深度及原料配比

由于芳烃侧链及烷烃的取代氯化都具有连串反应的特点，因此，氯化产物的组成是由氯化深度来决定的。一般适宜的烃氯比为（5~3）:1。

4.2.2.3 生产实例

1. 对氯三氯甲苯

$$Cl-\bigcirc-CH_3 \xrightarrow[\text{光照}]{Cl_2} Cl-\bigcirc-CCl_3$$

将对氯甲苯投入光氯化反应器中，加热至 120~150℃，在日光照射下通氯反应。每隔 10~15min 取微量反应液进行气相色谱分析。当对氯三氯甲苯含量大于 90% 后停止反应。产物减压蒸馏得对氯三氯苯。收率 90%~95%。

2. 氯化石蜡

氯化石蜡是以 C_{10}~C_{30} 不同碳数的烷烃为原料，经氯化制得的氯含量为 13%~74% 的一类氯化衍生物的通称。氯化石蜡系列产品作为 PVC 辅助增塑剂、润滑油抗挤压抗磨添加剂和添加型阻燃剂，广泛应用于化工、采矿、纺织、建筑和机械等行业。

氯化石蜡按其含氯量的多少可以分为氯化石蜡-13、氯化石蜡-30、氯化石蜡-42、氯化石蜡-52、氯化石蜡-60、氯化石蜡-70 等多种产品。

4.2.3 羰基 α-H 的取代卤化

脂链或脂环上羰基 α-H 的取代卤化是酸催化或碱催化的亲电取代反应。卤化剂主要是 Cl_2 和 Br_2，也可用 SO_2Cl_2 或 N-卤代酰胺。

$$R-\underset{\underset{}{\overset{\overset{O}{\|}}{C}}}{}-CH_3 \xrightarrow[H^+/OH^-]{Br_2} R-\underset{\underset{}{\overset{\overset{O}{\|}}{C}}}{}-CH_2Br \quad \text{亲电取代反应}$$

4.2.3.1 羰基 α-H 的酸性

以下几种化合物的 pK_a 值说明，醛、酮、酯羰基的 α-H 具有一定酸性。

ROH　　$R-\underset{\underset{H}{|}}{\overset{\overset{O}{\|}}{C}}-CHR'$　　$RC\equiv CH$　　$RO-\underset{\underset{H}{|}}{\overset{\overset{O}{\|}}{C}}-CHR'$

pK_a　15~18　　18~20　　约25　　约25

羰基的吸电子作用使得 α-H 具有明显酸性；α-H 酸性越强，α-C 上越容易发生反应，酸性基本与羰基的亲核性强弱一致，表 4.6 给出了一些羰基化合物的 α-H 酸性数据。

表 4.6　某些羰基 α-H 的酸性

化合物	pK_a	化合物	pK_a
$CH_2CN(CH_3)_2$ (α-H, C=O)	30	$CH_3CCHCOCH_3$ (H, O)	10.7
CH_2COCH_3 (α-H, C=O)	25	$PhCCHCH_3$ (O, O, H)	9.4
$CH_2C\equiv N$ (α-H)	25	CH_3CCHCH_3 (H, O, O)	8.9
CH_2CCH_3 (α-H, C=O)	20	CH_3CHNO_2 (H)	8.6
CH_2CH (α-H, C=O)	17	CH_3CCHCH (O, O)	5.9
H_2O	14	CH_2COOH (H)	4.8
$N\equiv CCHC\equiv N$ (H)	11.8	NO_2CHNO_2 (H)	3.6

4.2.3.2 羰基化合物的结构与反应特征

受羰基影响，羰基 α-H 呈酸性，碱性条件下具有离去倾向；羰基碳可接受亲核试剂进攻，发生亲核加成反应、亲核取代反应；羰基氧含孤对电子，呈碱性，可接受质子进攻。

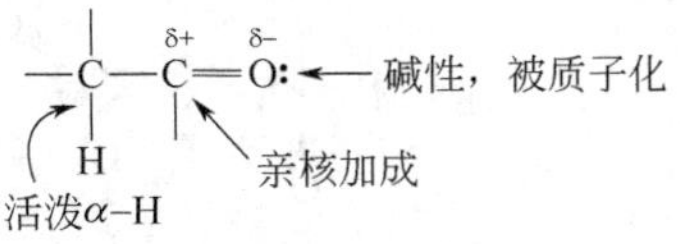

4.2.3.3 烯醇和烯醇负离子的生成

中性条件下，羰基化合物存在酮式和烯醇式互变——体现了 α-H 的活性。酸和碱均可催化这一互变异构过程。

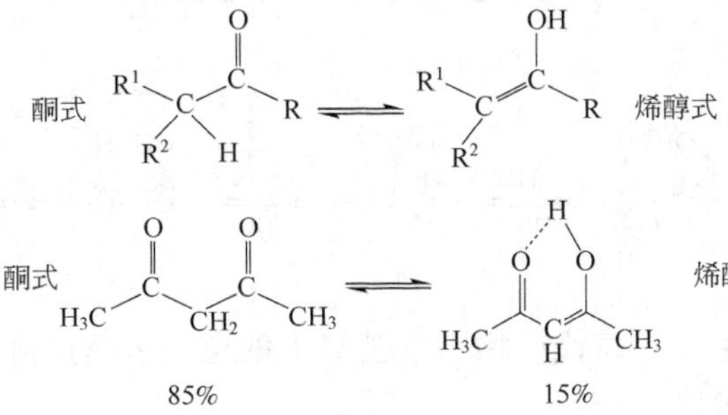

酸催化条件下，羰基氧首先质子化，吸电子作用增强，然后脱去 α-H 形成烯醇。

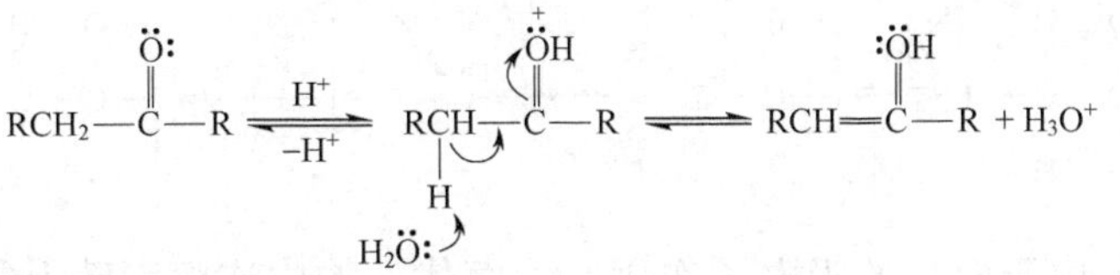

碱催化条件下，碱夺取 α-H 形成烯醇负离子。

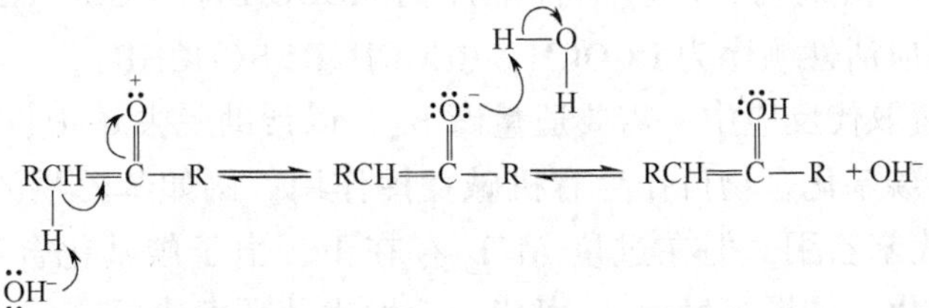

烯醇负离子由于羰基的共轭作用得以稳定。弱碱 NaOH，RONa 作用下，反应可逆进行，烯醇负离子含量低；强碱 $(i\text{-Pr})_2\text{NHLi}$（LDA）作用下，可定量地转化为烯醇负离子。从而成为亲核试剂，进攻羰基碳或卤代烃，发生亲核取代反应，进攻羰基碳则发生亲核加成反应；或者烯醇中的 C═C 接受亲电试剂进攻，发生 α-卤代反应。

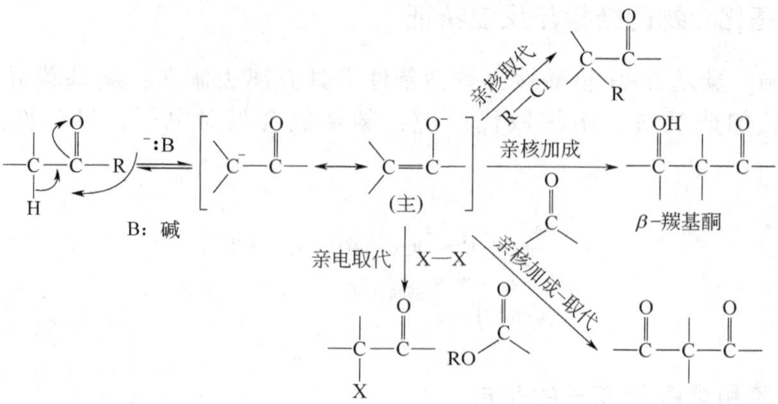

4.2.3.4 羰基 α-卤代反应

烯醇或烯醇负离子具有 C=C，可以接受亲电试剂进攻，发生亲电取代反应。

酸催化机理：

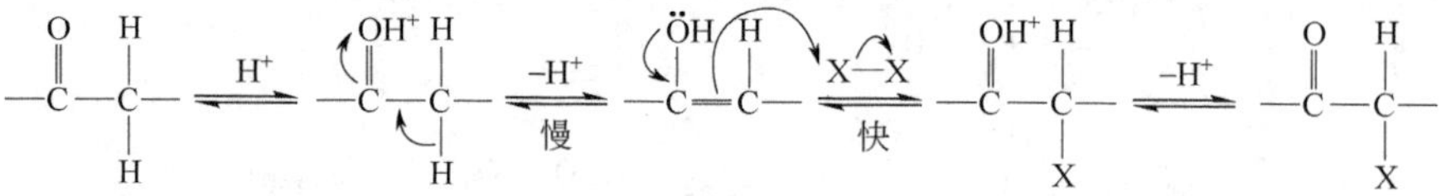

由于卤素的吸电子作用，一卤代产物中羰基氧上的电子云密度降低，因此质子化能力降低，反应多停留在一卤代阶段。

碱催化机理：

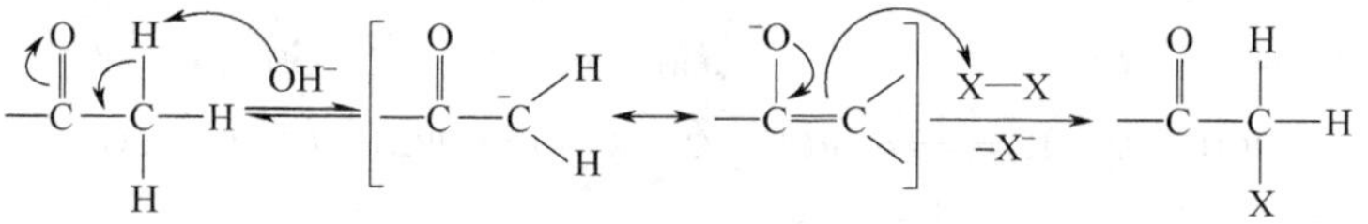

碱催化作用下，由于卤素的吸电子作用，一卤代产物中连卤素碳上氢的酸性增强，更易形成烯醇负离子，反应难以停留在一卤代阶段，将进一步发生多卤代反应。

即酸催化下，得一卤代物，反应活性顺序为 $RCOCHR_2 > RCOCH_2R > RCOCH_3$；碱催化下，得多卤代物，反应活性顺序为 $RCOCH_3 > RCOCH_2R > RCOCHR_2$。

在酸催化的 α-卤取代反应中，需要适量碱 B:，以帮助脱去 α-H，这是决定烯醇化速率的过程，未质子化的羰基化合物可作为有机碱发挥作用。例如苯乙酮的溴化在催化量 $AlCl_3$ 作用下，生成 α-溴代苯乙酮，但在过量 $AlCl_3$ 存在下，由于羰基化合物完全形成三氯化铝的络合物而难以烯醇化，结果不发生 α-卤代，而发生苯环卤化反应。

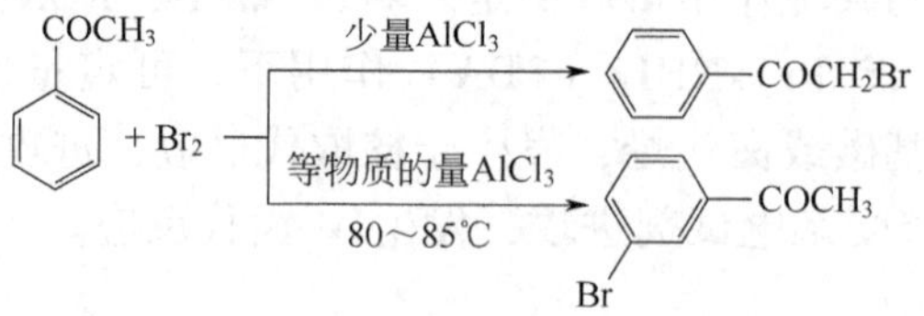

4.2.3.5 应用实例——氯霉素中间体对硝基-α-溴代苯乙酮

氯霉素（chloramphenicol）是一种有效且广泛使用的抗生素，它有助于治疗微生物、真菌和病毒引起的感染，是一种有效的双胜肽对抗药，主要用于治疗急性菌病和复杂慢性菌病。其分子中有两个手性碳原子，四个旋光异构体中只有1R,2R(-)[D(-)苏型]有抗菌活性，为临床使用的氯霉素。

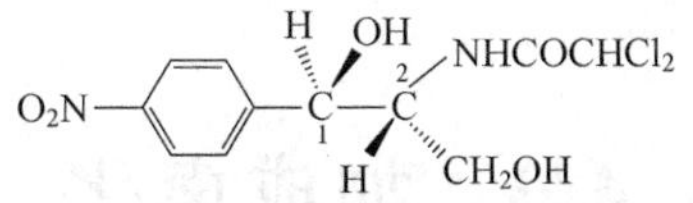

氯霉素是第一个采用全合成方法合成的抗生素，合成路线主要包括苯乙烯法、肉桂醇法和对硝基苯乙酮法。其中对硝基苯乙酮法也称沈家祥路线，是将乙苯经硝化、氧化、溴化、成盐、N-乙酰化、羟甲基化（缩合）、还原、拆分、二氯乙酰化制得氯霉素。该法起始原料价廉易得，各步反应收率较高，技术条件要求不高，缺点是合成步骤较多，产生大量的中间体及副产物。

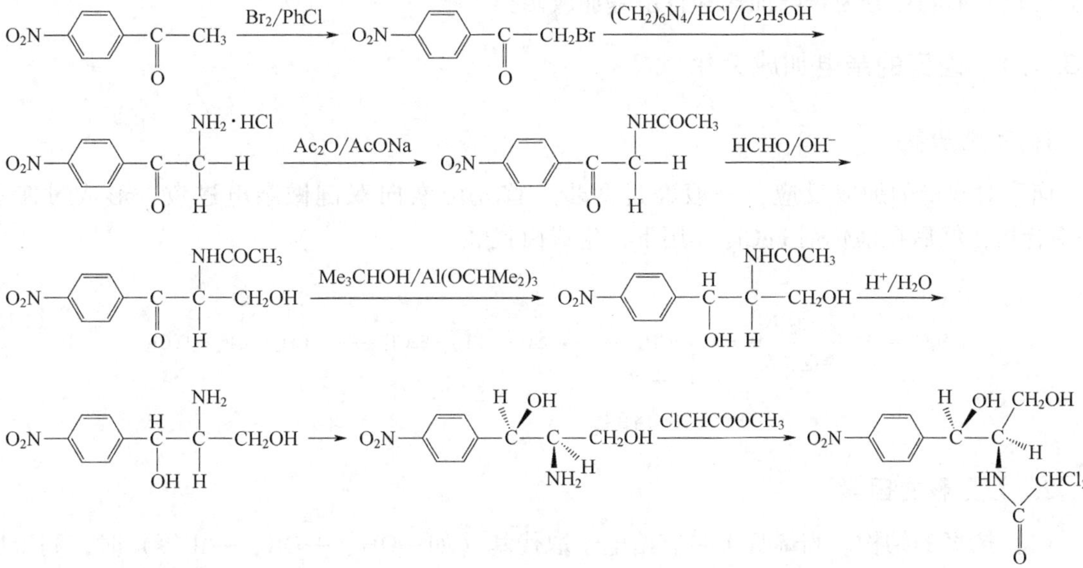

该法溴化反应制备中间体对硝基-α-溴代苯乙酮的反应式为：

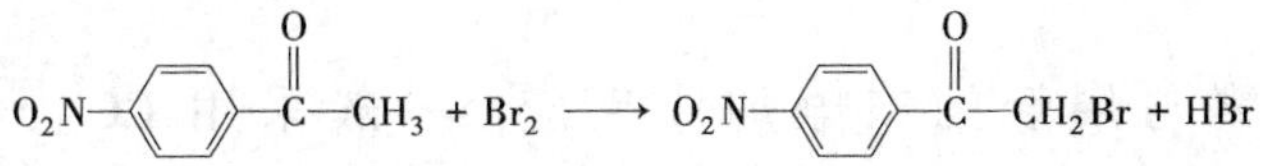

生产工艺过程简图见图4.5，将对硝基苯乙酮和氯苯（含水量<0.2%）加到搪玻璃反应釜中，在搅拌下加入全量的2%~3%的溴素。当有大量溴化氢产生且溴的红棕色消失时，控制温度在（27±1）℃，逐渐加入剩余的溴，真空（真空以足以抽出溴化氢为度）抽出溴化氢，用水吸收。加毕继续反应1h。升温至35~37℃，用空气吹出残余的溴化氢。静置30min，将澄清的反应液进行下一步成盐反应，罐底残液用氯苯洗涤、套用。

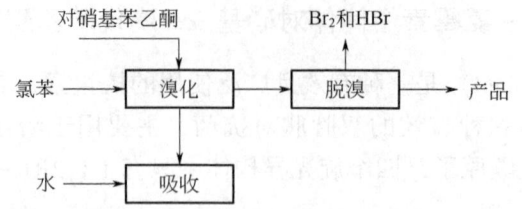

图 4.5 对硝基-α-溴代苯乙酮的合成工艺流程简图

4.3 加成卤化

加成卤化是卤素、卤化氢及其他卤化物与不饱和烃进行的加成反应。

4.3.1 卤素与不饱和烃的加成卤化

在卤素与烯烃的加成反应中，只有氯和溴的加成应用比较普遍。卤素与烯烃的加成，按反应历程的不同可分为亲电加成和自由基加成两类。

4.3.1.1 卤素的亲电加成卤化

1. 反应历程

卤素对双键的加成反应，一般经过两步，首先卤素向双键做亲电进攻，形成过渡态 π-络合物，然后在催化剂 $FeCl_3$ 作用下，生成卤代烃。

$$H_2C=CH_2 \xrightarrow[\text{亲电进攻}]{Cl_2} H_2C\underset{Cl-Cl}{\cdots}CH_2 \xrightarrow{FeCl_3} \underset{CH_2-CH_2}{\overset{Cl}{|}}{}^+ + FeCl_4^- \longrightarrow \underset{CH_2-CH_2}{\overset{Cl}{|}\ \overset{Cl}{|}} + FeCl_3$$

三元环状 π-络合物

2. 主要影响因素

（1）烯烃的结构。当烯烃上带有给电子取代基（如—OH、—OR、—R 等）时，利于反应进行；而当烯烃上带有吸电子取代基（如—NO_2、—COOH、—CN、—COOR 等）时，则起相反作用。烯烃卤加成反应活泼次序如下：$R_2C=CH_2 > RCH=CH_2 > CH_2=CH_2 > CH_2=CHCl$。

（2）溶剂。卤素与烯烃的亲电加成反应，一般采用 CCl_4、CS_2、CH_3COOH 和 $CH_3COOC_2H_5$ 等作溶剂。而醇和水不宜用作溶剂，因为它们同时可作为亲核试剂，向过渡态 π-络合物做亲核进攻，可能会有卤代醇或卤代醚副产物形成。例如：

$$ArCH=CHAr \xrightarrow[0\text{℃}]{Br_2/CH_3OH} \underset{Br}{\overset{Br}{|}}ArCH-CHAr + \underset{OCH_3}{\overset{Br}{|}}ArCH-CHAr$$

（3）反应温度。卤加成反应温度不宜太高，否则易导致消除（脱卤化氢）和取代副反应。

4.3.1.2 卤素的自由基加成卤化

卤素在光、热或引发剂存在下，可与不饱和烃发生加成反应。比如乙烯与氯气的加成反应历程按自由基机理进行。

链引发：$Cl_2 \xrightarrow{h\nu} 2Cl\cdot$

链传递：$CH_2=CH_2 + Cl\cdot \longrightarrow ClCH_2-CH_2\cdot$

$ClCH_2-CH_2\cdot + Cl-Cl \longrightarrow ClCH_2-CH_2Cl + Cl\cdot$

链终止：$Cl\cdot + Cl\cdot \longrightarrow Cl_2$

$2ClCH_2-CH_2\cdot \longrightarrow ClCH_2-CH_2-CH_2-CH_2Cl$

$ClCH_2-CH_2\cdot + Cl\cdot \longrightarrow ClCH_2-CH_2Cl$

光卤化加成的反应特别适用于双键上有吸电子基的烯烃。例如三氯乙烯中有三个氯原子，进一步加成氯化很困难；但在光催化下可氯化制取五氯乙烷。五氯乙烷消除一分子氯化氢，可制得驱钩虫药物四氯乙烯。

$$ClCH=CCl_2 \xrightarrow[60\sim70℃]{Cl_2,\ h\nu} Cl_2CH-CCl_3 \xrightarrow{-HCl} Cl_2C=CCl_2$$

卤素和炔烃的加成反应与烯烃相同，但比烯烃反应难。

4.3.2 卤化氢与不饱和烃的加成

卤化氢与不饱和烃发生加成作用，可得到饱和卤代烃。其反应历程可分为离子型亲电加成和自由基加成两类。

4.3.2.1 卤化氢的亲电加成卤化

1. 反应历程

卤化氢与双键的亲电加成也是分两步进行的：首先是质子对分子进行亲电进攻，形成一个碳正离子中间体，然后卤负离子与之结合，形成加成产物。

$$\overset{|}{\underset{|}{C}}=\overset{|}{\underset{|}{C}} + H^+ \underset{慢}{\rightleftharpoons} \overset{|}{\underset{H}{C}}-\overset{+}{\underset{|}{C}} \xrightarrow{X^-} \overset{|}{\underset{H}{C}}H-\overset{X}{\underset{|}{C}}$$

加入 $AlCl_3$ 或 $FeCl_3$ 等催化剂，可加快反应速率。反应时可采用卤化氢的饱和有机溶液或浓的卤化氢水溶液。卤化氢与烯烃加成反应的活泼性次序是：HI>HBr>HCl。

2. 定位规律

当烯烃上带有给电子取代基时，有利于反应的进行，且卤原子的定位符合马尔科夫尼柯夫规则，即氢原子加在含氢较多的碳原子上。

$$(CH_3)_2C=CH_2 \xrightarrow{-HCl} H_3C-\underset{\underset{Cl}{|}}{\overset{\overset{CH_3}{|}}{C}}-CH_3$$

$$\text{(环戊烯-甲基)} \xrightarrow[CH_3NO_2,\ 25℃]{HCl} \text{(1-氯-1-甲基环戊烷)}$$

当烯烃上带有强吸电子取代基时，烯烃的 π 电子云向取代基方向转移，双键上电子云密度下降，反应速率减慢，且卤原子的定位与马尔科夫尼柯夫规则相反。

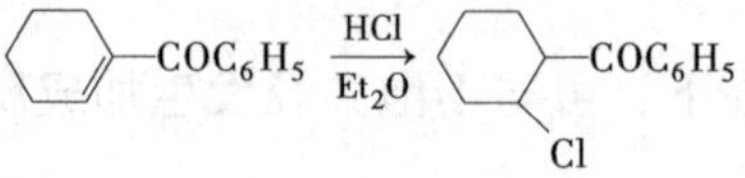

$$\text{C}_6\text{H}_5\text{CO-C}_6\text{H}_9 \xrightarrow[\text{Et}_2\text{O}]{\text{HCl}} \text{C}_6\text{H}_5\text{CO-C}_6\text{H}_{10}\text{Cl}$$

卤化氢与不饱和烃亲电加成反应的实例有氯化氢和乙炔加成生产氯乙烯，乙烯和氯化氢或溴化氢加成生成氯乙烷或溴乙烷。

4.3.2.2 卤化氢的自由基加成卤化

在光和引发剂作用下，溴化氢和烯烃的加成属于自由基加成反应。其定位主要受到双键极化方向、位阻效应和烯烃自由基的稳定性等因素影响，常违反马尔科夫尼柯夫规则。

反应历程：

$$HBr \xrightarrow{H_2O_2, h\nu} H\cdot + Br\cdot$$

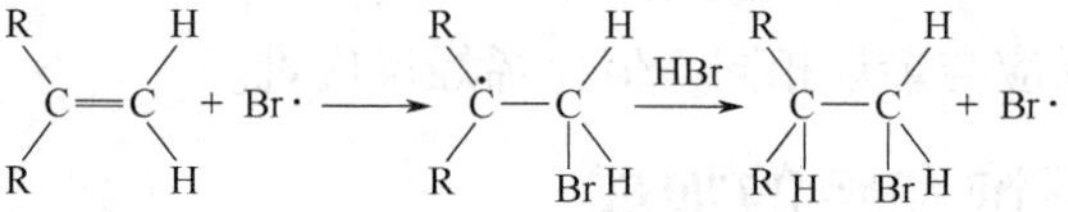

$$CH_3CH=CH_2 + HBr \xrightarrow[\text{或引发剂}]{h\nu} CH_3CH_2CH_2Br$$

$$CH_2=CH-CH_2Cl + HBr \xrightarrow[\text{或引发剂}]{h\nu} BrCH_2CH_2CH_2Cl$$

$$Ar-CH=CH-CH_3 + HBr \xrightarrow[\text{或引发剂}]{h\nu} ArCH_2CHBrCH_3$$

4.3.3 应用实例——3-氯丙腈

3-氯代丙烯腈（3-氯丙腈，3-CPN）为无色液体，能与醇、醚、丙酮、苯和四氯化碳等混溶，具有辛辣气味。它可用于药物及高分子合成，可由丙烯腈与氯化氢加成而得。

$$CH_2=CHCN + HCl \longrightarrow CH_2ClCH_2CN$$

其工艺过程如下：在冷却下，将干燥的氯化氢通入丙烯腈中，氯化氢很快被吸收反应。停止通气后，减压蒸馏收集 68~71℃/2.1kPa 的馏分，用 10% 碳酸钠溶液洗涤后，用无水硫酸钠干燥。再一次减压蒸馏，取 70~71℃/2.1kPa 的馏分即为产品，收率为 80%。

4.4 置换卤化

置换卤化是以卤基置换有机物分子中其他基团。与直接取代卤化相比，置换卤化无异构和多卤化产物，产品纯度高，在药物合成、染料及其他精细化学品的合成中应用较多。常用的卤化剂有氢卤酸、含磷及含硫卤化物等，可被卤基置换的有羟基、硝基、磺酸基、重氮基。卤化物之间也可以互相置换，如氟可置换其他卤基，这也是氟化的主要途径。

4.4.1 羟基的置换卤化

4.4.1.1 置换醇羟基

1. 用氢卤酸置换醇羟基

氢卤酸和醇的置换反应是一个可逆平衡反应,是酸催化的亲核置换反应,对于伯醇一般是双分子 S_N2 反应,对于烯丙型醇、叔醇或仲醇则可能是单分子 S_N1 反应。

$$ROH + HX \rightleftharpoons RX + H_2O$$

$$RCH_2-OH \underset{快}{\overset{+H^+}{\rightleftharpoons}} R-CH_2-\overset{H}{\underset{+}{O}}-H \underset{-H_2O}{\overset{+Br^-}{\xrightarrow{慢}}} RCH_2Br \quad S_N2$$

$$\underset{R''}{\overset{R'}{RC}}-OH \underset{快}{\overset{+H^+}{\rightleftharpoons}} \underset{R''}{\overset{R'}{R-C}}-\overset{}{\underset{+}{O}}-H \overset{-H_2O}{\underset{慢}{\rightleftharpoons}} \underset{R''}{\overset{R'}{R-C^+}} \overset{+Br^-}{\underset{快}{\rightleftharpoons}} \underset{R''}{\overset{R'}{R-C-Br}} \quad S_N1$$

酸的性质和醇的结构都能影响反应速率。氢卤酸的活性根据卤素负离子的亲核能力大小而定,其顺序是:HI>HBr>HCl>HF。醇羟基的活性大小顺序是:烯丙醇>叔醇羟基>仲醇羟基>伯醇羟基。因此,伯醇和仲醇与盐酸反应时常常需要在催化剂作用下完成,常用的催化剂为 $ZnCl_2$,例如:

$$(CH_3)_3COH \xrightarrow[室温]{HCl 气体} (CH_3)_3CCl$$

$$n\text{-}C_4H_9OH \xrightarrow[回流]{NaBr/H_2O/H_2SO_4} n\text{-}C_4H_9Br$$

$$C_2H_5OH \xrightarrow[加热]{ZnCl_2} C_2H_5Cl + H_2O$$

对于低碳醇的置换卤化可蒸出低碳卤代烷,使平衡右移。对于水不溶性高碳醇的置换卤化,可加入相转移催化剂。另外,为简化工艺,也可改用 PX_3 或 SOX_2 作置换卤化剂。

$$3R-OH + PBr_3 \longrightarrow 3R-Br + H_3PO_3$$

$$R-OH + SOCl_2 \longrightarrow R-Cl + SO_2\uparrow + HCl\uparrow$$

对于甲醇或乙醇的置换卤化,还可以采用气相法。

2. 卤化磷和氯化亚砜置换醇羟基

氯化亚砜和卤化磷也可以用于置换羟基,氯化亚砜是进行醇羟基置换的优良卤化剂,反应中生成的氯化氢和二氧化硫气体易于挥发而无残留物,所得产品可直接蒸馏提纯,因此在生产上被广泛采用,例如:

$$(C_2H_5)_2NC_2H_4OH + SOCl_2 \xrightarrow[室温]{苯} (C_2H_5)_2NC_2H_4Cl + HCl\uparrow + SO_2\uparrow$$

卤化磷对羟基的置换,多于对高碳醇、酚或杂环羟基的置换反应,如:

$$3CH_3(CH_2)_3CH_2OH + PI_3 \longrightarrow 3CH_3(CH_2)_3CH_2I + P(OH)_3$$

$$3CH_3(CH_2)_2CH_2OH + PBr_3 \longrightarrow 3CH_3(CH_2)_2CH_2Br + P(OH)_3$$

4.4.1.2 置换酚羟基

酚羟基的卤素置换相当困难，需要活性很强的卤化剂，如五氯化磷和三氯氧磷等。

$$\underset{\text{OH}}{\text{HO}}\!\!\left\langle\!\!\begin{array}{c}\text{N}\\ \text{N}\end{array}\!\!\right\rangle\!\!\text{OH} + 3\text{PCl}_3 + 4\text{Cl}_2 \xrightarrow[\text{POCl}_3]{\text{吡啶}} \underset{\text{Cl}}{\text{Cl}}\!\!\left\langle\!\!\begin{array}{c}\text{N}\\ \text{N}\end{array}\!\!\right\rangle\!\!\text{Cl} + 3\text{POCl}_3 + 4\text{HCl}$$

五卤化磷置换酚羟基的反应温度不宜过高，否则五卤化磷受热会离解成三卤化磷和卤素。这不仅降低其置换能力，而且卤素还可能引起芳环上的取代或双键上的加成副反应。

使用氧氯化磷作卤化剂时，其配比要大于理论配比。因为 $POCl_3$ 中的三个氯原子，第一个置换能力最大，以后逐渐递减。

酚羟基的置换使用三苯膦卤化剂在较高温度下反应，收率一般较好。

$$\text{HO}\!-\!\!\left\langle\!\!\bigcirc\!\!\right\rangle\!\!-\!\text{Cl} \xrightarrow[200℃]{\text{Ph}_3\text{PBr}_2} \text{Br}\!-\!\!\left\langle\!\!\bigcirc\!\!\right\rangle\!\!-\!\text{Cl}$$

4.4.1.3 置换羧羟基

用此反应制得的羧酰卤非常活泼，遇水会分解，因此不能用卤化氢水溶液作卤化剂，而必须用光气、亚硫酰卤、三卤化磷、三卤氧磷等比较活泼的卤化剂与羧酸或酸酐在无水条件下反应。用 $SOCl_2$ 或 PCl_3 与羧酸反应是合成酰氯最常用的方法。

$$\text{R}-\underset{\text{O}}{\overset{\text{O}}{\text{C}}}-\text{OH} + \text{COCl}_2 \longrightarrow \text{R}-\underset{\text{O}}{\overset{\text{O}}{\text{C}}}-\text{Cl} + \text{HCl}\uparrow + \text{CO}_2\uparrow$$

$$\text{R}-\underset{\text{O}}{\overset{\text{O}}{\text{C}}}-\text{OH} + \text{SOCl}_2 \longrightarrow \text{R}-\underset{\text{O}}{\overset{\text{O}}{\text{C}}}-\text{Cl} + \text{HCl}\uparrow + \text{SO}_2\uparrow$$

$$3\text{R}-\underset{\text{O}}{\overset{\text{O}}{\text{C}}}-\text{OH} + \text{PCl}_3 \longrightarrow 3\text{R}-\underset{\text{O}}{\overset{\text{O}}{\text{C}}}-\text{Cl} + \text{H}_3\text{PO}_3$$

$$3\text{R}-\underset{\text{O}}{\overset{\text{O}}{\text{C}}}-\text{OH} + \text{POCl}_3 \longrightarrow 3\text{R}-\underset{\text{O}}{\overset{\text{O}}{\text{C}}}-\text{Cl} + \text{H}_3\text{PO}_4$$

五氯化磷可将脂肪族或芳香族羧酸转化成酰氯。由于五氯化磷的置换能力极强，所以羧酸分子中不应含有羟基、醛基、酮基等敏感基团，以免发生氯的置换反应。三氯化磷的活性较小，仅适用于脂肪羧酸中羟基的置换；氯化亚砜的活性并不大，但若加入少量催化剂（如 DMF、路易斯酸等），则可增大反应活性。如：

$$\text{O}_2\text{N}\!-\!\!\left\langle\!\!\bigcirc\!\!\right\rangle\!\!-\!\underset{\text{O}}{\overset{\text{O}}{\text{C}}}\!-\!\text{OH} \xrightarrow[90\sim95℃]{\text{SOCl}_2,\text{少量 DMF}} \text{O}_2\text{N}\!-\!\!\left\langle\!\!\bigcirc\!\!\right\rangle\!\!-\!\underset{\text{O}}{\overset{\text{O}}{\text{C}}}\!-\!\text{Cl}$$

4.4.2 芳环上硝基、磺酸基和重氮基的置换卤化

4.4.2.1 置换硝基

硝基被置换的反应为自由基反应，其反应历程如下：

$$\text{Cl}_2 \xrightarrow{h\nu} 2\text{Cl}\cdot$$

$$\text{ArNO}_2 + \text{Cl}\cdot \longrightarrow \text{ArCl} + \cdot\text{NO}_2$$

$$·NO_2 + Cl_2 \longrightarrow NO_2Cl + Cl·$$

工业上，间二氯苯是由间二硝基苯在222℃下与氯反应制得；1,5-二硝基蒽醌在邻苯二甲酸酐存在下，在170~260℃通氯气，硝基被氯基置换而制得1,5-二氯蒽醌。以适量的1-氯蒽醌为助熔剂，在230℃向熔融的1-硝基蒽醌中通入氯气，可制得1-氯蒽醌。

通氯的反应器应采用搪瓷或搪玻璃的设备，避免发生芳环上的取代卤化反应。

4.4.2.2 置换磺酸基

在酸性介质中，氯基置换蒽醌环上磺酸基的反应也是自由基反应。氯酸盐与蒽醌磺酸的稀盐酸溶液作用，可将蒽醌环上的磺酸基置换成氯基。

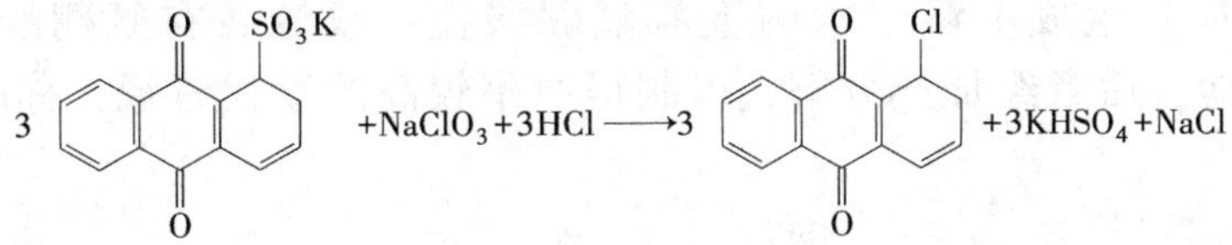

工业上常常采用这一方法生产1-氯蒽醌，以及由相应的蒽醌磺酸制备1,5-和1,8-二氯蒽醌。方法是在96~98℃下将氯酸钠溶液加到蒽醌磺酸的稀盐酸溶液中，并保温一段时间，收率为97%~98%。

4.4.2.3 置换伯氨基

用卤原子置换伯氨基是制取氯代芳烃和溴代芳烃的方法之一。

1. Sandmeyer 反应

先由芳胺制成重氮盐，再在催化剂（亚铜型）作用下得到卤化物。

$$ArNH_2 \xrightarrow{NaNO_2/HX} ArN_2^+X^- \xrightarrow{CuX/HX} ArX + N_2 \ (X = Br、Cl)$$

当芳环上有其他吸电子基存在时有利于反应。取代基对反应速率的影响顺序：$NO_2 > Cl > H > CH_3 > OCH_3$。

置换重氮基的反应温度一般为40~80℃，催化剂的用量为重氮盐的1/10~1/5（化学计算量）。例如，间氯甲醛和1-氯-8-萘磺酸（合成硫靛黑的中间体）的制备过程如下：

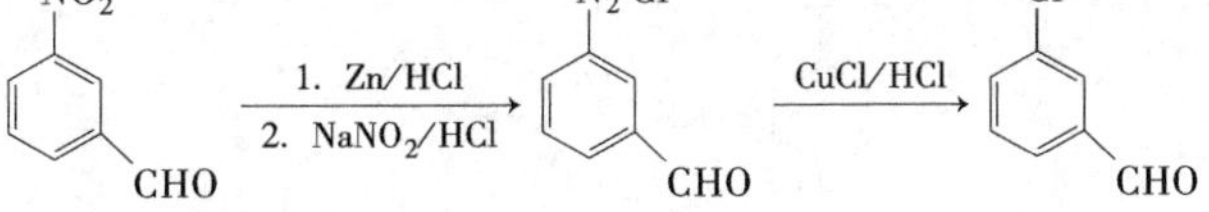

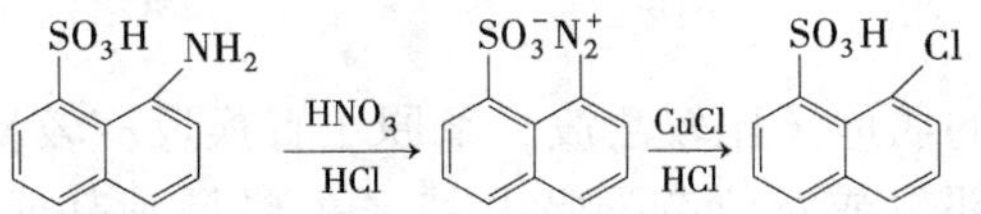

2. Gatterman 反应

用铜粉代替亚铜盐加入重氮盐的强酸溶液中，进行氯基/溴基置换重氮基的反应。

$$ArN_2^+X^- \xrightarrow{Cu/HX} ArX + N_2 \ (X = Br, Cl)$$

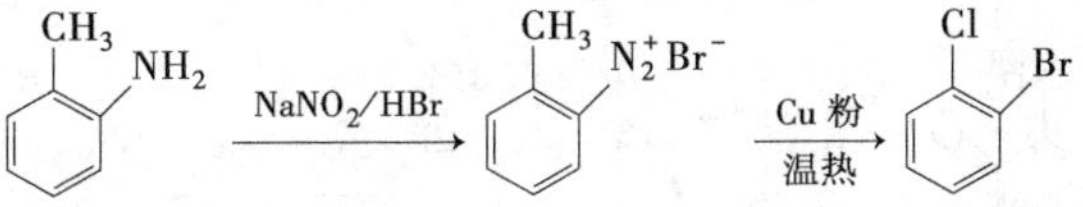

生成的邻溴甲苯是合成医药的中间体。

4.4.3 置换氟化

通过引入氟,可以提高有机物的化学稳定性(如耐水解、氧化)和热稳定性,使分子中其他官能团活性明显增大。氟衍生物得到广泛应用,比如合成润滑油、火箭燃料、新型药物、新型表面活性剂、各项牢度优异的染料新品种等。目前工业上制备有机氟化物的方法主要采用置换氟化法。

4.4.3.1 重氮基的置换

许多芳香族氟衍生物通过氟原子置换芳环上的重氮基制得。通常是将芳伯胺的重氮盐与氟硼酸盐反应,生成不溶于水的重氮氟硼酸盐;或芳胺在氟硼酸存在下重氮化,生成重氮氟硼酸盐,后者经加热分解,可制得产率较高的氟代芳烃,称席曼(Schieman)反应。

$$ArN_2^+X^- \xrightarrow{BF_4^-} ArN_2^+BF_4^- \xrightarrow{\triangle} ArF + N_2\uparrow + BF_3$$

重氮氟硼酸盐分解须在无水条件下进行,否则易分解成酚类和树脂状物质。

$$ArN_2^+BF_4^- + H_2O \xrightarrow{\triangle} ArOH + HF + N_2 + BF_3 + 树脂状物$$

4.4.3.2 卤素的亲核置换(卤素交换反应)

卤素的亲核置换是有机卤化物与无机卤化物之间的卤素交换反应,也称 Finkelstein 卤素交换反应。

对于有机氟化物的制备,工业上常用无水的 HF(沸点 19.4℃)、KF、NaF、AgF_2 和 SbF_5 等,最常用的高沸点无水强极性溶剂是 N,N-二甲基甲酰胺(DMF)、二甲基亚砜(DMSO)和环丁砜(它们沸点分别为 153℃、189℃ 和 287.3℃)。

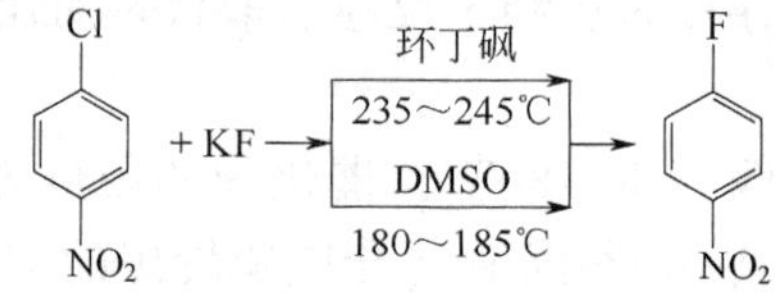

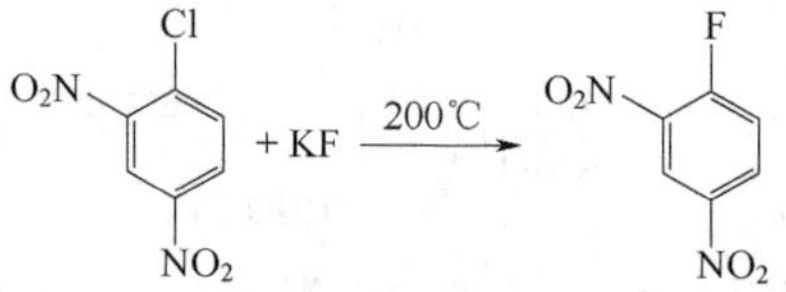

脂链上和芳环侧链上的氯原子比较活泼,氟原子置换反应较易进行。芳环上的氯原子不够活泼,只有当氯原子的邻位或对位有强吸电基(主要是硝基或氰基)时,氯原子才比较活泼,但仍需很强的反应条件。为了促使氟化钠或氟化钾的氟离子活化,最好加入耐高温的相转移催化剂,例如聚乙二醇 PEG200~600。

例如,2,3,4-三氟硝基苯是重要的医药中间体,目前采用以 2,6-二氯苯胺为原料的合成路线,其反应式如下:

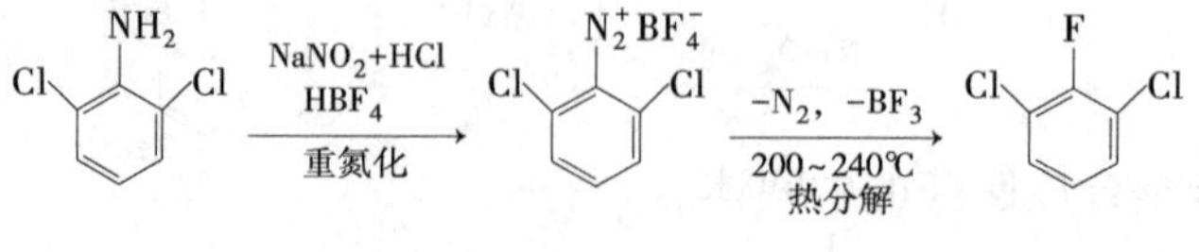

$$\xrightarrow[\text{混酸硝化}]{HNO_3+H_2SO_4} \text{[Cl-F-Cl-NO}_2\text{苯]} \xrightarrow[\text{DMSO 或 DMF}]{+2KF/-2KCl \atop \text{季铵盐或聚乙二醇催化}} \text{[F-F-F-NO}_2\text{苯]}$$

再如，2,4,6-三氟-5-氯嘧啶的合成即是由四氯嘧啶与氟化钠在 180~220℃、环丁砜中回流制得的，收率可达 87.5%，它是合成活性染料的重要中间体；氟利昂系列产品几乎都是通过置换氟化而得，氟利昂-22 是制取塑料王聚四氟乙烯单体的重要原料。

$$\text{四氯嘧啶} + 3NaF \xrightarrow{\text{环丁砜}} \text{三氟氯嘧啶} + 3NaCl$$

$$CCl_4 + HF \xrightarrow[5MPa]{SbCl_5,\ 110℃} CF_2Cl_2 \quad \text{氟利昂-12}(F_{12})$$

$$CHCl_3 + HF \xrightarrow[20\sim30℃]{SbCl_5} CHF_2Cl \quad \text{氟利昂-22}(F_{22})$$

$$2CHF_2Cl \xrightarrow{600\sim900℃} F_2C=CF_2 + 2HCl$$

4.4.4 应用实例

4.4.4.1 对氟硝基苯的合成

抗菌药诺氟沙星的生产中，以对氯硝基苯为原料，可通过置换氟化制备对氟硝基苯（图 4.6）。

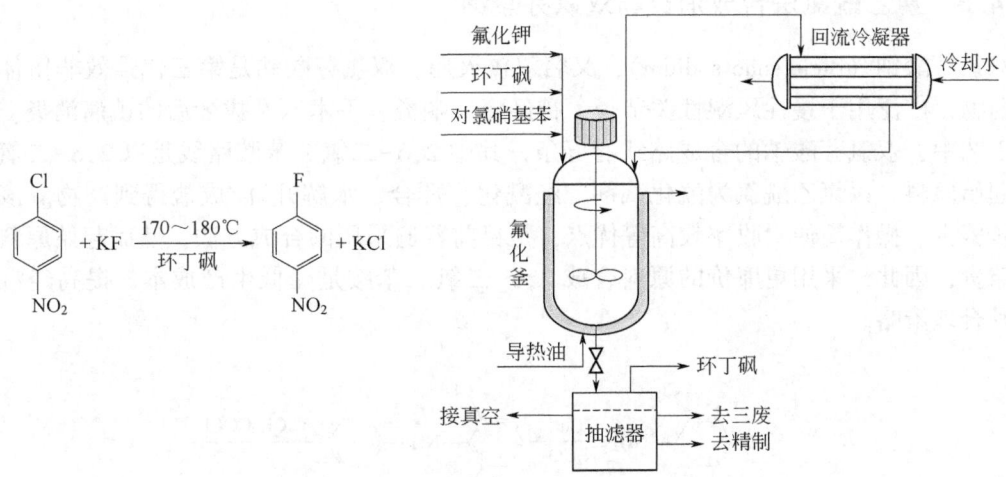

图 4.6 氟化反应过程的工艺流程示意图

4.4.4.2 2,4-二氟苯胺的合成

2,4-二氟苯胺是有机合成的中间体，用于氟苯水杨酸的合成。氟苯水杨酸是羧酸类非甾抗炎药，是水杨酸药物最具发展前途的品种。

2,4-二氟苯胺的合成有两条路线,一条是以 1,2,4-三氯苯为原料,经硝化、氟代、还原脱氯而得到产品。

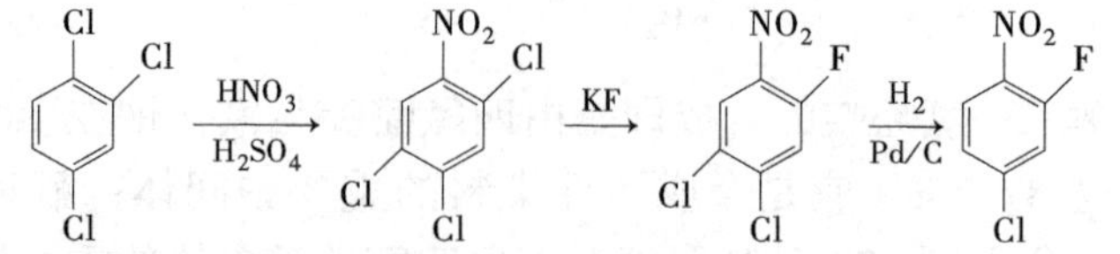

另一条合成路线是以间苯二胺为原料,经重氮化、置换、硝化、还原而得到 2,4-二氟苯胺。其合成步骤如下:

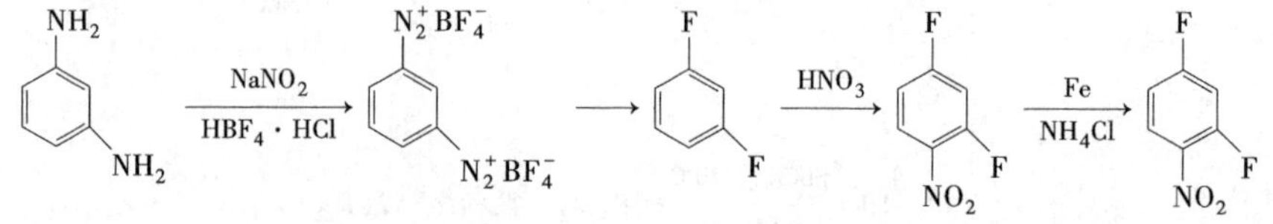

(1) 重氮化、置换。将含有亚硝酸钠的水溶液和含有间苯二胺盐酸盐的水溶液在搅拌条件下,分别缓慢地滴入冷却的 56% 氟硼酸溶液中。反应结束后,过滤得到黄色固体,干燥后得间二氟硼重氮盐。将其加热分解,经蒸馏可得间二氟苯,收率 60.3%。

(2) 硝化。将间二氟苯逐渐滴入冷却的发烟硝酸中,加毕,继续搅拌反应 1h。然后将反应液倾入冰水中,用乙醚提取,提出液用碳酸氢钠溶液及水洗涤,干燥后减压蒸馏,收集 58~59℃[533.3Pa(4mmHg)]馏分,得 2,4-二氟硝基苯,收率为 93.2%。

(3) 还原。将 2,4-二氟硝基苯滴加入铁粉和氯化铵水溶液的混合液中,加毕,继续回流反应 2h。反应结束后进行水蒸气蒸馏,馏出液用乙醚提取,干燥,回收乙醚后减压蒸馏,收集 46~47℃[1200Pa(9mmHg)]馏分,得 2,4-二氟苯胺,收率为 84.6%。

4.4.4.3　氯乙酰氯法合成消炎药双氯芬酸钠

双氯芬酸钠(diclofenac sodium),又名双氯灭痛。双氯芬酸钠是第三代强效非甾体消炎镇痛药物,广泛用于慢性风湿性关节炎、神经痛、咽炎、手术以及拔牙后的镇痛消炎。现有制备工艺中,双氯芬酸钠的合成路线有五条,其中 2,6-二氯二苯胺路线是以 2,6-二氯二苯胺为起始原料,以氯乙酰氯为酰化试剂,经酰化、环合、水解开环/成盐得到产物。该路线具有步骤少、操作简便、收率较高等优点,是目前普遍采用的合成方法,然而起始原料价格相对略贵,因此,采用更廉价的原料合成 2,6-二氯二苯胺是降低生产成本、提高经济效益的一种合理策略。

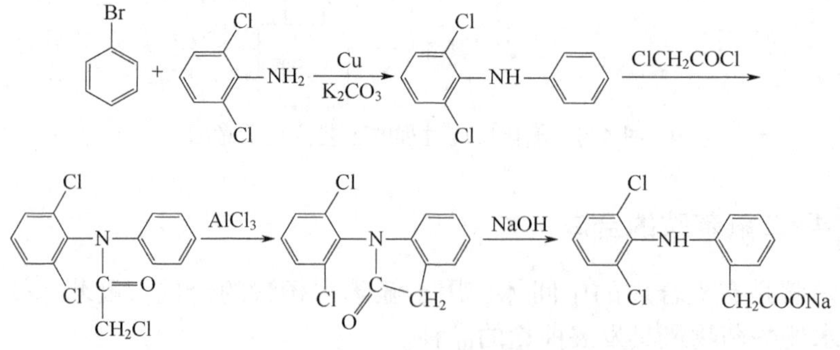

🌸 巩固与提升 🌸

1. 为什么在溴化或碘化过程要加入氧化剂？常见氧化剂有哪些？
2. 为什么氟化反应要采用置换反应？常用的氟化剂有哪些？
3. 请写出甲苯在下述条件下的反应产物。

$$\text{C}_6\text{H}_5\text{CH}_3 + X_2 \xrightarrow{\begin{array}{c}\text{FeCl}_3\\ \triangle\end{array}} / \xrightarrow{\begin{array}{c}h\nu \text{或过氧化物}\\ \triangle\end{array}} / \xrightarrow{\begin{array}{c}h\nu\\ \text{冷却}\end{array}} \xrightarrow{\text{同前步}}$$

4. 完成下列反应。

$$\text{CH}_3\text{CH}_2\overset{\overset{O}{\|}}{\text{C}}\text{CH}_3 \xrightarrow[\text{H}_2\text{O, HOAc}]{\text{Cl}_2(1\text{mol})}$$

$$\text{CH}_3\text{CH}_2\underset{\underset{\text{OH}}{|}}{\text{CH}}\text{CH}_3 \xrightarrow[\text{NaOH}]{\text{I}_2(\text{excess})}$$

$$(\text{CH}_3)_3\overset{\overset{O}{\|}}{\text{C}}\text{CH}_3 \xrightarrow[\text{NaOH}]{\text{Br}_2(\text{excess})}$$

环戊酮-2-乙基 $\xrightarrow[\text{NaOH}]{\text{Br}_2(2\text{mol})}$

$$\text{C}_6\text{H}_5\text{COOH} \xrightarrow{\text{SOCl}_2} \xrightarrow{\text{EtOH}}$$

$$(\text{CH}_3)_2\text{CHCH}_2\text{COOH} \xrightarrow{\text{PBr}_3} \xrightarrow{\text{EtOH}}$$

$$(\text{CH}_3)\text{CHCH}_2\text{COOH} \xrightarrow[\text{P(cat.)}]{\text{Br}_2} \xrightarrow[\text{H}^+]{\text{EtOH}}$$

5. 请结合羰基 α-H 的取代卤化反应机理，详细阐述乙醛氯化过程中，因催化体系不同，产物有所不同的原因。

6. 写出以下反应的主要产物和反应类型。

$$\text{H}_2\text{C}=\text{CH}-\text{CH}_3 \xrightarrow{\text{Cl}_2, 500℃}$$

$$\text{H}_2\text{C}=\text{CH}-\text{CH}_3 \xrightarrow{\text{Cl}_2 \text{液相，无水，低温}}$$

$$\text{H}_2\text{C}=\text{CH}-\text{CH}_3 \xrightarrow{\text{Cl}_2, \text{水中}, 45\sim60℃}$$

$$\text{H}_2\text{C}=\text{CH}-\text{CH}_2\text{Cl} \xrightarrow{\text{HBr, BPO}}$$

$$\text{H}_2\text{C}=\text{CH}-\text{CH}_2\text{CN} \xrightarrow{\text{HCl, 低温}}$$

7. 与卤素单质相比，N-卤代丁二酰亚胺是一种定位效应较强的卤化试剂，请结合卤化试剂、烯键 α-H 取代卤化和烯烃加成卤化反应的知识，完成以下反应。

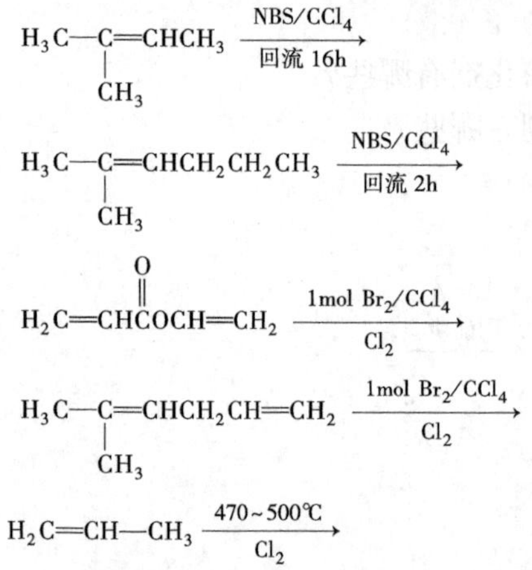

$$H_3C-\underset{\underset{CH_3}{|}}{C}=CHCH_3 \xrightarrow[\text{回流 16h}]{NBS/CCl_4}$$

$$H_3C-\underset{\underset{CH_3}{|}}{C}=CHCH_2CH_2CH_3 \xrightarrow[\text{回流 2h}]{NBS/CCl_4}$$

$$H_2C=CHCOCH=CH_2 \xrightarrow[Cl_2]{1\text{mol Br}_2/CCl_4}$$ (中间为 C=O)

$$H_3C-\underset{\underset{CH_3}{|}}{C}=CHCH_2CH=CH_2 \xrightarrow[Cl_2]{1\text{mol Br}_2/CCl_4}$$

$$H_2C=CH-CH_3 \xrightarrow[Cl_2]{470\sim500℃}$$

8. 在氯置换为氟时，芳环上的氯不够活泼，只有当氯的邻位或对位有强吸电基（主要是硝基和氰基）时，氯才比较活泼，但仍需很强的反应条件。写出由对硝基氯苯制对硝基氟苯时的大致反应条件，并分析是否可在高压釜中，于水介质中用相转移催化法？

9. 简述由对二氯苯制备 2,4-二氯氟苯的合成路线和主要反应条件。

第5章 磺化反应

本章专业知识目标：

（1）了解磺化反应的定义和重要性；
（2）掌握常用的磺化试剂及其磺化工艺的异同点（重点）；
（3）掌握芳烃磺化反应历程和反应动力学特征（重难点）；
（4）掌握芳烃磺化反应的主要影响因素（重点）。

本章素质能力目标：

（1）能够对发烟硫酸的两种浓度表达进行换算；
（2）能够基于技术、经济和环保选择合适的磺化试剂及工艺；
（3）激发学生科技兴国、实干兴邦的爱国创业热情；
（4）能够将爱国、创业、求实、奉献的铁人精神根植于心，外化于行。

5.1 磺化反应概述

磺化反应是指向有机化合物分子中引入磺酸基（—SO_3H），磺酸盐基（如—SO_3Na）或磺酰卤基（—SO_2X）的反应。引入磺酰卤基的化学反应又可称为卤磺化反应。

根据引入的基团不同，生成的产品可以是磺酸（R—SO_3H，R 代表烃基）、磺酸盐（R—SO_3M，M 代表 NH 或金属离子）或磺酰卤（R—SO_2X，X 代表卤素）。根据磺酸基中 S 原子和有机化合物分子中相连的原子不同得到的产物：与 C 原子相连的产物为磺酸化合物（R—SO_3H）；与 O 原子相连的产物为硫酸酯（R—OSO_3H）；与 N 原子相连的产物为磺胺化合物（R—$NHSO_3H$）。

本章重点讨论芳环上的取代磺化。

5.1.1 磺化反应的重要性

5.1.1.1 引入磺酸基，赋予有机物水溶性和酸性

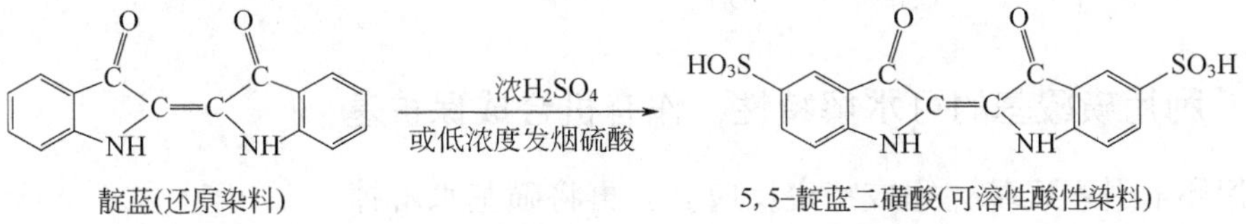

5.1.1.2 引入磺酸基，赋予有机物表面活性或增强对纤维素的亲和力

例如，烷基苯磺酸盐生产或消耗量在合成表面活性剂中占首位。其中，十二烷基苯磺酸钠（$C_{12}H_{25}C_6H_4SO_3Na$），是洗涤剂生产中使用范围最广、用量最大的品种。重烷基苯磺酸钠和石油磺酸钠是当前大庆油田用于提高原油采收率的重要驱油表面活性剂，它们的成功自主研发和工业化生产，为大庆油田 12 年持续稳产 4000 万吨（2003~2014 年）、保持油气当量 4000 万吨（2015 年至今）、保障国家能源安全做出重大贡献。世界第二大生物质资源木质素，经磺化后所得木质素磺酸钠可用作石油开采助剂——固井剂、堵水剂、水质稳定剂、除垢剂等。

再如，1-氨基-4-萘磺酸钠，是偶氮染料的中间体，用于生产尼文酸（1-萘酚-4-磺酸）。

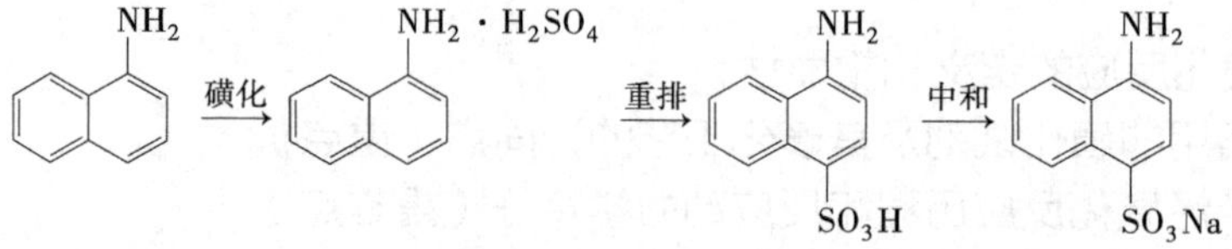

甲苯经氯磺化、氨化、环化可制得糖精，其甜味是食糖的 300~500 倍，少食无毒，但无营养价值，常用作饮料、糖浆、食品和酒类的调味剂。

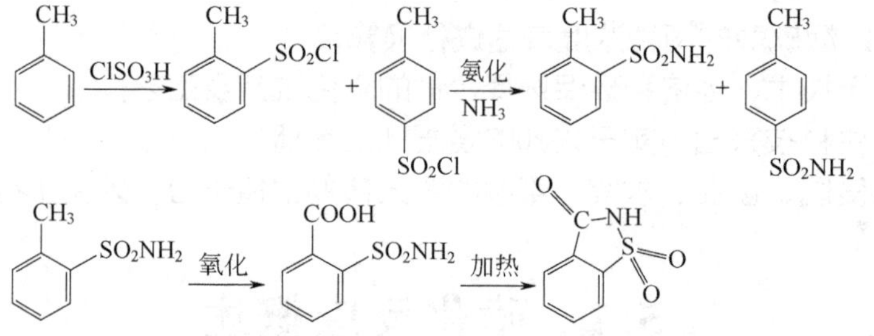

5.1.1.3 通过磺酸基进一步转化，引入—OH、—NH₂、—CN 或—Cl 等

磺酸基易被亲核试剂取代，而制取一系列有机合成中间体或精细化学品。

例如，甲苯经磺化、碱熔可以制得混合甲酚，主要用作溶剂，分离可得 p, o, m-甲酚纯品，用来制造树脂、医药、农药、增塑剂、抗氧剂和香料等。

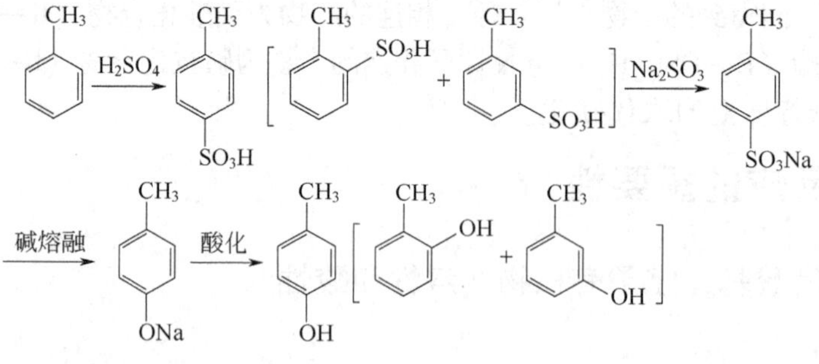

5.1.1.4 利用磺酸基的可水解特性，作有机合成保护基

先在芳环上引入磺基，完成特定反应后，再将磺基水解掉。

$$\text{C}_6\text{H}_5\text{SO}_3\text{Na} \xrightarrow[290\sim340\text{℃}]{\text{NaOH}} \text{C}_6\text{H}_5\text{ONa} \xrightarrow{\text{HCl}} \text{C}_6\text{H}_5\text{OH}$$

$$\text{C}_6\text{H}_5\text{SO}_3\text{Na} \xrightarrow{\text{NaCN}} \text{C}_6\text{H}_5\text{CN}$$

$$\text{C}_6\text{H}_5\text{CH}_3 \xrightarrow{\text{磺化}} \text{对-CH}_3\text{C}_6\text{H}_4\text{SO}_3\text{H} \xrightarrow{\text{氯化}} \text{2-Cl-4-SO}_3\text{H-甲苯} \xrightarrow{\text{水解}} \text{邻氯甲苯}$$

5.1.1.5 通过置换磺化反应，分离提纯有机物

比如苯的二硝化产物中会存在一定量的邻、对位异构体，可通过亚硫酸钠置换磺化反应，将邻、对位异构体转化为硝基苯磺酸钠去除。

间二硝基苯 + Na_2SO_3 ⟶ 无反应

邻二硝基苯 + Na_2SO_3 ⟶ 邻硝基苯磺酸钠

对二硝基苯 + Na_2SO_3 ⟶ 对硝基苯磺酸钠

5.1.2 磺化剂及磺化工艺

磺化剂包括浓硫酸、发烟硫酸、氯磺酸和三氧化硫，相应磺化工艺包括过量硫酸磺化工艺，共沸去水磺化工艺，芳伯胺烘焙磺化工艺，氯磺酸磺化工艺和三氧化硫磺化工艺。

工业硫酸有两种规格，一种含 H_2SO_4 约 92.5%（质量分数，下同）（熔点 -27 ~ -3.5℃），另一种含 H_2SO_4 约 98%（熔点 1.8 ~ 7℃）。工业发烟硫酸也有两种规格，一种含游离 SO_3 约 20%（熔点 -10 ~ 2.5℃），另一种含游离 SO_3 约 65%（熔点 0.35 ~ 5℃）。这四种规格的硫酸在常温下都是液体，运输、储存和使用都比较方便。

发烟硫酸含量可以用游离 SO_3 含量 $w(SO_3)$ 表示，但是为了酸碱滴定分析计算上的方便，常折算成 H_2SO_4 的含量 $w(H_2SO_4)$ 来表示。两种表示方法换算公式如下：

$$w(H_2SO_4) = 100\% + 0.225w(SO_3)$$
$$w(SO_3) = 4.44 \times [w(H_2SO_4) - 100\%]$$

其他磺化剂在相应的磺化工艺方法中介绍。

5.1.2.1 过量硫酸磺化工艺——液相磺化

过量硫酸磺化法使用硫酸或发烟硫酸进行磺化，也称液相磺化。硫酸在反应体系中起到磺化剂、溶剂和脱水剂三种作用，该磺化剂的特点：

(1) 副反应少，反应速率较慢，适用于较活泼的芳香化合物的磺化。

(2) 属于可逆反应，磺化 1mol 产品将同时产生 1mol 水，要保持较高的磺化率，就需要加入过量的硫酸（一般 3 ~ 4mol），产生大量废酸。

该工艺虽然磺化操作简便，但是硫酸用量多，副产废液多。

5.1.2.2 共沸去水磺化工艺——气相磺化

为了克服过量硫酸磺化法硫酸用量多、废酸生成量多等缺点，对于低沸点芳烃（例如苯、甲苯和二甲苯）的一磺化，又开发了共沸去水磺化法。

（1）工艺原理：将过量6~8倍的芳烃蒸气在120~180℃通入浓硫酸中，利用共沸原理由未反应的芳烃蒸气将反应生成的水不断带出，使硫酸浓度不致下降太多。此法硫酸利用率高达91%。

（2）工艺特点：从磺化锅中逸出的芳烃蒸气和水蒸气经冷凝后分层可回收苯，回收的芳烃经干燥可循环使用。该工艺只适于易挥发芳烃的小批量磺化，如苯和甲苯的磺化。

5.1.2.3 芳伯胺的烘焙磺化工艺

大多数芳伯胺的一磺化都采用芳伯胺与等物质的量的硫酸反应，首先生成酸性硫酸盐，然后在130~300℃脱水，生成氨基芳磺酸的方法。因上述脱水反应最初是在烘焙炉中进行的，所以称作"烘焙磺化"。将芳伯胺酸式硫酸盐（$ArNH_3^+HSO_4^-$）放入烘焙炉的托盘内，将炉内温度升至170~180℃，并微微减压即可。

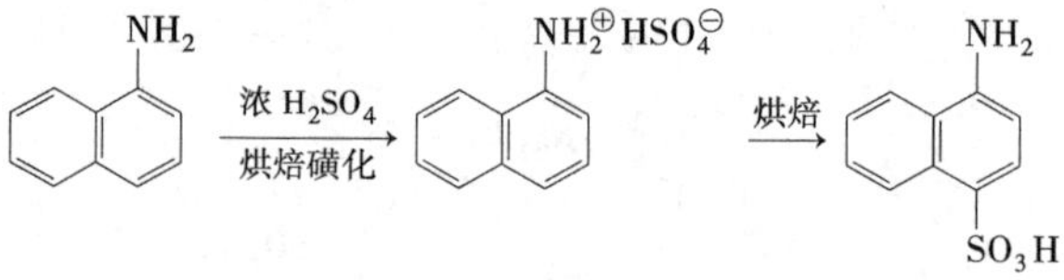

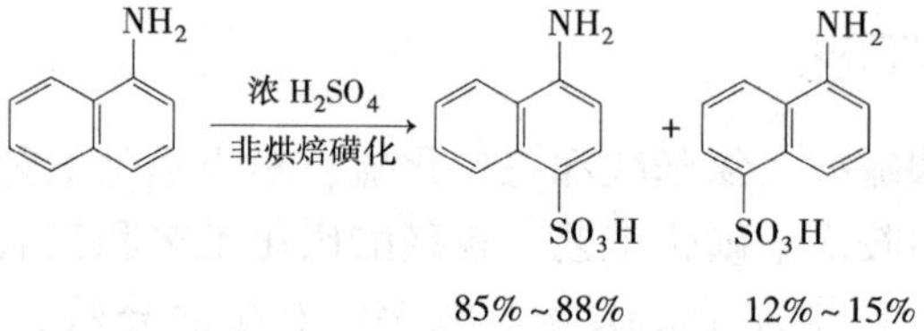

烘焙磺化法的优点是只用理论量的硫酸，不产生废酸，磺基一般只进入氨基的对位，当对位被占据时则进入氨基的邻位，而极少进入其他位置。该工艺能耗大，工人劳动强度大，物料因受热不均匀容易炭化。目前，除溶剂烘焙磺化工艺，其余均被国家明令禁止。

5.1.2.4 三氧化硫磺化工艺

三氧化硫在常压的沸点是44.8℃，固态三氧化硫有α、β、γ和δ四种晶型，其熔点分别为62.3℃、32.5℃、16.8℃和95℃。γ型在常温为液态，它是环状三聚体和单分子SO_3的混合物，α、β和δ型都是链式多聚体。SO_3的三种聚合形式见表5.1。

表 5.1 SO_3 的三种聚合形式

α 针状纤维	β 丝状纤维	γ 液态
与β相似	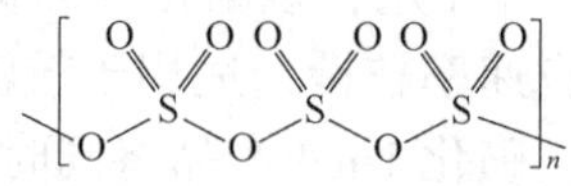 （链式多聚体结构）	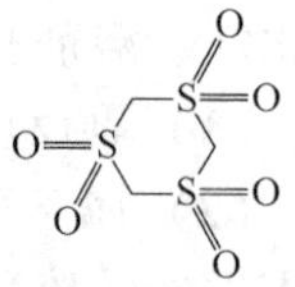 （环状三聚体结构）

续表

α 针状纤维	β 丝状纤维	γ 液态
链状复合体，包含连接层与层的键 $T_m = 62.3℃$	链状多聚体 $T_m = 32.5℃$	环状三聚体 $T_m = 16.8℃$

三氧化硫磺化工艺不仅可用于芳香族化合物的磺化，还可用于脂肪醇和烯烃，并可直接用于苯环上烷基的磺化和N-磺化反应。

1. 工艺特点

在磺反应过程中不生成水，不产生废硫酸，SO_3用量可接近理论量，反应活性高、速率快且完全，不需要外加热量；但是SO_3非常活泼，反应热很大，应注意防止或减少发生多磺化、砜的生成、氧化和树脂化等副反应；物料黏度较高，给传质带来了困难。用高浓度的气态SO_3直接磺化时，除了磺化反应热以外，还释放三氧化硫气体的液化热，反应过于激烈，故生产上极少采用高浓度的气态SO_3，而是适当加入稀释剂，以使反应趋于缓和。一般可用干燥空气、氮气、SO_2气体稀释气体SO_3；可用液体SO_2和四氯乙烯、四氯化碳、三氯氟甲烷等低沸点卤代烃稀释液体SO_3。

2. 磺化方式

（1）三氧化硫—空气混合物磺化法：反应属于快速气液相反应，反应速率主要取决于三氧化硫在气相中的扩散速度。需要严格控制烷基苯与三氧化硫的比例，稍过量则产生多磺化。比如，由十二烷基苯制备十二烷基苯磺酸钠。

（2）液体三氧化硫磺化法：主要用于不活泼液态芳烃的磺化，生成的磺酸在反应温度下必须是液态的，而且黏度不大。比如，由硝基苯制备间—硝基苯磺酸。

（3）三氧化硫—溶剂磺化法：常用的无机溶剂有硫酸和二氧化硫。硫酸与三氧化硫可混溶，且能破坏有机磺酸的氢键缔合，降低磺化反应的黏度。此过程能代替发烟硫酸磺化，故通用性大，技术简单。常用的有机溶剂有二氯甲烷、1,2-二氯乙烷、四氯乙烷等，价廉、稳定、易回收，被磺化物被有机溶剂所稀释，有利于抑制副反应，适用于被磺化物或磺化产物为固态的磺化过程，反应温和，易控制。

5.1.2.5 氯磺酸磺化工艺

氯磺酸（$ClSO_3H$）是一种有刺激气味的无色或棕色油状液体，凝固点-80℃，沸点151~152℃，易溶于氯仿、四氯化碳、硝基苯和液态SO_2中。氯磺酸的磺化能力很强，仅次于三氧化硫，用于制造芳磺酸与芳磺酰氯。为了使反应均匀，有时需要加入硝基苯、邻硝基乙苯、邻二氯苯或二氯乙烷、四氯乙烷、四氯乙烯等作稀释剂。

氯磺酸遇水立即分解成硫酸和氯化氢，并放出大量的热，容易发生喷料或爆炸事故，因此所用有关物料和设备都必须充分干燥，以保证正常、安全生产。

$$ClSO_3H \rightleftharpoons SO_3 \cdot HCl \xrightarrow{\Delta} SO_3 + HCl$$
$$\text{固体} \qquad \text{液体} \qquad \text{气体}$$

氯磺酸磺化工艺反应条件温和，产品收率高，废硫酸液量少，环境污染相对较小。

1. 工艺原理

氯磺化反应分两步进行：第一步先由芳香化合物与氯磺酸反应生成芳磺酸；第二步芳磺酸与另一分子氯磺酸生成芳磺酰氯化合物。第二步反应为可逆反应，通过加入过量氯磺酸（2~5倍）或采用化学法去除硫酸（如加适量的 NaCl，收率 76%~90%）得高收率的芳磺酰氯。

芳香化合物若与等物质的量或稍过量的氯磺酸反应，得到的产物是芳磺酸；若与过量很多的氯磺酸反应，产物则是芳磺酰氯。

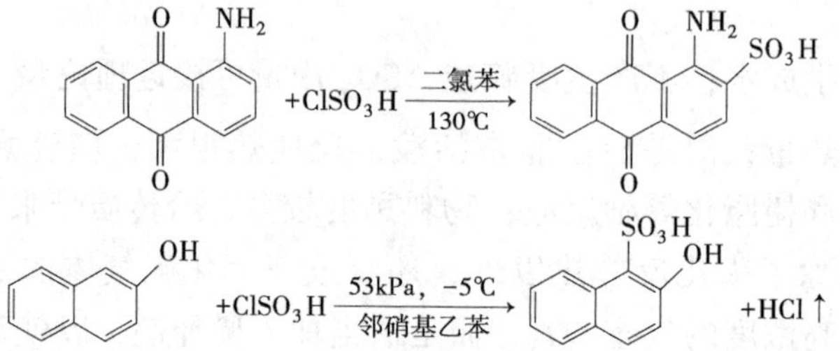

2. 工艺特点

氯磺酸为磺化剂的优点是反应能力强，反应条件温和，得到产品较纯，副产物氯化氢可在负压下排出（可用水吸收制成盐酸），有利于反应进行完全。缺点是价格较高，且分子量大，引入一个磺酸基的磺化剂用量较多，反应中产生的氯化氢具有强腐蚀性。

3. 应用实例

氯磺酸主要适用于制取芳香族磺酰氯。例如磺胺类抗菌药的中间体对乙酰氨基苯磺酰氯，降血糖药甲苯磺丁脲中间体对甲基苯磺酰氯。

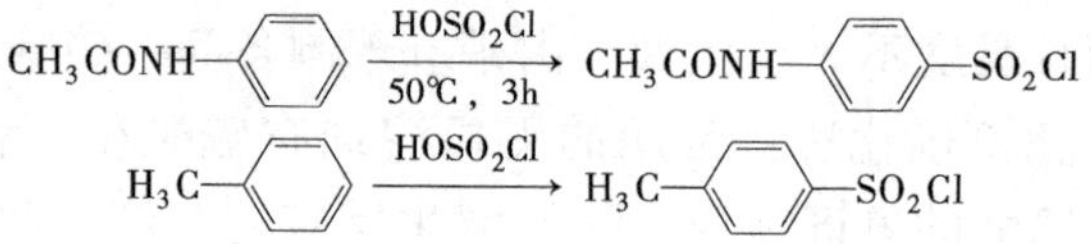

5.1.2.6 亚硫酸盐磺化工艺（亲核置换）

亚硫酸盐，如亚硫酸钠、亚硫酸氢钠也可用作磺化剂，适用于以亲核取代为主的一系列磺化反应。亚硫酸盐磺化法包括 Strecker 合成、硝基置换和 Piria 反应等反应类型。

1. Strecker 合成

Na_2SO_3、K_2SO_3、$(NH_4)_2SO_3$ 和 $NaHSO_3$ 在一定条件下与含有活泼卤原子的有机化合物反应，—SO_3Na 置换卤原子而生成磺酸盐。

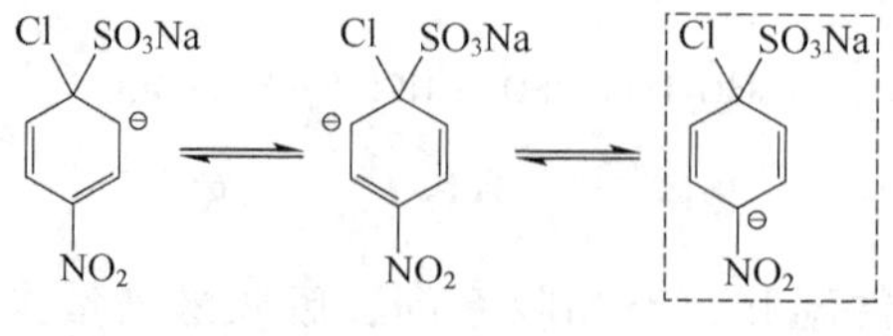

2. 硝基置换反应

一些不易由亲电取代制得的磺酸盐，可先制得硝基化合物，再通过—SO_3^-置换而易得。

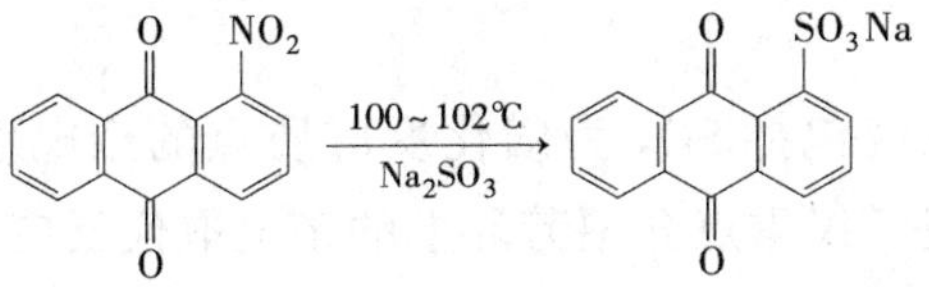

$$\text{1-硝基蒽醌} \xrightarrow[Na_2SO_3]{100\sim102℃} \text{1-蒽醌磺酸钠}$$

3. Piria 反应

芳香族硝基化合物与 $NaHSO_3$ 反应，同时发生还原和磺化。

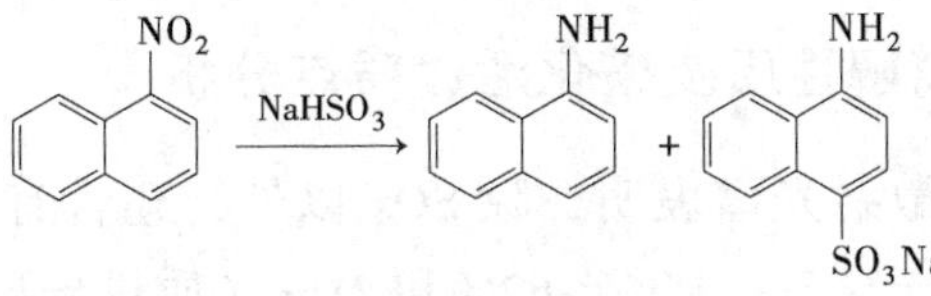

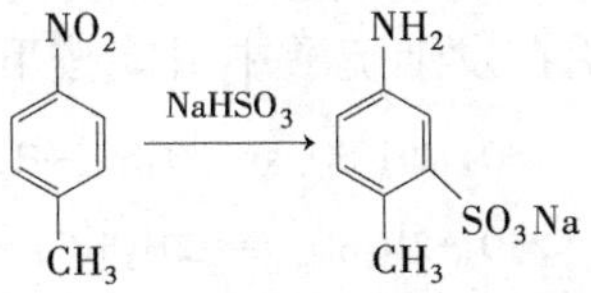

综上，各种磺化剂和磺化工艺差别较大，具体区别见表5.2和表5.3。

表5.2 各种磺化剂的活性和应用对比

磺化剂	分子式	活泼性	主要用途	应用范围
三氧化硫	SO_3	高	芳烃、有机物	日益增加
发烟硫酸	$H_2SO_4 \cdot SO_3$	高	烷基芳烃、洗涤剂、染料	很广
氯磺酸	$ClSO_3H$	极高	醇、染料、医药	中等
浓硫酸（96%~100%）	H_2SO_4	低	芳烃	广泛
亚硫酸钠	Na_2SO_3	低	卤代烷	较多
亚硫酸氢钠	Na_2HSO_3	低	木质素	较多

表5.3 磺化工艺特点对比

磺化剂	过量硫酸磺化工艺	氯磺酸磺化工艺	三氧化硫磺化工艺
磺化速率	慢	较快	瞬间完成
磺化转化率	达到平衡，不完全	较完全	定量转化
磺化热效应	需加热	一般	放热量大
磺化物黏度	低	一般	十分黏稠
副反应	少	少	多
产生废酸量	大	较少	无
反应器容积	大	大	很小

5.2 芳香族亲电取代磺化反应

芳环上引入磺酸基的反应包括 SO_3 为磺化反应质点的亲电取代反应，以亚硫酸盐为磺化试剂的亲核取代反应，我们仅重点介绍芳环上的亲电取代反应。

5.2.1 以 SO_3 为磺化反应质点的反应历程

以过量硫酸磺化法为例介绍磺化反应历程。

5.2.1.1 硫酸的离解性质及磺化活泼质点分析

发烟硫酸的联合散射光谱表明，除 SO_3 以外，还含有 $H_2S_2O_7$、$H_2S_3O_{10}$ 和 $H_2S_4O_{13}$ 等质点，它们分别相当于含 SO_3 45%、62%和71%（质量分数）的发烟硫酸。在100%硫酸中，加入 SO_3 时，导电度增加，说明在发烟硫酸中可能按下式生成了离子：

$$SO_3 + 2H_2SO_4 \rightleftharpoons H_3SO_4^+ + HS_2O_7^-$$

$$2SO_3 + 2H_2SO_4 \rightleftharpoons 2H_2S_2O_7 \rightleftharpoons H_5S_2O_7^+ + HS_2O_7^-$$

从100%硫酸（18.66mol/L，20℃）的联合散射光谱看出，它约含 0.027mol/L 的 HSO_4^-，这可能是按下式离解生成的：

$$2H_2SO_4 \rightleftharpoons H_3SO_4^+ + HSO_4^-$$

$$3H_2SO_4 \rightleftharpoons H_2S_2O_7 + H_3O^+ + HSO_4^-$$

上式说明，有 0.29%~0.43%（质量分数）的硫酸发生了离解，而有 99.6%~99.7%的硫酸是以缔合分子态存在的，其缔合程度随温度的升高而减小。上式中 $H_3SO_4^+$ 和 $H_2S_2O_7$ 分别相当于 $SO_3 \cdot H_3O^+$ 和 $SO_3 \cdot H_2SO_4$。

在100%硫酸中加入少量水时，水和硫酸几乎完全按下式离解，生成 H_3O^+ 和 HSO_4^-：

$$H_2O + H_2SO_4 \rightleftharpoons H_3O^+ + HSO_4^-$$

稀硫酸、80%~85%硫酸、93%左右浓硫酸、发烟硫酸以及三氧化硫中可能存在 $SO_3 \cdot H_2O$（即 H_2SO_4）、$SO_3 \cdot H_3O^+$（即 $H_3SO_4^+$）、HSO_4^-、$SO_3 \cdot H_2SO_4$（即 $H_2S_2O_7$）、SO_3 等亲电质点，可认为它们是以不同溶剂化状态存在的 SO_3 分子。

磺化反应质点的反应活性顺序如下：

$SO_3 > 3SO_3 \cdot H_2SO_4(H_2S_4O_{13}) > 2SO_3 \cdot H_2SO_4(H_2S_3O_{10}) > SO_3 \cdot H_2SO_4(H_2S_2O_7) > SO_3 \cdot H_3O^+$（即 $H_3SO_4^+$）$> SO_3 \cdot H_2O$（即 H_2SO_4）

5.2.1.2 磺化反应历程

SO_3 分子中硫原子的电负性（2.4）小于氧原子的电负性（3.5），所以硫原子带有部分正电荷而成为亲电试剂，芳烃磺化反应是亲电取代反应。

两步反应历程：首先，磺化质点进攻芳环形成 σ-络合物；然后脱去质子形成芳磺酸。

磺化是亲电取代反应,因此芳环上有供电基使磺化反应速率变快,有吸电基使磺化反应速率变慢。表5.4是某些芳烃及其衍生物(D)在硫酸中、40℃,一磺化时相对于苯(B)的相对反应速率常数 k_D/k_B。

表 5.4 某些芳烃及其衍生物用硫酸磺化时相对于苯的相对反应速率常数

被磺化物	k_D/k_B	被磺化物	k_D/k_B	被磺化物	k_D/k_B
萘	9.12	氯苯	0.68	对二溴苯	0.065
间二甲苯	7.53	溴苯	0.61	1,2,3-三氯苯	0.047
甲苯	5.08	间二氯苯	0.43	硝基苯	0.015
1-硝基萘	1.68	对硝基甲苯	0.21		
对氯甲苯	1.10	对二氯苯	0.063		

磺化也是连串反应,但磺酸基对芳环有较强的钝化作用,一磺酸比相应的被磺化物难于磺化,而二磺酸又比相应的一磺酸难于磺化。因此,苯系和萘系化合物在磺化时,只要选择合适的反应条件,例如磺化剂的浓度和用量、反应的温度和时间,在一磺化时可以使被磺化物基本上完全一磺化,只副产很少量的二磺酸;在二磺化时只副产很少量的三磺酸。例如,在苯的共沸去水一磺化时,磺化液中约含有88%~91%苯磺酸、小于1.5%苯、小于0.5%苯二磺酸和2.0%~4.0%硫酸。

5.2.2 芳烃磺化反应动力学

当磺化质点为 SO_3 时,芳烃磺化反应动力学方程为:

$$v_{SO_3} = k_{SO_3}[ArH][SO_3] \tag{5.1}$$

若采用发烟硫酸或硫酸磺化芳烃,存在以下离解平衡:

$$2H_2SO_4 \xrightleftharpoons{k_1} H_3O^+ + SO_3 + HSO_4^-$$

$$[SO_3] = \frac{k_1[H_2SO_4]^2}{[H_3O^+][HSO_4^-]} \tag{5.2}$$

将式(5.2)代入式(5.1),其反应动力学方程可表示为:

$$v_{SO_3} = k_{SO_3}[ArH]\frac{k_1[H_2SO_4]^2}{[H_3O^+][HSO_4^-]} \tag{5.3}$$

随着反应的进行,水逐渐增加(或生成),硫酸将按式(5.4)离解:

$$H_2O + H_2SO_4 \rightleftharpoons H_3O^+ + HSO_4^- \tag{5.4}$$

由式(5.4),可近似认为:$[H_3O^+] = [HSO_4^-] \approx [H_2O] = 1 - [H_2SO_4]$

代入式(5.3),反应动力学方程可表示为:

$$v_{SO_3} = k_{SO_3}[ArH]\frac{k_1[1-H_2O]^2}{[H_3O^+][HSO_4^-]} = k_{SO_3}[ArH]\frac{k_1[1-H_2O]^2}{[H_2O]^2} = k[ArH]\frac{1}{[H_2O]^2} \tag{5.5}$$

当以浓硫酸为磺化剂，水很少时，磺化反应速率与水浓度的平方成反比，即生成的水量越多，反应速率下降越快。因此，用硫酸作磺化剂的磺化反应中，硫酸浓度及反应中生成的水量多少，对磺化反应速率有显著影响。

例如，偶氮染料、1,2-二苯乙烯型染料中间体对硝基甲苯，用2.4%发烟硫酸磺化的反应速率比用100%硫酸高100倍，在92%~98%硫酸中其磺化反应速率与硫酸中水的浓度的平方成反比，即硫酸浓度由92%（含H_2O约8.11mol/L）提高到99%（含H_2O 1.01mol/L）时，磺化反应速率约提高64.4倍。

5.2.3 芳烃磺化反应热力学——磺酸的异构化和水解

以浓硫酸或发烟硫酸为磺化剂的磺化反应是可逆的，即在一定条件下，可以发生磺酸的异构化反应或磺基水解的脱磺基反应。一般认为磺酸异构化和水解都是可逆平衡反应。

5.2.3.1 芳磺酸的异构化

磺酸基在一定条件下还可以从原来的位置转移到其他位置，通常是转移到热力学更稳定的位置，称为"磺酸基的异构化"。芳磺酸的异构化在工业生产上有重要用途。

芳磺酸在浓硫酸中的异构化，一般认为是通过水解—再磺化而完成的；在发烟硫酸中的异构化（例如萘二磺酸的异构化），一般认为是通过分子内重排完成的。

对于较易磺化的过程，低温磺化是不可逆的，属于动力学控制，磺酸基进入电子云密度高、活化能较低的位置；高温磺化是热力学控制，磺酸基可通过水解—再磺化或异构化而转移到空间障碍较小或不易水解的位置。

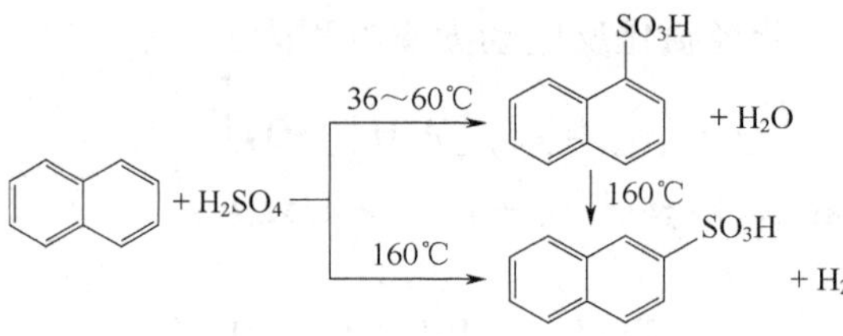

5.2.3.2 芳磺酸的水解

芳磺酸在含水的酸性介质中，在一定温度下会发生水解反应使磺基脱落。芳磺酸的水解也是亲电取代反应，是芳烃磺化反应的逆过程，一般认为其反应历程如下：

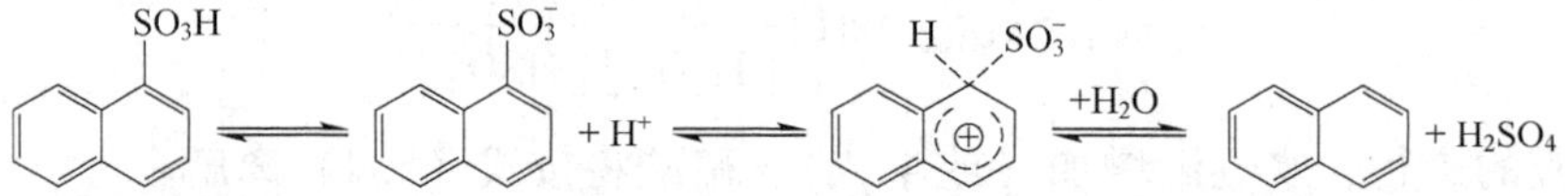

通常，H_3O^+浓度越高，水解速率越快。但是为了避免再磺化反应，通常在质量分数30%~70%硫酸中进行水解。

水解温度越高，水解速率越快。但是为了避免树脂化等副反应，水解温度不宜超过150~170℃，在常压水解时，一般是在硫酸水溶液的沸腾温度下进行的。如果需要较低硫酸浓度和较高水解温度，则要在密闭高压釜中进行水解。

芳磺酸上有吸电子基（如—NO_2）时难水解，有给电子基（如—CH_3）时易水解。对萘系化合物来说，α-萘磺酸比β-萘磺酸更容易水解。

磺化反应可逆性的一个重要应用，是将磺酸基先临时占据芳环某特定位置，然后进行其他反应，待反应完成后，再在稀硫酸中加热，以移去磺酸基。例如β-溴代萘的合成。

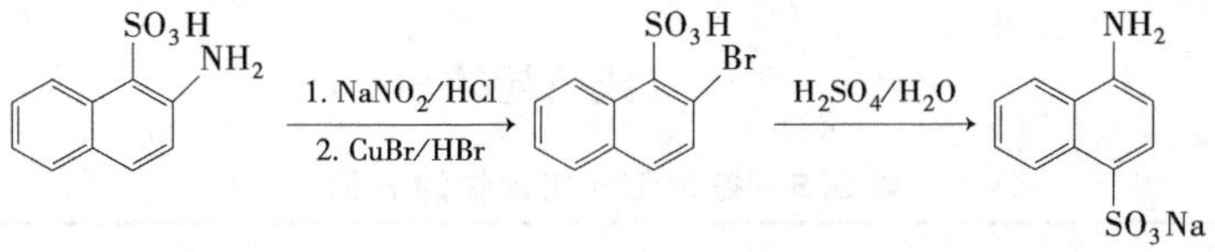

再如，将高温磺化液用水稀释，在140℃左右通入水蒸气，萘-1-磺酸被水解成萘，并随水蒸气蒸出，而萘-2-磺酸不被水解，从而提高萘-2-磺酸选择性。

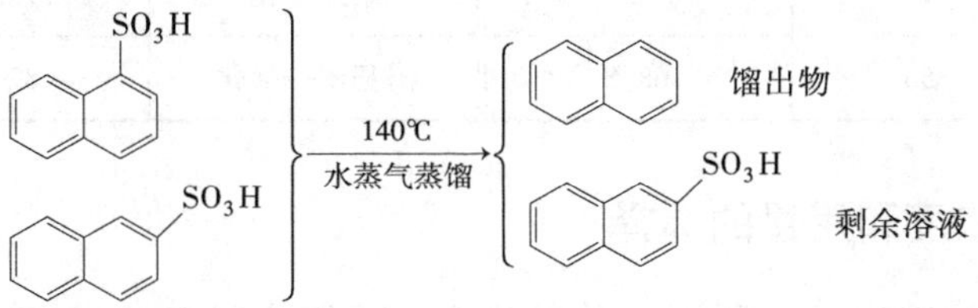

5.2.4 芳烃磺化影响因素

5.2.4.1 被磺化物的结构

当芳环上存在供电子基团时，使芳环邻、对位上的电子云密度增加，有利于磺酸基在邻、对位上的取代，用硫酸在不太高的温度下即可进行；当存在吸电子基时，则不利于磺化反应的进行，需以强烈的磺化剂发烟硫酸在高温下进行。

苯及其衍生物用 SO_3 磺化时，其反应速率的大小顺序为：邻二甲苯>乙苯>异丙苯>叔丁苯>氯苯>溴苯>对硝基苯甲醚>间二氯苯>对硝基甲苯>硝基苯。

芳杂环的反应难易分析同 4.2.1.3 小节。苯中含有的杂质噻吩，比苯更易于发生氯化反应，消耗氯气，产生更多 HCl。因此常采用室温浓硫酸磺化法，将噻吩转化为水溶性噻吩磺酸后去除，进而提纯苯用于氯化反应。

噻吩的氯化副反应：

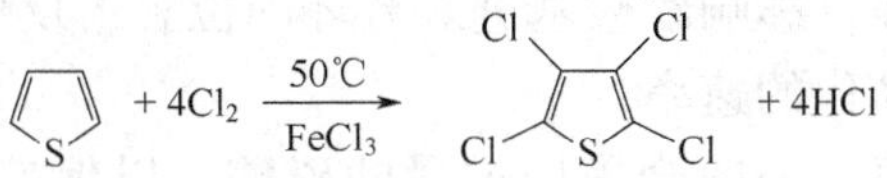

噻吩的磺化去除：

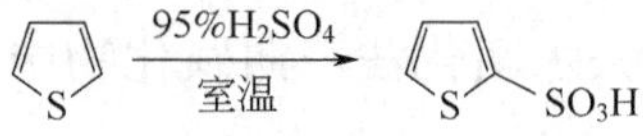

5.2.4.2 磺化 π 值

对于一个特定的被磺化物，当硫酸浓度降低到一定程度时，磺化反应的速率慢得近乎停止。这种使磺化反应能够进行的最低磺化剂（H_2SO_4）浓度称磺化极限浓度。1919 年 Guyal 用 π 值表示这种"废酸"的浓度，π 值是将废酸中所含 H_2SO_4 的质量换算成 SO_3 的质量后的质量分数，即按投料计，π 值可用式（5.6）来计算。表 5.5 列出了各种芳烃的 π 值，易磺化芳烃的 π 值小，反之 π 值大。

$$\pi = \frac{\text{废酸中所含 } H_2SO_4 \text{ 质量} \times \frac{80}{98}}{\text{原用硫酸质量} - \left(\text{消耗的 } H_2SO_4 \text{ 质量} \times \frac{80}{98}\right)} \times 100 \quad (5.6)$$

(或消耗的 SO_3)

表5.5 各种芳烃化合物的 π 值

化合物	π 值	H_2SO_4/%	化合物	π 值	H_2SO_4/%
苯一磺化	64	78.4	萘二磺化	52	63.7
蒽一磺化	43	53	萘三磺化	79.8	97.3
萘一磺化	56	68.5	硝基苯一磺化	82	100.1

5.2.4.3 磺化剂浓度和用量的选择

当磺化剂起始浓度确定后，利用 π 值的概念，可用式（5.7）计算出磺化剂用量。

$$x = \frac{80 \times (100 - \pi)}{a - \pi} n \quad (5.7)$$

式中 x——原料酸（磺化剂）的用量，kg/kmol 被磺化物；

a——原料酸（磺化剂）起始浓度，用 SO_3 质量分数表示；

n——被磺化物分子上引入的磺基数。

当用 SO_3（$a=100$）作磺化剂时，对有机化合物进行一磺化时，其用量为 80kg SO_3/kmol 被磺化物，即相当于理论量；当采用硫酸或发烟硫酸作磺化剂时，其起始浓度降低，磺化剂用量则增加，当 a 值降低到接近于 π 值时，磺化剂的用量将增加到无穷大。

需要指出的是，利用 π 值的概念，只能定性地说明磺化剂的起始浓度对磺化剂用量的影响。实际上，对于具体的磺化过程，所用硫酸的浓度及用量以及磺化温度和时间都是通过大量最优化实验综合确定的。

仅从磺化剂的用量考虑，应选用三氧化硫或发烟硫酸作磺化剂。但磺化剂浓度太高会引起副反应，如氧化或生成砜等，影响磺酸基进入芳环的位置；反应液黏稠不便于操作，生成的磺酸溶于酸相中从而影响磺化的速率。

在实际工作中为保证收率，一般会采用过量的硫酸，以保持酸的浓度超过 π 值，同时采取物理或化学脱水方法以降低水对酸的稀释作用。比如，使用过量的溶剂或参与磺化的芳烃带走反应生成的水，即前面所述的共沸去水磺化法；向磺化物中加入能与水作用的物质，如 BF_3、$SOCl_2$。

5.2.4.4 磺化温度和时间

磺化温度会影响磺基进入芳环的位置和异构磺酸的生成比例。特别是在多磺化时，为了使每个磺基都尽可能进入目标位置，对于每一个磺化阶段都需要选择合适的磺化温度。

提高磺化温度可以加快反应速率，缩短反应时间，但是温度太高会引起多磺化、砜的生成、氧化和焦化等副反应。实际上，具体磺化过程的加料温度、保温温度和保温时间都是通过最优化实验确定的。

例如,甲苯用浓硫酸磺化时,温度对异构体产率有明显影响,见表 5.6。

表 5.6 温度对甲苯磺化异构体比例的影响

磺化产物	异构磺酸生成比/%						
	0℃	35℃	75℃	100℃	150℃	175℃	190℃
邻甲苯磺酸	43	31.9	20.0	13.3	7.8	6.7	6.8
间甲苯磺酸	4	6.1	7.9	8.0	8.9	19.9	33.7
对甲苯磺酸	53	62.0	72.1	78.7	83.2	70.7	56.2

再如,萘的磺化根据反应温度、硫酸的浓度和用量及反应时间的不同,可以制得一系列有用的萘磺酸,见图 5.1。

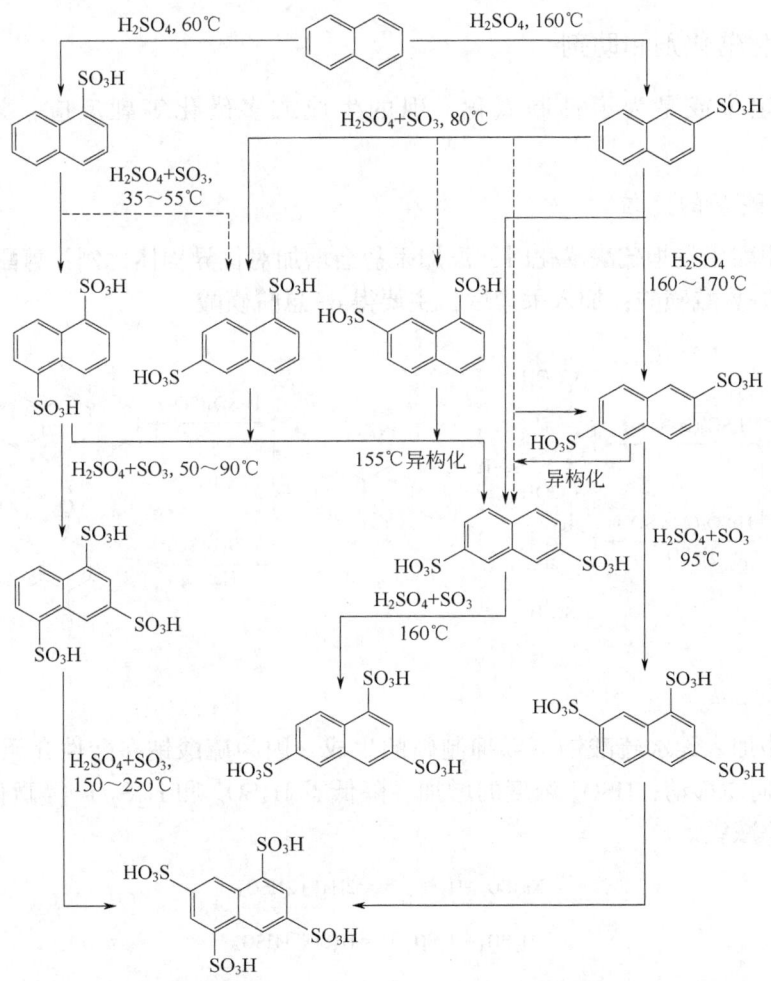

图 5.1 萘在不同条件下磺化时的主要产物(虚线表示副反应)

以萘为原料,经磺化得 β-萘磺酸,再经硝化、还原即得重要染料中间体克力夫酸。

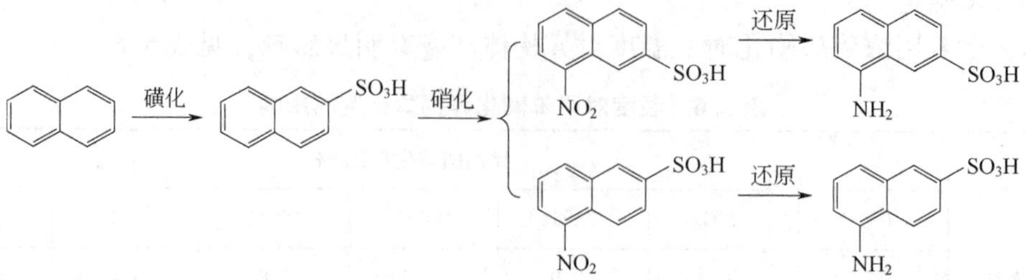

以萘为原料，经三磺化得 1,3,6-萘三磺酸，再经硝化、还原、碱熔、酸化即得重要染料中间体 H-酸。

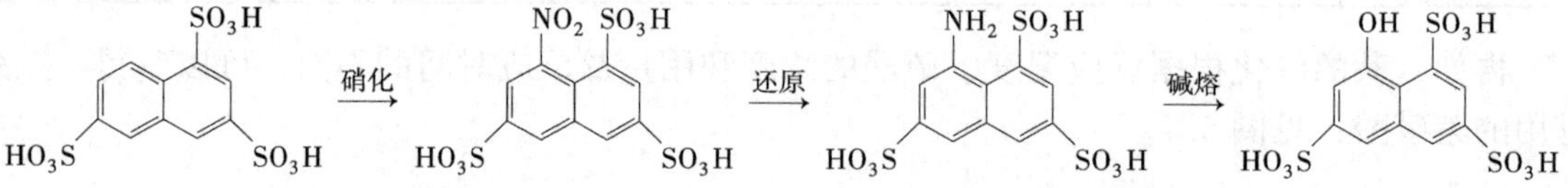

5.2.4.5 磺化催化剂和助剂

为了改变定位或是为了抑制氧化、砜的生成或多磺化等副反应，常加入适量辅助剂。

1. 改变磺酸基的定位

例如，苯甲酸用发烟硫酸磺化时，添加汞盐会增加对位异构体比例；蒽醌用发烟硫酸磺化时，主要得 β-蒽醌磺酸；加入汞盐后，主要得 α-蒽醌磺酸。

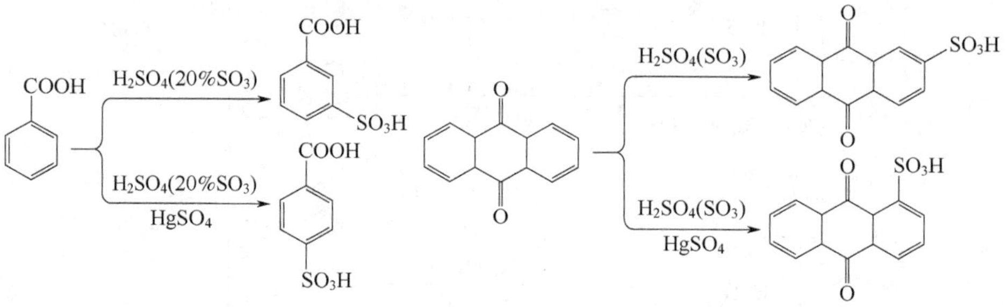

2. 抑制副反应

在磺化液中加入无水硫酸钠可以抑制砜的生成，因为硫酸钠在酸性介质中能解离产生 HSO_4^-，使平衡向左移动；HSO_4^- 浓度的增加，降低了 $H_3SO_4^+$ 和 $H_2S_2O_7$ 等磺化质点的浓度，从而使反应速率减缓。

$$Na_2SO_4 + H_2SO_4 \rightleftharpoons 2Na^+ + 2HSO_4^-$$

$$H_2SO_4 + H_2SO_4 \rightleftharpoons H_3SO_4^+ + HSO_4^-$$

$$2H_2SO_4 + H_2SO_4 \rightleftharpoons H_2S_2O_7 + H_3O^+ + HSO_4^-$$

羟基蒽醌磺化时，常加入硼酸使其与羟基作用形成硼酸酯，可以阻碍氧化副反应产物的生成；对萘酚进行磺化时，加入硫酸钠可以抑制硫酸所起的氧化作用。

$$\underset{\text{OH}}{\text{[萘酚]}} \xrightarrow[\text{少量}Na_2SO_4]{\text{浓}H_2SO_4} \begin{cases} HO_3S-\text{[萘]}-OH \\ HO_3S-\text{[萘]}(OH)-SO_3H \end{cases}$$

3. 加快磺化反应速率

难于磺化的化合物，加入适量的催化剂，可以降低反应温度，加速反应，提高收率。

例如，吡啶用硫酸或发烟硫酸磺化时，所得吡啶 3-磺酸的产率只有 50% 左右，但加入硫酸汞作催化剂后，不仅可使收率提高到 70%，还可使反应温度从 320℃ 降到 240℃。肌肉兴奋药溴吡斯的明的合成原料 3-磺酸吡啶用此法制备。

5.2.5 芳烃磺化生产实例

5.2.5.1 十二烷基苯磺酸钠的生产

十二烷基苯磺酸钠的生产常采用 SO_3 多管降膜磺化工艺，包括磺化和老化两步反应。

$$C_6H_5-C_{12}H_{25} \xrightarrow{SO_3, \text{空气}} C_{12}H_{25}-C_6H_4-SO_2-O-SO_3H \xrightarrow[\text{苯}-C_{12}H_{25}]{\text{老化}} C_{12}H_{25}-C_6H_4-SO_3H$$

其中，磺化为强放热反应，速率极快，可以在几秒钟完成；老化时间大约 30min，需要在不同反应器中进行。具体工艺流程见图 5.2，膜式磺化反应器结构见图 5.3。

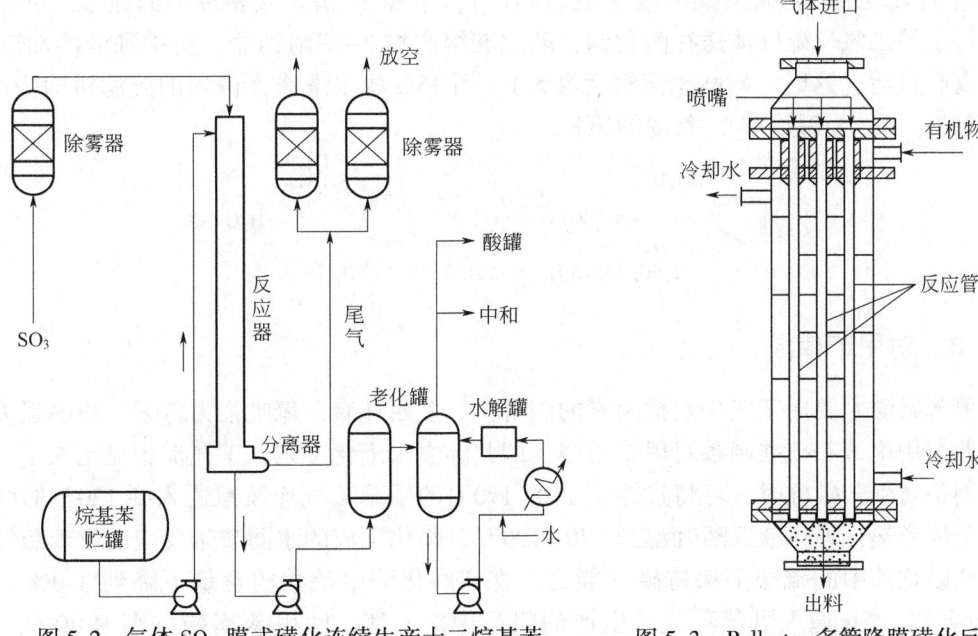

图 5.2 气体 SO_3 膜式磺化连续生产十二烷基苯　　图 5.3 Ballestra 多管降膜磺化反应器

气体中 SO_3 体积分数为 5.2%～5.6%，露点 -50～-60℃。SO_3/ArH(摩尔比)(1.0～1.03)∶1；磺化温度 35～53℃，磺化反应瞬间完成，SO_3 停留时间小于 0.28s；离开磺化器

时磺化收率约95%，老化、水解后收率可达98%。

5.2.5.2　2-萘磺酸钠的生产

2-萘磺酸钠是白色结晶或粉末，易溶于水而不溶于醇，主要用途是制取2-萘酚和扩散剂NNO，也可进一步磺化制成萘-1,6-二磺酸、2,6-二磺酸、2,7-二磺酸以及1,3,6-萘三磺酸等。由萘合成2-萘磺酸常在带夹套的铸铁磺化锅中进行釜式磺化，共包括磺化、水解吹萘及中和盐析三道工序。

（1）磺化。将已熔融的精萘加到带有锚式搅拌和夹套的磺化锅中，加热到140℃，慢慢加入98% H_2SO_4，两者摩尔比为1:1.09，在160~162℃保温2h，这时有少量萘及反应水蒸出，当磺化液总酸度达25%~27%，2-萘磺酸含量为67.5%~69.5%时，停止反应。

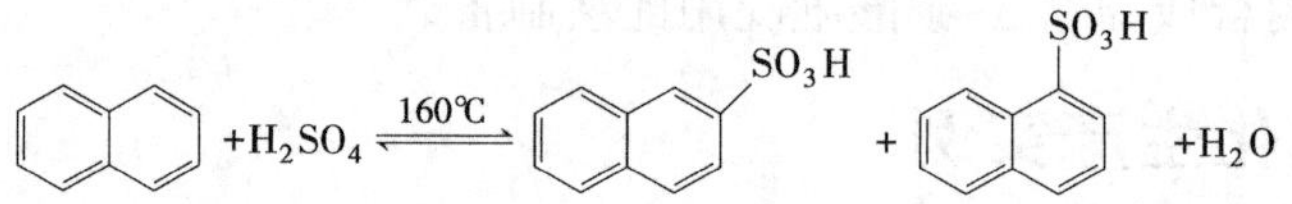

（2）水解—吹萘。将磺化液送入水解锅，并加入少量水稀释，再加入少量碱液，将小部分2-萘磺酸转变成相应的盐，并作为下步盐析的晶种。在140~150℃通入水蒸气，使大部分1-萘磺酸水解为萘，与未反应的萘一起随水蒸气蒸出，冷却后回收。

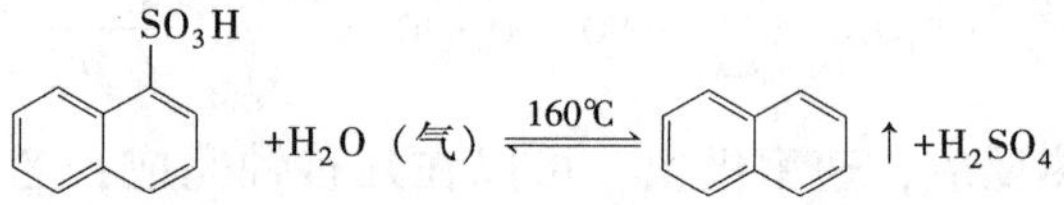

（3）中和盐析。在装有桨式搅拌和耐酸衬里的中和锅中加入水解吹萘后的磺化液，并在90℃左右缓缓加入亚硫酸钠溶液（碱熔副产），中和2-萘磺酸和过剩的硫酸。利用负压将中和产生的二氧化硫气体送往酸化锅，酸化碱熔产物2-萘酚钠盐。将中和液冷却至32℃左右，离心过滤（这时亚硫酸钠溶解度最大），用15%盐水洗涤，得到的湿滤饼即为产品2-萘磺酸钠，可作为碱熔制2-萘酚的原料。

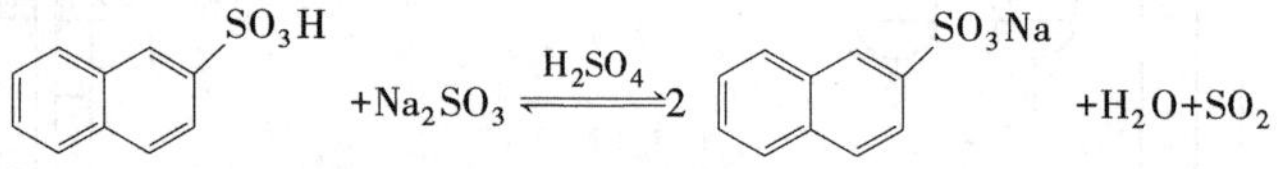

5.2.5.3　对甲苯磺酸

对甲苯磺酸主要用于四环素抗生素的制备，如多西环素、氢吡强力霉素、吗啉强力霉素等。工业上用甲苯和硫酸制备对甲苯磺酸，即共沸去水磺化工艺，工艺流程见图5.4。

在制备对甲苯磺酸时，可将过热到150~170℃的甲苯蒸气连续地通入到120℃的浓硫酸中，由于反应热，磺化液逐渐升温到170~190℃，磺化生成的水随着未反应的甲苯蒸气一起蒸出，使磺化液中的硫酸仍保持磺化能力，直到磺化液中硫酸的含量下降到3.0%~4.0%（质量分数），停止通入甲苯蒸气。生产的粗品中对、邻、间甲苯磺酸分别为80%、15%、5%，采用高真空精馏分离；影响异构体的主要因素是磺化温度，0℃时磺化混合物中对位异构体占54%，100℃时对位占85%，140℃时对位占38%，为增加对位异构体的比例，选用甲苯回流温度下加硫酸。

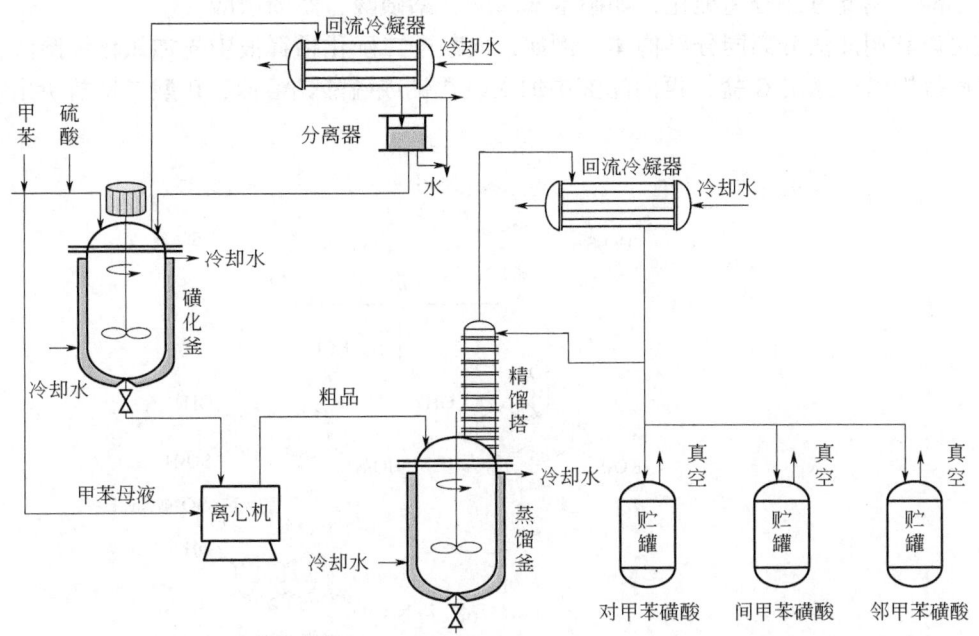

图 5.4 甲苯的共沸去水磺化工艺流程

5.3 磺化产物的分离

磺化产物的后处理有两种情况：一种是磺化后不分离出磺酸，接着进行硝化和氯化等反应；另一种是需要分离出磺酸或磺酸盐，再加以利用。

5.3.1 稀释析出法

稀释析出法是在磺化结束后，向磺化液加入水适当稀释，利用某些芳磺酸在 50%~80% 硫酸中的低溶解度，使磺酸析出。该法优点是操作简便，费用低，副产废硫酸母液便于回收利用。

例如，2-硝基-4-甲基-5-氯苯磺酸在总酸度 50%~54% 的废酸（相当于 60% 硫酸水溶液）中溶解度很小，可采用稀释法分离。

5.3.2 直接盐析法

将磺化产物加至冷的盐溶液中，或向磺化稀释液中直接加入 NaCl、Na_2SO_4、KCl、K_2SO_4、$MgSO_4$、MgO 等，某些芳磺酸会变成磺酸盐析出。

$$ArSO_3H + NaCl \rightleftharpoons ArSO_3Na\downarrow + HCl$$

该反应为可逆过程，只要加入适当浓度的盐水并冷却，平衡就会向着需要的方向进行，许多芳磺酸可用此方法分离纯化，如硝基苯磺酸、萘磺酸、萘酚磺酸。

也可以利用此法分离同分异构体。例如，向萘酚二磺化稀释液中先加氯化钾溶液，可使 G 酸二钾盐析出。滤出 G 盐，再向滤液中加入氯化钠或硫酸钠溶液，R 酸二钠盐析出。

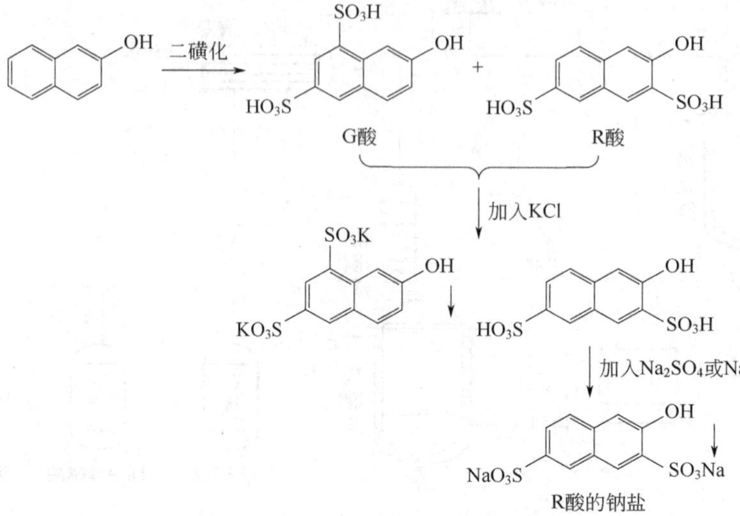

5.3.3 中和盐析法

为了减少母液对设备的腐蚀性，常常采用中和盐析法。稀释后的磺化物用 NaOH、Na_2CO_3、Na_2SO_3 等进行中和，可使磺酸以钠盐、铵盐或镁盐的形式盐析出来。例如，萘-2-磺酸的中和盐析。大多数情况下，在盐析时没有必要将磺化液中的过量硫酸完全中和。

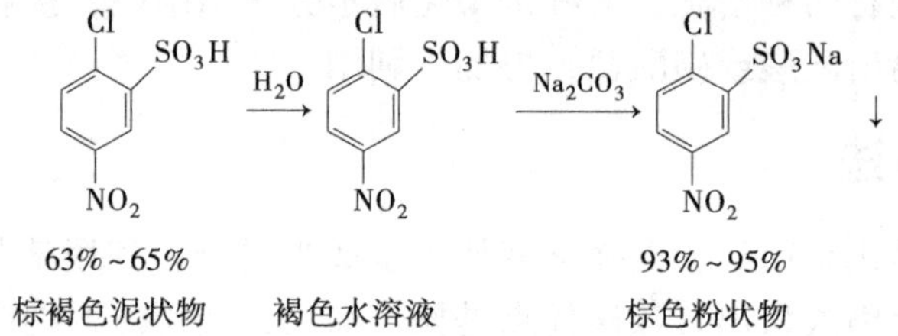

5.3.4 脱硫酸钙法

是将磺化物稀释后用 $Ca(OH)_2$ 的悬浮液进行中和，过滤除去硫酸钙沉淀，得到不含无机盐的磺酸钙溶液。将此溶液再用碳酸钠溶液处理，使磺酸钙盐转变为钠盐。

该法优点是芳磺酸盐水溶液中不含 SO_4^{2-}，缺点是操作复杂，大量硫酸钙滤饼需要处理，因此在生产上应尽量避免采用。某些磺酸特别是多磺酸，需要采用此法。比如，1,6-和 1,7-硝基萘磺酸、1-硝基萘-3,6,8-三磺酸以及扩散剂 N 的后处理。

5.3.5 萃取分离法

近些年来，为实现绿色精细化工，减少三废，提出了萃取分离法，溶剂循环回收再利用，可实现闭环循环。例如，将萘高温一磺化的稀释液用 N,N-二苄基十二胺（或其他高碳仲胺或叔胺）的甲苯溶液进行萃取，萘-2-磺酸可以同高碳叔胺或仲胺形成亲油性配合物而溶于甲苯层中，将甲苯层用碱液中和即得萘-2-磺酸钠水溶液，蒸发至干即得磺化产物；含高碳叔胺或仲胺的甲苯溶液可以循环使用。此法也可用于从反应液中分离出硝基萘磺酸。

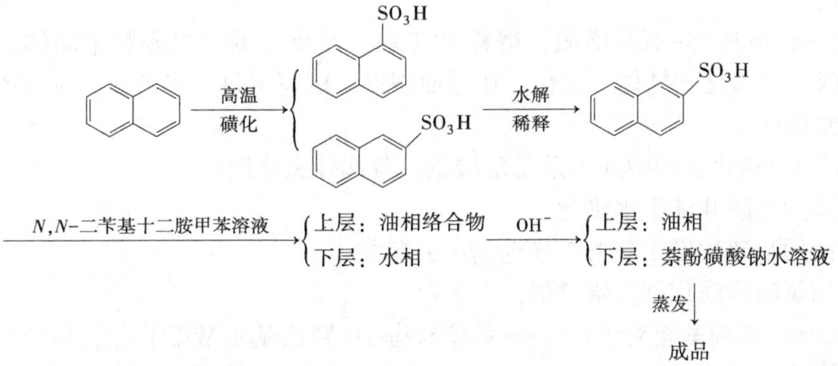

此法的优点是可以得到不含无机盐的芳磺酸钠水溶液，分离出的废硫酸水溶液基本上不含有机物，便于利用。缺点是甲苯易燃，甲苯和叔胺的损耗费用高，工艺复杂。

❀ 巩固与提升 ❀

1. 工业上常用的磺化剂有哪几种？发烟硫酸两种浓度间如何换算？

2. 用 600kg 98%硫酸和 500kg 20%发烟硫酸，试计算所配硫酸中游离 SO_3 的质量分数。

3. 要配制 1000kg 质量分数为 100%的硫酸，需要质量分数分别为 98%硫酸和 20%发烟硫酸各多少？

4. 磺化生产工艺有哪几种？各有何优缺点？磺化产物的分离方法有哪些？

5. 写出由对硝基甲苯制 5-氨基-2-甲基苯磺酸，2-氨基-5-甲基苯磺酸以及 2-氨基-4-氯-5-甲基苯磺酸的合成路线和各步反应的名称。

6. 分别写出从苯制备邻位、间位和对位氨基苯磺酸的合成路线，各磺化反应的名称和主要反应条件。

7. 向磺化反应釜内加入 98%浓硫酸和 10%发烟硫酸，搅拌 15min，逐渐加入干燥的氯苯，在 95~100℃搅拌反应 5h，检查磺化反应终点。到达终点时反应物酸浓度不大于 70%，能在水中完全溶解即可。然后对反应物进行分离处理，得到对氯苯磺酸。请解答下述问题：

(1) 反应终点时稀硫酸的 π 值是多少？

(2) 若先将 70%的硫酸和氯苯加入反应釜，再滴加大于 10%的发烟硫酸，程序升温到 100℃进行磺化，这样操作是否可以？如果可以，如此操作有何益处？

(3) 氯苯与水共沸点 90.2℃，是否可以用稀硫酸取代发烟硫酸采用共沸去水磺化法合成氯苯磺酸？如果可以，这样操作有何益处？

8. 画出生产十二烷基苯磺酸的工艺流程，写出反应式和主要工艺条件。

9. 写出由蒽醌制蒽醌-1-磺酸的两条合成路线。

10. 苯系多硝基物用亚硫酸盐精制基于什么原理？以三硝基甲苯、二硝基苯异构体的分离为例说明。

11. 写出由 β-萘酚制 G 盐和 R 盐的提纯方法。

12. 根据克力夫酸制备工艺，回答下列问题：（1）写出克力夫酸的结构式，并用反应式表示整个合成过程；（2）第二次补加96.5%硫酸的作用有哪些？（3）该工艺过程用了何种芳磺酸分离技术？

13. 氨基-4-甲基-5-氯苯磺酸，俗称CLT酸，是重要的有机颜料中间体，工业上以甲苯为起始原料，经磺化、氯化、硝化、还原而制得。试写出每一步的具体反应条件，并简述该工艺的主要缺点。

14. 在下列单磺化过程中加入适量硫酸钠，各起什么作用？
（1）甲苯用硫酸共沸去水磺化；
（2）萘酚用浓硫酸磺化制备2-羟基萘-6-磺酸；
（3）苯用氯磺酸磺化制备磺酰氯。

15. 用65%发烟硫酸将对位酯（4-氨基苯基-β-羟乙基硫酸酯）于140℃下磺化可得到二磺化的对位酯，后者用96%硫酸于100℃下水解可以得到单磺化的对位酯。根据工艺条件：
（1）写出整个产品生产过程的反应式，并判断整个过程属于连续操作还是间歇操作。
（2）设计整个工艺过程的简单流程图（包括废水的后处理过程）。

16. 写出由对硝基甲苯制备5-氨基-2-甲基苯磺酸、2-氨基-5-甲基苯磺酸、2-氨基-4-氯-5-甲基苯磺酸的反应路线及各步的反应名称。

17. 写出由苯制备邻-、间-和对-氨基苯磺酸的合成路线及各磺化反应名称和工艺条件。

第6章 硝化反应

本章专业知识目标：

（1）了解硝化反应的重要性；
（2）了解硝化剂类型及硝化方法；
（3）熟悉硝化剂的活泼质点和硝化反应历程（重难点）；
（4）掌握均相反应和非均相硝化反应的动力学（重难点）；
（5）掌握硝化反应的影响因素（重难点）；
（6）掌握衡量混酸硝化能力的技术指标（重点）；
（7）熟悉混酸的配制原则、配酸计算和操作（重难点）。

本章素质能力目标：

（1）能够区分三种非均相硝化反应的动力学类型；
（2）能够根据有机物所需混酸硝化能力，完成混酸的组成选择和计算；
（3）敬重生命，牢固树立精细化工生产安全意识；
（4）激发学生的爱国情怀，立志开发化工本质安全设备、技术和工艺。

6.1 硝化反应概述

硝化反应是指有机分子中的氢或其他基团被硝基取代，生成硝基化合物的反应。

$$Ar-X + HONO_2 \longrightarrow Ar-NO_2 + HOX \quad (X=H、卤基、磺酸基、酰基、羧基)$$

硝化反应包括脂肪族化合物的硝化和芳香族化合物的硝化。根据与硝基相连的原子不同，硝化产物可分为与 C 相连的硝基化合物，与 N 相连的硝胺，与 O 相连的硝酸酯等。

芳香族化合物的亲电取代硝化是本章重点。亚硝化反应与硝化反应相似，属于双分子亲电取代反应，以 $NaNO_2$ 与强酸 HX（HCl，H_2SO_4）的混合物作硝化试剂，本章不做详解。

$$Ar-H + NaNO_2 + HCl \longrightarrow Ar-NO + NaCl + H_2O \quad 亚硝化反应$$

6.1.1 硝化反应重要性

（1）硝基将被进一步转化为其他基团。采用还原的方法可将硝基化合物还原为亚硝基化合物、胺、氧化偶氮化合物、偶氮化合物、氢化偶氮化合物及氨基化合物，芳伯胺经重氮化生成的重氮盐可发生一系列反应。

（2）提高芳环上其他取代基的亲核置换反应活性。硝基是强吸电子基，可活化芳环上其他取代基，促进亲核置换反应的发生。比如苯环上的氯基发生水解时，处于邻对位的硝基使亲核置换反应的中间体稳定性增强，易水解。

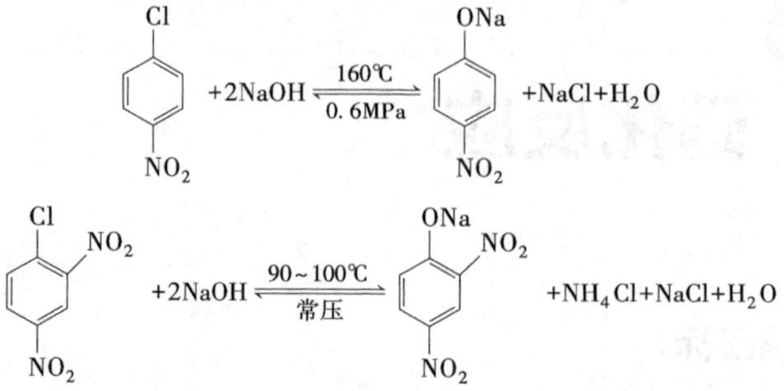

$$\text{对硝基氯苯} + 2NaOH \xrightleftharpoons[0.6MPa]{160℃} \text{对硝基苯酚钠} + NaCl + H_2O$$

$$\text{2,4-二硝基氯苯} + 2NaOH \xrightleftharpoons[\text{常压}]{90\sim100℃} \text{2,4-二硝基苯酚钠} + NH_4Cl + NaCl + H_2O$$

中间体的电子效应分析：

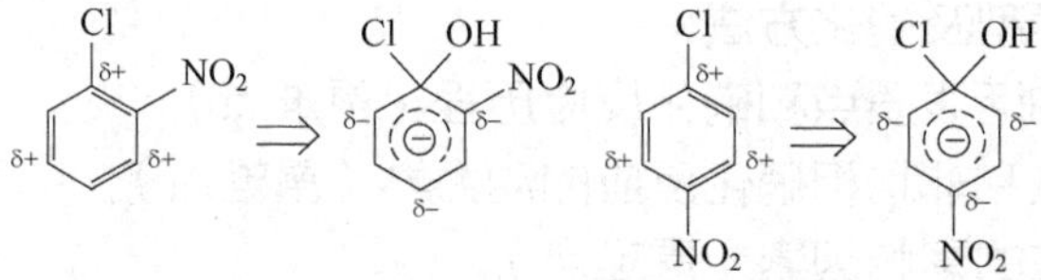

（3）赋予有机物新功能。利用硝基的极性，可使染料的颜色加深。引入硝基可以提高含能材料各项性能以及制造炸药。硝基化合物被广泛应用于燃料、溶剂、炸药、染料、香料等化工领域。

多硝基化合物是最重要的一类炸药，例如 TNT。某些硝基化合物还具有药理作用，如氯霉素是含硝基的抗菌素。作为表面消毒药的呋喃西啉、口服抗血吸虫病药物的呋喃丙胺以及治疗细菌性痢疾和肠炎的痢特灵（呋喃唑酮）等均为含有硝基的药物。某些硝基化合物兼具挥发性与香味的特点而成为香料，例如人造麝香（3-叔丁基-2,4,6-三硝基二甲苯）。

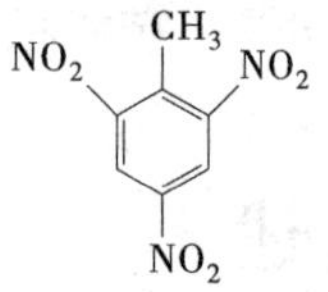

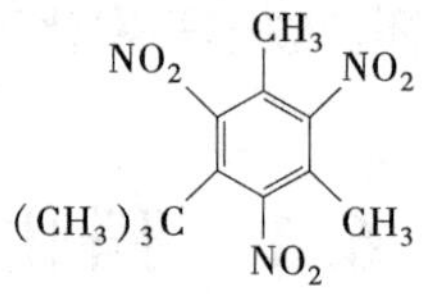

TNT（三硝基甲苯） 人造麝香（3-叔丁基-2,4,6-三硝基二甲苯）

6.1.2 硝化试剂及其硝化活泼质点

常用的硝化剂以硝酸为主，包括稀硝酸、浓硝酸、发烟硝酸、浓硝酸和浓硫酸的混酸、硝酸盐与浓硫酸、硝酸的醋酸酐溶液等脱水剂配合的硝化剂。此外还可使用氮的氧化物，如亚硝酸盐、有机硝酸酯等。

6.1.2.1 硝酸

1903 年尤勒（Euler）最早提出硝酰正离子 NO_2^+ 为硝化反应的进攻试剂，以后的各种研究确证了它的存在，并证明了它是亲电硝化反应的真正进攻质点。用拉曼光谱测得，在质量分数 100% 硝酸中，约有 96% 以上呈 HNO_3 分子状态，仅约 3.5% 的硝酸离解成 NO_2^+：

$$HNO_3 + HNO_3 \rightleftharpoons H_2NO_3^+ + NO_3^-$$

$$H_2NO_3^+ \rightleftharpoons H_2O + NO_2^+$$

其中约含有质量分数1%的NO_2^+、1.5%的NO_3^-和0.5%的H_2O。

向质量分数100%的硝酸中加入水，化学方程式平衡左移，NO_2^+的浓度下降，在摩尔分数82%（质量分数94%）的硝酸中，用拉曼光谱已测不出NO_2^+。但是在高于质量分数70%的含水硝酸中，水分子和硝酸分子之间仍然可以发生^{18}O的交换，这说明仍有NO_2^+存在。$H_2NO_3^+$不能用光谱法和其他方法直接观测，但有几篇文献已肯定，在硝酸水溶液中含有$H_2NO_3^+$。

由于硫酸的供质子能力比硝酸强，它可以提高硝酸离解为NO_2^+的程度。

$$HONO_2 + 2H_2SO_4 \rightleftharpoons NO_2^+ + H_3O^+ + 2HSO_4^-$$

在HNO_3—H_2SO_4—H_2O三元体系中，摩尔分数约50%（质量分数约84.5%）的硫酸中，用拉曼光谱已测不出NO_2^+（图6.1）。目前还不能测定含水较多的硫酸中NO_2^+的含量，有人指出在质量分数68%硫酸中，NO_2^+摩尔分数数量级约为10^{-8}。

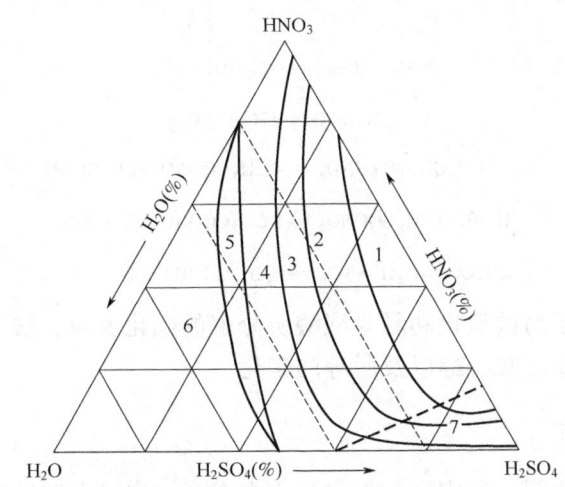

图6.1 硝酸—水—硫酸三元系统中的NO_2^+浓度（摩尔分数）

1—NO_2^+浓度1.5mol/kg溶液；2—NO_2^+浓度1.0mol/kg溶液；3—NO_2^+浓度0.5mol/kg溶液；4—光谱发现NO_2^+的极限区域；5—硝基苯硝化的极限区域；6—腐蚀钢的酸区域；7—光谱中不能发现NO_2OH的区域

关于硝化活性质点，有人认为在质量分数70%（摩尔分数40%）的硝酸中硝化时，硝化活性质点仍然是NO_2^+，但也有人认为硝化活性质点是质子化的硝酸$H_2NO_3^+$。稀硝酸中的进攻质点为亚硝酰离子NO^+。用混酸硝化时，普遍认为硝化活性质点是NO_2^+。

有人认为硝酸具有两性特征，它既是酸又是碱。硝酸对强质子酸和硫酸等起碱的作用，对水、乙酸则起酸的作用。当硝酸起碱的作用时，硝化能力增强；反之，硝化能力减弱。

6.1.2.2 混酸（硫酸和硝酸的混合物）

首先使用混酸作为硝化剂的是穆斯普拉特（Muspratts）（1846年）。在硝酸和硫酸混合时，由于硫酸供质子能力比硝酸强，从而可以促进硝酸离解为NO_2^+。

$$HNO_3 + H_2SO_4 \rightleftharpoons H_2NO_3^+ + HSO_4^-$$
$$H_2NO_3^+ \rightleftharpoons H_2O + NO_2^+$$
$$H_2O + H_2SO_4 \rightleftharpoons H_3O^+ + HSO_4^-$$

总反应式为：$HNO_3 + 2H_2SO_4 \rightleftharpoons NO_2^+ + H_3O^+ + 2HSO_4^-$

因此，在硝酸与硫酸的无水混合物中，硫酸浓度越高，越有利于生成 NO_2^+，增加硝酸在混酸中的百分含量，则硝酸转变为 NO_2^+ 的比例将减少。表6.1给出了无水混酸中 HNO_3 的转化率随硝酸含量的变化情况。

表6.1 无水混酸中 HNO_3 的转化率

硝酸含量/%	5	10	15	20	40	60	80	90	100
硝酸→NO_2^+ 转化率/%	100	100	80	62.5	28.8	16.7	9.8	5.9	1

6.1.2.3 硝酸与乙酸酐的混合硝化剂

乙酸酐作为去水剂很有效，它对有机物有较好的溶解性，对于进行硝化反应较为有利。

$$HNO_3 + HNO_3 \rightleftharpoons H_2NO_3^+ + NO_3^-$$

$$H_2NO_3^+ \rightleftharpoons H_2O + NO_2^+$$

$$(CH_3CO)_2O + HNO_3 \rightleftharpoons CH_3COONO_2 + CH_2COOH$$

$$H_2NO_3^+ + CH_3COONO_2 \rightleftharpoons CH_3COONO_2H^+ + HNO_3$$

$$CH_3COONO_2H^+ + NO_3^- \rightleftharpoons CH_3COOH + N_2O_5$$

反应较缓和，适用于易被氧化和易为混酸所分解的硝化反应，被广泛地用于芳烃、杂环化合物、不饱和烃化合物、胺、醇以及肼等的硝化。

6.1.2.4 有机硝酸酯

硝酸酯是安全的硝化剂，反应可在无水介质中进行，也可在碱性或酸性介质中进行。在碱性介质或酸性介质中通常用硝酸乙酯作硝化剂，比如硝酸乙酯对甲苯、乙苯、氟苯进行硝化，收率均高于99%。

6.1.2.5 氮的氧化物

氮的氧化物除了 N_2O 以外，都可作为硝化剂，如 N_2O_3，N_2O_4 及 N_2O_5。这些氮的氧化物在一定条件下都可以和烯烃进行加成反应。

氮氧化物在固体酸催化作用下可以对芳烃进行硝化，比如 N_2O_5 为硝化剂，在 MoO_3-SiO_2 固体酸催化剂催化下，对烷基和卤代芳烃的芳香族亲电硝化效果较好，反应1h，甲苯转化率可达94%。

6.1.2.6 硝酸盐与硫酸

硝酸盐和硫酸作用产生硝酸与硫酸盐。实际上是无水硝酸与硫酸的混酸：

$$MNO_3 + H_2SO_4 \longrightarrow HNO_3 + MHSO_4 \quad (M 为金属)$$

常用的硝酸盐是硝酸钠、硝酸钾，硝酸盐与硫酸的配比通常是 $(0.1 \sim 0.4):1$（质量比）左右。按这种配比，硝酸盐几乎全部生成 NO_2^+。所以最适用于如苯甲酸、对氯苯甲酸等难硝化芳烃的硝化。

硝酸盐对钝化苯环则有良好的硝化效果，比如硝酸胍，在0~5℃对苯乙酮、苯甲酸甲酯和硝基苯一硝化产物的产率分别为79%、76%和88%，能够消除浓硝酸的氧化副反应。不同硝化剂与芳烃的硝化反应见图6.2。

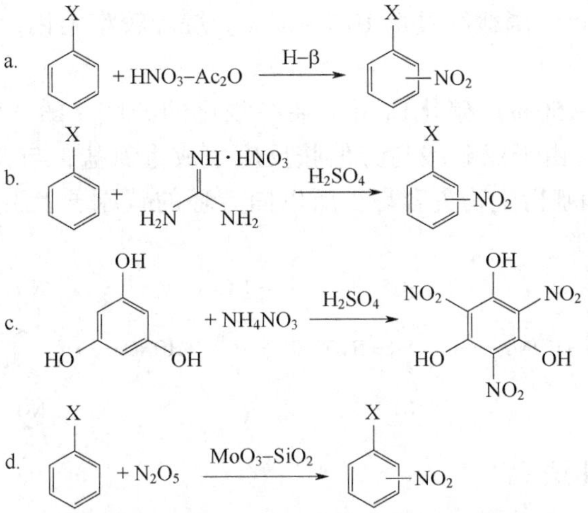

图6.2 不同硝化剂与芳烃的硝化反应

6.1.2.7 硝化催化剂

如前所述，混酸中的硫酸不仅起脱水剂的作用，更重要的是发挥质子酸催化剂作用。硫酸作催化剂虽具有较强的催化能力，但易腐蚀设备、污染环境，且后续处理困难。

目前广泛开展硝化催化剂的研究，其中，稀土金属盐催化剂可催化芳烃硝化，是一种高效、绿色的催化剂，且可重复使用，具有潜在的应用前景，主要包括全氟烷基磺酸盐、全氟烷基磺酰亚胺盐、芳香族磺酸盐、乙酰丙酮盐等。硝化反应催化剂见图6.3。

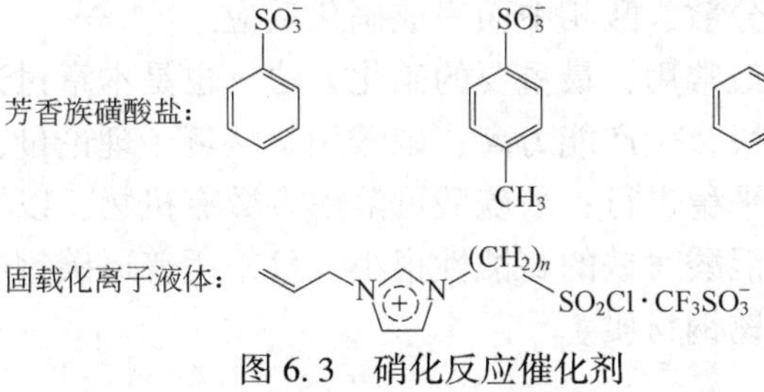

图6.3 硝化反应催化剂

固体酸如A型、X型和Y型分子筛，离子液体已在工业催化中得到广泛应用，也被尝试用作硝化反应催化剂。其中离子液体被证实有效提高产品的对位选择性。Wang等以N_2O_5为硝化剂、新型离子液体PEG200-DAIL为催化剂，对甲苯进行硝化，发现产品的对/邻比值由0.56（混酸体系）增加至3.09。分析认为在混酸体系中，NO_2^+会迅速产生，NO_2^+是攻击苯环的主体；而用离子液体作催化剂时，N_2O_5解离非常轻微，攻击苯环的主体是N_2O_5本身，使对位产物选择性较高。

6.1.3 硝化反应方法

6.1.3.1 稀硝酸硝化法

一般用于活泼芳香族化合物的硝化，即含有强的第一类定位基的芳香族化合物，反应在不锈钢或搪瓷设备中进行，硝酸约过量10%~65%。烷烃较难硝化，在加热加压条件下也可由稀硝酸进行硝化。

稀硝酸（质量分数<50%）硝化适用于某些酰化的芳胺、酚、对苯二酚的醚类、茜素（1,2-二羟基蒽醌）等。由于亚硝酸与芳伯胺反应生成重氮盐，与仲胺反应生成N-亚硝基衍生物常比生成C-亚硝基衍生物更容易，所以向芳环的碳原子上引入亚硝基的反应，常常局限于酚类和芳香叔胺类。

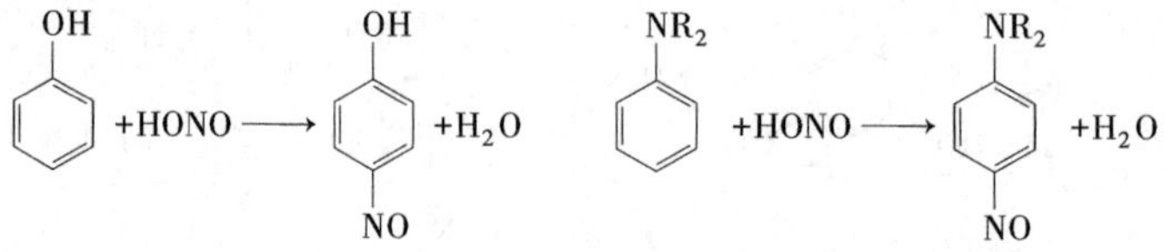

6.1.3.2 浓硝酸硝化法

该法往往要用过量很多倍的硝酸，过量的硝酸必须设法利用或回收，实际应用受限。

6.1.3.3 浓硫酸介质中的均相硝化法

当被硝化物或硝化产物在反应温度下为固体时，常常将被硝化物溶解于大量浓硫酸中，然后加入硫酸和硝酸的混合物进行硝化。这种方法只需要使用过量很少的硝酸，一般产率较高，应用范围广，缺点是硫酸用量大。

6.1.3.4 非均相混酸硝化法

当被硝化物或硝化产物在反应温度下都是液体时，常常采用非均相混酸硝化的方法，通过强烈的搅拌，使有机相被分散到酸相中而完成硝化反应。

混酸硝化是目前工业上最常用、最重要的硝化方法，也是本章讨论的重点。具体优点包括：硝化能力强，反应速率快，生产能力高；硝酸用量接近于理论量，几乎全部被利用；硫酸的热容大，可使硝化反应平稳进行；浓硫酸可溶解多数有机物，以增加有机物与硝酸的接触，使硝化反应易于进行；混酸对铁的腐蚀性很小，可采用普通碳钢或铸铁做反应器，不过对于连续化装置则需采用不锈钢材质。

6.1.3.5 有机溶剂中硝化法

适用于反应条件下呈固态、易被磺化的化合物。这种方法的优点是采用不同的溶剂，常常可以改变所得到的硝基异构产物的比例，避免使用大量硫酸作溶剂，以及使用接近理论量的硝酸。常用的有机溶剂有乙酸、乙酸酐、二氯乙烷等。

6.1.3.6 置换硝化

上述取代硝化法不能取得良好结果时，采用此法。

6.1.4 硝化反应特点

（1）对于芳香化合物的硝化，属于不可逆亲电取代反应，反应的质点为硝鎓离子，空间位阻效应不明显。

（2）多数为非均相反应，硝基化合物在反应体系中的溶解度小，需要加强传质（搅拌特别重要）。

（3）反应过程的热危险性。硝化反应是快速强放热过程，引入一个硝基将放出152~153kJ/mol能量。此外，芳烃在高温条件下易发生氧化和过硝化等副反应，导致体系放热量增大，若出现冷却系统故障或控制不当，温度飞升则可能发生燃爆事故，需要及时移除反应热。

（4）物料体系的热不稳定性。硝化反应物料普遍具有燃点低、沸点低、爆炸极限范围大等危险特征；硝化剂具有强氧化性与强腐蚀性，与有机物（尤其是不饱和有机物）接触即能引起燃烧，硝酸易分解引起冲料甚至爆炸；硝化产物大多为易燃、易爆物质，尤其是多硝基化合物和硝酸酯，受热、摩擦、撞击或接触点火源，极易爆炸或着火。据统计，我国2011~2020年发生与硝化相关的事故见表6.2，对国民经济和社会发展影响巨大。因此，硝化反应被列为我国重点监管的18种危险反应之一。近年来，我国对硝化等危险工艺的审批和监管力度日益加大，更加重视行业安全生产问题。

表 6.2 我国 2011—2020 年硝化事故统计表

年份	事故单位	事故	损失金额/万元
2011	山东宝源化工	硝基甲烷车间爆炸	450
2011	山东科源制药	单硝母液蒸馏釜爆炸	973
2012	河北克尔化工	硝酸胍车间爆炸	—
2015	山东滨源化学	二胺车间混二硝基苯装置爆炸	4326
2015	湖北宜昌富升化工	硝基复合肥建设项目试产时燃爆	469
2017	连云港聚鑫生物	间二氯苯装置爆炸	4875
2017	江西九江之江化工	对（邻）硝车间反应釜爆炸	2380
2017	阿拉善盟立信化工	对硝基苯胺车间爆炸	—
2019	江苏响水天嘉宜化工	违法贮存硝化废料爆炸	198635
2020	金正大生态工程基团	硝基肥高塔车间造粒装置爆炸	—

6.2 硝化反应历程和反应动力学

6.2.1 硝化反应机理

6.2.1.1 脂肪族化合物的硝化

一般是通过自由基历程来实现的，其具体反应比较复杂，此处不述。

6.2.1.2 芳香族化合物的硝化

对于芳香族化合物来说，硝化反应是典型的亲电取代反应。此类硝化反应中，芳环电子云密度会决定硝化反应速率，硝基的引入会使芳环电子云密度降低，从而抑制进一步硝化，后续硝化要在更剧烈的反应条件（如高温）或是更强的硝化剂下才能进行。

以苯的硝化为例，其反应历程为：

$$\text{C}_6\text{H}_6 + \text{NO}_2^+ \rightleftharpoons [\text{C}_6\text{H}_6\text{-NO}_2]^+ \rightleftharpoons [\text{C}_6\text{H}_6(\text{H})(\text{NO}_2)]^+ \xrightarrow{\text{快}} \text{C}_6\text{H}_5\text{NO}_2 + \text{H}^+$$

硝酸的—OH 被质子化，接着被脱水剂脱去一分子的水形成 NO_2^+ 中间体，最后和苯环进行芳烃亲电取代，并脱去一分子 H^+。

对于具有高反应性能的芳烃衍生物，使用稀硝酸也可实现硝化。其硝化已被证实是经由亚硝酰阳离子 NO^+ 对芳环进行亚硝化，继而亚硝化产物迅速被硝酸氧化得到硝化产物：

$$HNO_2 + 2HNO_3 \rightleftharpoons NO^+ + H_3O^+ + 2NO_3^-$$

$$\text{PhOH} + NO^+ \longrightarrow [\text{中间体}] \longrightarrow [\text{中间体}] \xrightarrow{NO_3^-} \text{HO-C}_6\text{H}_4\text{-NO} \xrightarrow{HNO_3} \text{HO-C}_6\text{H}_4\text{-NO}_2 + HNO_2$$

在酚类硝化中，HNO_2 起催化作用，若除去反应体系中的 HNO_2，则难以实现上述反应。

6.2.2 硝化反应动力学

6.2.2.1 稀硝酸硝化动力学

进攻质点为 NO^+，亚硝化—氧化反应两步历程。

$$Ar\text{—}H + HO\text{—}NO \xrightarrow{\text{亚硝化}} Ar\text{—}NO + H_2O$$

$$Ar\text{—}NO + HNO_3 \xrightarrow{\text{氧化}} Ar\text{—}NO_2 + HNO_2$$

$$v = k[ArH][HNO_2]$$

6.2.2.2 均相反应动力学

浓硝酸大大过量时，硝酸浓度基本不变，$v = k_1[ArH]$；
存在硫酸，硝酸少量时，$v = k_2[ArH][HNO_3]$；
存在硫酸，硝酸足够多时，$v = k_3[ArH]$。

6.2.2.3 混酸非均相硝化动力学

混酸硝化是两相反应，以甲苯在混酸中的一硝化为例，非均相硝化时的数学模型为：（1）甲苯从有机相向相界面扩散；（2）甲苯从相界面扩散进入酸相；（3）甲苯在扩散进入酸相的同时生成一硝基甲苯；（4）生成的一硝基甲苯从酸相扩散返回相界面；（5）一硝基甲苯从相界面扩散进入有机相；（6）硝酸从酸相向相界面扩散，在扩散途中与甲苯进行反应；（7）硝化生成的水从相界面扩散返回到酸相；（8）有些硝酸从相界面扩散进入有机相。

在此过程中，硫酸逐渐被反应生成的水稀释，硝酸不断反应消耗，因而对于每一个硝化生产过程来说，在不同的阶段遵循不同的动力学类型。例如在采用锅式串联法由甲苯生产一硝基甲苯时，会依次经历如下三种动力学类型：

（1）瞬间型，也称快速传质型，反应速率受传质控制。反应快速到使处于液相中的反应物不能在同一区域共存，即反应在两相界面的平面上发生，甲苯在71.6%~77.4%硫酸中的硝化属于这种类型，$v=k_1[ArH]$。

（2）快速型，也称慢速传质型，反应速率受传质控制。反应主要在酸膜中或者在两相的边缘上进行，这时芳烃进入酸膜中的扩散阻力成为反应的控制阶段。甲苯在66.6%~71.6%硫酸中的硝化居于这种类型。反应速率与酸相容积的交界面积、扩散系数和酸相中甲苯的浓度成正比，$v=k_2[ArH]$。

（3）缓慢型，也称动力学型，化学反应速率是整个反应的控制阶段。甲苯在62.4%~66.6% H_2SO_4中的硝化，属于这种类型。反应速率与酸相中硝酸的浓度和甲苯的浓度成正比，$v=k_2[ArH][HNO_3]$。

反应体系的类型对于硝化反应器的设计与放大较为重要。而反应体系的动力学类型与酸相中的H_2SO_4和HNO_3的含量有密切关系。关于苯、甲苯和氯苯的混酸两相硝化的动力学仍在进行研究。

6.3 硝化反应影响因素

6.3.1 芳烃的结构

当芳环上存在给电子基团时，硝化速率较快，在硝化产物中常以邻、对位产物为主；反之，当芳环上连有吸电子基时，硝化速率降低，产物常以间位异构体为主，当芳环上连有强吸电子基[—NO_2，—$N^+(CH_3)_3$]时，反应几乎不发生。然而卤代芳烃例外，引入卤素虽然使芳环钝化，但得到的产物几乎都是邻、对位异构体。萘一硝化产物以α-硝基萘为主。

6.3.2 硝化试剂

如前所述，各种硝化剂可表示为X—NO_2（X=OH，Cl，BF_4），—NO_2离解后，均可产生NO_2^+，硝化能力常与NO_2^+的浓度有关。

硝化剂离解的难易程度，则取决于X—NO_2分子中X的吸电子能力，X吸电子能力越大，形成NO_2^+的倾向浓度越大，硝化能力越强。常用硝化剂硝化能力强弱顺序见表6.3。

对易于硝化的有机物可选用活性较低的硝化剂，以避免过度硝化和减少副反应的发生，而难于硝化的有机物则宜选用强硝化剂。

表 6.3 硝化剂的硝化能力强弱顺序

硝化剂	硝化反应时的存在形式	X^-	HX
硝酸乙酯	$C_2H_5ONO_2$	$C_2H_5O^-$	C_2H_5OH
硝酸	$HONO_2$	HO^-	H_2O
硝酸—醋酐	CH_3COONO_2	CH_3COO^-	CH_3COOH
五氧化二氮	$NO_2 \cdot NO_3$	NO_3^-	HNO_3
氯化硝酰	NO_2Cl	Cl^-	HCl
硝酸—硫酸	$NO_2OH_2^+$	H_2O	H_3O^+
硝酰硼氟酸	$NO_2 \cdot BF_4$	BF_4^-	HBF_4

（硝化能力递增↓，吸电子能力递增↓）

此外，对相同的被硝化物，若采用不同的硝化剂，常常会得到不同的产物组成。混酸中硫酸的浓度和某些添加剂会影响产物异构体的比例，例如，1,5-萘二磺酸在浓硫酸中硝化，主要生成 1-硝基萘-4,8-二磺酸；而在发烟硫酸中硝化，主要生成 2-硝基萘-4,8-二磺酸。再如，甲苯硝化时向混酸中加入适量磷酸，可增加对位异构体的比例。

1,5-萘二磺酸 —硝化/浓硫酸→ 1-硝基萘-4,8-二磺酸 —硝化/发烟硫酸→ 2-硝基萘-4,8-二磺酸

6.3.3 硝化温度

对于均相硝化反应，温度直接影响反应速率和生成物异构体的比例。一般易于硝化和易于发生氧化副反应的芳烃（如酚、酚醚等）可采用低温硝化，而含有硝基或磺酸基等较稳定的芳烃则应在较高温度下硝化。

对于非均相硝化反应，温度还将影响芳烃在酸相中的物理性能（如溶解度、乳化液黏度、界面张力）和总反应速率等。由于非均相硝化反应过程复杂，温度对其影响呈不规则状态，需视具体品种而定。如甲苯一硝化，每升高 10℃，反应速率常数增加 1.5~2.2 倍。

温度还直接影响生产安全和产品质量。硝化反应是一个强放热反应。混酸硝化时，反应生成水稀释硫酸将放出稀释热，这部分热量约相当于反应热的 7.5%~10%。苯的一硝化反应热可达 143kJ/mol。如此大的热量若不及时移走，会发生超温，造成多硝化、氧化等副反应，甚至还会发生硝酸大量分解，产生大量红棕色 NO_2 气体，使反应釜内压力增大；同时主副反应速率的加快，还将继续产生更多的热量，如此恶性循环使反应失控，将导致爆炸等生产事故。因此在硝化设备中一般都带有夹套、蛇管等大面积换热装置，以严格控制反应温度，确保安全和得到优质产品。

6.3.4 搅拌

搅拌在硝化反应起始阶段尤为重要，特别是在间歇硝化反应的加料阶段，停止搅拌或桨叶脱落，将是非常危险的！因为这时两相快速分层，大量活泼的硝化剂在酸相积累，一旦重

新搅拌，就会突然发生激烈反应，瞬时放出大量的热，导致温度失控，发生事故。因此，要求在硝化设备上设置自控和报警装置，采取必要的安全措施。

6.3.5 相比与硝酸比

相比是指混酸与被硝化物的质量比，有时也称酸油比。相比过大，设备的负荷加大，生产能力下降，废酸量大大增多；相比过小，反应初期酸的浓度过高，反应过于剧烈，使得温度难以控制；实际工业生产中，常采用向硝化釜中加入适量废酸的方法来调节相比，以确保反应平稳和减少废酸处理量。

硝酸与被硝化物的摩尔比称为硝酸比，记为 ϕ。按照化学方程式，一硝化时的硝酸比理论上应为 1，但是在工业生产中硝酸用量常高于理论量，以促使反应进行完全。当硝化剂为混酸时，对于易被硝化的芳烃，硝酸比为 1.01~1.05；而对于难被硝化的芳烃，硝酸比为 1.1~1.2 或更高。由于环保要求日益严格，绝热硝化法正在逐步取代传统的过量硝酸硝化工艺，此法的特点之一是芳烃过量。

6.3.6 硝化副反应

主要是多硝化、氧化和生成络合物。避免多硝化副反应的主要方法是控制混酸的硝化能力、硝酸比、循环废酸的用量、反应温度和采用低硝酸含量的混酸。

氧化是影响最大的副反应，主要是在芳环上引入羟基，例如，在甲苯一硝化时总会生成少量的硝基酚类。硝化后分离出的粗品硝基物异构体混合物，必须用稀碱液充分洗涤，除净硝基酚类，否则，在粗品硝基物脱水和用精馏法分离异构体时有发生爆炸的危险。研究表明，二氧化氮和亚硝酸的存在是造成芳烃侧链氧化的原因，其他一些副反应也与氮的氧化物有关。

因此，生产中应严格控制硝化条件，防止硝酸分解，以阻止或减少副反应的发生。必要时可加入适量的尿素将硝酸分解产生的二氧化氮破坏掉，可以抑制氧化副反应。

$$3N_2O_4 + 4CO(NH_2)_2 \longrightarrow 8H_2O + 4CO_2\uparrow + 7N_2\uparrow$$

同时，为了使生成的二氧化氮气体能及时排出，硝化器上应配有良好的排气装置和吸收二氧化氮的装置。另外，硝化器上还应该有防爆孔以防意外。

硝化过程中另一重要副反应是生成一种有色络合物。这种络合物是由烷基苯与亚硝基硫酸和硫酸形成的。其结构式为 $C_6H_5CH_3 \cdot 2ONOSO_3H \cdot 3H_2SO_4$。

由于这种络合物的生成，硝化过程中，尤其是反应后期接近终点时，出现硝化液颜色变深、发黑发暗的现象。其原因往往是硝酸用量不足，故可在 45~55℃ 下，及时补加硝酸，则很容易将络合物破坏。但若温度大于 65℃，络合物将自动沸腾，使温度上升到 85~90℃，此时再补加硝酸也无济于事，最终成为深褐色树脂状物质。络合物的形式与已有取代基的结构、个数、位置等因素有关。长链烷基苯最容易生成此络合物，短侧链的稍差，苯则最难生成，而带有吸电子基的苯系衍生物则介于两者之间。

6.4 混酸硝化及其应用

混酸硝化是工业上广泛采用的一种硝化方法，特别适用于芳烃的硝化。

6.4.1 混酸的组成

6.4.1.1 混酸的组成与硝化能力

混酸的组成标志着混酸的硝化能力,合理选择混酸组成对生产过程的顺利进行十分重要。工业上常用硫酸脱水值和废酸计算浓度,表示混酸硝化能力。

1. 硫酸脱水值

硫酸脱水值是指硝化终了时废酸中硫酸和水的计算质量之比,也称作脱水值,用符号 D.V.S.(dehydrating value of sulfuric acid)表示。

$$\mathrm{D.V.S.} = \frac{废酸中硫酸的质量}{废酸中水的质量} = \frac{废酸中硫酸的质量}{混酸中含水质量 + 硝化反应生成水质量}$$

当已知混酸的组成和硝酸比 ϕ 时,脱水值的计算如下(假设一硝化反应,进行完全,且无副反应):

以 100 份质量的混酸为计算基准,当 $\phi > 1$ 时,混酸中的含水 $= 100 - S - N$。

$$反应生成的水 = \frac{N}{\phi} \times \frac{18}{63} = \frac{2N}{7\phi}$$

$$\mathrm{D.V.S.} = \frac{废酸中硫酸的质量}{废酸中水的质量} = \frac{S}{100 - S - N + \frac{2N}{7\phi}} \tag{6.1}$$

式中 S——混酸中硫酸的质量分数;
  N——混酸中硝酸的质量分数;
  ϕ——硝酸比(硝酸与被硝化物的摩尔比)。

当 $\phi \leq 1$ 时,硝酸全部反应生成水,即相当于 $\phi = 1$,上式可简化为:

$$\mathrm{D.V.S.} = \frac{S}{100 - S - \frac{5N}{7}} \tag{6.2}$$

若 D.V.S. 值大,表示硝化能力强,适用于难硝化的物质,反之亦然。

2. 硫酸脱水值

废酸计算浓度是指混酸硝化终了时,废酸中硫酸的计算浓度,亦称硝化活性因数,用符号 F.N.A.(factor of nitration activity)表示。

$$\mathrm{F.N.A.} = \frac{废酸中硫酸的质量}{废酸的总质量} \times 100\% \tag{6.3}$$

以 100 份混酸为计算基准,当 $\phi \geqslant 1$ 时,废酸的质量 $= 100 - \frac{N}{\phi} + \frac{2N}{7\phi} = 100 - \frac{5N}{7\phi}$。

$$\mathrm{F.N.A.} = \frac{S}{100 - \frac{5N}{7\phi}} \times 100\% \tag{6.4}$$

当 $\phi \leq 1$ 时,硝酸全部反应生成水,即相当于 $\phi = 1$。

$$\mathrm{F.N.A.} = \frac{140 S}{140 - N} \times 100\% \tag{6.5}$$

或
$$S = \frac{140-N}{140} \times \text{F.N.A.} \tag{6.6}$$

则 D.V.S. 与 F.N.A. 的换算关系：

$$\text{D.V.S.} = \frac{\text{F.N.A.}}{100-\text{F.N.A.}} \tag{6.7}$$

或
$$\text{F.N.A.} = \frac{\text{D.V.S.}}{1+\text{D.V.S.}} \times 100\% \tag{6.8}$$

从 F.N.A. 计算式（6.5）可知，当 F.N.A. 为常数，S 和 N 为变量时，该式为一个直线方程。说明在这一直线上的所有混酸组成都满足相同的 F.N.A. 值或 D.V.S. 值，但真正具有实际意义的混酸组成仅是该直线中的一小段而已。

6.4.1.2 混酸组成的选择原则

混酸硝化时，混酸组成的选择一般应符合如下原则：可充分利用硝酸；可充分发挥硫酸的作用；在原料酸所能配出的范围以内；废酸对设备的腐蚀性小。这些原则的贯彻可通过图 6.4 来说明，图中给出了硝基苯硝化过程以摩尔分数表示的混酸成分三角坐标图。

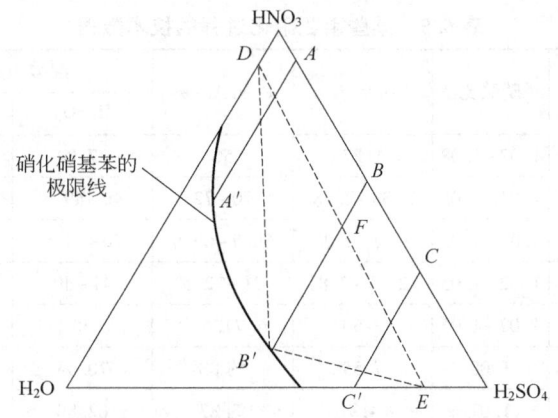

图 6.4　硝基苯硝化过程中的混酸组成

在硝化过程中，由于每消耗 1mol 硝酸就生成 1mol 水，故反应前后总的物质的量不变，硫酸的摩尔分数也保持不变。设原料混酸成分为 A，在发生硝化后，酸的成分沿着平行于 HNO_3—H_2O 轴的方向移向 A'（未考虑副反应）。AA'，BB'，CC' 分别代表无水原料混酸成分分别为点 A，点 B，点 C 时，反应体系中混酸摩尔组成变化情况。

极限线右侧区域组成的混酸都可以用于制取二硝基苯。若选用 AA' 连线上的混酸组成，会在废酸中剩余大量硝酸（不能充分利用硝酸）；若选用 CC' 连线上的混酸组成，硫酸作用不能充分发挥，而点 C' 在极限线右侧，补加硝酸可继续硝化（不能充分利用硫酸）。所以，选用 BB' 线上的混酸成分较为合理，可以使硝酸和硫酸都得到充分利用。

但是 BB' 线上的混酸组成依然很多，如果靠近 B 端，需要用无水硝酸和无水硫酸配制，且反应开始时过于剧烈；靠近 B' 端，水含量增多，混酸用量太大。

若选用浓硝酸 D 和浓硫酸 E 进行混酸配制，则混酸成分在 DE 线上，用浓硝酸 D 和废酸 B' 配，则混酸成分在 DB' 线上。

表 6.4 给出了用于氯苯一硝化的三种混酸组成，其 F.N.A. 值和 D.V.S. 值均相同。选

择混酸Ⅰ时，硫酸的用量最省，但相比太小，操作难以控制，容易发生多硝化和其他副反应；选择混酸Ⅲ则生产能力低，废酸量太大。因此，具有实用价值的是混酸Ⅱ。

表6.4　氯苯一硝化时采用三种混酸的计算数据

硝酸比 $\phi=1.05$		混酸Ⅰ	混酸Ⅱ	混酸Ⅲ
混酸组成/%	H_2SO_4	44.5	49.0	59.0
	HNO_3	55.5	46.9	27.9
	H_2O	0	4.1	13.1
D.V.S.			2.80	
F.N.A./%			73.7	
1kmol 氯苯	所需混酸, kg	119	141	237
	所需100% H_2SO_4/kg	53.0	69.1	139.8
	废酸量/kg	74.1	96.0	192.0

为了保证硝化过程顺利进行，对于每个具体产品都应通过实验确定适宜的 D.V.S. 或 F.N.A. 值、相比、硝酸比和混酸组成。表6.5给出了部分重要硝化过程技术数据。

表6.5　某些重要硝化过程的技术数据

被硝化物	主产物	硝酸比	D.V.S.	F.N.A./%	混酸组成/%		备注
					H_2SO_4	HNO_3	
萘	1-硝基萘	1.07~1.08	1.27	56	27.84	52.28	58%废酸
苯	硝基苯	1.01~1.05	2.33~2.58	70~72	40~49.5	44~47	连续法
甲苯	邻对硝基甲苯	1.01~1.05	2.18~2.28	68.5~69.5	56~57.5	26~28	连续法
氯苯	邻对硝基氯苯	1.02~1.05	2.45~2.8	71~72.5	47~49	44~47	连续法
氯苯	邻对硝基氯苯	1.02~1.05	2.50	71.4	56	30	间歇法
硝基苯	间二硝基苯	1.08	7.55	约88	70.04	28.12	间歇法
氯苯	2,4-二硝基氯苯	1.07	4.9	约83	62.88	33.13	连续法

6.4.2　混酸的配制计算

用几种不同的原料配制混酸时，可根据各组分酸在配制前后其总重不变的原则，建立物料衡算式，求出各原料酸的质量。

【例6.1】　萘二硝化时要求 D.V.S.=3，$\phi=1.20$，相比=6.5。计算所需混酸的组成。

解：以 1kmol 萘为计算基准，由相比=6.5可知：

$$G_{混酸}=128\times6.5=832(kg)$$

$$G_{HNO_3}=2\times63\times1.20=151.2(kg)$$

$$D.V.S.=\frac{G_{H_2SO_4}}{G_{H_2O}+2\times18}=3$$

$$G_{H_2SO_4}=3G_{H_2O}+108 \tag{1}$$

$$G_{混酸}=G_{H_2SO_4}+G_{HNO_3}+G_{H_2O} \tag{2}$$

联立（1）和（2），求得：$G_{H_2SO_4}$=537.6kg，G_{H_2O}=143.2kg。

$$H_2SO_4\% = \frac{G_{H_2SO_4}}{G_{混酸}} \times 100 = 64.6\%$$

$$HNO_3\% = 18.2\%$$

$$H_2O\% = 17.2\%$$

【例 6.2】 设 1kmol 萘在一硝化时使用质量分数为 98%的硝酸和 98%的硫酸,要求混酸的脱水值为 1.35,硝酸比 $\phi=1.05$,试计算要用 98%硝酸和 98%硫酸各多少 kg、所配混酸的组成、废酸计算浓度和废酸组成(在硝化锅中预先加有适量上一批的废酸,计算中可不考虑,即假设本批生成的废酸的组成与上批循环废酸的组成相同)。

解: 100%HNO_3 用量 = $\phi n_{萘} \times 63$g/mol = 1.05kmol $\times$ 63g/mol = 66.15kg

98%发烟硝酸用量 = 66.15÷0.98 = 67.50(kg)

所用硝酸中含 H_2O = 67.50-66.15 = 1.35(kg)

理论消耗 HNO_3 = 1.00kmol $\times$ 63g/mol = 63.00kg

反应生成 H_2O = 1.00kmol

设所用 98%浓硫酸的质量为 $x$kg,则所用硫酸中含 H_2O = 0.02$x$kg。

$$D.V.S. = \frac{0.98x}{1.35+18+0.02x} = 1.35$$

所用 98%浓硫酸的质量 x = 27.41kg。

所用 98%浓硫酸中含 H_2O = 27.41$\times$2% = 0.55(kg)

混酸中: H_2SO_4 27.41$\times$98% = 26.86(kg)

          HNO_3 66.15(kg)

          H_2O 1.35+0.55 = 1.90(kg)

混酸质量: 67.50+27.41 = 94.91(kg)

混酸组成(质量分数): H_2SO_4 28.30%,HNO_3 69.7%,H_2O = 2.00%

废酸质量: 26.86+3.15+1.35+0.55+18 = 49.91(kg)

废酸计算浓度(质量分数): $F.N.A. = \frac{26.86}{49.91} \times 100\% = 53.82\%$

废酸中 HNO_3 含量(质量分数): $\frac{3.15}{49.91} \times 100\% = 6.31\%$

废酸中 H_2O 含量(质量分数): $\frac{1.35+0.55+18}{49.91} \times 100\% = 39.87\%$

应该指出:用上述方法计算出的废酸计算浓度是简化的理论计算值,这里没有考虑硝化不完全、多硝化以及氧化副反应所消耗的硝酸和生成的水。

6.4.3 混酸配制工艺

混酸配制有间歇操作与连续操作两种。配制混酸的设备要求具有防腐能力并装有冷却和机械混合装置。混酸配制过程产生的混合热由冷却装置及时移除。为减少硝酸的挥发和分解,配酸温度一般控制在 40℃以下。

间歇式配酸,其操作要严格控制原料酸的加料顺序和加料速度。在无良好混合条件下,严禁将水突然加入大量的硫酸中。否则,会引起局部瞬间剧烈放热,造成喷酸或爆炸事故。比较安全的配酸方法应是在有效的混合和冷却条件下,将浓硫酸先缓慢、后渐快地加入水或废酸中，并控制温度在40℃以下，最后再以先缓慢、后渐快的加酸方式加入硝酸。连续式配酸也应遵循这一原则。配制的混酸必须经过检验分析，若不合格，则需补加相应的酸，调整组成直至合格。

混酸配制工艺流程图见图6.5。

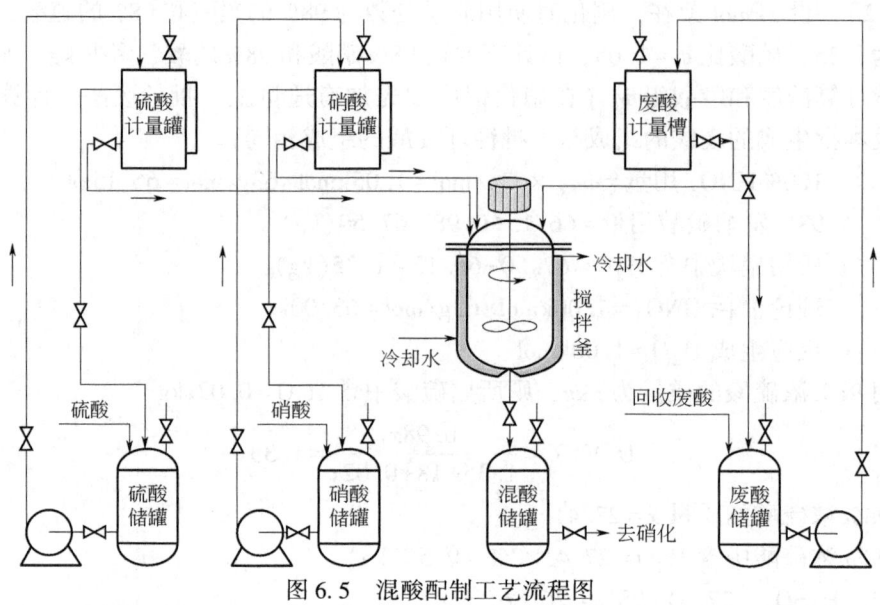

图6.5 混酸配制工艺流程图

6.4.4 混酸硝化工艺和设备

混酸硝化工艺过程见图6.6。

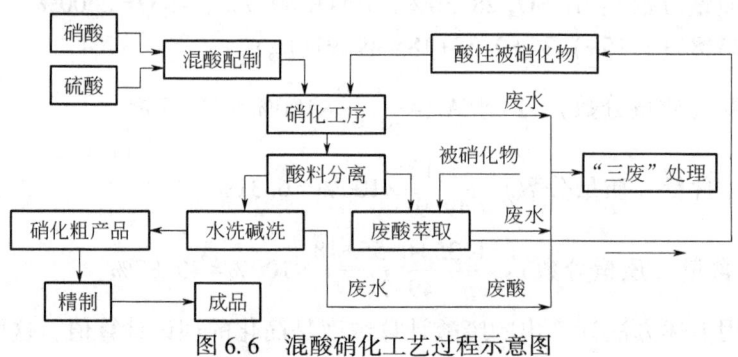

图6.6 混酸硝化工艺过程示意图

6.4.4.1 硝化工艺分类

硝化工艺主要分为间歇、半间歇和连续化三种。由于生产方式和被硝化物的不同，以混酸为硝化剂的液相硝化，其操作一般有正加法、反加法和并加法三种加料顺序。实际上，正加法和反加法的选择不仅取决于硝化反应的难易，还要考虑到被硝化物的物理性质和硝化产物的结构等因素。

（1）正加法：是将硝化剂混酸逐渐加入被硝化物或其在硫酸的溶液、分散液中。其优点是反应比较缓和，可避免多硝化，缺点是反应速率较慢。此法常用于被硝化物容易硝化的过程，可用于制备一硝基化合物。

（2）反加法：是将被硝化物逐渐加到硝化剂混酸中，其优点是在反应过程中始终保持过量的混酸与不足量的被硝化物，反应速率快。这种加料方式适用于制备多硝基化合物和难硝化的过程，可用于制备二硝基化合物。

（3）并加法：是将被硝化物与混酸按一定比例同时加入硝化反应器的方法，常用于连续硝化过程。

过去，国内化工企业主要采用传统的间歇工艺，所采用的设备一般是采用钢板或铸铁制成的釜式硝化反应器。该工艺过程依靠人工加料，一次性间歇操作生产。流程分为三部分：反应部分、洗涤提纯部分和废酸提浓部分。该工艺的优点是安装实施简单、运行方便快捷，缺点是硝化反应放热量大，间歇操作釜内局部热量容易积累，传质传热能力差，安全隐患大，易发生安全事故。为提高芳烃硝化过程的安全性，工业界和学术界开展了大量研究，改进硝化反应设备和生产工艺。

目前，硝化工艺的主流发展方向是进行连续化改造，将工艺操作过程转变成连续可持续化，提高工艺过程传质传热能力，减少反应器内热量积累现象，进一步提高硝化工艺的安全可靠性，降低人工误操作引发安全事故的概率。同时，工艺流程连续化也能强化硝化工艺中物料、热量的流通和控制能力，进一步提高硝化工艺过程安全性。

常使用带搅拌器的釜式反应器、管式反应器、泵式反应器进行连续硝化，连续操作的硝化反应器由不锈钢制成，为避免对钢板产生强腐蚀，硝化后废酸中 H_2SO_4 的浓度一般不低于68%～70%。

常用夹套、蛇管或列管移除硝化放热。冷却效率以蛇管最大，列管次之，夹套最小。

6.4.4.2 间歇硝化工艺

对于一些产量较小的硝化反应，长期以来国内许多企业都采用间歇式釜式硝化的方法生产染、颜料中间体［釜式硝化反应器见图6.7(a)］。由于产量小，对传热速率要求不是主要

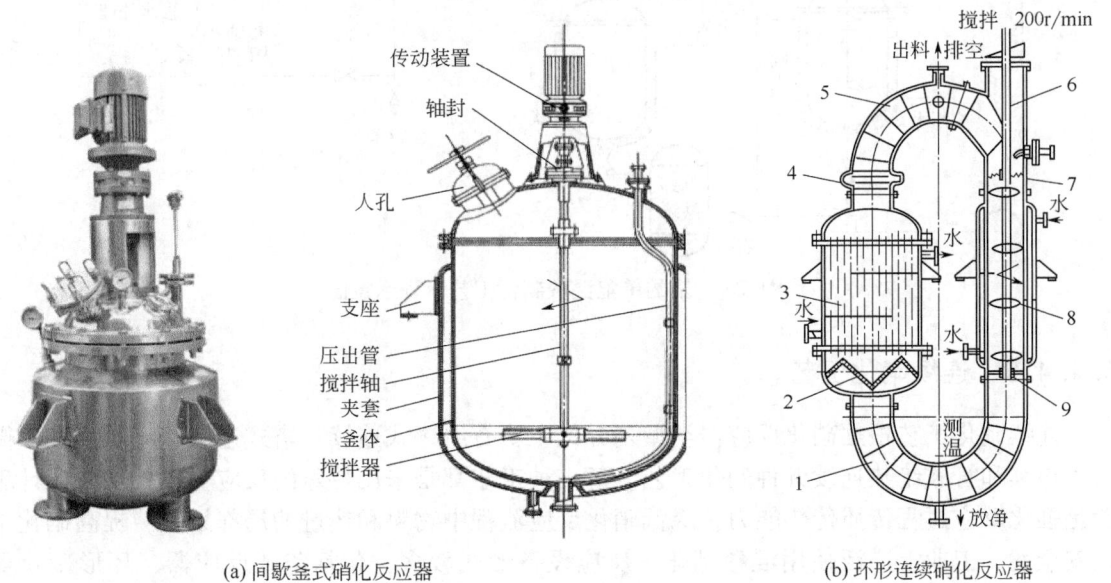

(a) 间歇釜式硝化反应器　　　　(b) 环形连续硝化反应器

图 6.7　硝化反应器

1—下弯管；2—匀流折板；3—换热器；4—伸缩节；5—上弯管；6—搅拌轴；7—上支承；8—搅拌器；9—底支承

矛盾，所以常用无蛇管只有夹套的反应器，为防止腐蚀，可采用搪玻璃反应器。

对于非均相硝化反应，需要强制搅拌使两相充分混合。工业上所用搅拌器有推进式、涡轮式或桨式三种，一般转速都较高，通常为 100~400r/min。为强化传质和传热，搅拌桨逐渐得到优化，比如在反应釜内兼设冷却盘管和双层搅拌桨，或增加垂直搅拌桨（图6.8），可以从一定程度上预防局部过热现象，保证安全生产。

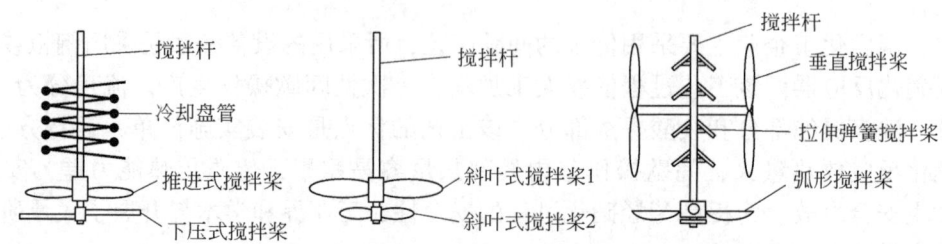

图6.8 釜式硝化反应器新型搅拌桨

有时也在反应锅中安装导流筒，并利用内层蛇管兼起导流作用，增强物料混合效果。苯的单釜混酸硝化工艺过程如图6.9所示。

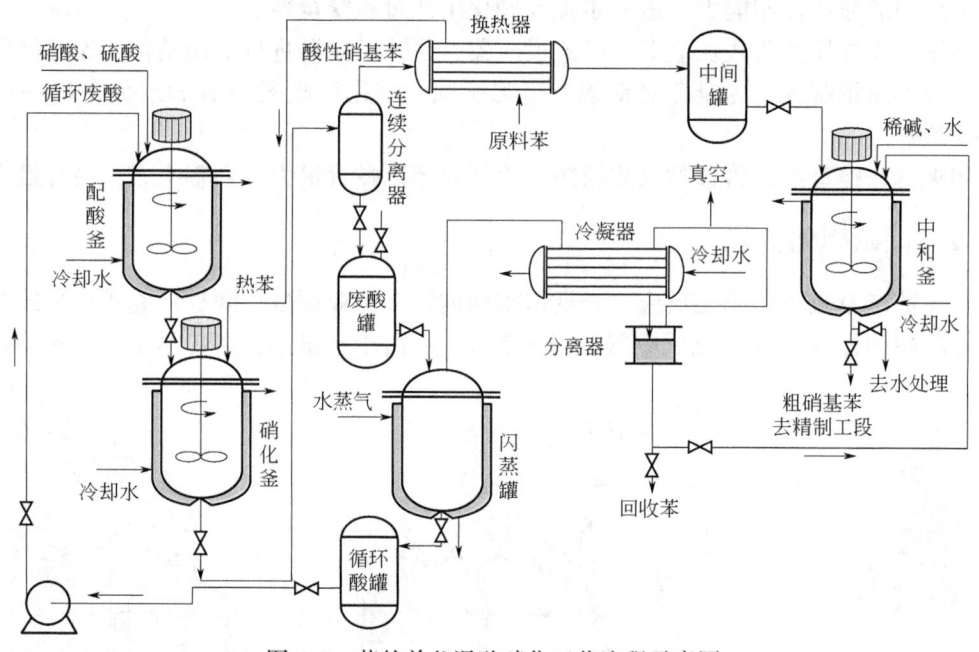

图6.9 苯的单釜混酸硝化工艺流程示意图

6.4.4.3 连续硝化工艺

连续硝化工艺根据硝化反应器类型划分，主要有组罐式连续、塔式连续、环形连续、微通道连续和管式绝热连续五种硝化工艺。每一种工艺都是采用特殊的反应器，其主要设计理念是强化反应过程传质传热能力，降低硝化反应流程中物料和热量的局部累积，提高硝化工艺安全性。工业上广泛使用混酸硝化，反应设备形式较多，包括釜式反应器、环形硝化器[图6.7(b)]、绝热硝化器和微通道硝化器等。

1. 组罐式连续硝化工艺

组罐式连续硝化工艺是目前国内的主流硝化技术，图 6.10 给出了氯苯混酸硝化制备 2,4-二硝基氯苯的组罐式连续硝化工艺。

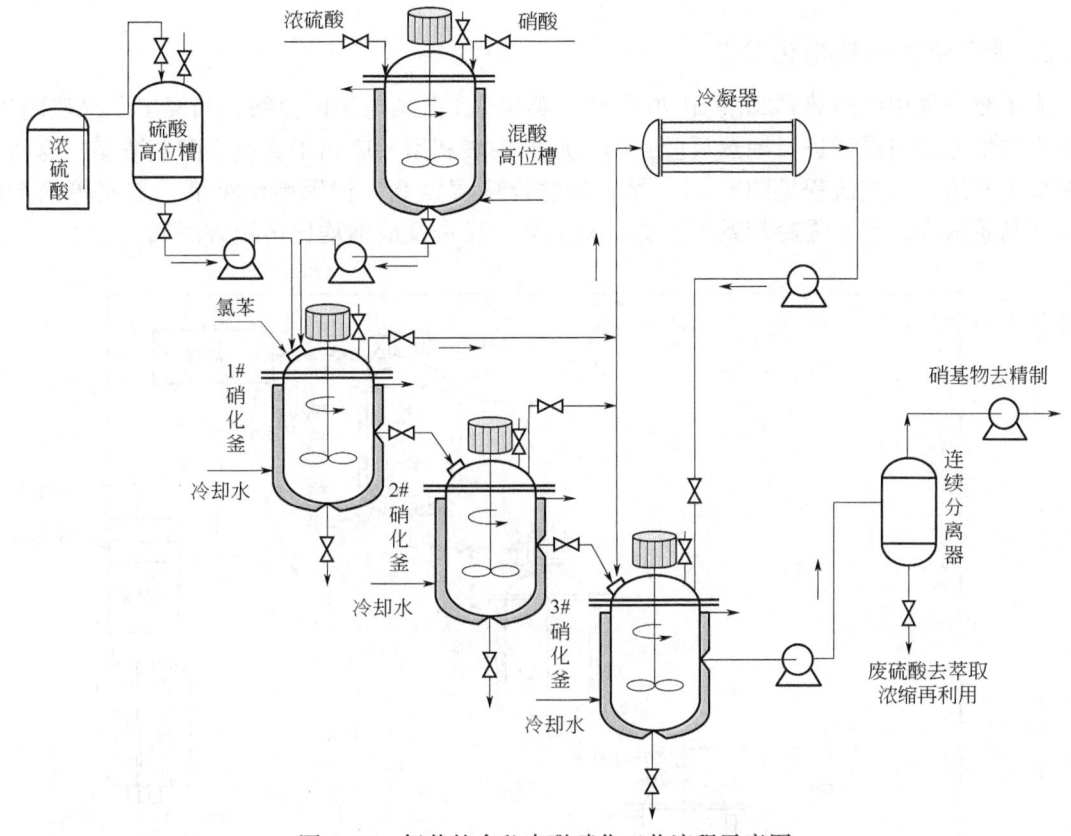

图 6.10 氯苯的多釜串联硝化工艺流程示意图

芳烃和混酸一并加入多台串联的第一台硝化釜（也称主锅）中，并在此完成大部分反应，然后再依次到后面的硝化釜（也称副锅或成熟锅）中进行硝化；反应釜内设有搅拌装置和冷却管，以强化传质和传热；反应产物进入分离器，塔顶分离出粗硝化产物，经水洗、碱洗提纯后得到中性产品；塔底分离出的废酸经苯萃取后浓缩回收利用。

该工艺是由传统的单釜间歇硝化串联三釜连续硝化。不同于间歇的单釜硝化工艺，三釜连续硝化工艺的操作流程是连续可持续的，本质上实现了物料、热量的连续流动，提高了该工艺的安全性。

被硝化物和混酸多釜串联连续硝化的优点是可以提高反应速率，减少物料短路，并且可在不同硝化釜中控制不同的温度，有利于提高生产能力和产品质量。表 6.6 是氯苯采用四釜串联连续一硝化的主要技术数据。

表 6.6 氯苯四釜串联连续一硝化的主要技术数据

名称	第一釜	第二釜	第三釜	第四釜
反应温度/℃	45~50	50~55	60~65	65~75
酸相中的 HNO_3（质量分数）/%	6.5	3.5~42	2.0~2.7	0.7~1.5

续表

名称	第一釜	第二釜	第三釜	第四釜
有机相中氯苯（质量分数）/%	22~30	8.2~95	2.5~3.2	<1.0
氯苯转化率/%	65	23	7.8	2.7

2. 带压绝热连续硝化工艺

为了充分利用反应热，20世纪70年代，英国ICI公司与美国氰胺公司提出了绝热硝化。它是将过量芳烃与混酸进行绝热反应，硝化后的废酸利用反应热于真空下闪蒸浓缩，返回反应系统再利用，工艺流程见图6.11。尽管该法反应温度高，但因酸浓度低，二硝等副产物少，产品质量高，因不需冷却系统，原材料消耗、投资及成本均比传统方法低。

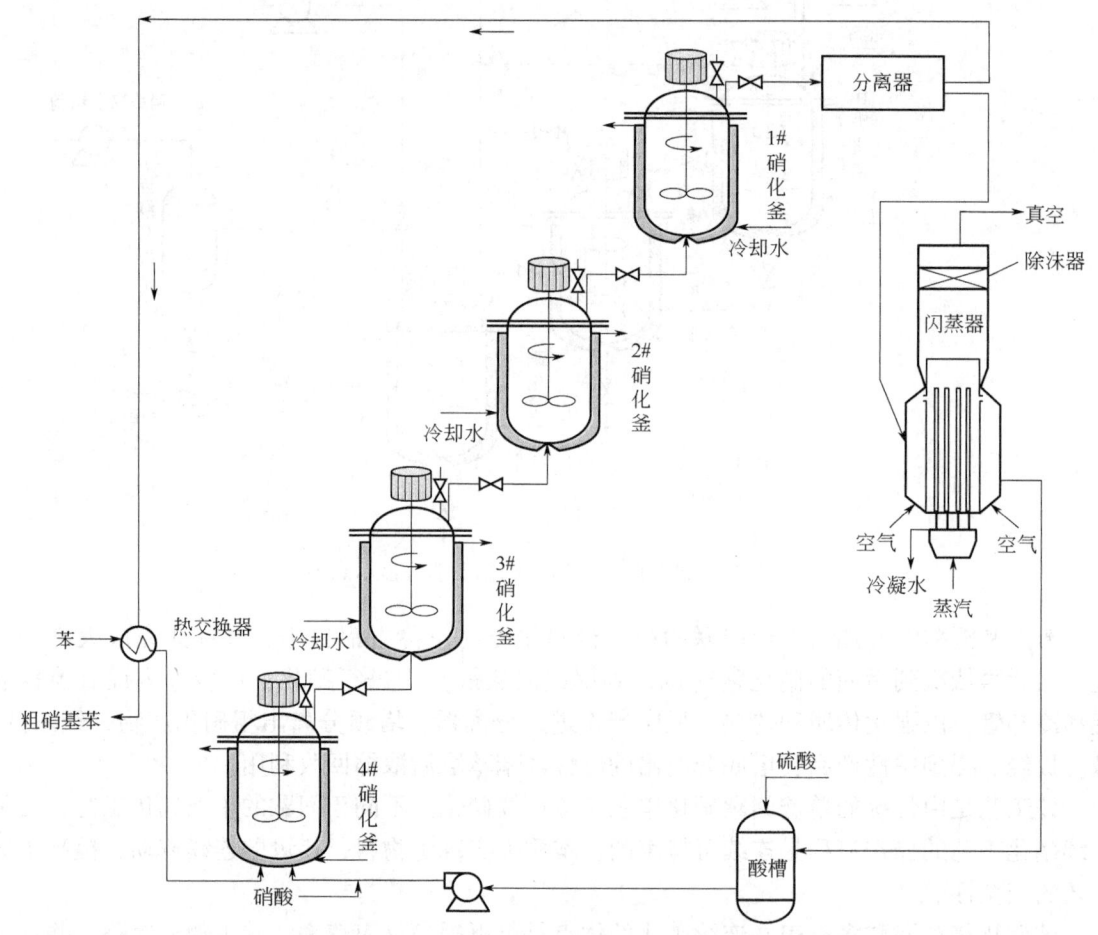

图6.11 苯的绝热硝化流程示意图

绝热硝化工艺参数：混酸中 HNO_3 5%~8%，H_2SO_4 58%~68%，H_2O>25%；苯过量 5%~10%；硝化温度 132~136℃；无冷却；利用反应热闪蒸废酸。

绝热硝化优点：反应温度高，硝化速率快；硝酸反应完全，副产物少；混酸含水量高，酸浓度低，酸量大，安全性好；利用反应热浓缩废酸并循环利用，不需加热、冷却，能耗低；设备密封，原料消耗少；废水和污染少。

绝热硝化缺点：对设备要求高（密封、防腐）。

带压绝热连续硝化工艺取消了传统反应器中的冷却装置，设备简单，降低了设备费用和能耗；反应产生的热量可提高反应速率，提高了生产能力；通过控制混酸组成及两股原料的流量即可控制反应，降低了安全隐患；物料停留时间短，副反应少，产品品质好。

氯苯绝热硝化反应实验数据列于表6.7。

表6.7 氯苯绝热硝化反应的数据

反应时间	$n_{氯苯}:n_{硝酸}$	转化率	产物
40min	1:2.22	$x_{氯苯}=100\%$	$y_{2,4-二硝基氯苯}=95.4\%$
30s	1.04:1	$x_{硝酸}=100\%$	硝基氯苯 $p:o:m=64:34:4$

3. 微通道连续流硝化工艺

利用本质安全的连续流工艺进行化工生产，可以从源头遏制事故发生。连续流工艺是指通过注射泵输送物料，以连续流动的方式在微通道反应器中反应的技术（图6.12）。

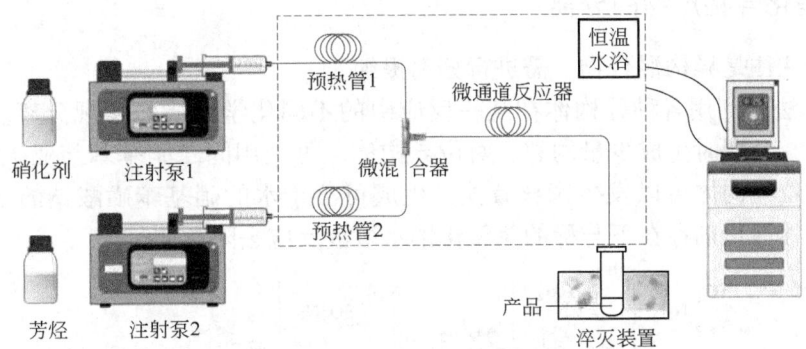

图6.12 连续流微通道硝化工艺流程示意图

微通道反应器内部通道的特征尺寸介于1μm~1mm之间，由于特征尺寸小，比表面积可达30000m²/m³以上，常用的微结构元件主要有微反应器、微混合器、微分离器等。相比传统反应器，微通道反应器具有以下优势：换热能力强，温控效果好；传质效率高，反应时间短；反应可控性好，产品收率高，安全性好；无放大效应，研发周期短，可连续生产等。基于大的比表面积，微通道反应器的换热能力强，可避免芳烃硝化中常见的"飞温"现象，提高反应过程的安全性。

6.4.5 混酸硝化产物分离

6.4.5.1 硝化产物与废酸的分离

硝化反应完成后，首先需要将硝化产物与废酸分离，若产物在常温下呈液态或低熔点的固态，则可利用它与废酸具有较大密度差实现分离。一般废酸（硫酸）浓度越低，硝化产物与废酸的互溶性越小，分离越易。因此，有时在分离前可先加入少量水稀释。但加水量应考虑到设备的耐腐蚀程度，硝化产物与废酸的易分离程度，以及废酸循环或浓缩所需的经济浓度。操作时，让硝化混合物以切线进料方式进入带有蒸汽夹套的连续分层分离器。

同时，为加速硝化物与废酸的分层，可在硝化混合液中加入叔辛胺，其用量为硝化物质量的 0.0015%~0.0025%。此外，废酸中的硝基物有时也可用有机溶剂（如二氯乙烷、二氯丙烷等）萃取回收，从而实现产物与废酸的分离。

6.4.5.2 硝化产物中副产物及无机酸的分离

分出废酸后的硝化物中，除含少量无机酸外，还有氧化副产物，主要是酚类。通常采用洗涤法，即采用水洗、碱洗，以除去这些杂质。但需防止乳化，否则，硝基酚类难以分离，造成潜在的爆炸危险。其处理措施有：搅拌不能太快，加破乳剂。还可以用"解离萃取法"除去氧化副产物，此法是利用混合磷酸盐（$Na_2HPO_4 \cdot 2H_2O$ 64.2g/L，$Na_3PO_4 \cdot 12H_2O$ 21.9g/L）的水溶液处理中性粗硝基物，酚类发生解离成盐［见式(6.9)］，被萃取到水相中，达到分离的目的。水相还可以用苯或甲苯异丁酮等有机溶剂进行反萃取，重新得到混合磷酸盐循环使用。与洗涤法相比，此法减少了三废和化学试剂消耗，但投资费用较高。

$$ArOH + PO_4^{3-} \rightleftharpoons ArO^- + HPO_4^{2-}$$
$$ArOH + HPO_4^{2-} \rightleftharpoons ArO^- + H_2PO_4^- \tag{6.9}$$

6.4.5.3 硝化异构产物的分离

硝化产物往往是异构混合物，需进行分离提纯。

（1）化学法。利用各种异构体在某一反应中的不同化学性质而实现分离。如：在制备间二硝基苯时，会同时生成少量的邻、对位异构体。可利用间二硝基苯与亚硫酸钠不反应，而副产邻、对位异构体可以发生亲核置换，生成可溶于水的硝基苯磺酸钠的原理来实现分离；或在相转移催化剂存在下与稀的氢氧化钠水溶液反应去除它们。

（2）物理法。利用各种异构体的熔点、沸点和凝固点有明显差别，用精馏和结晶相配合的方法将其分离。例如，氯苯一硝化产物可用此法分离精制。产物的组成和物理性质如表 6.8 所示。随着精馏技术和设备的发展与更新，有些产品已可采用精馏法直接分离。

表 6.8 氯苯一硝化产物的组成及其物理性质

异构体	组成/%	凝固点/℃	沸点/℃	
			0.1MPa	1kPa
对位	65~66	83~84	242.0	113
间位	1	44	235.6	—

此外，还可利用异构体在不同有机溶剂和不同酸度时其溶解度不同的原理实现分离。例如，1,5-二硝基萘与 1,8-二硝基萘用二氯乙烷作溶剂进行分离；1,5-二硝基蒽醌与 1,8-二

硝基蒽醌用 1-氯萘、环丁砜或二甲苯作溶剂进行分离等。

6.4.6 废酸的处理

硝化后的废酸除主要成分为 73%~75% 的硫酸外，还含有小于 0.2% 的硝基化合物、约 0.3% 的亚硝酰硫酸（$HNOSO_4$）和约 0.2% 的硝酸。根据不同的硝化产品和硝化方法，废酸的处理可采用以下方法：

（1）将多硝化后的废酸再用于下一批的单硝化中，闭环利用；

（2）硝化后部分废酸直接循环套用，其余废酸可用芳烃萃取后浓缩成 92.5%~95% 硫酸，再用于配制混酸；

（3）含微量硝基物的低浓度废酸（30%~50%），可通过浸没燃烧法提浓至 60%~70% 或直接闪蒸浓缩除去少量水和有机物后，用于配酸；

（4）利用萃取、吸附或过热蒸汽吹出等手段来除去废酸中所含氮氧化物、剩余硝酸和有机杂质，然后加氨水制成化肥。

废酸在蒸发浓缩前需脱硝，其方法是：加热废酸（硫酸浓度≤75%）至一定温度，使废酸液中的硝酸和亚硝酰硫酸等无机物发生分解，释放出的氧化氮气体再用碱液吸收处理。

$$2NOSO_4H + H_2O \rightleftharpoons 2H_2SO_4 + NO_2\uparrow + NO\uparrow$$
$$NOSO_4H + H_2O \rightleftharpoons 2H_2SO_4 + HNO_2$$
$$2HNO_2 \longrightarrow NO\uparrow + NO_2\uparrow + H_2O$$

❀ 巩固与提升 ❀

1. 向有机化合物分子上引入硝基的意义是什么？常用的硝化试剂有哪些？

2. 芳环上已有取代基的类型，对被硝化物的硝化活性和硝化产物异构体比例有重要影响，下面给出了四种化合物用硝硫混酸进行一硝化反应，产物异构体的比例（%）。

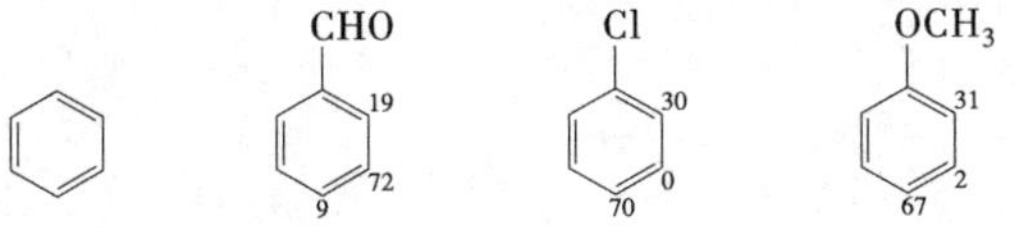

（苯；苯甲醛：19/72/9；氯苯：30/0/70；苯甲醚：31/2/67）

（1）请以苯为例，写出包括硝化活性中间体在内的硝化反应机理。

（2）比较四种被硝化物的硝化活性大小，并从电子效应角度分析原因。

（3）从定位效应角度定性说明每种化合物（苯除外）异构体比例产生的原因。

3. 混酸硝化反应的影响因素有哪些？

4. 名词解释：相比，硝酸比，D.V.S.，F.N.A.。

5. 混酸硝化能力大小如何表示？两种表示方法间有什么关系？试计算下述体系的 D.V.S 值。设 HNO_3 浓度为 65%，H_2SO_4 浓度为 96%，硝酸比为 1。

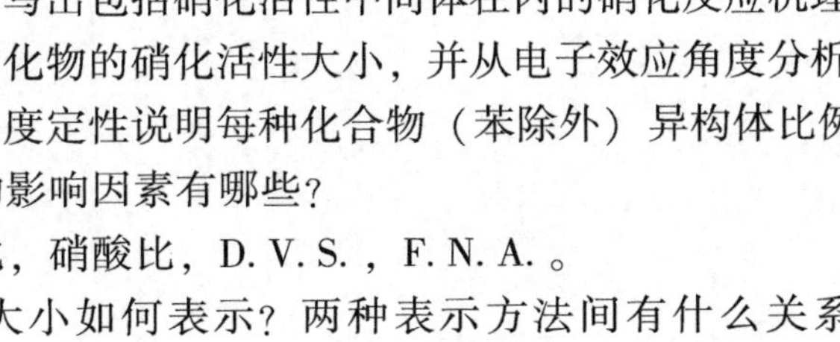

（苯乙腈 + HNO_3 (d=1.42) 275mL / H_2SO_4 (d=1.84) 275mL → 对硝基苯乙腈 + 邻硝基苯乙腈）

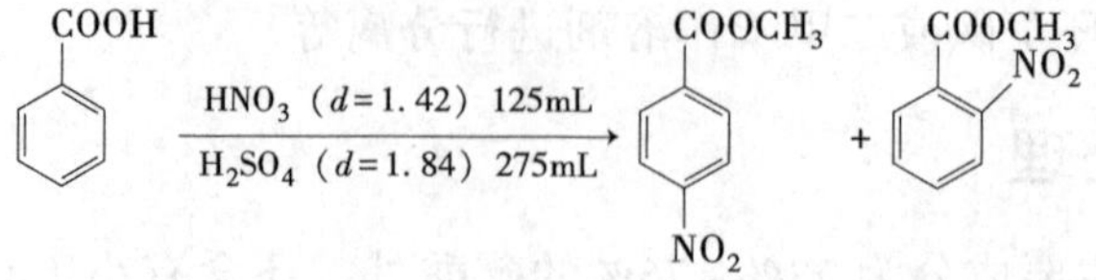

$$\underset{\text{COOH}}{\bigcirc} \xrightarrow[\text{H}_2\text{SO}_4\ (d=1.84)\ 275\text{mL}]{\text{HNO}_3\ (d=1.42)\ 125\text{mL}} \underset{\text{NO}_2}{\overset{\text{COOCH}_3}{\bigcirc}} + \underset{}{\overset{\text{COOCH}_3,\ \text{NO}_2}{\bigcirc}}$$

6. 结合非均相硝化的三种反应动力学类型，试说明硫酸在混酸硝化中的作用。

7. 混酸组成的选择原则有哪些？请结合混酸成分的摩尔分数三角坐标图进行解释。

8. 按照硝化反应器种类，连续硝化工艺主要包括哪些类型？与间歇釜式硝化工艺相比，组罐式连续硝化工艺有哪些优势？

9. 以萘为原料，设计 2,4-二硝基萘酚的合成路线。

10. 以苯为原料，设计对硝基苯胺和对二硝基苯的合成路线。

11. 诺氟沙星（norfloxacin）又称氟哌酸，是第三代喹诺酮类抗菌药物，被广泛用于咽喉炎、扁桃体炎、肠道感染等的治疗，其结构式如下。国外通常以 3-氯-4-氟苯胺为起始原料，与原甲酸三乙酯、丙二酸二乙酯环合后经乙基化、水解、哌嗪缩合、精制等步骤制得。请写出以苯为初始原料，制备 3-氯-4-氟苯胺中间体的合成路线。

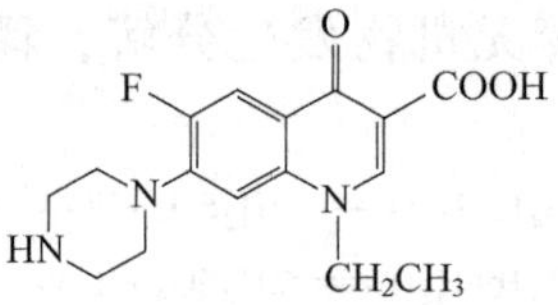

第7章 还原反应

本章专业知识目标：

（1）了解还原反应的定义、还原剂及方法；
（2）熟悉化学还原硝基化合物常见的还原剂；
（3）熟悉常见含硫化合物的化学还原；
（4）掌握电解质溶液中的铁屑还原法（重难点）；
（5）掌握催化加氢还原法的影响因素（重难点）；
（6）了解水合肼还原的基本原理及方法。

本章素质能力目标：

（1）能够为不同基团的还原选择合适的还原方法；
（2）能够基于绿色合成理念，尽量运用催化还原技术进行合成路线设计；
（3）激发爱国创业热情，学习黄鸣龙的爱国情怀和奉献精神。

7.1 还原反应概述

广义地说，还原反应指的是化合物获得电子的反应，或使参加反应的原子上电子云密度增加的反应。狭义地说，有机物的还原反应指的是有机物分子中增加氢的反应或减少氧（以及硫或卤素）的反应，或两者兼而有之的反应。

还原反应可以分为三大类：
（1）使用氢以外的化学物质作还原剂的方法，也称化学还原；
（2）使用氢在催化剂的作用下使有机物还原的方法，也称催化氢化；
（3）在电解槽的阴极室进行还原的方法，也称电化学还原。

7.1.1 还原反应的分类

还原反应的主要类型如下。
（1）碳—碳不饱和键的还原。例如炔烃、烯烃、多烯烃、脂环单烯烃和多烯烃，芳烃和杂环化合物中碳—碳不饱和键的部分加氢或完全加氢。
（2）C=O键的还原。例如醛羰基还原为醇羟基或甲基，酮羰基还原为醇羟基或亚甲基、羧基还原为醇羟基，羧酸酯还原为两个醇，羧酰氯基还原为醛基或羟基等。

(3) 含氮基的还原。例如氰基和羧酰氨基还原为亚甲氨基，硝基和亚硝基还原为肟基（=NOH）、胲基（羟氨基—NHOH）和氨基，硝基的双分子还原为氧化偶氮基、偶氮基或氢化偶氮基，偶氮基和氢化偶氮基还原为两个氨基，重氮盐还原为肼基（—$NHNH_2$）或被氢置换等。

(4) 含硫基的还原。例如 C=S 还原为巯基或亚甲基，芳磺酰氯还原为芳亚磺酸或硫酚，硫—硫键还原为两个巯基等。

(5) 含卤基的还原。例如卤基被氢置换等。

7.1.2 化学还原剂的种类

主要的无机还原剂有以下几种：

(1) 活泼金属及其合金，如铁粉、锌粉、锡粒、金属钠、锌汞齐和钠汞齐等；

(2) 低价元素的化合物，如 NaHS、Na_2S、Na_2S_x、Na_2SO_3、$NaHSO_3$、$Na_2S_2O_4$、SO_2、$SnCl_2$、$FeCl_2$、$FeSO_4$、$TiCl_3$ 等；

(3) 金属复氢化合物，如 $NaBH_4$、KBH_4、$LiBH_4$ 和 $LiAlH_4$ 等。

主要的有机还原剂有乙醇、甲醛、甲酸、甲酸与低碳叔胺的配合物、烷氧基铝（如 $Al[OCH(CH_3)_2]_3$）、硼烷和葡萄糖等。

同一个化学还原剂可以用于多种不同的还原反应。同一个具体的还原反应也可以选用不同的还原方法或不同的化学还原剂，这时应根据技术上的难易、投资、成本、环保、产品质量和产量等多方面的因素进行综合考虑，选用最切合实际的还原方法或化学还原剂。

7.2 催化氢化

催化氢化（包括加氢和氢解）共有三种方法，即气—固相接触催化氢化，气—固—液非均相催化氢化，液相均相配位催化氢化。应该指出，同一目的反应可以采用不同氢化方法，而一种化工原料在用不同的氢化方法或不同的反应条件时可以得到不同的产物。

7.2.1 催化氢化的方法

7.2.1.1 气—固相接触催化氢化

气—固相接触催化氢化反应是将被氢化物的蒸气和氢气的混合气体在高温（例如250℃以上）和常压或稍高于常压，通过固体催化剂而完成的。

此类氢化方法的优点：催化剂寿命长、价廉、消耗定额低、产品纯度高、收率高、三废少、氢气价廉、生产成本低。但这种方法要求反应物具有适当的挥发性，可以在一定的温度下自身蒸发汽化或在热的氢气流中蒸发汽化，而且要求反应物和还原产物在高温时具有良好的热稳定性。另外，这种氢化方法是连续操作，不适应小批量多品种的生产，这就限制了这种氢化方法的应用范围。

7.2.1.2 均相配位催化氢化

均相配位催化氢化的特点是可用于手性合成。手性合成法可以代替传统的先制备外消旋体,再用手性试剂拆分的方法,直接制得手性产物。因此手性合成的研究在合成药物、香料、农用化学品和光电液晶材料等领域引起广泛的兴趣。但是手性配位体价格昂贵,例如联萘膦配体 BINAP 的价格是 40.40 美元/100mg。这就限制了手性合成的广泛工业化。

7.2.1.3 气—固—液非均相催化氢化

气—固—液非均相催化氢化的特点是气态的氢与液态的或溶剂中的固态被氢化物吸附在固体催化剂的表面上,然后发生氢化反应。

这类反应在小规模生产时可以采用间歇操作的搅拌锅式高压釜,中等规模生产时可采用间歇操作的鼓泡塔式反应器,大规模生产时可采用淋液型三相固定床反应器或三相流化床反应器。

气—固—液非均相催化氢化的主要优点:
(1) 反应活性高,能使那些用化学还原剂难于还原的化合物氢化,应用范围广;
(2) 与化学还原法相比,反应的选择性好、副反应少、产品质量好、收率高;
(3) 反应完毕后,只要过滤出催化剂,蒸出溶剂即可得到产品,不会造成环境污染;
(4) 与气—固相接触催化氢化相比,可用于难汽化的被氢化物和中小规模多品种生产;
(5) 氢气价廉。

由于以上优点,原来许多用化学还原法生产的产品,现已改用气—固—液非均相催化氢化法。

气—固—液非均相催化氢化法需要考虑以下问题:要有价廉、方便的氢源;使用氢气的安全;使用压力设备的安全;催化剂的制备、活化、回收、循环使用和使用安全等;设备投资。由于以上问题,中国目前尚有许多还原过程仍采用化学还原法。

7.2.2 气—固—液非均相催化氢化的催化剂

气—固—液非均相催化氢化所用的催化剂主要是元素周期表中第ⅧB族的金属,其中最重要的是镍、铂和钯,此外也用到钌、铑和铱。

不同的金属催化剂,其活性和选择性相差很大。同一种金属催化剂,由于制备方法不同,其活性也相差很大,因此催化剂制备方法是非常重要的。

下面只介绍镍、铂、钯三种金属催化剂,其他催化剂将结合具体实例叙述。

7.2.2.1 镍催化剂

镍催化剂中应用最广的是骨架镍,此外还有载体镍、还原镍和硼化镍等。

将镍铝合金粉放入质量分数为 20%~30% 的氢氧化钠水溶液中,在适当的条件下处理,使合金中的铝变成水溶性的铝酸钠,然后过滤,水洗,就得到比表面积很大的黑色粉状多孔性骨架镍催化剂。

$$2Ni—Al + 2NaOH + 2H_2O \longrightarrow 2Ni + 2NaAlO_2 + 3H_2 \uparrow$$

新制得的骨架镍,其内、外表面吸附有大量的氢,具有很高的催化活性,但在放置时会慢慢失去氢,在空气中活性下降很快。干燥的骨架镍在空气中会自燃,因此制得的骨架镍必须存放在乙醇或其他惰性有机溶剂的液面下,隔绝空气密封,才能保持其活性。新制得的骨架镍催化剂的存放期不宜超过 6 个月,以防变质。

骨架镍催化剂容易中毒,含硫、磷、砷、铋的化合物,有机卤素(特别是碘)化合物,以及含锡、铅的有机金属化合物会使骨架镍在不同程度上中毒。

骨架镍催化剂可在弱碱性或中性条件下使用，在弱酸性条件下活性下降，pH 值小于 3 则活性消失。

骨架镍催化剂可用于硝基、炔键、烯键、羰基、氰基、芳香性杂环、芳香性稠环、碳—卤键和硫—硫键的氢化，对于苯环、羧酸基的氢化活性很弱，对于酯基和酰氨基中的羰基的氢化则几乎没有催化活性。

与贵金属的铂和钯相比，骨架镍催化剂的催化活性较弱，要求较高的氢化温度和压力。但骨架镍价格便宜，因此得到广泛使用。

7.2.2.2 铂催化剂

铂催化剂有还原铂黑、熔融二氧化铂和载体铂等。其中最常用的是铂/炭（Pt/C）载体催化剂，它是由氯铂酸盐负载在活性炭上，然后用甲醛还原而制得的。Pt/C 催化剂在空气中干燥后不会失活，也不会自燃。铂催化剂较易中毒，若反应物中含有硫、磷、砷、碘离子、酚类和有机金属化合物，会使铂催化剂中毒，使活性明显下降。

铂催化剂活性高、氢化反应条件温和，甚至可在常温、常压下使用。铂催化剂的适用范围广，在镍催化剂应用的范围以外，还可以用于羧酸基、酰氨基和苄位结构的氢化，但选择性差。

铂催化剂比镍催化剂贵得多，因此应用范围受到限制。但铂催化剂可用于中性或酸性条件，而镍化剂则不适用于酸性条件。

铂的价格很贵，因此铂催化剂必须能多次循环使用，使用损失少，单位质量产品的消耗定额很低，而且失去活性的催化剂应回收铂。

7.2.2.3 钯催化剂

钯催化剂有还原钯黑、熔融氧化钯和载体钯等。其中最常用的是钯/炭（Pd/C）载体催化剂，它是将 $PdCl_2$ 覆载在活性炭上，然后在使用前用 H_2 还原，洗去氯化氢即可使用。

钯的催化作用比较温和，在温和条件下，钯对于羰基、苯环和氰基等基团的氢化几乎没有催化活性，但对于炔键、烯键、肟基、硝基和芳环侧链上的不饱和键的氢化则具有较高的催化活性。钯是最好的脱卤、脱苄基的氢化催化剂，但是对于含碳—碳双键化合物的氢化，常会引起双键的迁移。

在贵金属中，钯比铂价格便宜，可在碱性和酸性条件下使用，对毒物的敏感性小，故应用范围较广。

每次用过的 Pd/C 催化剂，经处理后可多次使用，失去活性的 Pd/C 催化剂应回收钯。

7.2.3 催化氢化的工业应用

7.2.3.1 顺丁烯二酸酐的催化氢化

顺酐的传统生产方法是苯的气—固相接触催化氧化法。近年来因开发成功丁烯氧化法和丁烷氧化法，使顺酐的成本下降，顺酐的催化氢化在工业上已占重要地位。顺丁烯二酸酐（以下简称顺酐）在不同条件下催化氢化可制得 1,4-丁二酸酐（琥珀酸酐）、γ-丁内酯、1,4-丁二醇和四氢呋喃等产品。

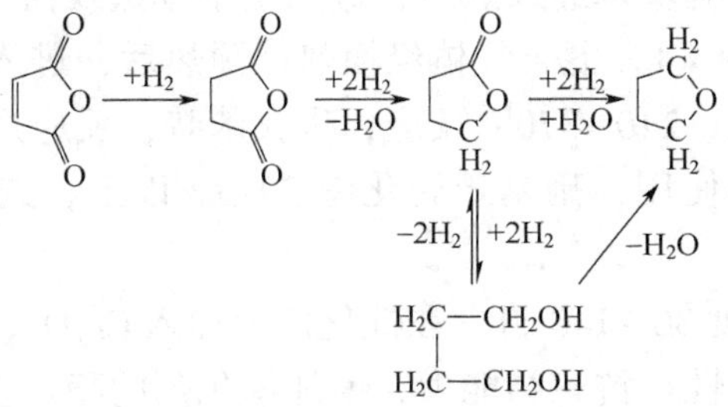

$$\text{顺酐} \xrightarrow{+H_2} \text{丁二酸酐} \xrightarrow{+2H_2, -H_2O} \text{丁内酯} \xrightarrow{+2H_2, +H_2O} \text{四氢呋喃}$$

（中间体 1,4-丁二醇 $HOCH_2CH_2CH_2CH_2OH$ 通过 $-2H_2/+2H_2$ 与丁内酯平衡，并经 $-H_2O$ 转化为四氢呋喃）

7.2.3.2 γ-丁内酯的制备

1. 顺酐氢化法

催化剂有钯系、镍系、铜—铼系、铜—锌系和铜—铬系等。所用的催化剂载体有氧化硅、硅藻土和沸石等。氢化反应可在气相进行，也可在液相进行。氢化温度 200~300℃，氢压 5.88~11.77MPa。

2. 顺酐的酯化氢化法

近年来又开发了顺酐的酯化氢化法，其反应过程如下：

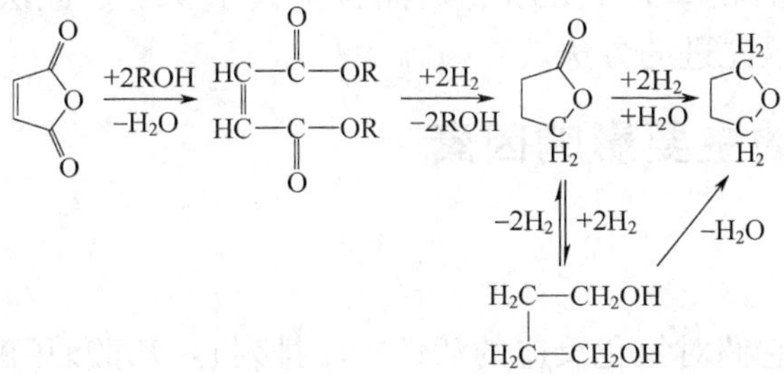

$$\text{顺酐} \xrightarrow[-H_2O]{+2ROH} \text{顺丁烯二酸二酯} \xrightarrow[-2ROH]{+2H_2} \text{γ-丁内酯} \xrightarrow{+2H_2, +H_2O} \text{四氢呋喃}$$

先将顺酐与甲醇进行酯化反应，得顺丁烯二酸二甲酯，然后将二甲酯进行催化氢化—脱醇环合得到 γ-丁内酯、1,4-丁二醇和四氢呋喃，氢化时分解出来的甲醇可循环用于顺酐的甲酯化。此法用铜系催化剂，温度可降低到 150~240℃，氢压可降低到 2.5~5MPa，主要产品是 1,4-丁二醇，副产 γ-丁内酯和四氢呋喃。

7.2.3.3 1,4-丁二醇的制备

顺酐的氢化联产 γ-丁内酯和四氢呋喃时，联产的 1,4-丁二醇很少，为了主要得到 1,4-丁二醇，采用两步氢化法。第一步加氢成丁二酸酐，用镍催化剂，在 210~280℃ 和 6~12MPa 反应；第二步氢化用 Ni-Co-ThO$_2$/硅藻土催化剂，在 250℃ 和 10MPa 反应 6h，顺酐转化率 100%，1,4-丁二醇选择性 98%，副产物主要是四氢呋喃。

7.2.3.4 硝基苯的催化氢化

硝基苯在不同条件下催化氢化时可以得到不同的产物，现分别叙述如下。

1. 苯胺的制备

苯胺的生产主要采用硝基苯的气—固相接触催化氢化法。国内外多采用常压流化床法。

流化床的工艺过程是：硝基苯经预热后，进入硝基苯蒸发器，用预热的氢气使硝基苯汽化，氢/硝基苯的摩尔比约9∶1。混合气体经换热器预热后，进入流化床反应器的底部使催化剂处于流化状态，在常压、240~370℃反应，生成苯胺，反应产物从流化床反应器的顶部溢出，经分离，过量氢循环使用，硝基苯转化率99.5%以上，选择性99%以上，得苯胺纯度99.5%以上。

所用铜/硅胶催化剂粒度30~140目。在催化剂中加入Cr_2O_3、MoO_3可提高Cu在载体上的分散度，提高催化剂的活性、抗聚结能力，增加催化剂的稳定性。为了防止硫中毒，所用硝基苯必须是用无硫苯（石油苯）硝化而得。

2. 氢化偶氮苯的制备

氢化偶氮苯是医药、农药中间体，其传统生产方法见本章7.4.6小节。国外的主要生产方法则是硝基苯的催化氢化法。此法是将硝基苯在氢氧化钠的醇溶液中，在Pt/C催化剂存在下进行氢化。甲醇或乙醇不仅能溶解氢化偶氮苯、甲醇钠或乙醇钠，还能抑制苯胺的生成，缩短反应时间，提高收率。醇的用量约为硝基苯质量的2.2~2.5倍。醇可以回收循环套用。氢氧化钠的用量约为醇的质量的10%，催化剂含钯的质量分数为2%~4%，催化剂用量约为硝基苯质量的0.4%~0.6%，氢化温度30~90℃，最高不超过120℃，氢压0.2~1.2MPa。反应器为搅拌锅式，搅拌器转速为800~1000r/min，装料系数为50%~60%。在最佳条件下，氢化偶氮苯的收率大于83%，产品含量大于95%。此法具有收率高、成本低、三废少等优点，是目前最先进的方法。

7.2.4 催化氢化的主要影响因素

7.2.4.1 溶剂

常用的溶剂有（按它们对氢化反应的活性次序排列）：乙酸>甲醇>水>乙醇>丙酮>乙酸乙酯、乙醚>甲苯>苯>环己烷>石油醚。

对于氢解反应，特别是含杂原子化合物的氢解，最好使用质子传递溶剂，例如乙醇、甲醇、乙二醇单甲醚或水。对于烯烃和芳烃的加氢最好使用非质子传递溶剂。

7.2.4.2 溶剂的pH值

一般来说，加氢反应大多在中性条件下进行，而氢解反应则在碱性或酸性条件下进行。碱可以促进碳—卤键的氢解。少量酸促进碳—碳键、碳—氧键和碳—氮键的氢解。

有时溶剂pH值的选择是为了控制化学反应的方向，以得到所需要的目的产物。例如，硝基苯在强碱性介质、中性介质、强酸性低温和强酸性高温用氢气催化氢化或用化学还原时，将分别得到不同的产物，这将在7.4小节中叙述。

7.2.4.3 温度和压力

氢化温度与氢化反应的类型和所用催化剂的活性有关，另外温度还会影响催化剂的活性和寿命。确定氢化温度时还应考虑反应的选择性、副反应以及反应物和产物的热稳定性。在可以完成目的反应的前提下，应尽可能选择较低的反应温度。

在使用铂、钯等高活性催化剂时，一般可在较低的温度和氢压下进行。

在使用镍催化剂时要求较高的氢化温度，但在使用活性较高的骨架镍时，如果氢化温度超过100℃，会使反应过于激烈，甚至使反应失去控制。

提高氢压可以加速反应，克服空间位阻，但压力过高会降低反应的选择性，出现副反应，有时会使反应变得激烈。例如，使用高活性骨架镍时，氢压超过5.88MPa会有危险。另外，氢压高还增加设备的造价。

脂肪酸和脂肪酸酯的氢解制脂肪醇时，氢解反应较难，但它们都比较稳定，考虑到反应的选择性，通常都采用低活性的Cu-Cr系、Cu-Zn系或Cu-Fe系催化剂，这时氢解温度高达240~300℃，氢压高达15~20MPa。

7.2.5 还原胺化反应的工业实例——硝基化合物的加氢还原

硝基苯催化加氢还原制苯胺有气相法和液相法，工业生产基本采用气相法，液相法制苯胺具有产率高、能耗低的优点。

7.2.5.1 硝基苯固定床加氢制苯胺工艺

气相固定床加氢制苯胺（图7.1），具有操作简便、不需进行催化剂分离回收等优点。

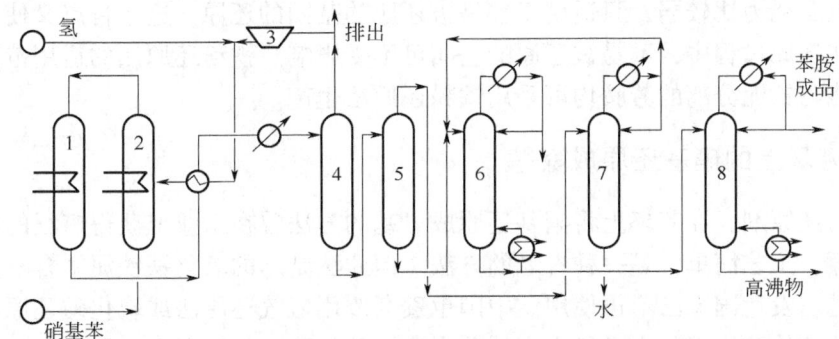

图7.1 固定床加氢制苯胺生产流程示意图
1—反应器；2—蒸发器；3—预热器；4—分离器；5—分层器；6—脱水塔；7—汽提塔；8—精馏塔

7.2.5.2 硝基苯流化床加氢制苯胺工艺

流化床加氢工艺（图7.2）可避免固定床的局部过热及更换催化剂所引起的频繁停车，能保持长周期连续运转。

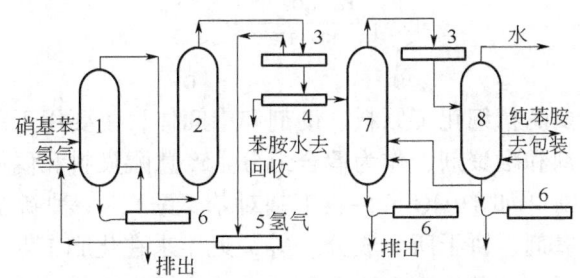

图7.2 流化床加氢制苯胺生产流程示意图
1—硝基苯汽化器；2—流化床反应器；3—冷凝器；4—分离器；
5—压缩机；6—再沸器；7—粗苯胺塔；8—成品塔

7.3 电解质溶液中的铁粉还原

7.3.1 反应历程

铁粉还原反应是通过电子的转移实现的。在这里铁是电子给体，被还原物的某个原子首先在铁粉的表面得到电子生成负离子自由基，后者再从质子给体（例如水）得到质子而生成产物。以芳香族硝基化合物被铁粉还原成芳伯胺的反应为例，其反应历程可表示如下：

$$Fe^0 \longrightarrow Fe^{2+} + 2e$$
$$Fe^0 \longrightarrow Fe^{3+} + 3e$$
$$Ar-NO_2 + 2e + 2H^+ \longrightarrow Ar-NO + H_2O$$
$$Ar-NO + 2e + 2H^+ \longrightarrow Ar-NHOH$$
$$Ar-NHOH + 2e + 2H^+ \longrightarrow Ar-NH_2 + H_2O$$

7.3.2 应用范围

铁的给电子能力比较弱，只适用于容易被还原的基团的还原，这个特点又使它成为选择性还原剂，在还原过程中，不易被还原的基团可不受影响。铁粉还原法的适用范围较广，凡用各种方法能与铁泥分离的芳胺均可采用铁粉还原法生产。

7.3.2.1 芳环上的硝基还原成氨基

以铁粉为还原剂，在芳环上将硝基还原成氨基的方法曾在工业上获得广泛的应用，其优点是铁粉价廉，工艺简单，是一种古老的方法。但此法副产的氧化铁铁泥中含有芳伯胺，有环境污染问题，发达国家已不再使用。中国也逐渐改用氢气还原法或硫化碱还原法。但是在制备水溶性的芳伯胺和某些小批量生产的非水溶性芳伯胺时仍采用在电解质存在下的铁粉还原法。

7.3.2.2 环羰基还原成环羟基

环羰基还原成环羟基通常采用铁粉还原法，实例可列举如下。

例如，对苯醌还原制对苯二酚：

$$\underset{\text{O}}{\overset{\text{O}}{\bigcirc}} \xrightarrow[100\sim 110°C]{Fe/H_2O, \text{中性}} \underset{\text{OH}}{\overset{\text{OH}}{\bigcirc}}$$

对苯二酚是一种重要的精细化工原料、助剂和中间体，主要用于制取摄影胶片的黑白显影剂、橡胶加工的防老剂和阻聚剂、作为偶合组分生产蒽醌染料和偶氮染料、与一元醇反应生成抗氧剂烷基对苯二酚［如 TBHQ（2-叔丁基对苯二酚），一种新型抗氧剂，目前国际上普遍公认的食用油脂抗氧剂，饼干所含成分］等，近年来在化肥工业中也有新用途。

对苯二酚的需要量很大，其生产方法大致有：苯胺氧化法、对二异丙苯过氧化法、电化学法、双酚 A 法和苯酚羟基化法，电化学法达到中试规模。其中以苯酚为原料、过氧化氢为氧化剂的苯酚羟基化法，具有工艺简单、产品纯度高、无污染的特点，是当前对苯二酚生产的发展方向。目前，世界上 1/3 以上的对苯二酚是由该法生产。

中国目前主要采用苯胺氧化法，即将苯胺在硫酸介质中用二氧化锰氧化成对苯醌，然后将对苯醌用铁粉还原成对苯二酚的方法。

7.3.2.3 醛基还原成醇羟基

一般采用氢气还原法，但也有个别实例采用铁粉还原法。

$$C_6H_{13}CHO \xrightarrow[\text{约 100℃}]{\text{Fe/过量稀硫酸}} C_6H_{13}CH_2OH$$

7.3.2.4 芳磺酸氯还原成硫酚

芳磺酸相当稳定，不易被还原成硫酚，硫酚主要由芳磺酰氯还原制得。

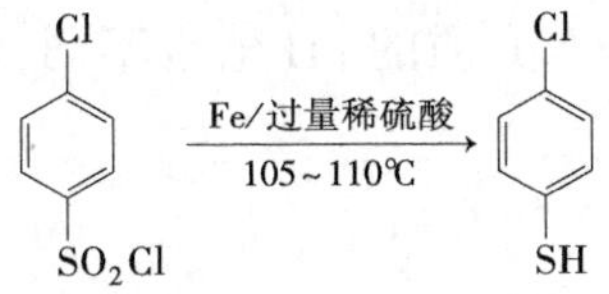

$$\text{对-Cl-C}_6\text{H}_4\text{-SO}_2\text{Cl} \xrightarrow[\text{105~110℃}]{\text{Fe/过量稀硫酸}} \text{对-Cl-C}_6\text{H}_4\text{-SH}$$

7.3.2.5 二芳基二硫化物还原成硫酚

当不易制得相应的芳磺酰氯时，可改用合成路线，例如 2-羧基苯硫酚的制备：

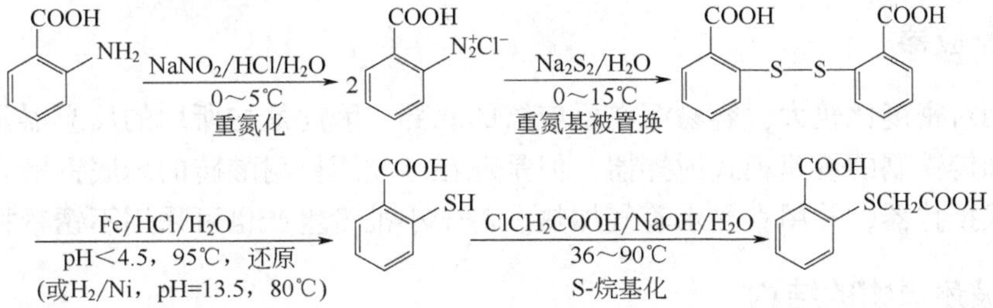

邻氨基苯甲酸 $\xrightarrow[\text{重氮化}]{\text{NaNO}_2/\text{HCl}/\text{H}_2\text{O}, 0\sim5℃}$ 2 × 邻-COOH-C$_6$H$_4$-N$_2^+$Cl$^-$ $\xrightarrow[\text{重氮基被置换}]{\text{Na}_2\text{S}_2/\text{H}_2\text{O}, 0\sim15℃}$ (邻-COOH-C$_6$H$_4$-S-)$_2$

$\xrightarrow[\text{(或 H}_2/\text{Ni, pH=13.5, 80℃)}]{\text{Fe/HCl/H}_2\text{O}, \text{pH}<4.5, 95℃, \text{还原}}$ 邻-COOH-C$_6$H$_4$-SH $\xrightarrow[\text{S-烷基化}]{\text{ClCH}_2\text{COOH/NaOH/H}_2\text{O}, 36\sim90℃}$ 邻-COOH-C$_6$H$_4$-SCH$_2$COOH

还原时生成的 2-羧基苯硫酚，可以不从反应液中分离出来，中和后直接与氯乙酸反应制得 2-羧基苯基硫基乙酸。

按上述合成路线还可由 4-氯-2-甲基苯胺制备 4-氯-2-甲基苯基硫基乙酸。

7.3.3 主要影响因素

7.3.3.1 铁粉的质量

一般采用干净、质软的灰色铸铁粉，因为它含有较多的碳，并含有硅、锰、硫、磷等元素，在含电解质的水溶液中能形成许多微电池（碳正极，铁负极），促进铁的电化学腐蚀，有利于还原反应的进行。另外，灰色铸铁粉质脆，搅拌时容易粉碎，增加了与被还原物的接触面积。铁粉的粒度以 60~100 目为宜。

7.3.3.2 铁粉的用量

还原后铁泥的主要成分是 Fe_3O_4，所以硝基被还原成—NH_2 时总反应式通常表示如下：

$$4Ar\text{—}NO_2 + 9Fe + 4H_2O \longrightarrow 4Ar\text{—}NH_2 + 3Fe_3O_4$$

按上式，1mol 单硝基化合物被还原为芳伯胺时需要用 2.25mol 原子铁，但实际上要用 3~4mol 原子铁。这一方面与铁的质量有关，另一方面是因为有少量铁与水反应而放出氢气，因此要用过量较多的铁。

$$Fe^0 \longrightarrow Fe^{2+} + 2e$$
$$H_2O \longrightarrow H^+ + OH^-$$
$$2H^+ + 2e \longrightarrow 2[H] \longrightarrow H_2 \uparrow$$

7.3.3.3 电解质

电解质实际上是铁屑还原的催化剂，其作用是增加水溶液的导电性，加速铁的电化学腐蚀。通常是先在水中放入适量的铁粉和稀盐酸（或稀硫酸、乙酸），加热一定时间进行铁的预蚀，除去铁粉表面的氧化膜，并生成 Fe^{2+} 作为电解质。另外，也可以加入适量的氯化铵或氯化钙等电解质。电解质不同，水介质的 pH 值也不同，对于具体的还原反应，用何种电解质为宜，应通过实验确定。

7.3.3.4 反应温度

硝基还原时，反应温度一般为 95~102℃，即接近反应液的沸腾温度。应该指出，铁粉还原是强烈的放热反应，如果加料太快，反应过于激烈，会导致爆沸溢料。反应后期用直接水蒸气保温时也应注意防止爆沸溢料。

7.3.3.5 反应器

铁屑的相对密度比较大，容易沉在反应器的底部，因此最初所用的反应器是衬有耐酸砖的平底钢槽和铸铁制的慢速耙式搅拌器，但是现在已改用衬耐酸砖的球底钢槽和不锈钢制的快速螺旋桨式搅拌器，并用直接水蒸气加热。对于小批量生产也可采用不锈钢材质。

7.3.3.6 被还原物的结构

对于芳香族硝基化合物，当芳环上有吸电子基存在时，硝基中氮原子上的电子云密度降低，亲电能力增强，有利于还原反应的进行，还原反应的温度可降低。当芳环上有供电子基时，硝基中氮原子上的电子云密度增加，氮原子的亲电能力降低，不利于还原反应的进行，还原反应的温度较高。

7.4 锌粉还原

锌粉还原也是电子转移还原。锌粉容易被空气氧化，使锌粉的表面被氧化锌膜所覆盖，而降低锌粉的活性，甚至不能达到使用效果。特别是在强碱性介质中还原时必须使用刚刚制得的新鲜锌粉，锌粉不宜存放时间过久，以免失效。

锌粉还原大都是在酸性介质中进行的，最常用的酸是稀硫酸。当被还原物或还原产物难溶于水时，可以加入乙醇或乙酸以增加其溶解度。有时也可以加入甲苯等非水溶性溶剂。锌粉容易与酸反应放出氢气，故一般要用过量较多的锌粉。

但在个别情况下，则需要用锌粉在强碱性介质中还原。

锌粉的还原能力比铁粉强一些，它的应用范围比铁粉广。但锌粉的价格比铁粉贵得多，因此它的使用受到很大限制，下面仅叙述锌粉还原的一些重要实例。

7.4.1　芳磺酰氯还原成芳亚磺酸

芳环上的磺酸基很难还原，因此芳亚磺酸通常都是由芳磺酰氯还原而得。芳磺酰氯分子中的氯相当活泼，容易被还原。用锌粉还原的实例列举如下：

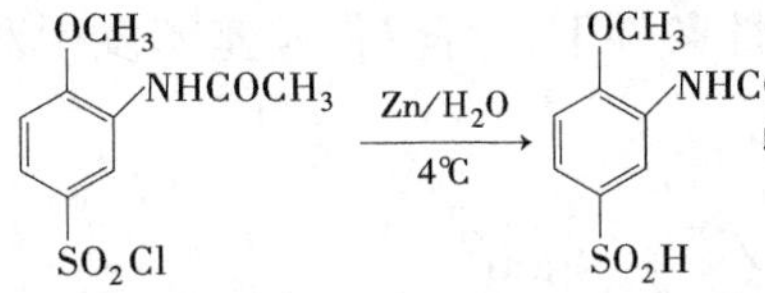

$$\text{芳磺酰氯} \xrightarrow[4℃]{Zn/H_2O} \text{芳亚磺酸} \quad \text{收率约 90\%}$$

用类似的温和反应条件还可以制备 3-羧基-4-羟基苯亚磺酸等有机中间体。芳亚磺酸不稳定，容易被空气氧化，制得后应立即用于下一步反应。

7.4.2　芳磺酰氯还原成硫酚

芳磺酰氯在较强的还原条件下，可以还原为硫酚。如：

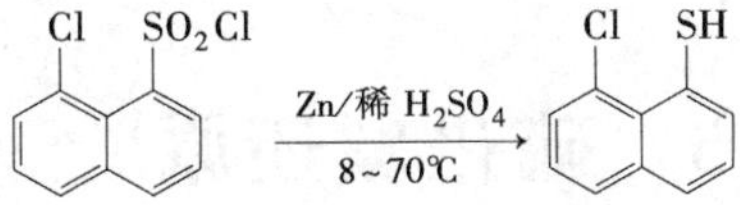

$$\xrightarrow[8\sim70℃]{Zn/稀\ H_2SO_4} \quad \text{收率约 90\%}$$

7.4.3　羰基还原成羟基

常见的羰基还原方法，主要包括催化加氢、金属氢化物还原（$NaBH_4$，$LiAlH_4$）、Meerwein-Pondorf 还原、Clemmensen 还原、Wolff-Kishner 还原以及 Cannizzaro 反应。

当羰基容易还原时也可以用锌粉作还原剂，例如：

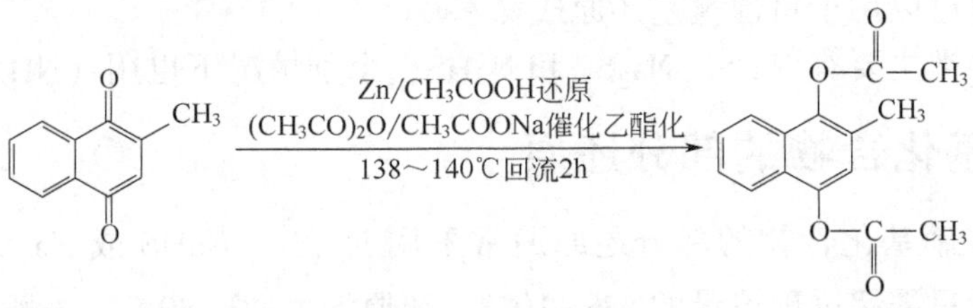

$$\xrightarrow[138\sim140℃回流2h]{\substack{Zn/CH_3COOH还原 \\ (CH_3CO)_2O/CH_3COONa催化乙酯化}} \text{维生素}K_4$$

在这里锌粉还原法的优点是：羰基还原成羟基和羟基的乙酯化可以在同一个反应器中完成，不必分离出还原产物。

7.4.4　羰基还原成亚甲基

一定条件下，锌粉可以选择性地只将指定的羰基还原成亚甲基，而不影响其他羰基。

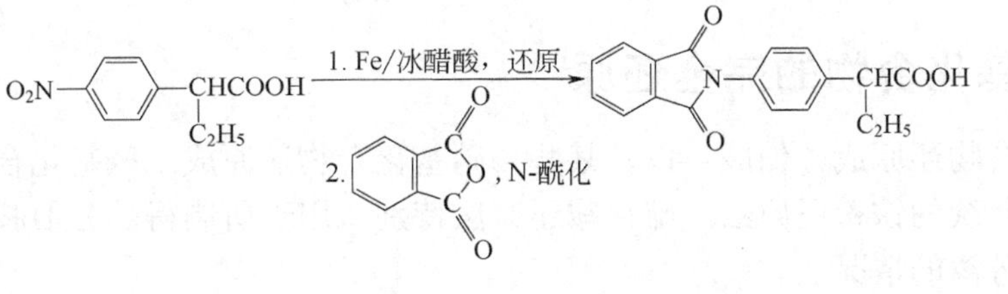

$$O_2N\text{-}C_6H_4\text{-}CH(C_2H_5)COOH \xrightarrow[\text{2. 邻苯二甲酸酐, N-酰化}]{\text{1. Fe/冰醋酸，还原}} \text{邻苯二甲酰亚胺基-}C_6H_4\text{-}CH(C_2H_5)COOH$$

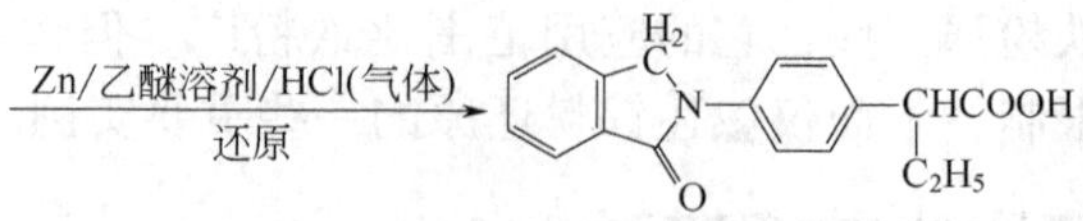

$$\xrightarrow[\text{还原}]{\text{Zn/乙醚溶剂/HCl(气体)}}$$ 吲哚布芬(抗凝血药)

7.4.5 硝基化合物还原成氧化偶氮、偶氮和氢化偶氮化合物

锌粉在氢氧化钠水溶液的强碱性条件下，可以使硝基苯发生双分子还原反应，依次生成氧化偶氮苯、偶氮苯和氢化偶氮苯。

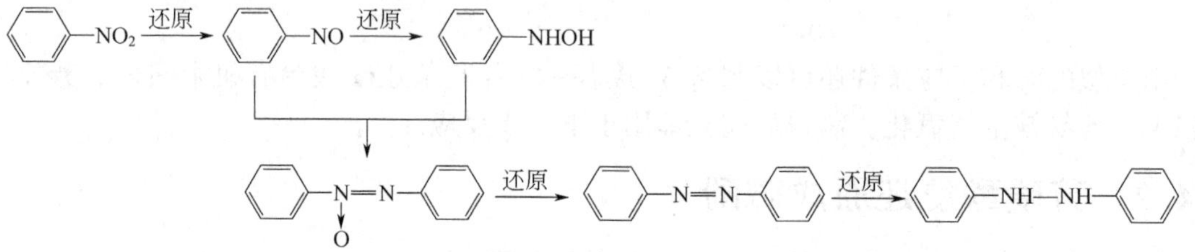

PhNO$_2$ →还原→ PhNO →还原→ PhNHOH

→ Ph-N=N(O)-Ph →还原→ Ph-N=N-Ph →还原→ Ph-NH-NH-Ph

7.5 硫化碱还原

这类还原剂的特点是还原性温和，主要用于将芳环上的硝基还原为氨基。当芳环上有吸电基时使还原反应加速，有供电基时使还原反应变慢，由 Hammett 方程计算，间二硝基苯的还原速率比间硝基苯胺的还原速率快 1000 倍以上，因此当芳环上有多个硝基时，在适当条件下，可以选择性地只还原其中的一个硝基。对于硝基偶氮化合物可以只还原硝基而不影响偶氮基。另外，也可以用于将偶氮基还原成氨基。

所用硫化碱种类主要有 Na$_2$S、Na$_2$S$_2$ 和 NaHS，个别情况下也用 (NH$_4$)$_2$S 和多硫化钠。

7.5.1 多硝基化合物的部分还原

对于芳香族多硝基化合物的部分还原通常采用 Na$_2$S$_2$、NaHS 或 Na$_2$S+NaHCO$_3$ 作还原剂，硫化碱的用量只需超过理论量的 5%~10%，还原温度 40~80℃，一般不超过 100℃，以避免发生完全还原副反应。有时还加入硫酸镁以降低还原介质的碱性。

2-氨基-4-硝基苯酚是以硫化钠和硫酸亚铁反应制得的新鲜硫化亚铁为还原剂，在 60~80℃时，由 2,4-二硝基苯酚部分还原制得。

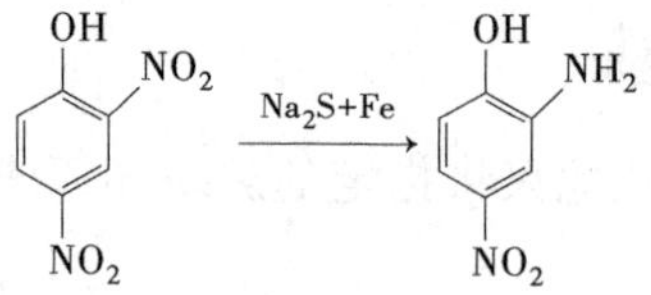

2,4-(O$_2$N)$_2$C$_6$H$_3$OH $\xrightarrow{\text{Na}_2\text{S+Fe}}$ 2-NH$_2$-4-O$_2$N-C$_6$H$_3$OH

7.5.2 硝基化合物的完全还原

单硝基化合物还原成芳伯胺，以及某些二硝基化合物还原成二氨基化合物，常常用硫化碱还原法代替传统的铁粉还原法。硫化碱还原法特别适用于所制得的芳伯胺容易与副产的硫代硫酸钠废液分离的情况。

完全还原时通常以 Na_2S 或 Na_2S_2 作还原剂，硫化碱的用量一般要超过理论量的 10%~20%，还原温度一般为 60~110℃，有时为了还原完全，缩短反应时间，可在 125~160℃ 的高压釜中反应。

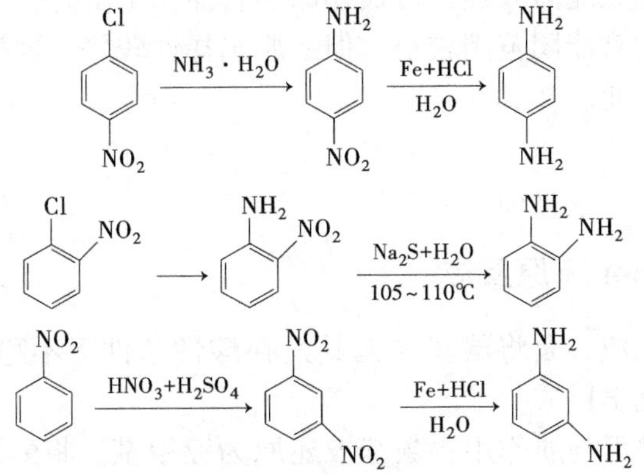

7.6 其他还原方法

7.6.1 含氧硫化物还原

亚硫酸钠和亚硫酸氢钠是温和的还原剂，可以将硝基、亚硝基、羟氨基和偶氮基还原成氨基，而将重氮盐还原成肼。其特点是在硝基、亚硝基等基团被还原成氨基的同时在环上引入磺酸基。这种还原磺化的方法在工业生产中具有一定的重要性。

比如，间二硝基苯与亚硫酸钠溶液共热，然后酸化煮沸，得到 3-硝基苯胺-4-磺酸。

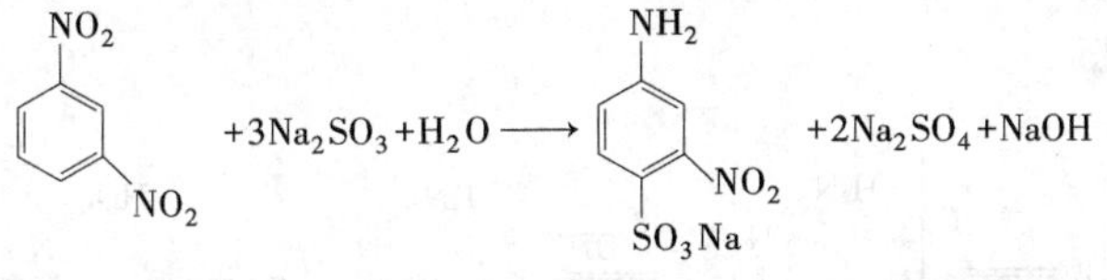

此外，连二亚硫酸钠（保险粉）在稀碱性介质中是一种强还原剂，反应条件较为温和、反应速率快、收率较高，可以把硝基还原成氨基，但是保险粉价格高且不易保存，主要用于蒽醌及还原染料的还原。比如，连二亚硫酸钠可以将还原蓝 RSN 还原成可溶于水的隐色体，应用于染色过程。

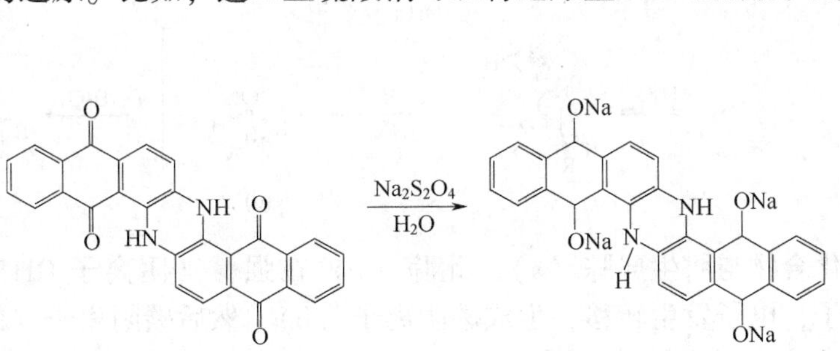

7.6.2 金属复氢化合物还原

这类还原剂中最重要的是氢化铝锂（$LiAlH_4$）、氢化硼钠（$NaBH_4$）和四氢硼钾

（KBH_4）。这类还原剂中的氢是负离子（H^-），它对 \C=O、\C=CH—、—N=O、\S=O 等极化双键可发生亲核进攻而加氢，但是对于极化程度比较弱的双键则一般不发生加氢反应。这类还原剂中四氢铝锂的还原能力较强，可被还原的官能团范围广，四氢硼钠和四氢硼钾的还原能力较弱，可被还原的官能团范围较窄，但还原选择性较好。这类还原剂价格很贵，目前只用于制药工业和香料工业。

7.6.3 肼还原

7.6.3.1 Wolff-Kishner 还原反应

Wolff-Kishner 还原反应，是将羰基（尤其是在酸性条件下不稳定的羰基）在碱性条件下还原成亚甲基的一种化学反应。

醛或酮类在碱性条件下与肼作用，羰基被还原为亚甲基。将醛酮与肼反应使它变成腙，然后将腙与乙醇钠及无水乙醇在封管或高压釜中加热到180℃左右，即生成烃：

$$\diagdown C=O \xrightarrow{NH_2NH_2} \diagdown C=NNH_2 \xrightarrow{NaOC_2H_5} \diagdown CH_2 + N_2$$

这种还原醛、酮的方法称为 Wolff-Kishner 还原法。

反应过程中反应物分子中的羟基、碳碳双键及三键均不受影响，但反应需使用昂贵的无水肼和金属钠，并在高压釜或封管中进行，耗时长更是长达 3~4d。

7.6.3.2 Wolff-Kishner-Huang 还原法

Wolff-Kishner-Huang 还原法又称为改良的 Kishner-Wolff 还原法，是指一些对酸不稳定而对碱稳定的醛类或酮类在碱性条件下与肼作用，羰基被还原为亚甲基的反应，属于羰基还原的重要方法之一。

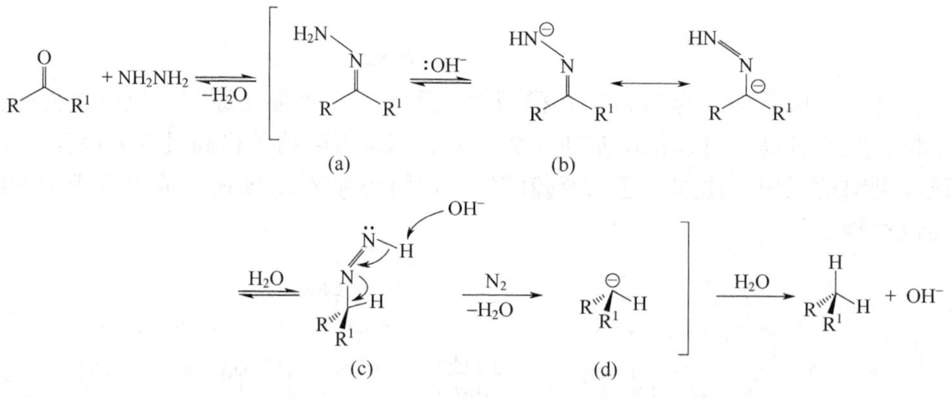

首先，羰基化合物与肼生成腙（a），此腙（a）在强碱（阴离子 OH^-）进攻下，氮原子上失去一个质子，电子发生转移，生成碳阴离子（b），然后碳阴离子（b）吸取一个质子生成（c），此物在高温时在强碱（阴离子 OH^-）进攻下，氮原子上再失去一个质子，并放出一分子氮，生成碳阴离子（d），此碳阴离子（d）吸取一个质子，即生成还原产物烃。

该方法是首例以中国科学家命名的重要有机化学反应，已写入多国有机化学教科书，称黄鸣龙还原法、黄鸣龙反应或黄鸣龙还原反应。在 1963 年第 58 卷化学文摘（*Chemical*

Abstract）中，首次出现检索词 Huang Minlon Reduction。并于 2002 年入选《美国化学会志》（J. Am. Chem. Soc.）创刊 125 周年被引用最多的 125 篇论文之一。黄鸣龙手稿见图 7.3。

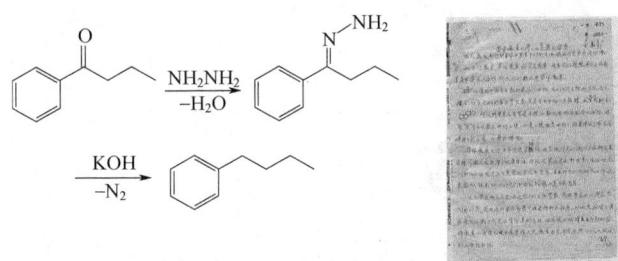

图 7.3　《甾体激素化学工业发展的趋势》黄鸣龙手稿

原来 Wolff-Kishner 的方法是将醛或酮与肼和金属钠或钾在高温（约 200℃）下加热反应，需要在封管或高压釜中进行，操作不方便。黄鸣龙改进不用封管而在高沸点溶剂如一缩二乙二醇（二甘醇，b. p. =245℃）中，用氢氧化钠或氢氧化钾代替金属钠反应。

对碱敏感的化合物不适用此还原方法，可用 Clemmensen 还原。

❀ 巩固与提升 ❀

1. 写出在 $FeCl_2$、NH_4Cl 等存在下，铁屑还原 $ArNO_2$ 的化学过程。并解释为何用铁屑还原芳香硝基化合物时，须加入电解质？什么是铁的"预蚀"？

2. 试说明 Zn 在酸、碱、中性条件下还原 $ArNO_2$ 时所得的产物。某人用金属锌还原硝基苯，以期得到苯胺，可最后得到的是氢化偶氮苯，请你分析他失败的原因，并用方程式加以说明。

3. 硝基苯的液相催化氢化、同时碱性双分子还原制氢化偶氮苯，试回答以下问题：
（1）写出反应步骤。
（2）这个反应有几个物相？
（3）哪些反应是在催化剂表面进行的？哪些反应不是在催化剂表面进行的？
（4）为何硝基苯的转化率可达 100%？
（5）如何使主反应能顺利进行？

4. 写出顺丁烯二酸酐的制备方法。

5. 写出下列反应的主要产物。

[对硝基苯甲酸] $\xrightarrow{Fe+HCl}$

[间二硝基苯] $\xrightarrow{NaHS+H_2O}$

$H_3C-CH=C(CH_3)-CHO \xrightarrow{Raney-Ni/H_2}$

$O_2N-C_6H_4-CH_2-CO-CH=CH-CH_3 \xrightarrow{Fe/H_2O/FeCl_2}$

第8章 氨基化反应

本章专业知识目标：

（1）了解氨基化反应的定义，氨解剂的种类和特点；
（2）掌握胺类化合物的重要性和合成方法；
（3）掌握有机卤代物、羟基化合物、羰基化合物等的氨解反应历程及应用；
（4）熟练掌握芳环上卤基的氨解反应历程及影响因素（重难点）；
（5）熟练掌握醇羟基气固相接触催化氨化氢化反应历程（重难点）；
（6）熟练掌握酚羟基的 Bucherer 反应机理和反应规律（重难点）。

本章素质能力目标：

（1）能够根据胺类化合物分子结构推断其可能的合成方法；
（2）能够写出胺类化合物的氨解或胺化反应机理；
（3）能够从基本原料出发，进行染料中间体吐氏酸、J 酸、γ 酸的分子设计合成；
（4）能够综合苯胺衍生精细化学品，苯胺的致癌性,苯胺前体硝基苯生产的危险性，培养学生运用科学辩证思维进行事物分析和解读能力；
（5）结合禁用偶氮染料所涉及的芳胺，培养学生良好的职业道德和社会责任意识；
（6）能够结合硝基在芳香族亲电取代和亲核取代中的表现，增强学生运用辩证思维看待问题的能力，认清事物本质，大道至简，行稳致远。

8.1 氨基化反应概述

8.1.1 氨基化反应定义

氨基化指的是氨与有机化合物发生复分解而生成伯胺的反应，它包括氨解和胺化。氨解是指氨与有机物发生复分解生成伯胺的反应。

$$R—Y + NH_3 \longrightarrow R—NH_2 + HY$$

式中，R = 烷基或芳基；Y = 羟基、卤基、磺酸基或硝基等。

胺化是指氨与双键（或环氧化合物）加成生成胺的反应。

$$NH_3 + \triangle \longrightarrow NH_2CH_2CH_2OH \xrightarrow{\triangle} NH(CH_2CH_2OH)_2 \xrightarrow{\triangle} N(CH_2CH_2OH)_3$$

广义上，氨基化还包括所生成的伯胺进一步反应生成仲胺和叔胺的反应。

脂肪族伯胺的制备主要采用氨解和胺化法。其中最重要的是醇羟基的氨解，其次是羰基化合物的胺化氢化法，有时也用到脂链上的卤基氨解法。另外，脂胺也可以用脂羧酰胺或脂腈的加氢法来制备。

芳胺是合成品种繁多的染料、橡胶防老剂等精细化工产品必不可少的中间体。芳伯胺的制备主要采用硝化—还原法。但是，如果用硝化—还原法不能将氨基引入到芳环上的指定位置或收率很低时，则需要采用芳环上取代基的氨解法。其中最重要的是卤基的氨解，其次是酚羟基的氨解，有时也用到磺酸基或硝基的氨解。

8.1.2 氨基化反应重要性

8.1.2.1 制备脂肪族伯、仲、叔胺及季铵盐

$$ClCH_2CH_2Cl + NH_3 \xrightarrow[\text{约 2MPa}]{H_2O} H_2NCH_2CH_2NH_2$$

$$N(C_2H_5)_3 + ClCH_2-\text{Ph} \longrightarrow C_2H_5-\overset{C_2H_5}{\underset{C_2H_5}{\overset{+}{N}}}-CH_2-\text{Ph} \cdot Cl^-$$

8.1.2.2 制备芳胺

$$\left.\begin{array}{l} Ar-Cl \\ Ar-OH \\ Ar-SO_3H \\ Ar-NO_2 \\ Ar-H \end{array}\right\} \xrightarrow{\text{氨解}} Ar-NH_2$$

苯胺可以进一步制备的重要产品大约 300 种，最大的用途是制备聚氨酯和橡胶硫化促进剂。比如苯胺经进一步反应可制备异氰酸酯，其中二苯甲烷二异氰酸酯（MDI）被广泛用作聚氨酯材料，MDI 的合成路线、生产流程及具体应用见图 8.1～图 8.3。

目前万华化学掌握全球最先进的制备工艺，2021 年 MDI 全球产能 936 万吨，万华化学产能 260 万吨，全球行业市占率 27.8%，全球第一。万华也是中国唯一一家拥有 MDI、HDI、HMDI 和 IPDI 制造技术自主知识产权的化工企业。其制备 MDI 的全流程见图 8.2。

8.1.3 氨基化反应试剂

氨基化所用的反应试剂主要是液氨和氨水，气态氨、溶解在有机溶剂中的氨，含氨基的化合物，如尿素、碳酸氢铵、羟胺及各种芳胺。

气态氨只用于气—固相接触催化氨基化，含氨基的化合物只用于个别氨基化反应。下面介绍液氨和氨水的物理性质和使用情况。

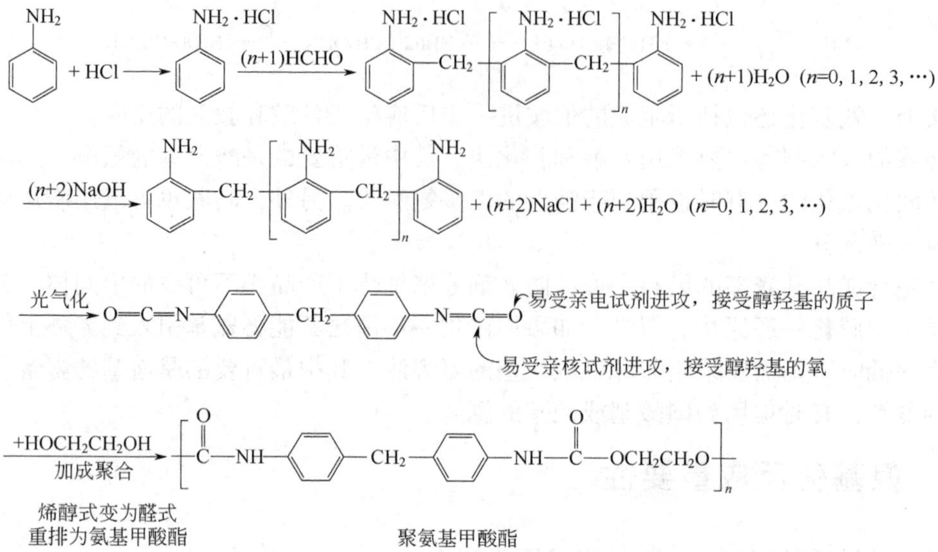

图 8.1 苯胺转化为聚氨酯的反应路线

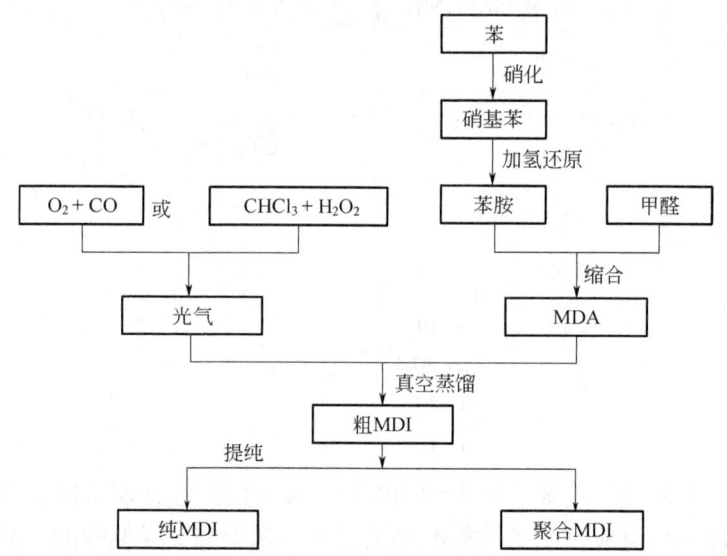

图 8.2 从基本原料出发制备二苯甲烷二异氰酸酯（MDI）的生产流程

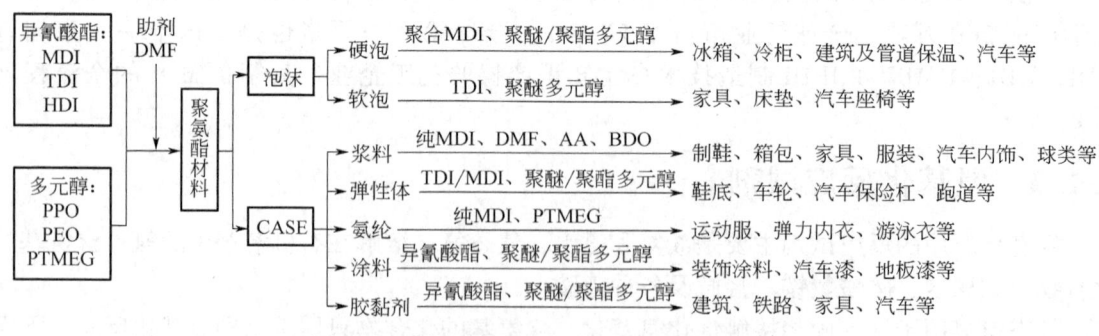

图 8.3 聚氨酯材料在实际生活中的重要应用

(1) 液氨。液氨主要用于需要避免水解副反应的氨基化过程。用液氨进行氨基化的缺点是：操作压力高，过量的液氨较难再以液态氨的形式回收。

$$2NH_3 + \underset{NO_2}{\underset{|}{C_6H_3}}(Cl)(CN) \xrightarrow[\text{高温高压}]{\text{液氨-有机溶剂}} \underset{NO_2}{\underset{|}{C_6H_3}}(NH_2)(CN) + NH_4Cl$$

(2) 氨水。对于液相氨基化过程，氨水是最广泛使用的氨基化剂。它的优点是操作方便，过量的氨可用水吸收，回收的氨水可循环使用，适用面广。另外，氨水还能溶解芳磺酸盐以及氯蒽醌氨解时所用的催化剂（铜盐或亚铜盐）和还原抑制剂（氯酸钠、间硝基苯磺酸钠）。氨水的缺点是对某些芳香族被氨解物溶解度小，水的存在特别是升高温度时会引起水解副反应。因此，生产上往往采用较浓的氨水作氨解剂，并适当降低反应温度。

用氨水进行的氨基化过程，应该解释为是由 NH_3 引起的，因为水是很弱的"酸"，它和 NH_3 的氢键缔合作用不很稳定。

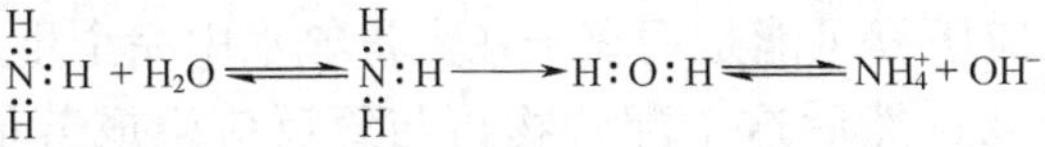

$$\underset{H}{\overset{H}{\ddot{N}}}:H + H_2O \rightleftharpoons \underset{H}{\overset{H}{\ddot{N}}}:H \longrightarrow H:O:H \rightleftharpoons NH_4^+ + OH^-$$

由于 OH^- 的存在，在某些氨解反应中会同时发生水解副反应。

8.2 卤基的氨解

8.2.1 芳环上卤基的氨解

8.2.1.1 反应历程

芳环上卤基的氨解属于典型的亲核取代反应。

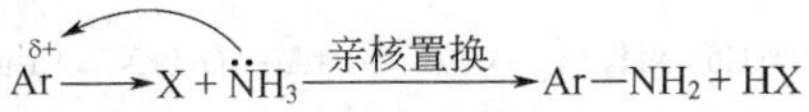

$$Ar\overset{\delta+}{\longrightarrow}X + \ddot{N}H_3 \xrightarrow{\text{亲核置换}} Ar-NH_2 + HX$$

芳环上一般电子云密度较大，亲核试剂难于接近，同时直接连在芳环上的碳卤键的反应性较低，因此，通常卤代芳烃的亲核取代反应要比卤代烷烃的难以进行。

当芳环上没有强吸电基（例如硝基、磺酸基或氰基）时，卤基不够活泼，氨解需要很强的反应条件，并且要用铜盐或亚铜盐作催化剂。

当芳环上有强吸电基时，卤基比较活泼可以不用铜催化剂，但仍需高温高压下氨解。

1. 卤基的非催化氨解

它是一般的双分子亲核取代反应（S_N2），反应分两步：

首先，带有未共用电子对的氨分子向芳环上与氯相连的 C 原子发生亲核进攻，得到带有极性的中间加成物；

然后，加成物迅速转化为铵盐，最后与一分子氨反应，得到产物。

对于活泼的卤素衍生物，如芳环上含有硝基的卤素衍生物，一般属于这类反应历程。其反应速率与卤化物的浓度和氨水的浓度成正比。

$$v_{非催化氨解} = k_1[\text{ArX}][\text{NH}_3]$$

2. 卤基的催化氨解

其反应速率与卤化物的浓度和铜离子的浓度成正比。

$$v_{催化氨解} = k[\text{ArX}][\text{Cu}^+]$$

氯苯、1-氯萘、对氯苯胺等，在没有铜催化剂存在时，在235℃、加压下与胺不会发生反应，而铜催化剂存在时，上述卤化物与氨水加热到200℃，能反应生成相应的芳胺。

因此，催化氨解的反应历程可能是铜离子在大量氨水中完全生成铜氨配离子，卤化物首先与铜氨配离子生成配合物；然后这个配合物再与氨反应生成芳伯胺，并重新生成铜氨配离子。

$$\text{Cu}^+ + 2\text{NH}_3 \xrightleftharpoons{快} [\text{Cu}(\text{NH}_3)_2]^+$$

$$\text{Ar—X} + [\text{Cu}(\text{NH}_3)_2]^+ \xrightleftharpoons{慢} [\text{Ar}\cdots\text{X}\cdots\text{Cu}(\text{NH}_3)_2]^+$$

在上述反应中，生成配合物的反应是最慢的控制步骤。但是在配合物中，卤素的活泼性得以提高，从而加快了它与氨的氨解反应的速率。

应该指出，催化氨解的反应速率虽然与氨水的浓度无关，但是生成伯胺、仲胺和酚的生成量，则取决于氨、已生成的伯胺和OH⁻的相对浓度。

$$[\text{Ar}\cdots\text{X}\cdots\text{Cu}(\text{NH}_3)_2]^+ + \text{Ar—NH}_2 \rightleftharpoons \text{ArNH—Ar} + \text{X}^- + [\text{Cu}(\text{NH}_3)_2^+]$$

$$[\text{Ar}\cdots\text{X}\cdots\text{Cu}(\text{NH}_3)_2]^+ + \text{OH}^- \rightleftharpoons \text{Ar—OH} + \text{X}^- + [\text{Cu}(\text{NH}_3)_2^+]$$

为了抑制仲胺和酚的生成量，一般要用过量很多的氨水。

在卤基氨解时，一般用芳族氯衍生物为起始原料，只有在个别情况下才用溴衍生物。

8.2.1.2 催化剂

一价铜，例如CuCl，它的催化活性高，但价格较贵。它主要用于卤素很不活泼或者生成的芳伯胺在高温时容易被氧化的情况。为了防止一价铜在氨解过程中被氧化成二价铜，并减少一价铜的用量，有时可以用$\text{Cu}^+/\text{Fe}^{2+}$、$\text{Cu}^+/\text{Sn}^{2+}$复合催化剂。

二价铜，例如CuSO₄，主要用于防止有机卤化物中其他基团被还原。例如2-氯蒽醌氨解制2-氨基蒽醌时，使用二价铜催化剂可防止羰基被还原。

二价铜盐与一价铜盐催化剂的比较见表8.1。

表 8.1　二价铜盐与一价铜盐催化剂的比较

催化剂	活性	温度	价格	应用范围	实例
CuCl	高	低	贵	卤代烷烃很不活泼或芳伯胺高温易被氧化	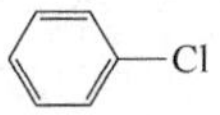 氯苯
CuCl$_2$	低	高	便宜	环上含易发生还原反应的基团	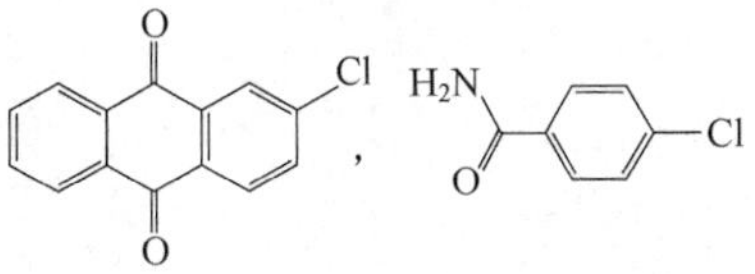 2-氯蒽醌, 对氯苯甲酰胺

8.2.1.3 影响因素

1. 卤化物的结构

工业上采用的卤化物绝大多数是氯化物。在铜催化剂存在下的气相氨解，氯苯的氨解反应活性高于溴苯，主要是由于溴化亚铜比氯化亚铜难分解。

当芳环上卤素原子的邻、对位有吸电基（第二类定位基）时，氨解速率增大。吸电基作用越强，数目越多，氨解反应越容易。例如硝基氯苯的氨解反应温度和压力均低于氯苯，对位硝基的存在使氯基的氨解反应变易。

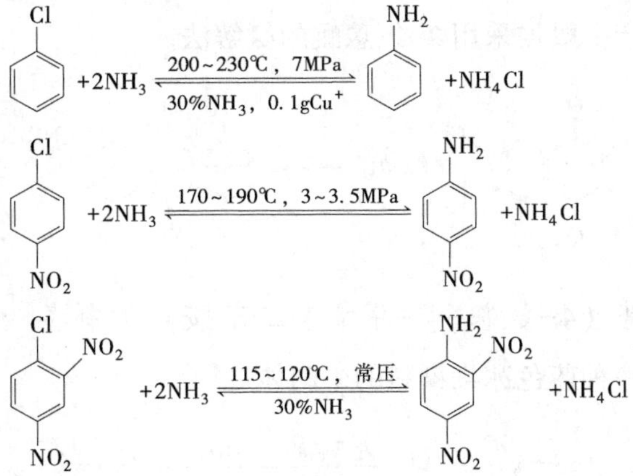

$$\text{氯苯} + 2NH_3 \xrightarrow[30\%NH_3,\ 0.1gCu^+]{200\sim230℃,\ 7MPa} \text{苯胺} + NH_4Cl$$

$$\text{对硝基氯苯} + 2NH_3 \xrightleftharpoons{170\sim190℃,\ 3\sim3.5MPa} \text{对硝基苯胺} + NH_4Cl$$

$$\text{2,4-二硝基氯苯} + 2NH_3 \xrightleftharpoons[30\%NH_3]{115\sim120℃,\ 常压} \text{2,4-二硝基苯胺} + NH_4Cl$$

2. 氨解剂

对于液相氨解反应，氨水仍是应用范围最广的氨解剂。每摩尔芳卤化物氨解时，氨的理论用量是 2mol。实际上，氨的用量要超过理论量好几倍或更多。

8.2.1.4 重要实例

1. 硝基苯胺类的制备

从邻（或对）硝基氯苯及其衍生物的氨解，可制得相应邻（或对）硝基苯胺及其衍生物。

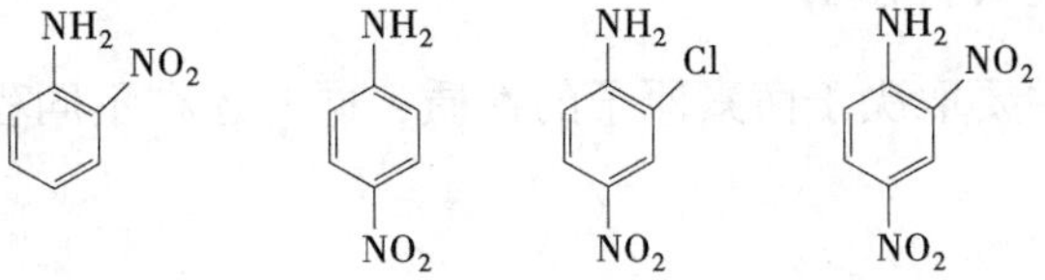

（邻硝基苯胺，对硝基苯胺，2-氯-4-硝基苯胺，2,4-二硝基苯胺的结构式）

由于邻（或对）位硝基的存在，氯基比较活泼，氨解时可不用铜催化剂。其氨解过程可以采用高压釜间歇操作法或高压管式连续操作法。图8.4为邻硝基氯苯胺化流程图。

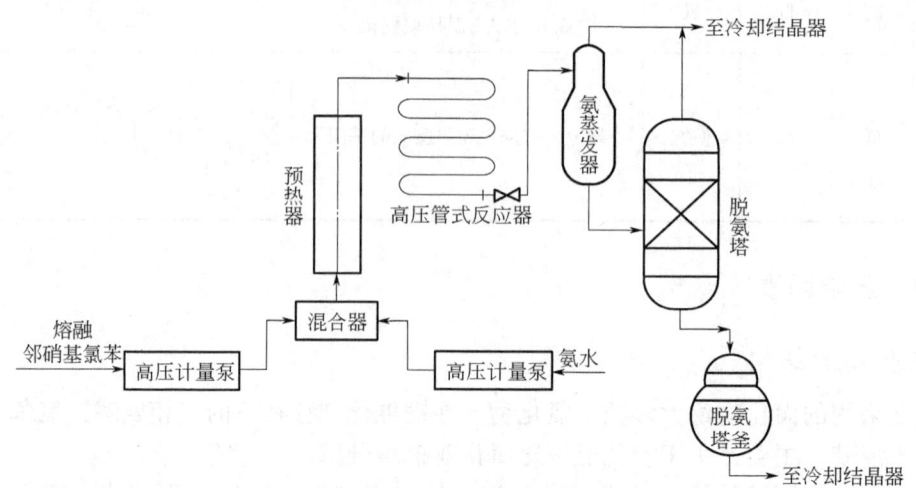

图8.4　高压管道法生产邻硝基苯胺的生产流程图

2. 氨基蒽醌的制备

2-氨基蒽醌的生产一般均采用2-氯蒽醌的氨解法。

3. 安安蓝 B 色基（4-氨基-4′-甲氧基二苯胺）的制备

安安蓝 B 色基是一种蓝色冰染染料的中间体。

8.2.2　脂肪族卤基的氨解

碳卤键的热稳定性主要取决于卤素原子的性质，同时还在不同程度上受到卤代程度以及烃基结构的影响。

表 8.2　卤代烷烃的 C—X 键能数据表

化学键类型		C—F	C—Cl	C—Br	C—I
离解能/(kJ/mol)	CH_3—X	451.9	351.8	292.9	221.8
	CH_3CH_2—X	444.1	340.7	288.7	225.9

因为脂肪胺的制备常可以用醇的氨解、羰基化合物的胺化氢化、腈基和—$CONH_2$ 的加氢等合成路线，所以卤基氨解法在工业上只用于相应的卤素衍生物价廉易得的情况。

一般说来，碳原子数少的卤烷进行氨解反应比较容易，可以氨水作氨解剂。碳原子数多的卤烷的活性较低，需要以氨的醇溶液或液氨作氨解剂。

卤烷活性大小依次为 I>Br>Cl>F。叔卤代烷氨解时，易发生消除副反应，不宜采用叔卤代烷氨解制叔胺。在制备脂肪族伯胺时常采用过量很多的氨水，减少仲胺和叔胺生成。

$$R\text{—}X + \ddot{N}H_3 \xrightarrow{[H_3N\text{---}R\text{---}X]} R\text{—}NH_2 + HX$$
$$\downarrow R\text{—}X$$
$$R_2\text{—}NH + HX$$
$$\downarrow R\text{—}X$$
$$R_3\text{—}N + HX$$
$$\downarrow R\text{—}X$$
$$R_4N^+ \cdot X^-$$

8.2.2.1　从二氯乙烷制乙烯多胺类

二氯乙烷很容易与氨水反应，首先生成氯乙胺，然后进一步与氨作用生成乙二胺（乙烯二胺）。由于乙二胺具有两个无位阻的伯氨基，它们容易与氯乙胺或二氯乙烷进一步作用而生成二乙烯三胺、三乙烯四胺和更高级的多乙烯多胺，以及哌嗪（对二氮己环）等副产物。

$$ClCH_2CH_2Cl \xrightarrow{NH_3} ClCH_2CH_2NH_2 \xrightarrow{NH_3} NH_2CH_2CH_2NH_2 \text{ 乙二胺}$$

$$NH_2CH_2CH_2NH_2 \xrightarrow[\text{或 }ClCH_2CH_2Cl,\ NH_3]{ClCH_2CH_2NH_2} NH_2CH_2CH_2NHCH_2CH_2NH_2 \text{ 二乙烯三胺}$$

$$\begin{array}{c}ClCH_2CH_2NH_2\\+\\NH_2CH_2CH_2Cl\end{array} \xrightarrow[\text{环合}]{-HCl} HN\underset{}{\bigcirc}NH \cdot 2HCl \text{ 哌嗪}$$

因为各种多乙烯多胺都有很多用途，在工业上常常同时联产乙二胺和各种多乙烯多胺。图 8.5 给出了二氯乙烷胺化法制乙二胺的工艺流程图。

二乙烯三胺可以进一步与长链羧酸反应，制备咪唑啉型缓蚀剂。

$$C_{17}H_{33}\text{—}COOH + H_2N\text{—}NH\text{—}NH_2 \xrightarrow{-H_2O} C_{17}H_{33}\text{—}CO\text{—}NH\text{—}NH\text{—}NH_2$$

$$\xrightarrow{-H_2O} \underset{\text{咪唑啉缓蚀剂}}{\underset{C_{17}H_{33}}{\overset{}{\bigcirc}}\text{—}CH_2CH_2NH_2}$$

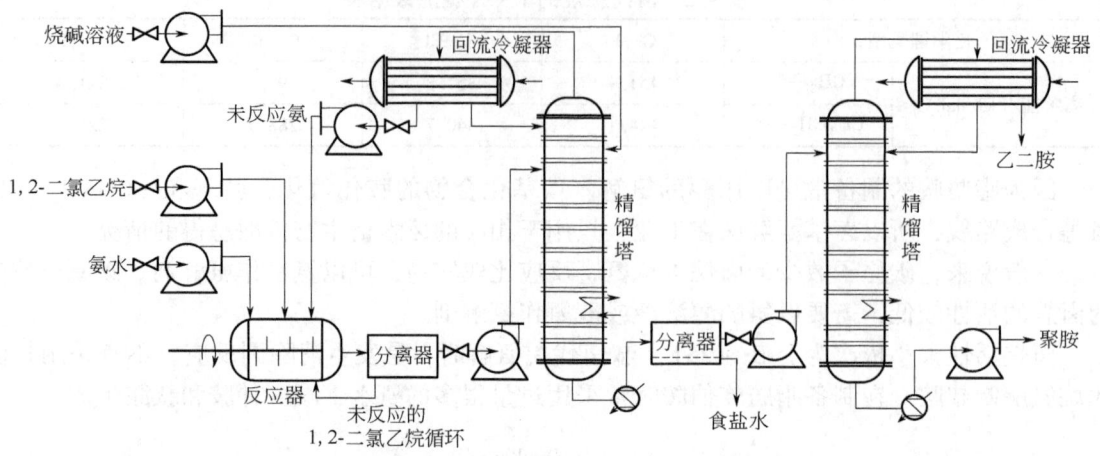

图 8.5 二氯乙烷胺化法制乙二胺的工艺流程图

二乙烯三胺还可以与氯乙酸钠反应，制备羧酸盐型低聚表面活性剂。

$$\begin{array}{c}NH_2\\|\\C_2H_4\\|\\NH\\|\\C_2H_4\\|\\NH_2\end{array} + 2ClCH_2COONa \longrightarrow \begin{array}{c}NH-CH_2COONa\\|\\C_2H_4\\|\\NH\\|\\C_2H_4\\|\\NH-CH_2COONa\end{array} + 2HCl$$

$$\begin{array}{c}NH-CH_2COONa\\|\\C_2H_4\\|\\NH\\|\\C_2H_4\\|\\NH-CH_2COONa\end{array} + 3CH_3(CH_2)_nCOCl \longrightarrow \begin{array}{c}CH_3(CH_2)_n-\overset{O}{\underset{\|}{C}}-N-CH_2COONa\\|\\C_2H_4\\|\\CH_3(CH_2)_n-\overset{O}{\underset{\|}{C}}-N\\|\\C_2H_4\\|\\CH_3(CH_2)_n-\overset{O}{\underset{\|}{C}}-N-CH_2COONa\end{array} + 3HCl$$

8.2.2.2 从氯乙酸制氨基乙酸

β-卤代酸与氨水作用主要发生脱卤化氢的消除反应生成不饱和酸，而只发生极少的氨解反应。但是，α-卤代酸与氨水作用则很容易发生氨解反应生成 α-氨基酸。不过就是使用大大过量的氨水，也会同时生成一些仲胺和叔胺副产物。在这类反应中，最重要的是氯乙酸与氨水作用制氨基乙酸（甘氨酸）。

$$NH_3 \xrightarrow[30\sim50℃,常压]{ClCH_2COOH} H_2NCH_2COOH \xrightarrow{ClCH_2COOH} HN\begin{array}{c}CH_2COOH\\CH_2COOH\end{array} \xrightarrow{ClCH_2COOH} N-(CH_2COOH)_3$$

氨基乙酸　　　　　　　亚氨基乙酸　　　　　　氮三乙酸

8.3 羟基的氨解

某些胺类，若通过硝基还原或其他方法制备并不经济，而相应的羟基化合物供应充分时，则羟基化合物的氨解过程就具有很大意义。

$$ROH + NH_3 \longrightarrow RNH_2 + H_2O$$

8.3.1 芳环上羟基的氨解

此法可用于苯系、萘系和蒽醌系羟基化合物的氨解。但是，其反应历程和操作方式却各不相同。酚类的氨解方法一般有三种：

（1）气相氨解法：在催化剂（硅酸铝）存在下，气态酚类与 NH_3 进行气—固相催化反应。

（2）液相氨解法：酚类与氨水在 $AlCl_3$、NH_4Cl 等催化剂存在下，高温高压制取胺类。

（3）萘系 Bucherer 反应。

8.3.1.1 苯系酚类的氨解

苯系一元酚的羟基不够活泼，它的氨解需要很强的反应条件。苯系多元酚的羟基比较活泼，可在较温和的条件下氨解，但是没有工业应用价值。

羟基化合物的氨解为可逆过程：苯系酚类的氨解主要用于苯酚的氨解制苯胺和间甲酚的氨解制间甲苯胺。由于所用原料和产品的沸点都不太高，上述氨解过程采用气—固相接触催化氨解法，而且未反应的酚类要用共沸精馏法分离回收。

1. 苯胺的制备

苯胺的生产主要采用硝基苯的加氢还原法，随着需求量的增长及异丙苯法能提供廉价苯酚原料，促进了氨解法的发展。目前硝基苯加氢法生产能力占比85%，Halcon 酚羟基氨解法占比10%，铁粉还原法占比5%，前两种生产方法的反应路线见图8.6。其中苯酚氨解工艺始于1947年，1970年投入大型生产，工艺条件为反应温度400~480℃，反应压力0.98~3.43MPa，催化剂 Al_2O_3-SiO_2。苯酚气相催化氨解制苯胺的反应工艺流程见图8.7。

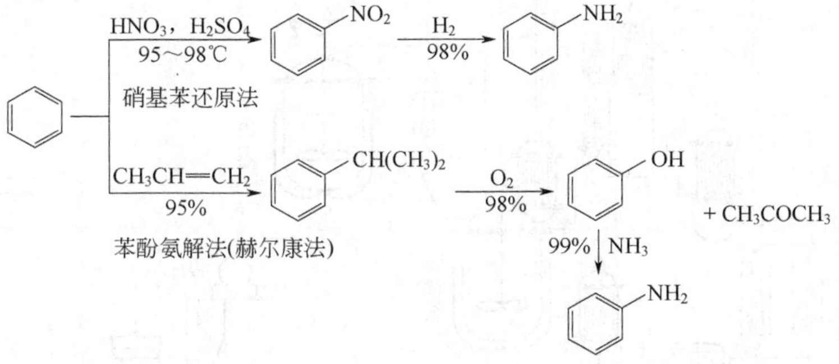

图 8.6 硝基苯还原法和苯酚氨解法制备苯胺的合成路线

2. 间甲苯胺的制备

间甲苯胺最初是由间硝基甲苯的还原法制得的。但是，在甲苯的一硝化产物中，间位体的含量只有4%左右，影响了间甲苯胺的产量和价格。后采用间甲酚的氨解法生产间甲苯胺，该方法与苯酚的氨解法相似，425℃在催化剂 Al_2O_3-SiO_2 作用下完成。原料间甲酚是由间甲基异丙苯的氧化—酸解法制得的。

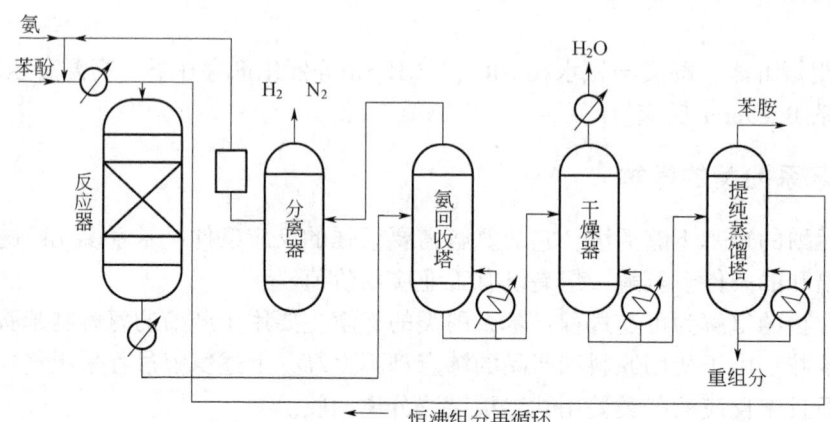

图 8.7　苯酚气相催化氨解制苯胺流程图

3. 防老剂丁（N-苯基-β-萘胺）的制备（图 8.8）

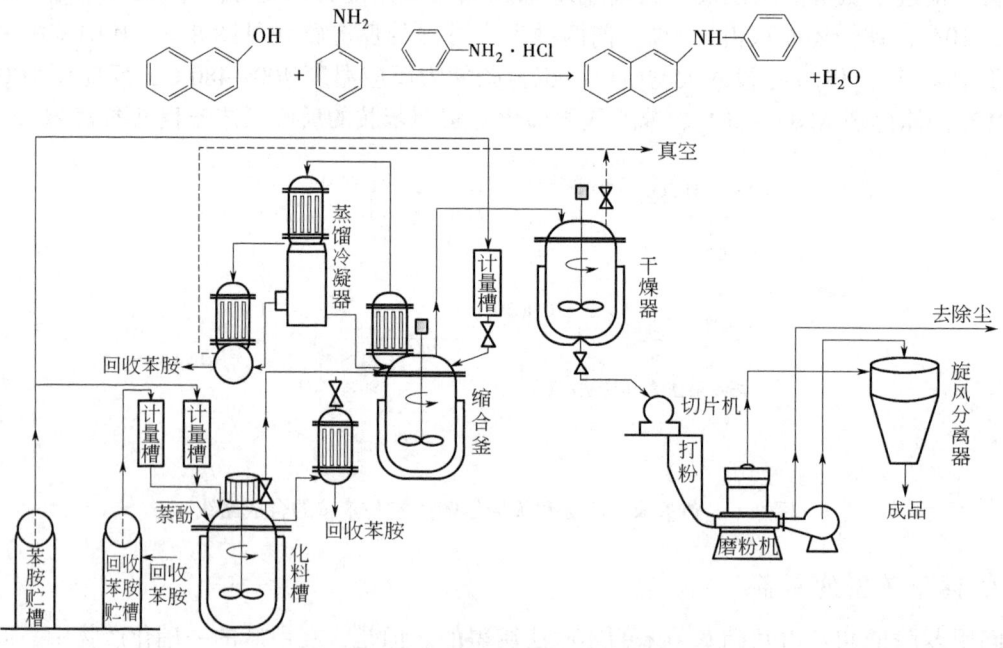

图 8.8　防老剂丁的生产工艺流程图

8.3.1.2　萘酚衍生物的氨解（亚硫酸盐存在下的氨解）——Bucherer 反应

由于萘环 α 位的反应活泼性强于 β 位，因此萘环上 β 位的氨基一般不能用硝化—还原法、氯化—氨解法或磺化—氨解法来引入。但萘环上 β 位羟基却易通过磺化—碱熔法来引入。

因此，β-萘酚及其磺酸衍生物的氨解常需采用 Bucherer 反应。由 β-萘酚氨解可以制得 β-萘胺，要注意 β-萘胺是被欧盟禁用的 24 类强致癌芳胺之一。

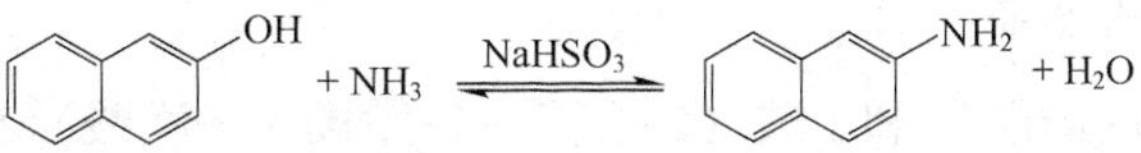

$$\text{β-萘酚} + NH_3 \xrightleftharpoons{NaHSO_3} \text{β-萘胺} + H_2O$$

1. Bucherer 反应历程

某些萘酚衍生物在亚硫酸盐存在下，可以在较温和的条件下与氨水作用而转变为相应的萘胺衍生物。β-萘酚的氨解历程很可能是：β-萘酚先从烯醇式互变异构为酮式，它与亚硫酸氢铵按两种方式发生加成反应生成醇式加成物，然后再与氨发生氨解反应生成胺式加成物，胺式加成物发生消除反应脱去亚硫酸氢铵生成亚胺式的 β-萘胺，最后再互变异构为 β-萘胺，具体见图 8.9。

$$\text{醇式} \xrightleftharpoons{\text{互变异构}} \text{酮式} \xrightarrow[\text{加成}]{NH_4HSO_3} \text{醇式加成物} \xrightarrow[\text{氨解}]{+NH_3} \text{胺式加成物} \xrightarrow[\text{消除}]{-NH_4HSO_3} \text{萘胺}$$

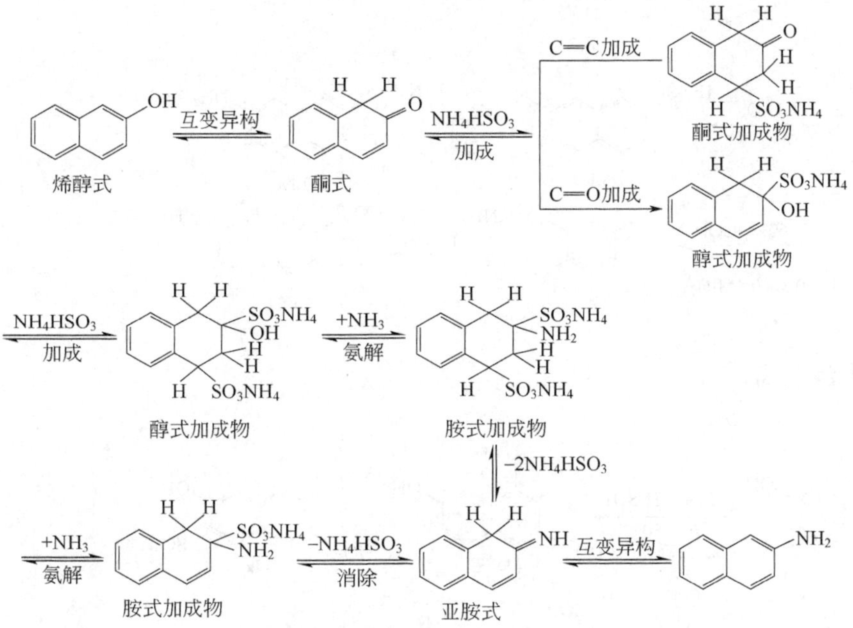

图 8.9 可能的 Bucherer 反应历程

2. 适用范围

Bucherer 反应主要用于从 β-萘酚磺酸制备相应的 β-萘胺磺酸，但并不是所有萘酚磺酸的羟基都能容易地置换成氨基。通过实验总结出以下规律：

（1）羟基处于 1 位时，2 位和 3 位的磺酸基对氨解反应有阻碍作用，而 4 位的磺酸基则使氨解反应容易进行。

（2）羟基处于 2 位时，3 位和 4 位磺酸基对氨解反应有阻碍作用，而 1 位磺酸基则使氨解反应容易进行。

（3）羟基和磺酸基不在同一环上时，磺酸基对这个羟基的氨解影响不大。

应该指出：Bucherer 反应是可逆的，因此有时也用于从萘胺衍生物的水解制备相应的萘酚衍生物，例如对氨基萘磺酸的水解制 α-萘酚-4-磺酸。这时，磺酸基位置的影响也遵守上述规则。

3. 吐氏酸和 J 酸的制备

吐氏酸（β-萘胺-1-磺酸）和 J 酸（2-氨基-5-萘酚-7-磺酸）都是重要的偶氮染料中间体，吐氏酸是由 β-萘酚经低温磺化，然后氨解而制得的，该反应符合 Bucherer 反应规律第（2）条，氨解反应易于进行；J 酸是由吐氏酸经发烟硫酸二磺化，然后酸性水解脱除氨基邻位的磺酸基，经碱熔酸化而制得的。

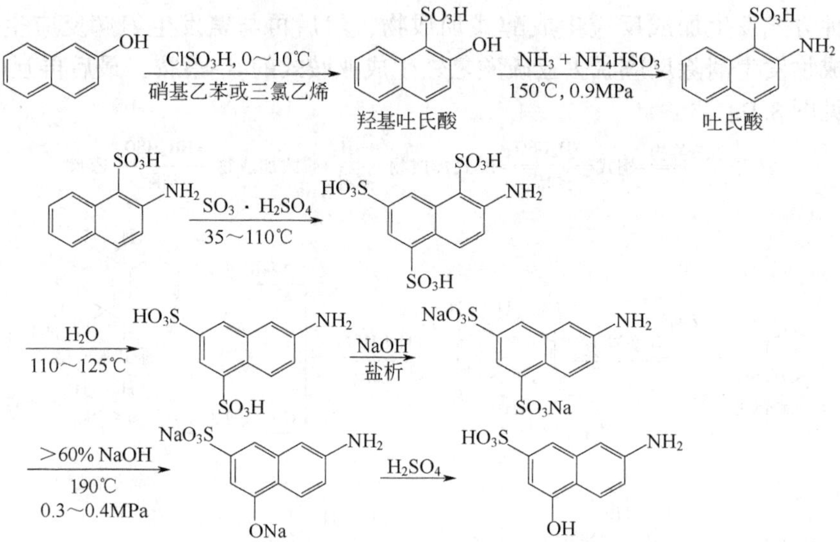

4. γ 酸的制备

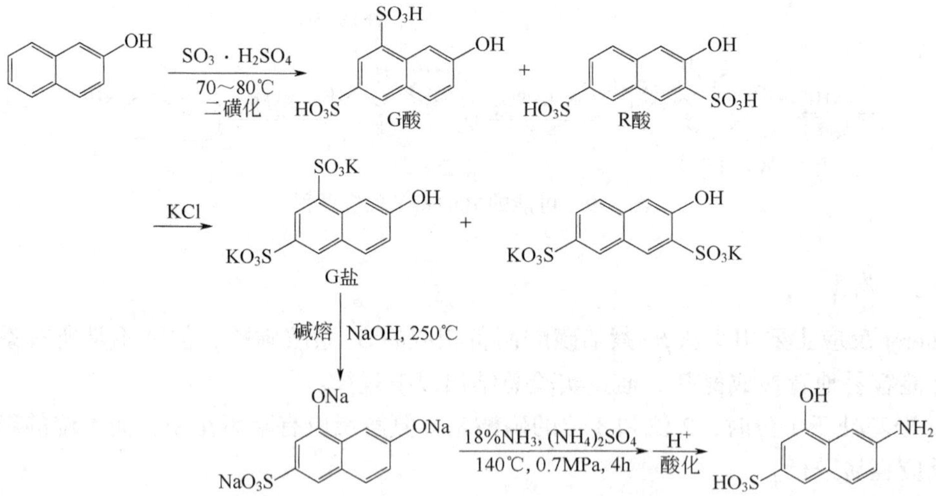

8.3.1.3 羟基蒽醌的氨解

蒽醌环上的氨基一般可以通过硝基还原法、氯基氨解法或磺酸基氨解法来引入。一个特殊的例子是从1,4-二羟基蒽醌的氨解制1,4-二氨基蒽醌。

蒽醌环上的羟基与苯环和萘环上的羟基不同，它的氨解条件比较特殊。它要求将1,4-二羟基蒽醌在20%氨水中先用强还原剂保险粉（$Na_2S_2O_4$）还原成隐色体，然后在94~95℃、0.37~0.41MPa进行氨解，得到的产品是1,4-二氨基蒽醌隐色体。

所得到的1,4-二氨基蒽醌隐色体可以直接使用，也可以用温和氧化剂将其氧化成1,4-二氨基蒽醌，效果最好的氧化剂是硝基苯。

1,4-二羟基蒽醌隐色体

1,4-二氨基蒽醌隐色体　　1,4-二氨基蒽醌

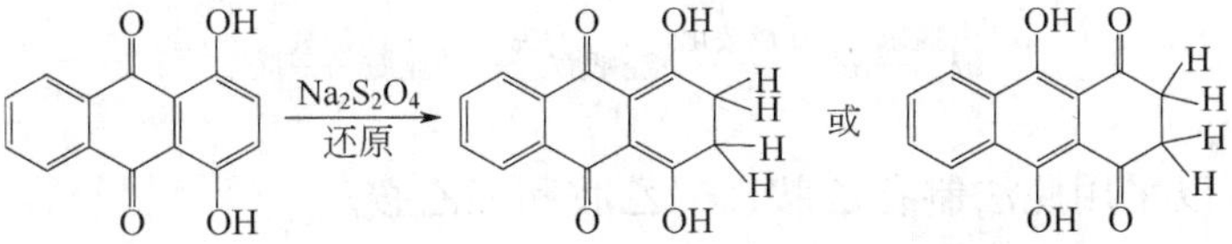

8.3.2 醇羟基的氨解

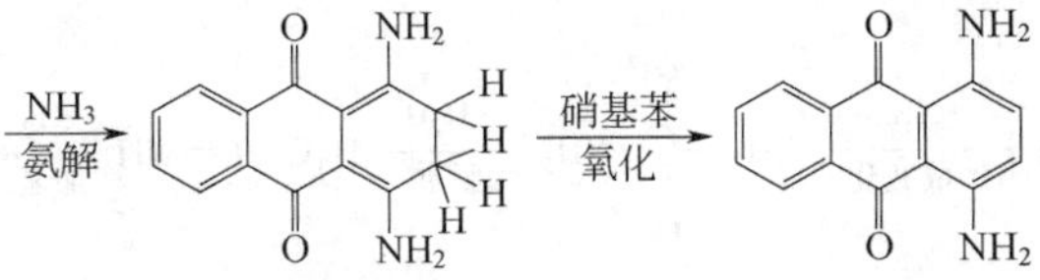

醇和氨在加压的条件下，在催化剂（如Al_2O_3等）存在下加热反应，可以使醇羟基被氨基置换。此法是制备C_1~C_8低碳脂肪胺的重要方法，因为低碳脂肪醇价廉易得。

氨与醇作用时，首先生成伯胺，伯胺可以与醇进一步作用生成仲胺，仲胺还可以与醇作用生成叔胺。所以氨与醇的氨解反应总是生成伯、仲、叔三种胺类的混合物。

$$NH_3 \xrightarrow[-H_2O]{ROH} RNH_2 \xrightarrow[-H_2O]{ROH} R_2NH \xrightarrow[-H_2O]{ROH} R_3N$$

醇羟基不够活泼，所以醇的氨解要求较强的反应条件。反应温度较高，并且伴有结炭、焦油、腈的生成等副反应发生。醇的氨解有三种工业方法，即气—固相接触催化氨解法、气—固相临氢接触催化胺化氢化法和液相氨解法。

8.3.2.1 气—固相接触催化氨解

此法主要用于甲醇的氨解制二甲胺。所用的催化剂主要是SiO_2-Al_2O_3，并加入0.05%~0.95%（质量分数）的Ag_3PO_4、Re_2S_7、MoS_2或CoS等组分。另外也可以使用氧化硅、氧化铝、二氧化钛、三氧化钨、白土、氧化钍、氧化铬等各种金属氧化物的混合物或磷酸盐作催化剂。一般反应温度为250~500℃，压力为0.5~5MPa。

$$CH_3OH+NH_3 \longrightarrow CH_3NH_2+(CH_3)_2NH+(CH_3)_3N+H_2O$$

将甲醇和氨经汽化、预热，通过催化剂后，即得到一甲胺、二甲胺和三甲胺的混合物。其中需要量最大的是二甲胺，其次是一甲胺，三甲胺用途不多。为了多生产二甲胺，可以采取在进料中加水、使用过量的氨、控制反应温度和空速以及将生成的三甲胺和一甲胺循环回反应器等方法。

用类似的方法还可以从乙醇和氨制得一乙胺、二乙胺和三乙胺。另外，也可以采用乙醇（或乙醛）的气—固相临氢催化胺化氢化法、氯乙烷的氨解法和乙氰的气—固相接触催化加氢法来生产一乙胺、二乙胺和三乙胺。

8.3.2.2 气—固相临氢接触催化胺化氢化

从 $C_2 \sim C_4$ 等低碳醇制备相应的胺类，通常都用气—固相临氢接触催化胺化氢化法。此法是将醇、氨和氢的气态混合物在 200℃ 左右和一定压力下通过 Cu-Ni 催化剂而完成的。

整个反应过程包括：醇的脱氢生成醛、醛的加成胺化、羟基胺的脱水和烯亚胺的加氢生成胺等步骤。

$$\text{醇} \xrightarrow{\text{脱氢}} \text{醛} \xrightarrow[\text{NH}_3]{\text{加成胺化}} \text{羟基胺} \xrightarrow{\text{脱水}} \text{烯亚胺} \xrightarrow{\text{加氢}} \text{胺}$$

例如，乙醇可以采用此法制备乙胺、二乙胺和三乙胺。

1. 伯胺的生成

$$CH_3CH_2OH \xrightarrow[\text{脱氢}]{-H_2} H_3C-\underset{O}{\overset{\|}{C}}-H \xrightarrow[\text{加成胺化}]{+NH_3} CH_3-\underset{H}{\overset{OH}{\underset{|}{C}}}-NH_2 \xrightarrow[\text{脱水}]{-H_2O} H_3C-CH=NH \xrightarrow[\text{加氢}]{+H_2} CH_3-CH_2-NH_2$$

羟基胺　　　　　烯亚胺　　　　　伯胺

2. 仲胺的生成

$$CH_3CH_2NH_2 \xrightarrow[\text{加成胺化}]{+CH_3CHO} CH_3CH_2-\underset{H}{\overset{OH}{\underset{|}{N}}}-\underset{}{\overset{}{C}}H-CH_3$$

羟基胺

$$\xrightarrow[\text{脱水}]{-H_2O} CH_3CH_2-N=CH-CH_3 \xrightarrow[]{+H_2} (CH_3CH_2)_2NH$$

烯亚胺　　　　　仲胺

3. 叔胺的生成

$$(CH_3CH_2)_2NH \xrightarrow[\text{加成胺化}]{+CH_3CHO} (CH_3CH_2)_2N-\overset{OH}{\underset{|}{C}H}-CH_3$$

羟基胺

$$\xrightarrow[\text{脱水}]{-H_2O} (CH_3CH_2)_2N-CH=CH_2 \xrightarrow[]{+H_2} (CH_3CH_2)_3N$$

烯亚胺　　　　　叔胺

在催化剂中，铜主要是催化醇的脱氢生成醛，镍主要是催化烯亚胺加氢生成胺。催化剂的载体主要用三氧化二铝，另外也可以用浮石或酸性白土。反应产物是伯、仲、叔三种胺类的混合物。为了控制伯、仲、叔三种胺类的生成比例，可以采用调整醇和氨的摩尔比、反应温度、空速以及将副产的胺再循环等措施。

另外，乙醇胺的临氢接触催化胺化氢化是制备乙二胺的一个重要方法。其总的反应可表示如下：

$$H_2N-CH_2CH_2-OH + NH_3 \longrightarrow H_2N-CH_2CH_2-NH_2 + H_2O$$

8.3.2.3 液相氨解

对于 $C_8 \sim C_{18}$ 醇，由于氨解产物的沸点相当高，所以不采用气—固相接触催化氨解法，而采用液相氨解法。

将 $C_8 \sim C_{18}$ 醇在高压釜中在合金催化剂的存在下连续地通入定量的氨气进行氨解，然后赶掉过量醇，滤掉合金催化剂，可得到三辛胺等产品。所用合金催化剂是由铜—铝、镍—铝、铜—镍—铝、铜—铬—铝等合金用氢氧化钠溶液处理，溶去合金中的部分铝而制得的多孔骨架型催化剂。高碳脂肪醇在骨架镍催化剂存在下，进行氨解可以得到高级脂肪胺，反应一般在常压至 0.7MPa 和反应温度 90~190℃ 下进行。

由于相同碳原子数的醇和胺分离困难，一般要求醇的转化越完全越好。如果连续地将反应生成的水除去，则反应有利于仲胺和叔胺的生成。例如，以骨架镍和碳酸钠为催化剂，由硬脂醇和氨反应可得到双十八胺，其收率可达 95% 以上。

8.4 其他胺化反应

8.4.1 羰基化合物的胺化氢化

8.4.1.1 反应历程

醛和酮等羰基化合物在加氢催化剂的存在下，与氨和氢反应可以得到脂肪胺。

$$RCOCl + NH_3 \longrightarrow RCONH_2 + HCl$$

$$(RCO)_2O + NH_3 \longrightarrow RCONH_2 + RCOOH$$

其反应历程与醇的胺化氢化相同。该反应可在气相进行，也可在液相进行。要求催化剂具有胺化、脱水和加氢三种功能，镍、钴、铜和铁等多种金属对该反应均有催化活性。其中以镍的活性最高，可以是骨架镍或载体型，载体可以是 Al_2O_3、硅胶等，也可以加铜等助催化剂。

$$H_3C-\overset{O}{\overset{\|}{C}}-CH_3 \xrightarrow[-H_2O]{+NH_3} \xrightarrow[80\sim160℃]{+H_2,\ W\text{-}Ni} H_3C-\overset{NH_2}{\overset{|}{C}H}-CH_3$$
$$0.2\sim0.3MPa$$

不同催化剂对丙酮加氢胺化反应生成异丙胺的活性如表 8.3 所示。

表 8.3 不同催化剂对丙酮加氢胺化的反应活性

催化剂	$Ni\text{-}Al_2O_3$	$Ni\text{-}SiO_2$	新鲜骨架镍	再生骨架镍	$Cu\text{-}SiO_2$
相对活性	3.7	2.1	1.4	1.2	1.0

当以醛、酮为原料时，因不需脱氢，反应条件一般比醇的胺化要温和，100~200℃，稍有压力，醛（或酮）和氢及氨的摩尔比一般为 1:(1~3):(1~5)。调节氢氨比可以改变产品中伯胺、仲胺和叔胺的比例。

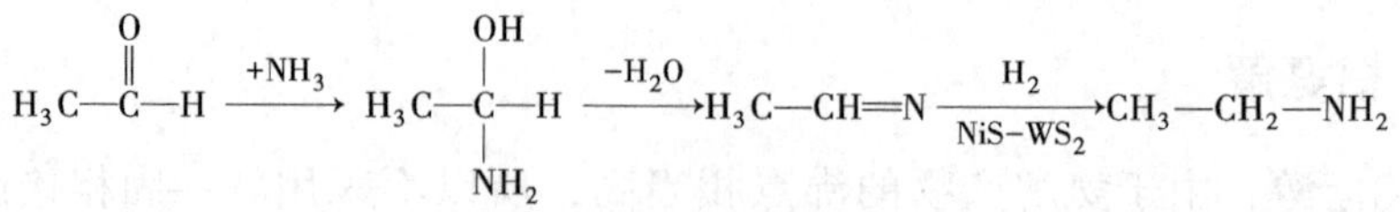

$$H_3C-\overset{O}{\underset{H}{C}}-H \xrightarrow{+NH_3} H_3C-\underset{NH_2}{\overset{OH}{C}}-H \xrightarrow{-H_2O} H_3C-CH=N \xrightarrow[NiS-WS_2]{H_2} CH_3-CH_2-NH_2$$

甲乙酮在骨架镍催化剂存在的高压釜中，在160℃和3.9~5.9MPa与氨和氢反应可制得1-甲基丙胺。

将乙醛、氨、氢的气态混合物以（1:0.4）~（3:5）的摩尔比，在105~200℃通过催化剂，可得到一乙胺、二乙胺和三乙胺的混合物。所用催化剂以铝式高岭土为载体，以镍为主催化剂，以铜、铬为助催化剂。当气体的空速为0.03~0.15h^{-1}时，按乙醛计胺的总收率为88.5%，催化剂使用期为一年。

8.4.1.2 邻氨基苯甲酸的制备

邻氨基苯甲酸是偶氮染料和硫靛染料的中间体。

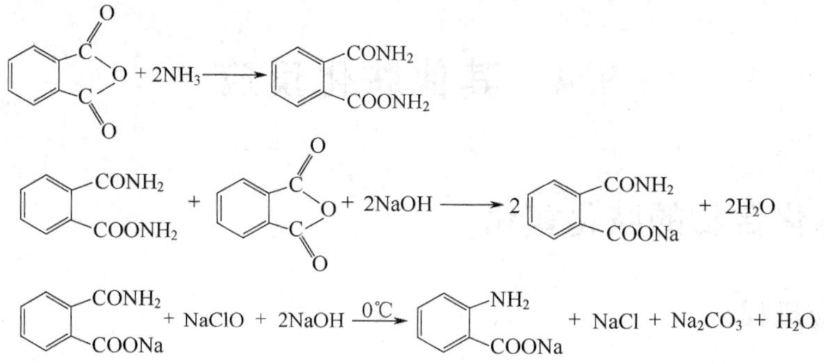

[反应式图：邻苯二甲酸酐 + 2NH_3 → 邻苯二甲酰胺的酰胺酸铵盐]

[反应式图：+ 邻苯二甲酸酐 + 2NaOH → 2 邻苯二甲酰胺钠盐 + 2H_2O]

[反应式图：+ NaClO + 2NaOH $\xrightarrow{0℃}$ 邻氨基苯甲酸钠 + NaCl + Na_2CO_3 + H_2O]

8.4.1.3 对苯二胺的合成

石油化工的迅速发展提供了大量廉价的二甲苯，以二甲苯为原料，经过液相空气氧化、氨化、霍夫曼重排得到对苯二胺的合成路线为：

[反应式图：甲苯 $\xrightarrow[C-烷化]{CH_3OH}$ 对二甲苯 $\xrightarrow[液相空气氧化]{O_2}$ 对苯二甲酸/对苯二甲酸单甲酯]

[反应式图：$\xrightarrow[5~25℃]{NH_3}$ 对苯二甲酰胺 $\xrightarrow[60~95℃]{NaClO}$ 对苯二胺]

8.4.1.4 十八胺的制备

$$C_{17}H_{35}COOH \xrightarrow[-H_2O]{+NH_3} \xrightarrow[\substack{Mo-Ni\\300~330℃\\20MPa}]{+H_2} C_{17}H_{35}CH_2NH_2$$

8.4.2 环氧烷类的加成胺化

环氧乙烷分子中的环氧结构化学活性很强，它容易与氨、胺、水、醇、酚或硫醇等亲核物质作用，发生开环加成反应而生成乙氧基化产物。环氧乙烷与氨作用时，根据反应条件的不同，可得到不同的产物。

8.4.2.1 乙醇胺的制备

环氧乙烷与20%~30%氨水发生放热反应可生成三种乙醇胺的混合物。

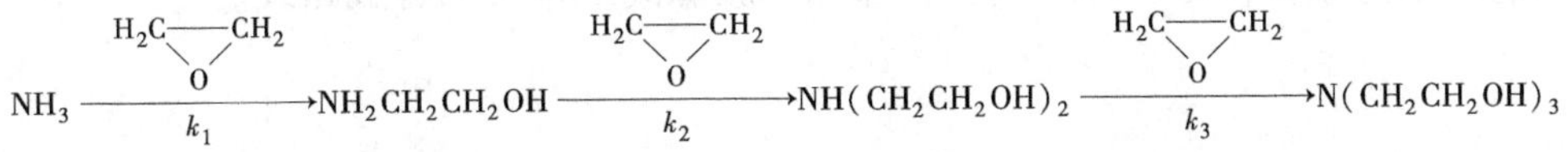

$$NH_3 \xrightarrow[k_1]{H_2C-CH_2 \atop O} NH_2CH_2CH_2OH \xrightarrow[k_2]{H_2C-CH_2 \atop O} NH(CH_2CH_2OH)_2 \xrightarrow[k_3]{H_2C-CH_2 \atop O} N(CH_2CH_2OH)_3$$

8.4.2.2 乙二胺的制备

环氧乙烷与液氨在100℃和31.4MPa反应时，首先生成一乙醇胺，然后它与过量氨发生脱水反应而生成乙二胺。与乙醇胺的临氢胺化氢化法相比，此法操作压力太高。

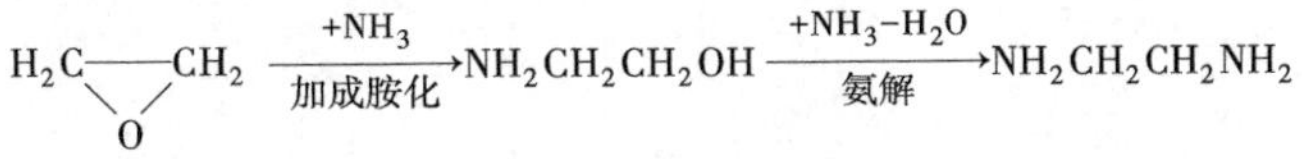

$$H_2C-CH_2 \atop O \xrightarrow[\text{加成胺化}]{+NH_3} NH_2CH_2CH_2OH \xrightarrow[\text{氨解}]{+NH_3-H_2O} NH_2CH_2CH_2NH_2$$

8.5 芳香性胺的致癌性及其毒性规避

芳香性的胺类有一定的致癌作用，因此在使用时要特别小心。并不是所有的芳香性的胺类都有致癌活性，环上取代基的位置不同，致癌活性不同，有一定的规律性。

（1）氨基位于萘的2位和联苯对位的化合物，均有强的致癌活性。
（2）氨基位于萘的1位和联苯间位的化合物，均有弱的致癌活性。
（3）氨基位于联苯邻位的化合物似乎没有致癌活性。
（4）芳环中氨基的对位或邻位被甲基、甲氧基、氟或氯原子取代的化合物的致癌活性增强。

掌握了上述规律性，对于我们今后的工作和研究安全性有很大帮助，在本书的第9章中，部分偶氮染料的限制使用都源自这个问题。

❀ 巩固与提升 ❀

1. 氨基化反应属于什么反应？可制备什么化合物？被置换基团主要有哪些？
2. 试比较制备苯胺的两种工艺流程，主、副反应，工艺条件及优缺点。
3. 醇羟基的气固相接触催化氨解与气固相接触催化胺化氢化有何不同？试列表说明。
4. 写出乙二胺的主要制备方法。
5. 写出由丙烯制2-丙烯胺（烯丙胺）的合成路线，并简要说明。

6. 写出由萘制备以下几种 2-氨基萘二磺酸的合成路线。
（1）2-氨基-1,5-萘二磺酸；（2）2-氨基-6,8-萘二磺酸；（3）2-氨基-5,7 萘二磺酸。

7. 以萘为原料，写出染料中间体 γ 酸的合成路线和各步单元反应名称。

8. 什么是 Bucherer 反应？主要用途是什么？磺酸基位置对氨解反应有何影响？

9. 写出由 β-萘酚合成吐氏酸的工艺路线，并说明产物的用途。

10. 什么是芳氨基化？安安蓝 B 色基如何合成？用到了哪些单元反应？产品有何用途？

11. 请写出由甲苯制对苯二胺的合成路线。

12. 请以苯为原料，写出对二苯胺、邻二苯胺和间二苯胺的合成路线。

第9章 重氮化和重氮基的转化反应

本章专业知识目标：

（1）了解重氮化反应的反应历程和反应动力学；
（2）熟悉重氮基转化为羟基、卤基的反应历程，Sandmeyer 反应，Gattermann 反应（重点）；
（3）掌握重氮化反应方法，重氮基的转化反应（重难点）；
（4）掌握偶合反应的影响因素（重点）。

本章素质能力目标：

（1）能够根据偶氮染料的分子结构，逆向思考，确定其从基本原料出发的合成路线，比如食用色素6、苋菜红、甲基橙、萘酚蓝黑 B 等；
（2）能够激发学习热情，立志于开发设计绿色环保染料；
（3）能够尊重生命，遵守职业伦理，合理应用偶氮化合物。

重氮化和偶合反应是重要的有机合成反应，在精细化工中有很重要的地位，此类反应是染料合成中的两个主要工序，可合成酸性、冰染、直接、分散、活性、阳离子等类型的染料，还可合成各类黄色、红色偶氮型有机颜料。

9.1 重氮化反应

9.1.1 重氮化反应的定义和分类

在低温（一般 0~5℃）和强酸（X^- 一般为 Cl^-、Br^-、NO_3^-、HSO_4^-）水溶液中，芳香族伯胺与亚硝酸作用生成重氮盐的反应称为重氮化反应（Griss 反应）。由于亚硝酸不稳定，通常使用亚硝酸钠和盐酸或硫酸，使反应时生成的亚硝酸立即与芳伯胺反应，避免亚硝酸的分解，重氮化反应后生成重氮盐。

$$ArNH_2 + NaNO_2 + 2HX \longrightarrow ArN_2^+ X^- + NaX + 2H_2O$$

例如，苯胺在盐酸中与亚硝酸钠在低温下反应生成氯化重氮苯（又称重氮苯盐酸盐）。

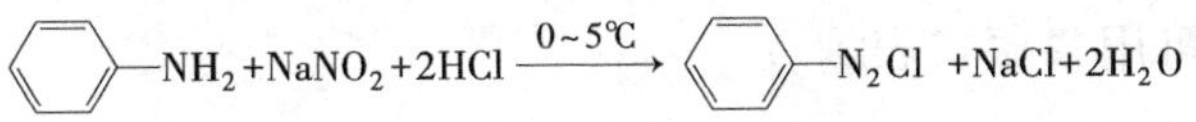

$$\text{C}_6\text{H}_5\text{—NH}_2 + NaNO_2 + 2HCl \xrightarrow{0\sim5℃} \text{C}_6\text{H}_5\text{—N}_2Cl + NaCl + 2H_2O$$

若以硫酸代替盐酸，则得到重氮苯硫酸盐（ <img phenyl-N2HSO4 >）。

图 9.1 给出了常见的苯胺重氮化反应，以及进一步衍生的产物类型。

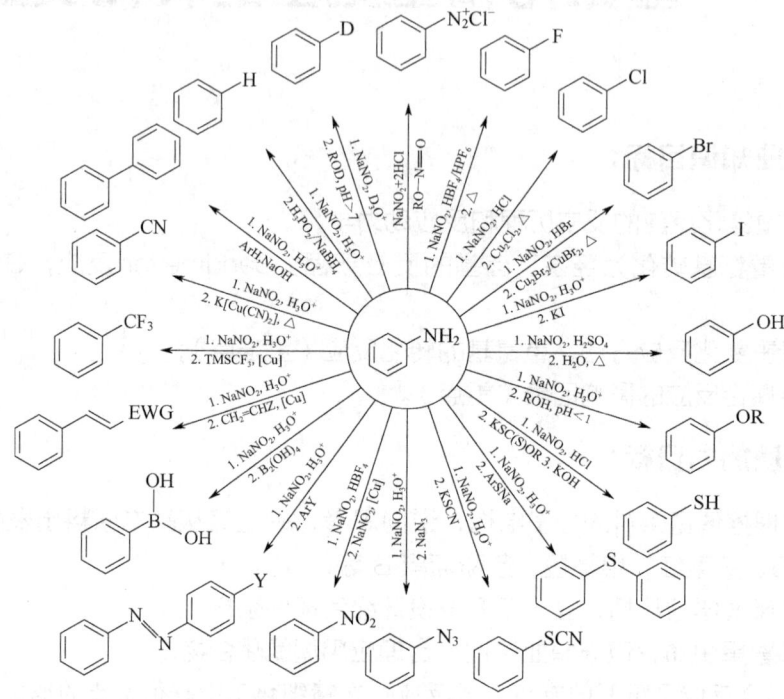

图 9.1　常见的苯胺重氮化反应及其衍生反应

9.1.2　重氮盐的结构和性质

重氮盐的结构可表示为 $[Ar\!-\!\overset{+}{N}\!\!\equiv\!\!N]X^-$ 或简写为 $ArN_2^+X^-$。重氮正离子的两个氮原子和苯环上直接相连的碳原子是线型结构，而且两个氮原子的 π 轨道和苯环的 π 轨道形成离域的共轭体系，其结构如图 9.2 所示。

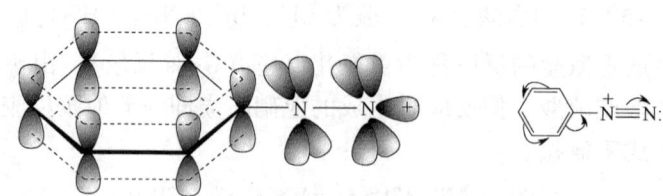

图 9.2　苯重氮正离子的轨道结构

苯重氮正离子也可用共振式表示：

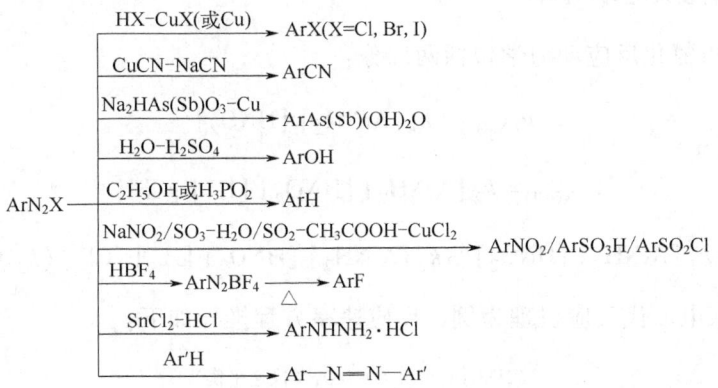

共振式（Ⅰ）（Ⅱ）可解释重氮盐有双重反应性能，（Ⅰ）式表现易发生放氮的取代反应，（Ⅱ）式作为重氮组分进行偶合反应。这一观点可以在重氮盐的化学性质中体现出来。

9.1.2.1 水溶性和电离性

重氮盐的性质与铵相似，溶于水而不溶于有机溶剂，其水溶液能导电。重氮盐在水溶液中离解成 ArN_2^+ 正离子和 X^- 负离子。

重氮盐多半溶于水，只有少数杂酸盐和复盐不溶，溶于水的重氮盐电离出 ArN_2^+ 正离子和酸根负离子。重氮化后，水溶液是否清亮作为反应正常与否的标志。也有一些重氮盐难溶于水，如氟硼酸盐、氟磷酸盐、1,5-萘二磺酸盐、氯化锌复盐、氯化汞复盐等。重氮盐与氢氧化银作用，生成碱性与苛性碱相当的重氮碱。

$$ArN_2X + AgOH \longrightarrow ArN_2^+OH^- + AgX\downarrow$$

9.1.2.2 稳定性

重氮盐的稳定性与苯环上的取代基以及重氮盐的酸根有关。取代的或有烷基取代的重氮盐很不稳定，干燥状态的盐酸或硫酸重氮盐极不稳定，遇热或摩擦、冲撞，都能引起爆炸，只可用它们的水溶液在 0℃ 左右进行合成。

当环上连有吸电子基团时会增加重氮盐的稳定性，这是由于强化了 N≡N 与苯环的共轭，同时也说明具有正电荷的空轨道不与苯环共轭，此时，重氮化反应可在稍高的温度（40~60℃）下进行。但仍使用它们的水溶液进行反应，只有那些稳定的杂酸盐和复盐，才能在合成上直接应用。

一般说来，芳基重氮硫酸盐比盐酸盐稳定，重氮氟硼酸盐很稳定，高温下才分解。

9.1.2.3 化学活泼性

重氮盐化学性质很活泼，可与多种试剂反应，最主要的是发生亲核取代反应。例如：

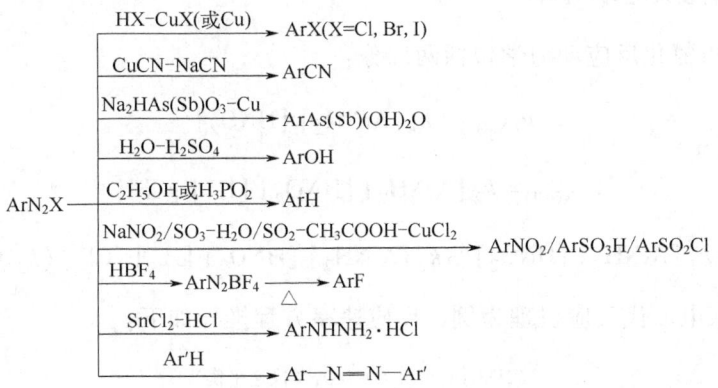

9.1.3 重氮化反应历程和反应动力学

9.1.3.1 重氮化反应体系中的活泼反应质点分析

以稀盐酸介质中的反应为例,反应体系中主要存在游离的 $ArNH_2$ 和 N_2O_3、NO^+、$NOCl$ 等亲电质点。

$$ArNH_2 + HCl \rightleftharpoons ArNH_3^+Cl^-$$
$$ArNH_3^+Cl^- + H_2O \rightleftharpoons ArNH_2 + H_3O^+ + Cl^-$$
$$NaNO_2 + HCl \longrightarrow HNO_2 + NaCl$$
$$HNO_2 \rightleftharpoons H^+ + NO_2^-$$
$$2HNO_2 \rightleftharpoons H_2O + N_2O_3 (亲电质点)$$
$$N_2O_3 \rightleftharpoons NO^+(亲电质点) + NO_2^-$$
$$HNO_2 + HCl \rightleftharpoons NOCl(亲电质点) + H_2O$$

9.1.3.2 N-亚硝化—脱水两步反应历程

如前所述,芳胺在酸性介质中不仅能生成盐,而且会发生水解反应,因而提出了游离胺参加反应的 N-亚硝化学说,重氮化反应是游离芳胺经过 N-亚硝化阶段而生成重氮盐的,即由亚硝酸产生的亲电质点对游离芳伯胺的氨基进行亲电取代反应,然后脱水后生成产物的两步反应机理。

首先,亲电试剂亚硝酰化合物与游离胺作用,生成带正电荷的不稳定的中间体(速率控制步骤);然后,不稳定的中间体转化为重氮盐。

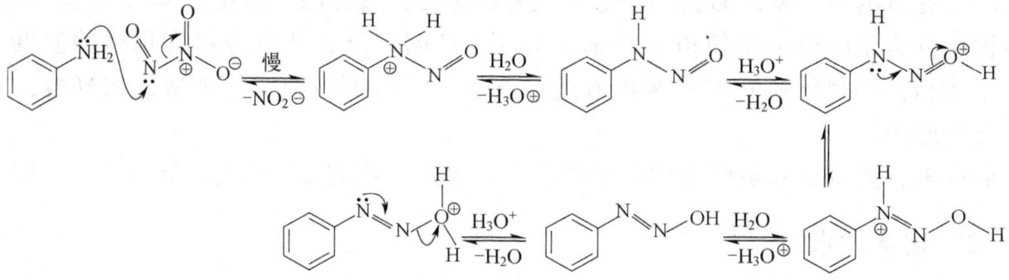

9.1.3.3 重氮化反应动力学

盐酸介质中重氮化反应动力学包括两部分:

$$\nu_{(N_2O_3)} = k_1[ArNH_2][HNO_2]^2$$

$$\nu_{(NOCl)} = k_2[ArNH_2][HNO_2][H^+][Cl^-]$$

$$\nu_{总} = k_1[ArNH_2][HNO_2]^2 + k_2[ArNH_2][HNO_2][H^+][Cl^-] \quad (k_2 \gg k_1)$$

其中,以 N_2O_3 亲电取代反应机理为例,反应速率方程推导如下:

$$2HNO_2 \underset{k_{-a}}{\overset{k_a}{\rightleftharpoons}} H_2O + N_2O_3 \quad (快速平衡)$$

$$ArNH_2 + \overset{\curvearrowleft}{\underset{O}{N}}-O-\underset{O}{N} \xrightarrow{\text{慢},\,k_1} \left[Ar-\underset{H}{\overset{H}{N^+}}-N=O\right] + NO_2^- \xrightarrow[\text{(快)}]{\text{脱水}} ArN_2^+$$

由于可逆反应为快速平衡反应,所以:

$$k_a[HNO_2]^2 = k_{-a} \times [H_2O][N_2O_3]$$

$$[N_2O_3] = \frac{k_a}{k_{-a}} \times \frac{[HNO_2]^2}{[H_2O]}$$

将 $[N_2O_3]$ 代入 $-\dfrac{d[N_2O_3]}{dt} = k_{N_2O_3}[ArNH_2][N_2O_3]$ 得:

$$v = -\frac{d[N_2O_3]}{dt} = k_1[ArNH_2][HNO_2]^2$$

9.1.4 重氮化反应的影响因素及分析

重氮化反应要在强酸中进行,实际上是亚硝酸作用于铵离子。为了使反应能顺利进行,必须首先把芳伯胺转化为铵正离子。芳胺的碱性较弱,因此重氮化要在较强的酸中进行。有些芳胺碱性非常弱,要用特殊的方法才能进行重氮化。

9.1.4.1 无机酸的影响

在反应中无机酸的作用:首先是使芳胺溶解,其次可和亚硝酸钠生成亚硝酸,最后是生成稳定的重氮盐。无机酸的影响主要考虑酸的种类、用量及浓度。

无机酸种类不同,发动进攻的亲电质点不同。NO^+(亚硝基正离子)>$ONBr$(亚硝酰溴)>$ONCl$>$ON-NO_2$(亚硝酸酐)>$ONOH$。弱碱性芳胺重氮化时,应选用浓硫酸,因其与硝酸反应生成强亲电质点 NO^+。若用盐酸,需加入适量溴化钾,道理类似。

重氮盐一般来讲是容易分解的,只有在过量的酸液中才稳定,所以重氮化时实际上酸过量很多,常达 3~4mol。反应完毕时介质应呈强酸性,pH 值为 3,对刚果红试剂呈蓝色,重氮化过程经常检查介质的 pH 值是十分重要的。反应时若酸量不足,生成的重氮盐容易和未反应的芳胺偶合,生成重氮氨基化合物。

$$ArN_2Cl + ArNH_2 \longrightarrow Ar-N=N-NHAr + HCl$$

这是一种自偶合反应,是不可逆的。一旦重氮氨基物生成,即使再补加酸液,也无法使重氮氨基物转变为重氮盐,从而使重氮盐的质量变差,产率降低。在酸量不足的情况下,重氮盐还易分解,温度越高,分解越快。

酸的浓度的影响主要考虑使芳胺形成铵离子的能力、铵盐水解生成游离的芳胺以及亚硝酸的电离几个方面。

$$ArNH_2 + H_3O^+ \rightleftharpoons ArNH_3^+ + H_2O$$
$$HNO_3 + H_2O \rightleftharpoons H_3O^+ + NO_2^-$$

当无机酸的浓度增加时,平衡向胺盐生成的方向移动,游离胺的浓度降低,重氮化的速率变慢。另一方面,反应中还存在着亚硝酸的电离平衡。

酸浓度的增加可抑制亚硝酸的电离而加速重氮化。一般来讲当无机酸浓度较低时,这一影响是主要的,而降低游离胺的浓度的影响是次要的,此时随酸的浓度增加,重氮化速率增加。但随着酸浓度增加，使芳胺形成铵离子的影响逐渐变为主要的，这时继续增加酸的浓度便降低游离胺的浓度，就使反应速率下降。

9.1.4.2 芳胺类型及重氮化方式

由于 p-π 共轭效应，芳胺氮原子与质子的结合能力降低，碱性比脂肪胺弱。芳胺氮原子上所连的苯环越多，共轭程度越大，碱性也就越弱。

苯胺、萘胺以及芳环上含给电子基团时，碱性较强，可以在稀的无机酸的溶液进行重氮化反应，在 0℃ 附近，加入等当量的亚硝酸钠和 3~4mol 的无机酸即可。如果芳胺环上有吸电子基团时，碱性较弱，它们的盐，特别是硫酸盐，在水中的溶解性较小。在重氮化时，可以把它们和稀酸一起加热使之溶解，随即迅速搅拌冷却到 0℃，这样可得到铵盐的细结晶，便于进行重氮化。还可以把这些胺和亚硝酸钠在水中调成糊状，慢慢加入冰冷的稀酸中来进行重氮化，这些重氮化物的稳定性相对好一些。

例如氨基苯甲酸或氨基萘磺酸等的重氮化，可以将它们的铵盐先溶于水里，和等当量的亚硝酸钠水溶液混合起来，慢慢滴加到冰冷的无机酸里。此时无机酸的用量，当然要在四个当量以上。

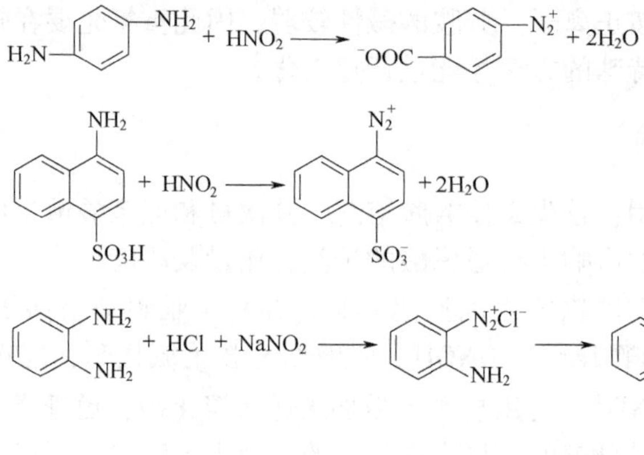

对于碱性很弱的芳胺，如 2,4-二硝基苯胺、2,4,6-三溴苯胺以及杂环 α-位胺等，重氮化必须在强酸中进行。把它们溶解在浓硫酸或浓磷酸中，用固体亚硫酸氢钠或亚硝酰硫酸进行重氮化，再稀释后使用。另一个方法是以冰醋酸（或甲醇、乙醇）为溶剂，加入二当量的浓硫酸，用亚硝酸乙酯（丁酯、戊酯）进行重氮化，用这个方法制成的重氮盐，可以加入大量乙醚，使其从醋酸溶液中析出，再用水溶解，能得到较纯的重氮盐。二元芳伯胺的重氮化，要看两个氨基的相对位置不同而发生不同的反应。

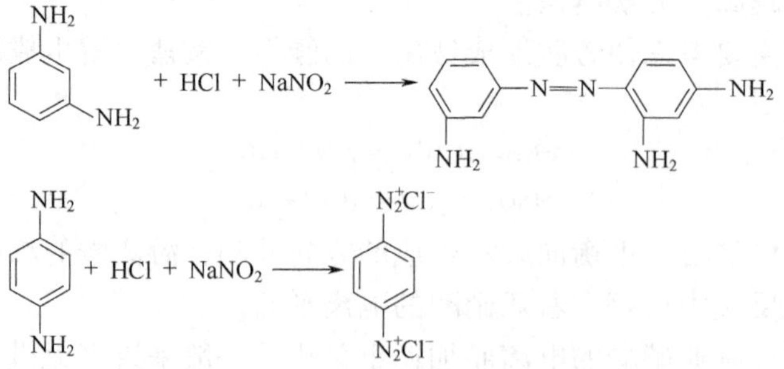

羟基苯胺也与二元苯胺类似，邻位异构体也是环状偶合体，但这个环不如三唑环稳定。间位对位的酚胺与亚硝酸反应，不易得到可用的重氮盐。间羟基苯胺可在氟硼酸中重氮化。

与羟基类似的巯基，对氨基重氮化的影响，也和羟基类似。

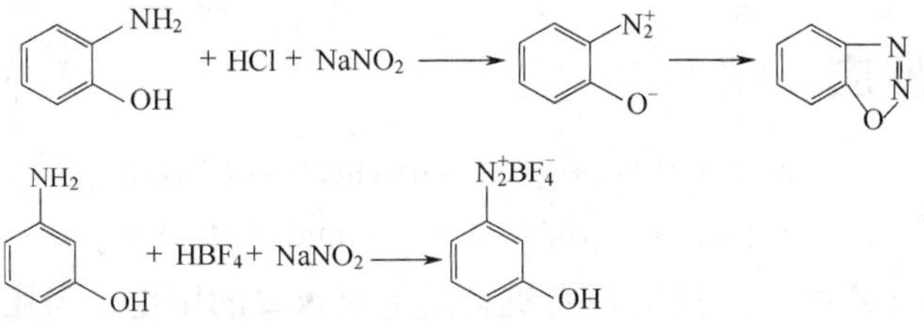

由上可见，对于不同的反应物，其重氮化的难易程度也不同，对于相同的反应物，其重氮化反应还要考虑浓度和加料速度的影响。若反应物浓度太大，反应激烈，温度难控制，容易因为局部温度高而造成部分重氮化合物分解；若太小，反应速率过慢，反应不完全。一般情况是，反应完毕溶液总体积为胺量的 10~12 倍。加料速度影响反应温度和反应液中亚硝酸的量。亚硝酸量太多促使重氮化合物分解；加料太慢，生成重氮氨基化合物的可能性增加。

9.1.4.3 芳胺的碱性

在重氮化反应中，芳胺存在以下两种碱性平衡：

$$ArNH_2 + H^+ \longrightarrow ArNH_3^+$$
$$ArNH_2 + N^+=O(O=N-Cl) \Longleftrightarrow Ar-NH-N=O + H^+$$

当酸度一定时，碱性较强的芳胺，一方面较易生成 Ar—NH—N=O，对重氮化有利；另一方面，由于 $ArNH_2$ 较稳定，较难解离出 $ArNH_2$，游离胺浓度低，不利于重氮化。

芳胺的碱性对 Ar—NH—N=O 的生成和游离胺的影响是矛盾的，统一的方法是调节酸度。酸度较低时，平衡以上式为主，碱性强的芳胺易反应；酸度较高时，平衡以下式为主，碱性弱的芳胺易解离出胺，对重氮化有利，碱性很弱的芳胺宜在浓硫酸中反应。

9.1.4.4 反应温度

由于重氮化反应是放热反应，而重氮盐的热稳定性很差，重氮化反应大多在低温下进行，重氮化反应的温度主要决定于芳胺的碱性和重氮盐的稳定性。一般来说，碱性较强的芳胺，重氮化反应温度低；碱性弱，其重氮盐较稳定的芳胺，可适当提高温度以加速反应。重氮化反应一般在较低温度下进行这一原则不是绝对的。在间歇反应锅中重氮化反应时间长，应保持较低的温度，但在管道中进行重氮化时，反应中生成的重氮盐很快转化，因此重氮化反应可在较高温度下进行。

9.1.4.5 重氮化反应的分析

$$HNO_2 + KI + HCl \longrightarrow 1/2 I_2 + KCl + H_2O + NO$$

重氮化反应的分析主要是采用化学法来控制反应进程，由于重氮化反应必须有少量亚硝酸的存在，检验亚硝酸的方法是碘化钾—淀粉法：在无机酸存在下，亚硝酸和碘化钾反应，析出的碘使淀粉变蓝。

9.2 重氮基的转化反应

9.2.1 脱氨基反应

$$ArN_2^+Cl + H_3PO_2 + H_2O \longrightarrow ArH + H_3PO_3 + N_2\uparrow + HCl$$

$$ArN_2^+HSO_4^- + C_2H_5OH \longrightarrow ArH + CH_3CHO + N_2\uparrow + H_2SO_4$$

次磷酸的效果好于乙醇。此反应在有机合成上有重要的用途，当用一般取代方法不能将取代基引入目的位置时，可用此法。例如：

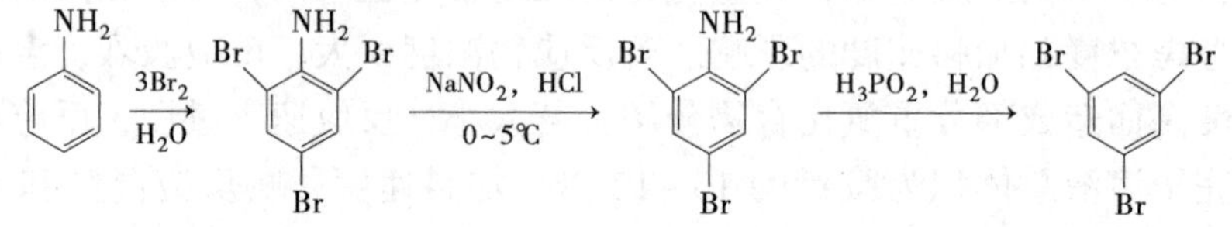

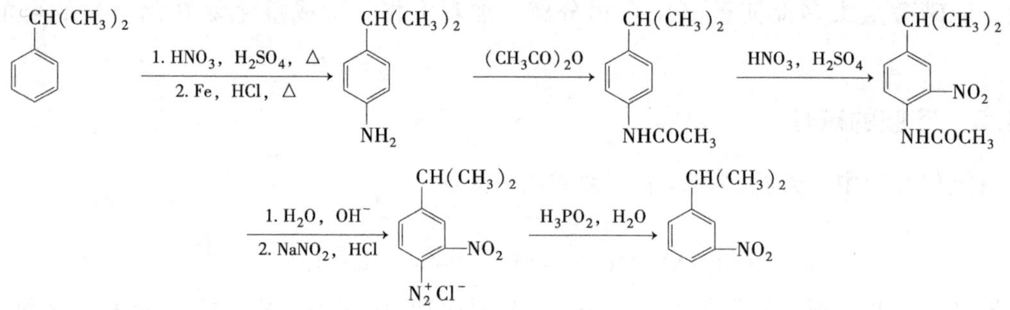

9.2.2 重氮盐的水解反应

加热芳香族重氮硫酸盐，即有氮气放出，同时生成酚，故又称重氮盐的水解反应。

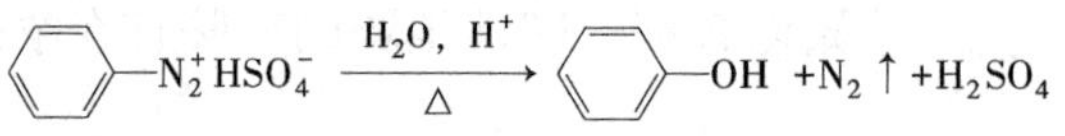

本法可以用来制备较纯的酚或用其他方法难以得到的酚。例如：

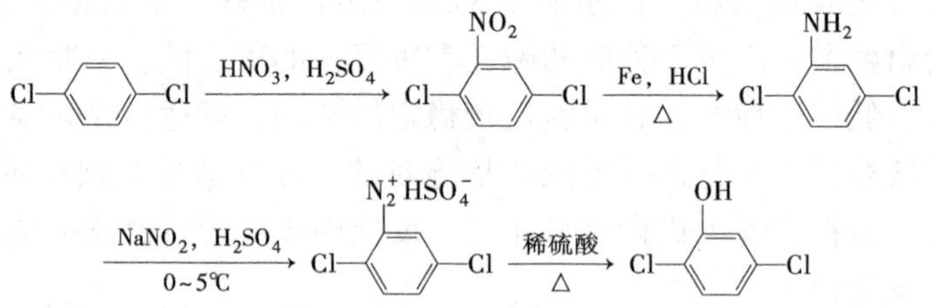

9.2.2.1 重氮盐的水解反应历程

重氮盐的水解反应是典型的单分子亲核取代反应（S_N1），其反应历程如下：

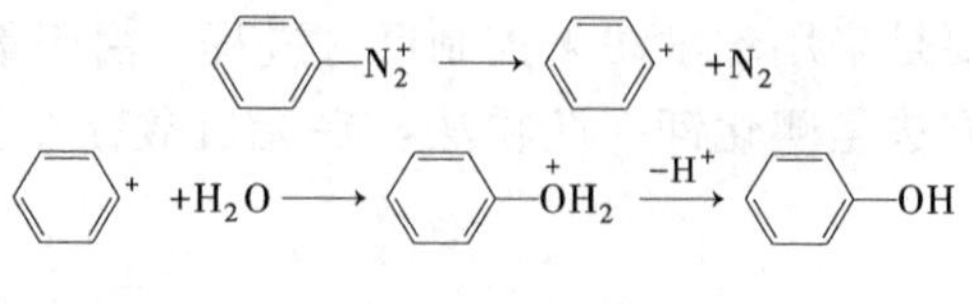

9.2.2.2 重氮盐制备酚时，常在硫酸中进行

若采用盐酸溶液，体系中 Cl^- 可作为亲核试剂与苯基正离子反应，生成副产物氯苯。

水解反应中生成的酚容易与未反应重氮盐发生偶合反应，硫酸可以抑制该反应，并提高了水解反应温度，使水解反应更彻底。

9.2.3 重氮盐置换为卤基

此类转化包括 Sandmeyer 反应、Gatterman 反应和 Schieman 反应，4.4 小节已述。

9.2.4 重氮基置换为氰基

通过 Sandmeyer 或 Gattermann 反应，重氮基也可被氰基取代。

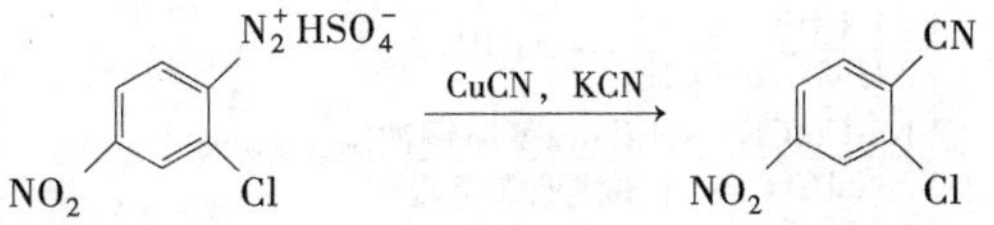

腈基可以转变成羧基、氨甲基等，这在有机合成上有重要意义，例如：

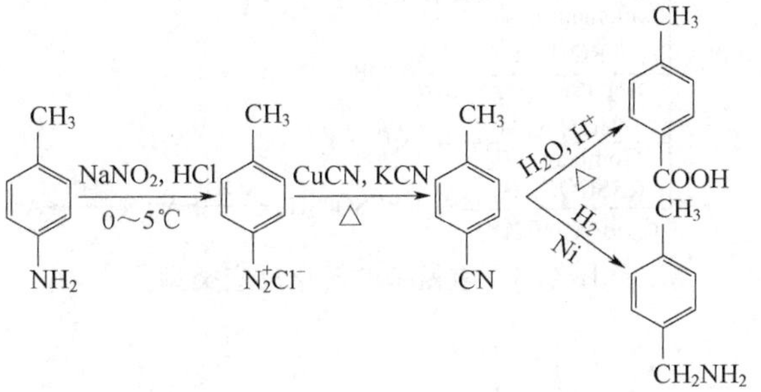

9.2.5 芳重氮盐还原为芳肼

重氮盐在酸性介质中用强还原剂进行还原时，可以得到芳肼。常用的还原剂包括二氯化锡和盐酸、亚硫酸氢钠、亚硫酸钠、二氧化硫等。

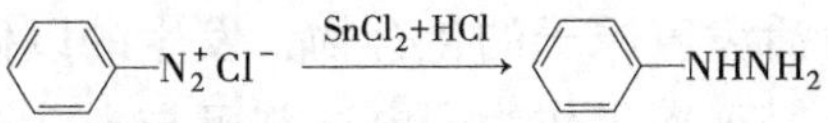

由于二氯化锡能将硝基还原成偶氮基，因此常采用亚硫酸钠还原带有硝基的重氮盐。在亚硫酸盐和亚硫酸氢盐 1∶1 的混合物的作用下，重氮盐可以还原为芳肼。

$$ArN_2^+Cl \xrightarrow{Na_2SO_3 : NaHSO_3(1:1)} ArNHNH_2$$

反应过程如下：

$$ArN_2^+Cl^- + Na_2SO_3 \xrightarrow{-NaX} ArN=N-SO_3Na \xrightarrow{NaHSO_3} Ar-N-NH-SO_3Na$$
$$\underset{SO_3Na}{}$$

重氮-N-磺酸钠　　　芳肼-N,N'-磺酸钠

$$\xrightarrow[-NaHSO_4]{+H_2O} ArNHNH-SO_3Na \xrightarrow[-NaHSO_4]{+HCl+H_2O} Ar-NH-NH_2 \cdot HCl$$

芳肼磺酸钠　　　　　　　　　芳肼盐酸盐

具体实例包括：

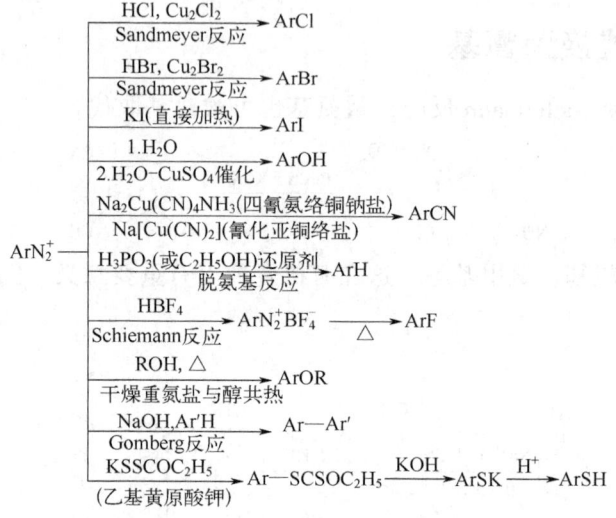

图 9.3 大致给出了重氮基的转化反应类型。

$$
ArN_2^+ \begin{cases} \xrightarrow{HCl, Cu_2Cl_2}_{Sandmeyer反应} ArCl \\ \xrightarrow{HBr, Cu_2Br_2}_{Sandmeyer反应} ArBr \\ \xrightarrow{KI(直接加热)} ArI \\ \xrightarrow[2.H_2O-CuSO_4催化]{1.H_2O} ArOH \\ \xrightarrow[Na[Cu(CN)_2](氰化亚铜络盐)]{Na_2Cu(CN)_4NH_3(四氰氨络铜钠盐)} ArCN \\ \xrightarrow[脱氨基反应]{H_3PO_3(或C_2H_5OH)还原剂} ArH \\ \xrightarrow[Schiemann反应]{HBF_4} ArN_2^+BF_4 \xrightarrow{\triangle} ArF \\ \xrightarrow[干燥重氮盐与醇共热]{ROH, \triangle} ArOR \\ \xrightarrow[Gomberg反应]{NaOH, Ar'H} Ar-Ar' \\ \xrightarrow[(乙基黄原酸钾)]{KSSCOC_2H_5} Ar-SCSOC_2H_5 \xrightarrow{KOH} ArSK \xrightarrow{H^+} ArSH \end{cases}
$$

图 9.3 重氮基的转化反应类型

9.3 偶合反应

9.3.1 偶合反应的定义

偶合反应是指重氮盐与含活泼氢原子的化合物，发生的以偶氮基取代氢原子，生成偶氮化合物的反应。一般而言，重氮正离子作为亲电试剂可与酚、芳胺等发生亲电取代反应，生成偶氮化合物。参与偶合反应的重氮盐称重氮组分，酚或芳胺等称偶合组分。

$$Ar-N_2^+Cl^- + Ar'-X \longrightarrow Ar-N=N-Ar'-X + HCl$$
$$(X=-OH, -NH_2, -NHR, -NR_2)$$

9.3.2 偶氮化合物的重要应用

9.3.2.1 用作指示剂

指示剂的颜色变化是由于不同 pH 下其结构不同。酸碱指示剂中属偶氮染料的有甲基橙、亮黄、茜素黄 GG、刚果红等。

比如甲基橙是酸碱滴定的常用指示剂，是对氨基苯磺酸钠的重氮盐与 N,N-二甲基苯胺在弱酸溶液中偶合而成。它在中性或碱性条件下呈黄色，在 pH<3 显红色，在 pH=3~4.4 之间显橙色。这种颜色变化是由可逆的两性离子结构引起的。

$$\text{C}_6\text{H}_5-\text{N}(\text{CH}_3)_2 + \text{HO}_3\text{S}-\text{C}_6\text{H}_4-\text{N}_2^+\text{Cl}^- \xrightarrow{\text{NaOH}} \text{NaO}_3\text{S}-\text{C}_6\text{H}_4-\text{N}=\text{N}-\text{C}_6\text{H}_4-\text{N}(\text{CH}_3)_2$$

$$^-\text{O}_3\text{S}-\text{C}_6\text{H}_4-\text{N}=\text{N}-\text{C}_6\text{H}_4-\text{N}(\text{CH}_3)_2 \underset{+\text{OH}^-}{\overset{+\text{H}^+}{\rightleftharpoons}} {^-\text{O}_3\text{S}}-\text{C}_6\text{H}_4-\text{NH}-\text{N}=\text{C}_6\text{H}_4=\overset{+}{\text{N}}(\text{CH}_3)_2$$

黄色　　　　　　　　　　　　　红色

9.3.2.2　用作染料

偶氮染料是合成染料中为数最多的一种，约占全部染料的一半，颜色齐全，广泛用于棉、毛、丝、麻织品以及塑料、印刷、皮革、橡胶、化妆品等的着色。

对位红(染料)　　　　　　　　　　分散黄(染料)

萘酚蓝黑B(染棉毛等)　　　　　　苋菜红(染料)

但是偶氮染料的耐还原能力较差，在还原剂（$SnCl_2+HCl$ 或 $Na_2S_2O_4$）作用下容易导致偶氮键断裂，生成两分子芳胺，分子结构被破坏而变色。例如偶氮染料甲基橙指示剂会被还原为对二甲氨基苯胺和对氨基苯磺酸。

$$\text{HO}_3\text{S}-\text{C}_6\text{H}_4-\text{N}=\text{N}-\text{C}_6\text{H}_4-\text{N}(\text{CH}_3)_2 \underset{\text{H}_2\text{O}}{\overset{\text{SnCl}_2,\text{HCl}}{\rightleftharpoons}} \text{H}_2\text{N}-\text{C}_6\text{H}_4-\text{N}(\text{CH}_3)_2 + \text{HO}_3\text{S}-\text{C}_6\text{H}_4-\text{NH}_2$$

有少数偶氮染料品种在化学反应分解中可能产生致癌芳香胺物质，经过活化作用，会改变人体的 DNA 结构，引起病变和诱发癌症。目前，商品化的偶氮染料有数千种，其中约有 210 多种可还原裂解出致癌芳香胺。随着人类环保和自我保护意识的强化，染料本身生产过程中的毒性问题以及染料使用以后对环境带来的负面影响，成为阻碍染料应用和发展两大难题。

1992 年，国际环保纺织和皮革协会 OEKO-TEX® 制定了 Standard 100，主要任务是检测纺织品的有害物质以确定它们的安全性，是现在使用最为广泛的纺织品生态标志。1994 年、2003 年，德国和欧盟分别针对可还原出致癌芳香胺的偶氮染料发布了禁用指令。我国于 2005 年起实施首个纺织品强制性国家标准 GB 18401《国家纺织产品基本安全技术规范》，

该标准于 2010 年进行了修订，参照 OEKO-TEX Standard 100《生态纺织品标准 100》，要求纺织品所用染料中不得检出 24 种分解致癌芳香胺，限量值为≤20mg/kg。

2021 年 1 月 5 日 OEKO-TEX 官网发布了 OEKO-TEX® Standard 100 的 2021 版本，新标准于 2021 年 4 月 1 日起生效，其中新增 5 种染料为禁用品种。

9.3.2.3 用作鉴别金属元素的试剂

偶氮化合物的另一个重要用途是用作鉴别金属元素的试剂。酸性铬深蓝被用于检验钙、镁和锌，其合成工艺路线为：

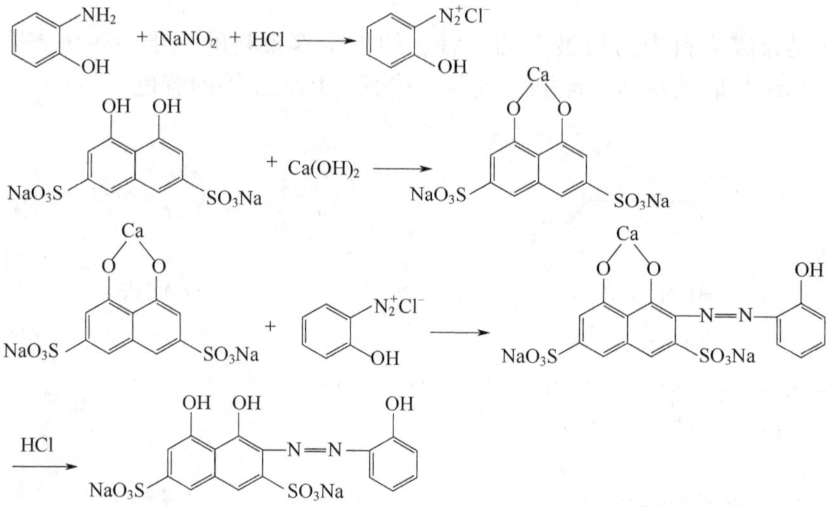

9.3.3 偶合反应机理和反应条件

9.3.3.1 偶合反应机理

重氮盐正离子进攻偶合组分核上电子云较高的碳原子，形成中间产物，这是一步可逆反应，然后该中间产物迅速失去一个氢质子，不可逆地转化为偶氮化合物。

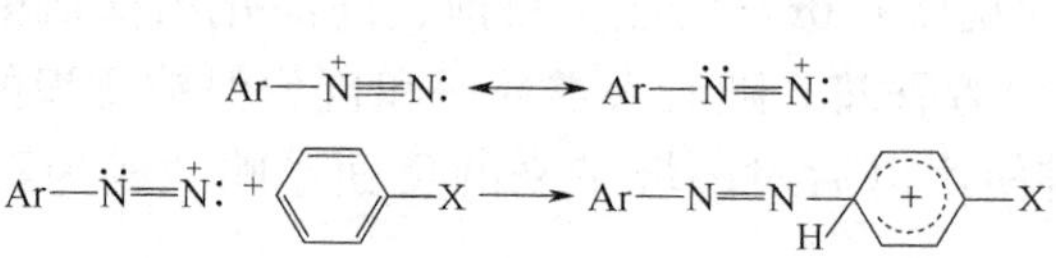

由于空间效应，反应主要发生在强供电基的对位，如对位被占据，则发生在邻位。

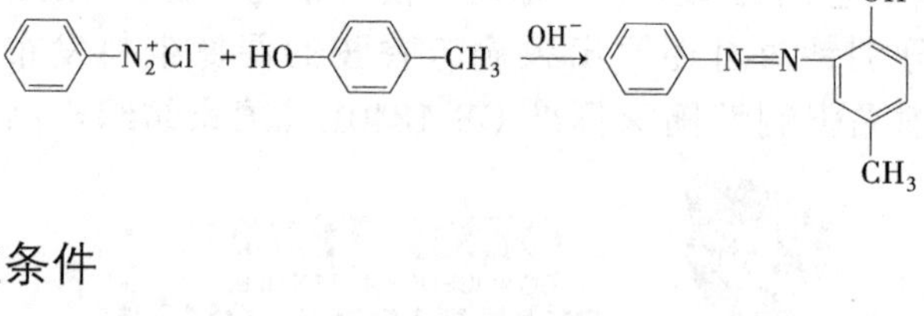

9.3.3.2 偶合反应条件

偶合反应不能在强酸介质中进行，原因在于强酸性条件下，酚、芳胺将被质子化，难于进行亲电反应。

$$\langle \overset{..}{\text{OH}} \rightleftharpoons^{H^+} \langle \overset{+}{\text{OH}_2} \qquad \langle \overset{..}{\text{NR}_2} \rightleftharpoons^{H^+} \langle \overset{+}{\text{NHR}_2}$$

偶合反应不能在强碱介质中进行，原因是在强碱性条件下，芳重氮盐发生如下反应：

$$[Ar-\overset{+}{N}\equiv N: \longleftrightarrow Ar-\overset{..}{N}=\overset{+}{N}:] \xrightarrow{NaOH} Ar-N=N-OH \xrightarrow{NaOH} Ar-N=N-O^-Na^+$$

9.3.4 芳胺、酚的偶合反应

芳胺和酚的对位（和邻位）电子云密度较大，易发生偶合反应，但一般仅进攻对位，这是因为重氮正离子受羟基或氨基的位阻影响，不易对邻位进攻。若对位被其他基团占据，则视该基团的性质，或进入其邻位，或是芳偶氮基取代该基团（—SO₃H，—COOH），生成对羟基偶氮化合物。若对位和两个邻位均被占据，则不发生偶合。由各种酚和芳胺经重氮盐形成的偶合化合物，色彩鲜艳，经常作染料使用，称为偶氮染料。

以上反应正是偶氮染料化学的基本反应。

反应体系的 pH 值对偶合反应影响较大，具体见图 9.4。

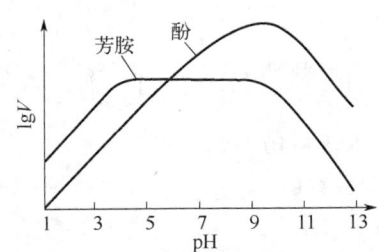

图 9.4　pH 对偶氮组分偶合速率的影响

（1）重氮盐与酚偶合，通常在微碱性的介质中进行。此时酚转化为酚氧负离子（Ar—O⁻），而氧负离子是比酚羟基（—OH）更强的邻、对位定位基，更容易发生偶合反应。

（2）重氮盐与芳胺的偶合，通常在微酸性的介质中进行。

在弱酸性介质中，重氮组分与芳胺反应有三种情况：

（1）与芳环活性强的胺，如间甲苯胺、间苯二胺、N,N-二甲基苯胺、α-萘胺等反应，直接生成偶氮化合物。

(2) 与芳环活性弱的胺，如苯胺、对甲苯胺、邻甲苯胺、N-甲基苯胺等反应，先生成重氮氨基化合物，然后在一定条件下重排为偶氮化合物。

$$ArNH_2 + HCHO + NaHSO_3 \longrightarrow ArNHCH_2SO_3Na + H_2O$$

(3) 与易生成难重排的重氮氨基化合物的伯胺偶合时，应将氨基保护起来，待偶合反应完成后再把它水解释放出来。保护氨基常用的方法是：

$$ArNH_2 + ClSO_3H \longrightarrow ArNHSO_3H + HCl$$

苯二胺（酚）作偶合组分时，通常只有间位化合物易偶合，偶合产物主要在 4-位。若 4-位被占据，偶合产物则主要在 6-位。

9.3.5 萘系化合物的偶合反应

当重氮盐与萘酚或萘胺类化合物反应时，偶合位置一般发生在同环，在羟基或氨基的对位，对位有取代基时才进入邻位。

(1) α-萘胺（酚）作偶合组分时，偶氮产物主要在 4-位。若 4-位被占则进入 2-位。

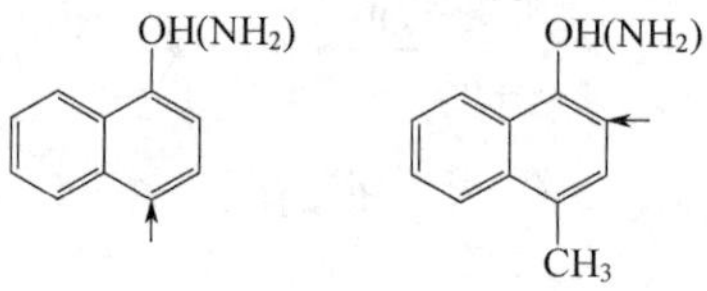

(2) β-萘酚（胺）作偶合组分时，芳偶氮基进入 α-位。若 α-位被占据，一般不发生偶合或在个别情况下发生偶合时，α-位原基团脱掉。

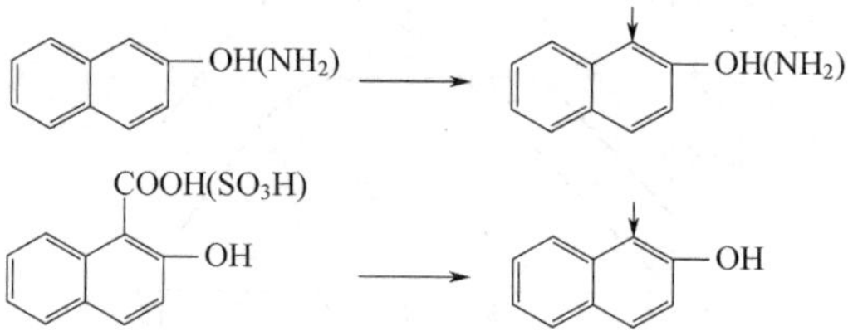

(3) α-萘酚（胺）磺酸作偶合组分时，芳偶氮基进入的位置和磺酸基所在位置有关。当磺酸基在羟基（氨基）的 3，4 或 5-位时，芳偶氮基进入羟基（氨基）的邻位。

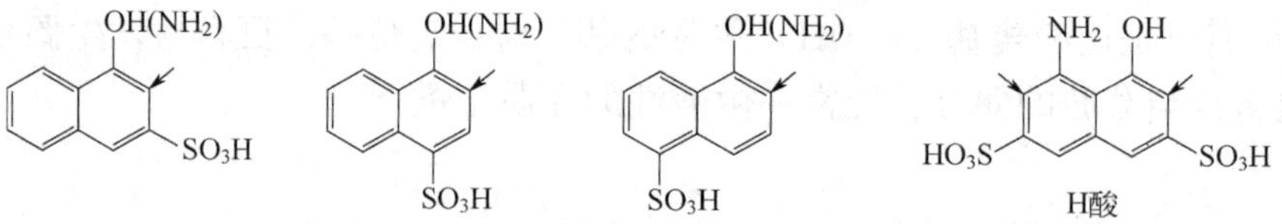

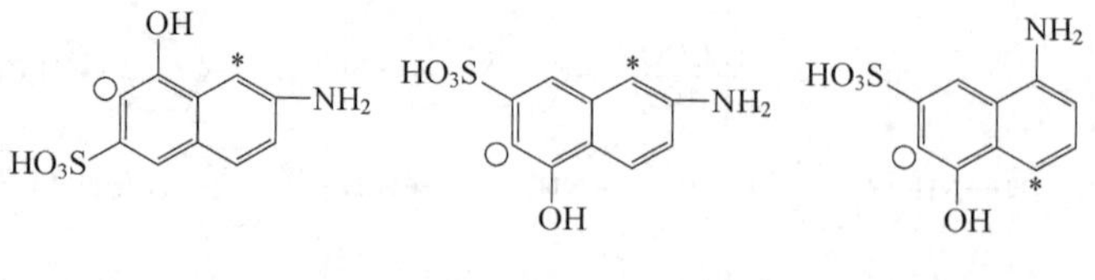

＊为酸性条件下（pH=5~6）偶合的位置，○为碱性条件下（pH=8~9）偶合的位置。

(4) 芳偶氮基进入的位置决定于介质的 pH 值。氨基萘酚磺酸中，H 酸是最重要的偶合组分，偶合产物与偶合方式有关。若萘环的 3,6 位上有磺酸基时，偶合反应则发生在

2位(羟基或氨基的邻位)。例如,由 H 酸(1-氨基-8-羟基-3,6-萘二磺酸)合成萘酚蓝黑 B。

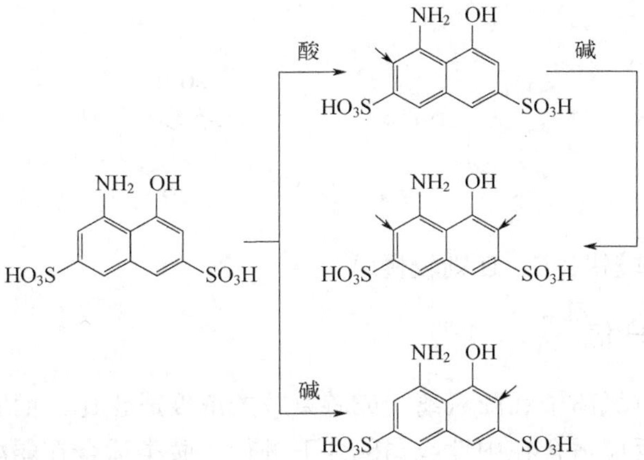

9.3.6 偶合反应的影响因素

由于重氮盐一般都在水中制备,因此偶合反应一般也在水中进行。在水中很难溶解的脂肪族化合物可以加一些乙醇、吡啶或是醋酸。如果重氮盐很活泼,像二硝基苯重氮盐之类,偶合反应也可在冰醋酸中进行。

重氮盐的偶合,一般都在0℃左右,这样可以避免重氮盐的分解。但有些反应,特别是分子内偶合形成杂环的反应,速率较慢,常常需放置几天,自然室温放置比较方便。在这种情况下,由于已在苯环上带有硝基、磺酸基等的重氮盐比较稳定,可在室温下保存,用这些重氮盐更合适。

9.3.6.1 芳环上的取代基

1. 重氮盐芳环上的取代基

由于偶合反应是亲电取代反应,因此重氮盐芳环上的吸电子取代基对偶合反应起活化作用,反之芳环上有给电子取代基时则使偶合活性降低。

各种对位取代基的苯重氮盐与酚类偶合时,相对活性见表9.1。

表 9.1 各种对位取代基的苯重氮盐与酚类偶合时的相对活性数据

对位取代基团	—NO_2	—SO_3H	—Br	—H	—CH_3	—OCH_3
相对速度	1300	13	13	1	—	—

2. 偶合组分芳环上的取代基

当偶合组分芳环上有供电子取代基时(如存在—OH、—NH_2、—OCH_3 等)增加芳环上电子云密度,使偶合反应更易进行。重氮盐常向电子云密度较高的取代基邻位或对位碳原子进攻。当有吸电子基时(如—Cl、—SO_3H、—NO_2 等)偶合反应不易进行。

当偶合组分发生反应的碳原子附近的空间位阻较大,则偶合反应速率减慢。例如:

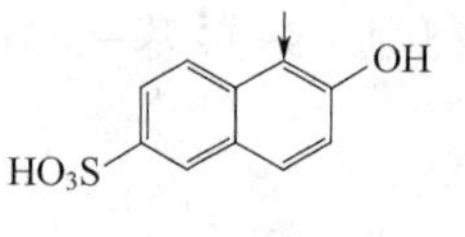

$$\text{A} \qquad \text{B}$$
$$\text{C} \qquad \text{D}$$ 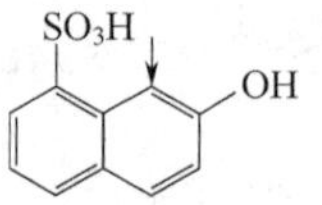

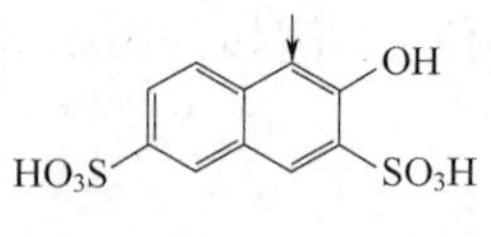

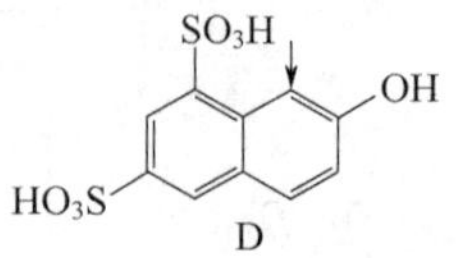

A、B 的偶合速率较快，C、D 则较慢。

9.3.6.2 介质的 pH 值

偶合反应速率与重氮离子和酚氧离子或游离胺的浓度成正比，而它们的浓度与介质的酸度有关。酚类的偶合反应适合在中性或弱碱性下进行，胺类适合在弱酸性条件下。

$$ArN_2^+ \underset{H^+}{\overset{OH^-}{\rightleftharpoons}} ArN_2^+OH^- \rightleftharpoons Ar-N=N-OH \rightleftharpoons Ar-N=N-O^-H^+ \underset{}{\overset{OH^-}{\rightleftharpoons}} Ar-N=N-O^-$$

重氮盐　　重氮碱　　　重氮氢氧化物　　　　重氮酸　　　　重氮酸盐

9.3.6.3 反应温度

偶合反应温度随反应物的活性、重氮组分的稳定性和介质的酸度不同而异。一般需要低温条件，从 0~40℃不等，或者更高，一般为 0~15℃。

9.3.6.4 催化剂

当因空间位阻使偶合反应不易进行时，加入催化剂吡啶，常有加速反应的效果，如对氯苯胺重氮盐和 β-萘酚-6,8-二磺酸的偶合反应，而对 1-磺酸-4-萘酚，则反应速率正常，不受吡啶影响。有时溶剂水分子也有催化作用。

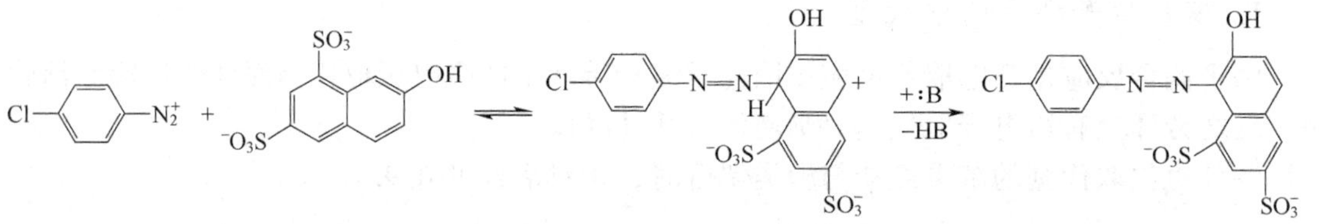

9.4 重氮化反应和偶合反应的工业实例

9.4.1 永固黄 2G 的制备

永固黄是一种偶氮染料，黄色粉末，色泽鲜艳，在塑料中有荧光，不溶于水和亚麻仁油，能溶于丁醇和二甲苯等有机溶剂中，耐晒性和耐热性较好，但耐迁移性较差，主要用于高级透明油墨、玻璃纤维和塑料制品的着色。

其制备过程包括重氮化、偶合两个单元反应步骤：

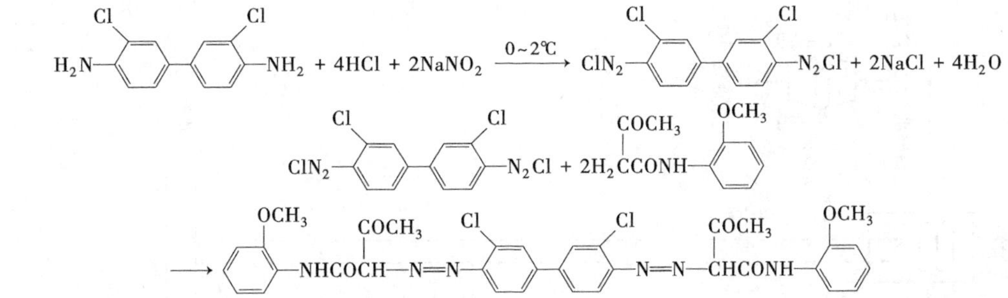

在重氮化釜内加水，加 100%3,3′-二氯联苯胺，加 30%盐酸、拉开粉、亚氨基三乙酸，升温至沸腾，搅拌 0.5h，用冰降温至 40℃加 30%盐酸，然后加冰降温至-2℃，快速加入 NaNO₂（30%溶液），反应约 1~2min，进行双重氮化反应，终点保持碘化钾淀粉试纸呈微蓝色，刚果红试纸呈蓝色，保持 1h 后加活性炭，加太古油，过滤，温度保持 2℃以下。

在偶合釜中加清水、30%液碱，搅拌下加入邻甲氧基乙酰苯胺，使其完全溶解，加冰降温至 5℃，用约 97%的冰醋酸（5 倍水冲淡）进行酸析，终点 pH≈7，再加 58%~60%的醋酸钠，搅拌 15min，温度为 5℃，备偶合。

重氮盐于 2h 内均匀加入偶合釜中，pH 终点值为 4，温度为 8℃。重氮盐不过量，搅拌 1h 后，升温至 80℃，加入升温溶解透明的松香皂溶液（松香）与 30%液碱，继续搅拌，于 1h 内加入 20%氯化钡溶液后，继续搅拌 0.5h，升温至 90℃，搅拌 0.5h，过滤，自来水漂洗，漂洗液用 1%硝酸银测定，与自来水相比近似即可，产品 80℃进行烘干、粉碎。

9.4.2 直接耐晒黑 G 的制备

直接耐晒黑 G 是主要的黑色染料品种之一，是偶氮染料，主要用于棉、黏胶纤维以及棉、黏胶纤维与蚕丝、羊毛交织、混纺织物的染色和直接印花。

以对硝基苯胺、H 酸、间苯二胺为原料，依次经重氮化、酸性偶合、碱性偶合、还原、重氮化和偶合反应，可以制得直接耐晒黑 G。

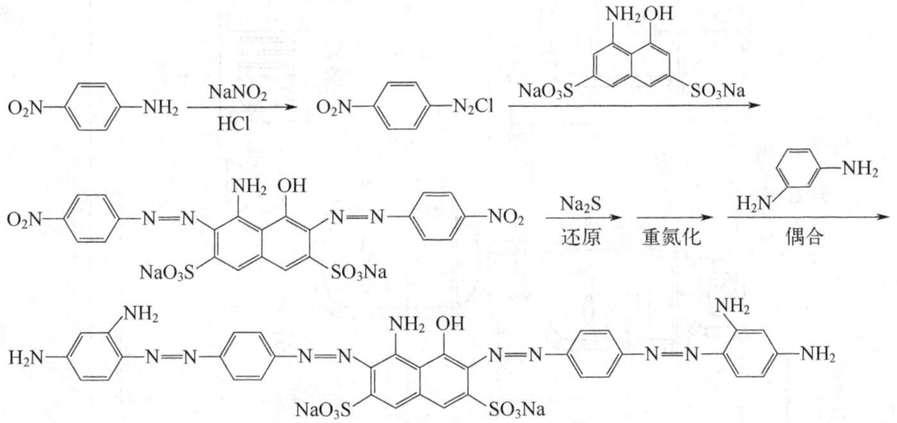

直接耐晒黑 G 生产经两次重氮化、三次偶合反应完成，工艺流程见图 9.5。

第 1 步，先将对硝基苯胺、盐酸和水加到重氮化槽中，升温溶解，降温至 10℃，迅速加入亚硝酸钠溶液进行重氮化反应，得到对硝基苯胺重氮盐溶液。

第 2 步，把对硝基苯胺重氮盐溶液加冰，降温至 10℃以下，在强烈搅拌下加入 H 酸溶液，进行第一次偶合反应。

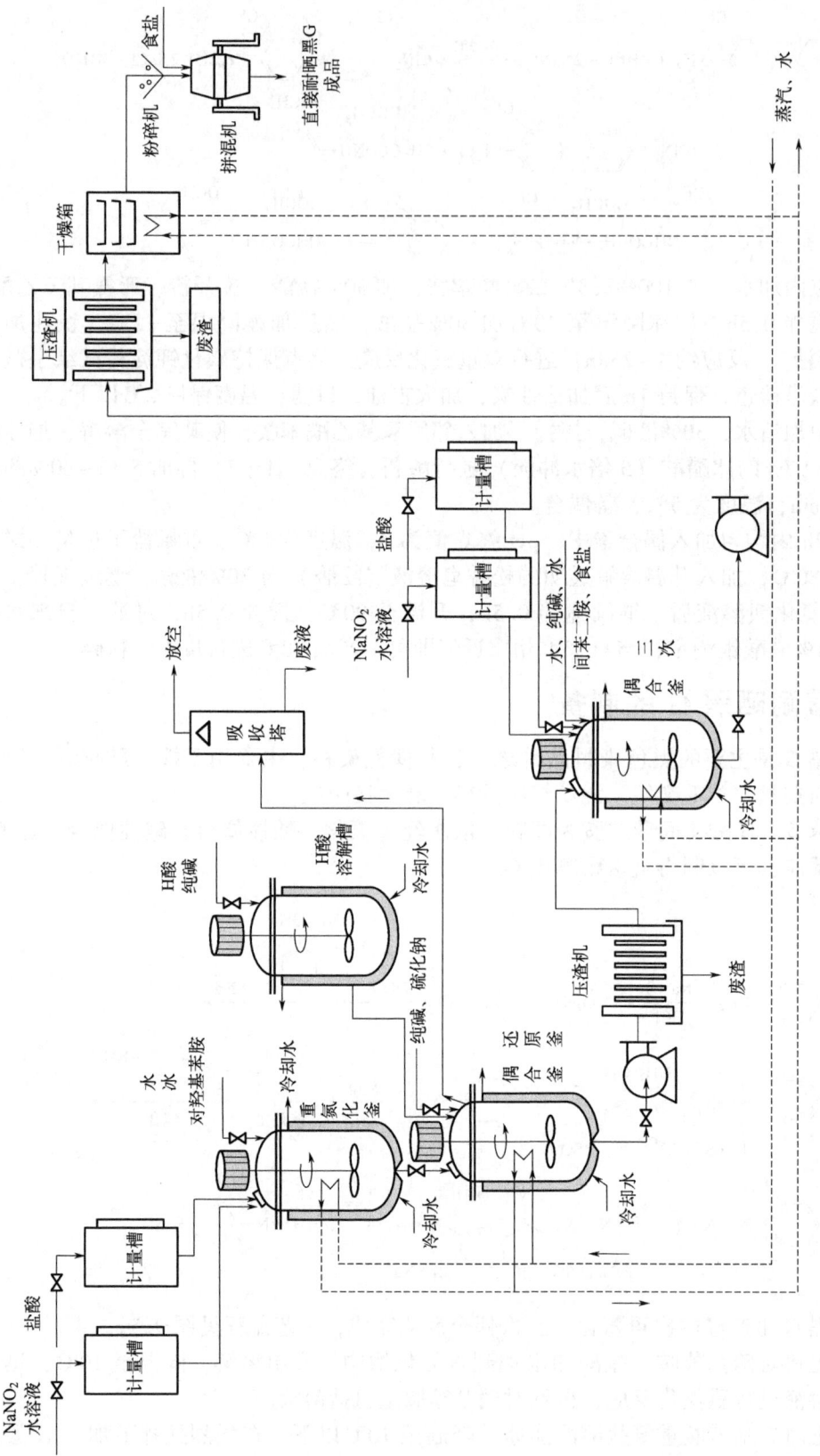

图 9.5 直接耐晒黑 G 的生产工艺流程

第3步，在弱碱性溶液下进行第二次偶合反应。

第4步，将两次偶合反应物料加热到25℃，加入硫化钠溶液进行还原反应，反应在终点后加盐酸酸析，过滤。

第5步，进行第二次重氮化反应。

第6步，进行第三次偶合反应。

完成后加入食盐，使染料全部析出。后处理过程包括染料悬浮物经压滤机过滤，滤饼在干燥箱中干燥，再经粉碎机粉碎，最后在混合机内加食盐混成商品，得直接耐晒黑 G。

9.4.3 酸性蓝黑 10B 的制备

酸性蓝黑 10B 是一种双偶氮染料，主要用于羊毛、蚕丝、锦纶及其混纺织物的染色和直接印花，匀染性较差，可与酸性橙 Ⅱ 拼混成酸性黑 ATT，用途广泛。也用于皮革、纸张、肥皂、木制品、生物、医药、化妆品的着色和制造墨水。以对硝基苯胺、H 酸、苯胺等为基本原料，首先将对硝基苯胺重氮化，酸性条件下与 H 酸偶合，然后将苯胺重氮化，于碱性条件下与前述偶合产物进行第二次偶合即得，经盐析、过滤、干燥、粉碎得成品。

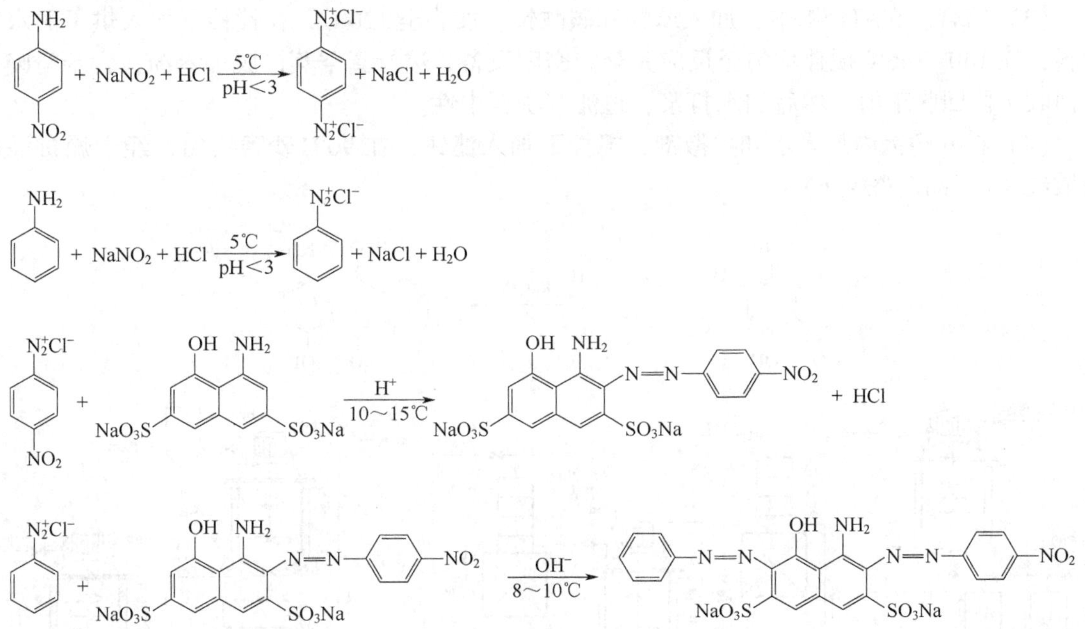

9.4.4 分散红 3B 的生产工艺流程

蒽醌染料是仅次于偶氮染料的又一大类染料，羟基和氨基的衍生物颜色深，是很有价值的商品染料。特别是蓝色和绿色染料，具有非常好的耐牢度。按结构特点，可分为蒽醌类可溶性染料、蒽醌类分散染料、蒽醌类还原染料和羟基蒽醌媒染染料等。

分散红 3B 是染涤纶的主要染料，色光艳丽，日晒牢度优良，匀染性好，耐升华牢度稍差，适宜于高温高压法染色。其生产是以 1-氨基蒽醌为原料，经溴化（或氯化）、水解，然后与苯酚缩合得产物，经过滤、研磨、干燥得成品。

（1）溴化。将经砂磨锅磨细的 1-氨基蒽醌放入溴化锅内，加水和盐酸搅拌均匀，经夹套冰盐水冷却至20℃以下，加入溴进行溴化反应。此时一部分溴生成溴化氢，再加入次氯酸钠使溴化氢转变为溴，搅拌至反应完全后，加入亚硫酸钠以破坏过量的溴，使生成溴化钠。过滤滤饼用清水洗至中性后烘干。

（2）水解。在水解锅中加入发烟硫酸、硼酸，搅拌使其溶解完全，再加上已烘干的溴化物料，升温至120℃，保温搅拌至反应完全，冷却至50℃。放入已放有冰水的稀释槽中，搅拌均匀，放入过滤机过滤，洗至中性，烘干。

（3）缩合。在缩合锅中，加入苯酚和碳酸钾，加热至120℃，在搅拌下加入烘干的水解物料，在140~145℃搅拌均匀至反应完全。密闭设备，进行真空蒸馏脱去苯酚，含苯酚废水送回收工段回收苯酚。然后加水打浆，过滤，洗至中性。

（4）在砂磨锅内加入水和扩散剂，搅拌下加入滤饼，在90℃砂磨均匀，经干燥拼混成分散红3B成品（图9.6）。

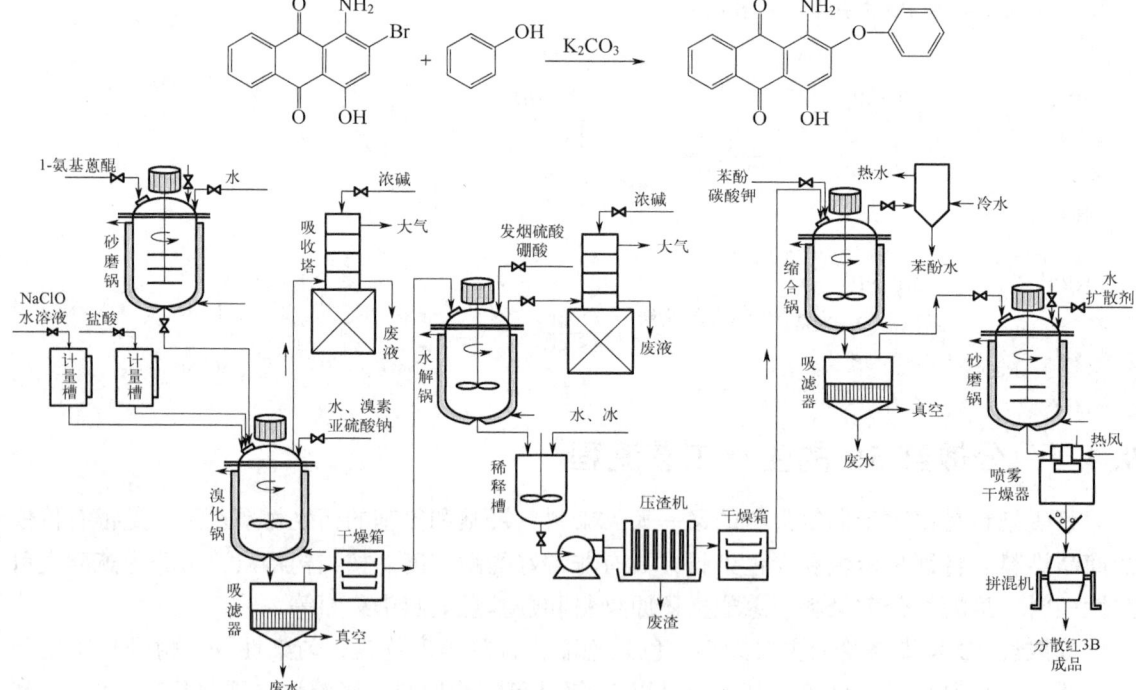

图 9.6 分散红 3B 的生产工艺流程

🌸 巩固与提升 🌸

1. 什么是重氮化反应？为什么多在低温下反应？试用化学式表示芳伯胺的重氮化反应及机理。

2. 重氮化反应过程中为什么要保持亚硝酸过量？如何检验反应体系中亚硝酸是过量的？在重氮化反应完成以后，如何除掉过量的亚硝酸？

3. 芳胺重氮化反应中无机酸常采用盐酸，在酸的浓度较低时，为什么说芳胺的碱性越强，重氮化反应的速率越快？

4. 在重氮基的各种转化反应中，哪些反应用亚铜盐催化？可制得哪些典型的产物？各用什么重氮化试剂？并写出主要反应条件，可列表做简要说明。

5. 什么是偶合反应？取代基、pH 值、反应温度对偶合反应有什么影响？偶合组分中芳环上取代基对反应有什么影响？

6. 试设计 1,3,5-三溴苯的合成路线。

7. 完成下列反应。

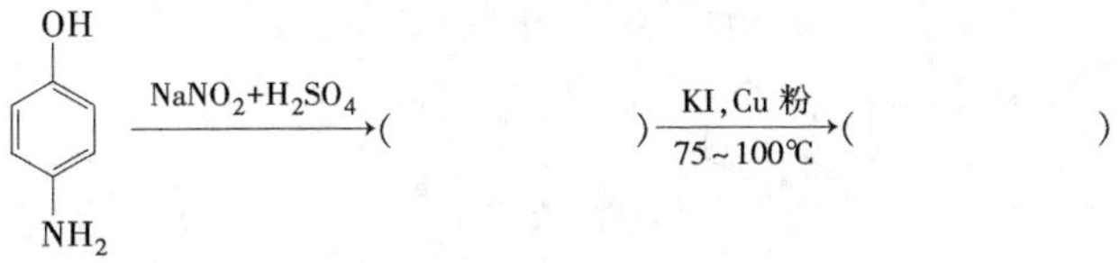

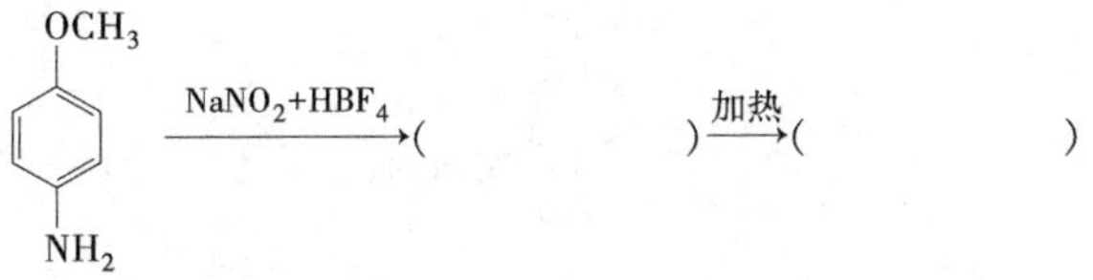

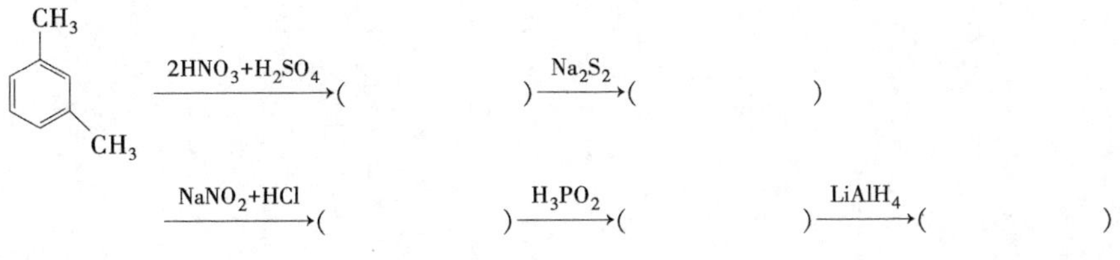

邻甲基苯胺 $\xrightarrow{NaNO_2+HBr}$ ( ) $\xrightarrow{Cu\ 粉}$ ( )

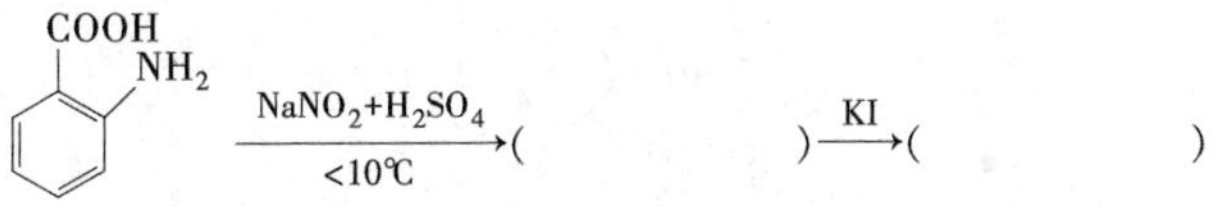

邻氨基苯甲酸 $\xrightarrow[<10℃]{NaNO_2+H_2SO_4}$ ( ) $\xrightarrow{KI}$ ( )

对氨基苯酚 $\xrightarrow{NaNO_2+H_2SO_4}$ ( ) $\xrightarrow[75\sim100℃]{KI,Cu\ 粉}$ ( )

对甲氧基苯胺 $\xrightarrow{NaNO_2+HBF_4}$ ( ) $\xrightarrow{加热}$ ( )

2-甲基-4-氨基苯胺 $\xrightarrow{NaNO_2+HCl}$ ( ) $\xrightarrow{Cu_2Cl_2}$ ( )

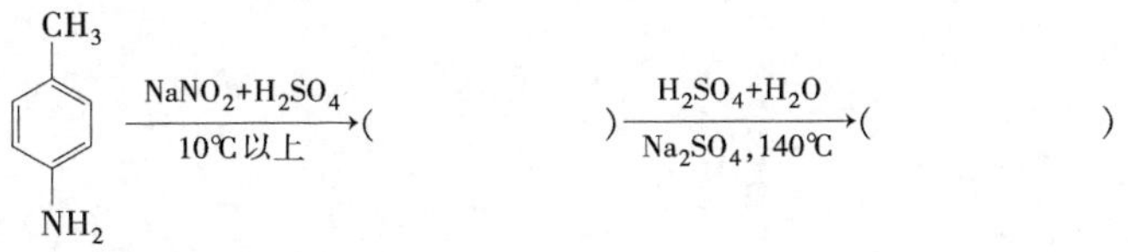

对甲基苯胺 $\xrightarrow[10℃以上]{NaNO_2+H_2SO_4}$ ( ) $\xrightarrow[Na_2SO_4,140℃]{H_2SO_4+H_2O}$ ( )

间二甲苯 $\xrightarrow{2HNO_3+H_2SO_4}$ ( ) $\xrightarrow{Na_2S_2}$ ( )

$\xrightarrow{NaNO_2+HCl}$ ( ) $\xrightarrow{H_3PO_2}$ ( ) $\xrightarrow{LiAlH_4}$ ( )

8. 简述制备以下化合物的合成路线、重氮化和重氮基转化的工艺过程,并进行讨论。

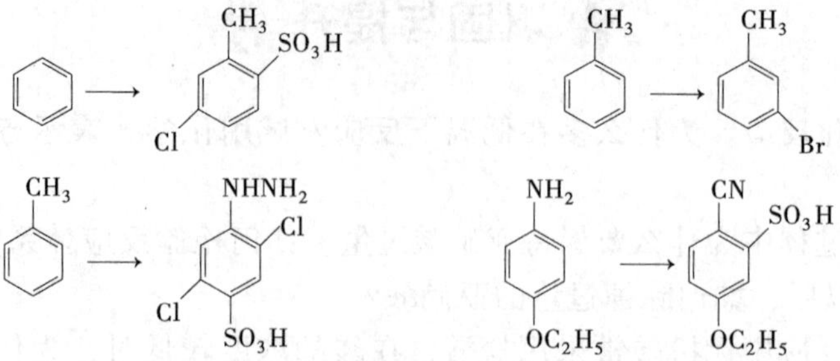

9. 以苯为原料合成甲基橙,请写出合成路线并标注基本反应条件。

10. 以苯和萘为基本原料,请写出合成酸性蓝黑 10B 的合成路线。

11. 以苯和萘为基本原料,请写出制备直接耐晒黑 G 的合成路线并标注基本反应条件。

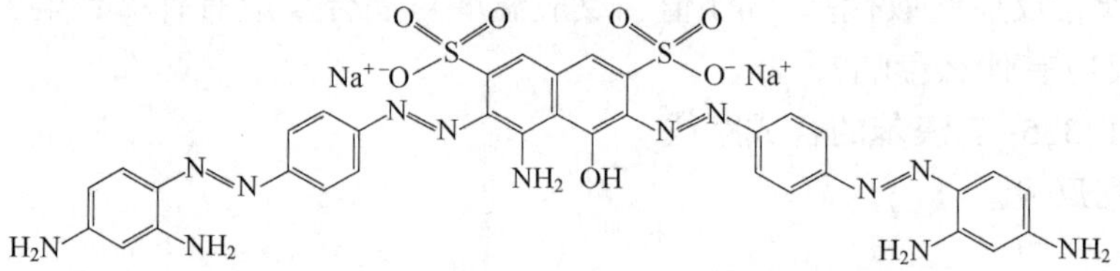

12. 请以苯、甲苯、萘、三聚氯氰为基本原料,写出直接耐晒绿 BLL 的合成路线。

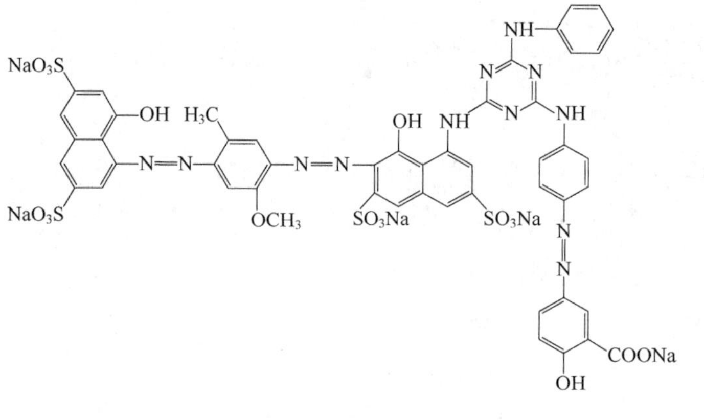

第10章 烃化反应

本章专业知识目标：

（1）了解烃化剂的种类，烃化反应的类型；
（2）掌握芳环上C-烃化反应不同烷化剂下的反应历程、特点及重要应用（重难点）；
（3）掌握加成型O-烃化的各类反应的反应历程、特点、工艺条件及应用（重难点）。

本章素质能力目标：

（1）能够运用不同的烃化试剂，设计制备不同的烃化产物；
（2）强化学生的绿色环保意识，激发学生从事科学研究的兴趣。

10.1 烃化反应概述

烃化是指在有机分子中的碳、硅、氮、磷、氧或硫等原子上引入烃基的反应的总称。引入的烃基包括烷基、烯基、炔基或芳基，以及有取代基的烃基，如羟乙基、羧甲基等。

烃化剂的类型很多，常用的烃化剂主要有以下几种：

（1）卤烷，例如氯甲烷、碘甲烷、氯乙烷、溴乙烷、氯乙酸和氯苄等。
（2）醇类，例如甲醇、乙醇、正丁醇、十二碳醇等。
（3）酯类，例如硫酸的二甲酯和二乙酯、磷酸的三甲酯和三乙酯、苯磺酸和对甲苯磺酸的甲酯和乙酯等。
（4）不饱和烃，例如乙烯、丙烯、高碳α-烯烃、丙烯腈、丙烯酸甲酯和乙炔等。
（5）环氧化合物，例如环氧乙烷和环氧丙烷等。
（6）醛类和酮类，例如甲醛、乙醛、丁醛、苯甲醛、丙酮和环己酮等。

卤烷、醇类和酯类是发生取代反应的烃化剂。不饱和烃和环氧化合物是发生加成反应的烃化剂。醛类和酮类是发生脱水缩合反应的烃化剂。

鉴于N-烃化反应与氨基化反应有较多内容重叠，本章对N-烃化反应不做赘述。

10.2 芳环上的C-烷化

这里只讨论芳环上的氢被烷基取代的C-烷化反应。芳环上C-烷化时最重要的烷化剂是烯烃，其次是卤烷、醇、醛和酮。

C-烷化反应的特点：

（1）连串反应。在芳环上引入烷基后，烷基使芳环活化。例如，在苯分子中引入简单的烷基（例如乙基和异丙基）后，它进一步烷化的速率比苯快 1.5~3.0 倍。因此，在苯的一烷化时，生成的单烷基苯容易进一步生成二烷基苯和多烷基苯。

（2）可逆反应。在生成的烷基苯中，苯环与烷基相连的碳原子的电子云密度比其他碳原子增加得更多，H^+ 或 $HCl \cdot AlCl_3$ 较容易加到该碳原子上重新生成原来的 σ-络合物，并进一步脱去烷基而转变成起始原料，即这类反应是可逆反应。

（3）烷化质点和芳环上的烷基会发生异构化反应。对于多碳烯烃，质子总是加到烯双键中含氢较多的碳原子上，即正电荷总是集中在烯双键中含氢较少的碳原子上（Markovnikov 规则）。例如：

$$CH_3-CH=CH_2 + H^+ \rightleftharpoons CH_3-\overset{+}{C}H-CH_3$$

因此，用烯烃进行 C-烷化时，总是向芳环上引入带支链的烷基，例如异丙基等。

在反应条件下，烷基正离子会发生氢转移——异构化反应。烷基正离子的异构化是可逆的，总的平衡趋势是使烷基正离子转变为更加稳定的结构。一般规律是伯重排为仲、仲重排为叔。对于多碳直链仲碳正离子，一般规律是正电荷从靠边的仲碳原子逐步转移到居中的仲碳原子上。

10.2.1 烯烃对芳烃的 C-烷化

烯烃是价廉易得的烷化剂，应用范围很广。

10.2.1.1 反应历程和动力学

烯烃对芳烃的 C-烷化反应属于 Freidel-Crafts 反应（简称付氏反应）。最常用的催化剂是无水三氯化铝，新制得的升华无水三氯化铝对于用烯烃的 C-烷化并无催化作用，空气中的水蒸气会使少量无水三氯化铝水解，所以工业无水三氯化铝中总是含有少量的气态氯化氢，在液态芳烃中 HCl 能与 $AlCl_3$ 形成配合物，这个配合物能使烯烃质子化，成为烷基正离子，它是活泼的烷化质点，能与芳烃发生亲电取代反应，在芳环上引入烷基。

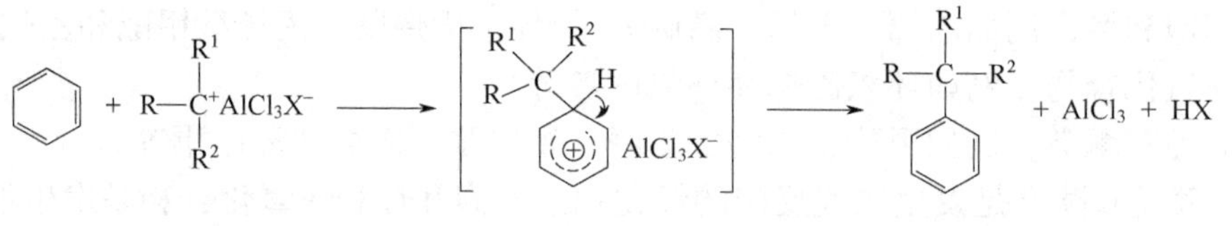

具体催化反应机理：

$$AlCl_3 + H_2O \longrightarrow Al\begin{matrix}O\\ \| \\ Cl\end{matrix} + 2HCl$$

$$H-Cl_{(气)} + AlCl_{3(固)} \rightleftharpoons H^{\delta+} \cdots Cl^{\delta-}(AlCl_3)_{(溶液)}$$

$$H_2C=CH_2 + H^{\delta+} \cdots Cl^{\delta-}(AlCl_3)_{(溶液)} \rightleftharpoons [^+CH_2-CH_3] AlCl_4^-{}_{(溶液)}$$

$$\text{C}_6\text{H}_6 + {}^+\text{CH}_2\text{—CH}_3 \underset{}{\overset{慢}{\rightleftharpoons}} [\text{C}_6\text{H}_6\text{—CH(H)(CH}_2\text{CH}_3)]^+ \overset{快}{\rightleftharpoons} \text{C}_6\text{H}_5\text{CH}_2\text{CH}_3 + \text{H}^+$$

$$\text{H}^+\text{AlCl}_4^- \rightleftharpoons \text{H}^{\delta+}\text{—Cl}^{\delta-}(\text{AlCl}_3)_{(溶液)}$$

C-烷化过程中，$\text{H}^{\delta+}\text{—Cl}^{\delta-}(\text{AlCl}_3)$溶液并不消耗，因此只要有少量的无水三氯化铝即可使C-烷化反应顺利进行。

其他的酸性催化剂，例如固体磷酸、氟化氢、$\text{BF}_3\text{-H}_3\text{PO}_4$、硅酸铝、硫酸、活化蒙脱土、阳离子交换树脂等，它们的催化作用也是能提供质子生成烷基正离子。

10.2.1.2 重要实例

1. 异丙苯

异丙苯是氧化—酸解法生产苯酚、丙酮的重要中间体。异丙苯是由苯用丙烯进行C-烷化而制得。C-烷化的生产工艺有$\text{AlCl}_3 \cdot \text{HCl}$催化法、$\text{AlCl}_3$-有机配合物均相催化法、气—固相固体磷酸催化法和气—固相分子筛催化法四种。所用的苯要预先脱硫，以免影响催化剂的活性。所用丙烯的体积分数约50%~60%，其余为丙烷等惰性气体。

AlCl_3-HCl催化法是将苯与丙烯按（2.2~2.8）:1的摩尔比在无水AlCl_3存在下，在80~90℃和略高于常压的条件下连续反应。副产的二异丙苯和多异丙苯可以返回烷化反应器，进行脱烷基反应和歧化反应再生成异丙苯。以消耗的苯计，异丙苯的收率96%~97%，产品质量分数大于99%。此法的优点是操作压力低，反应条件温和，苯过量少，反应选择性好，收率略高，不需要另外的脱烷基歧化反应器。缺点是AlCl_3消耗定额高，烷化液中和、水洗时生成的絮状氢氧化铝不易处理，烷化时产生少量氯化氢，反应体系腐蚀性强。中国较老的企业采用此法。

有机配合物均相催化法是C-烷化在90~170℃和压力下进行，催化剂呈溶解状态，AlCl_3含量低，催化剂不需循环。其优点是简化了流程和设备，减少了废水、废渣量，副产多异丙苯少，可提高产品质量。但仍有环境污染问题。

固体磷酸法所用催化剂载体是富含SiO_2的硅藻土或硅铝酸盐，磷酸质量分数50%~80%，并含有适量水，添加剂不超过5%，苯/丙烯（摩尔比）（8~10）:1，反应在200~250℃和2.0~3.5MPa进行。其优点是催化剂寿命长、生产大型化、腐蚀和环境污染问题比AlCl_3法明显改善。不足之处是催化剂无烷基转化功能，副产的多异丙苯不能返回烷化反应器，按消耗的苯计，异丙苯的收率只有95%~96%。

2. 十二烷基苯

十二烷基苯主要用作表面活性剂的原料，用于生产洗涤剂、乳化剂、分散剂、工业清洗剂等。工业上主要采用苯与长链烯烃在酸性催化剂存在下进行缩合制备。

所用烯烃包括α-烯烃、正构内烯烃和异构烯烃。催化剂主要采用无水氟化氢，反应在35~40℃，0.4~0.6MPa进行，所用氟化氢的质量分数要求在98.5%以上，烯烃/苯/HF（摩尔比）为1:(2~10):(5~1)。上述非均相反应可采用锅式串联反应器，也可以采用脉冲筛板塔式反应器。HF和烷基苯分离后可循环使用。HF法的优点是生产能力大、质量好、收率高、HF消耗少；缺点是腐蚀性强，要用铜镍合金材料在压力下操作，技术要求高。

3. 3,3-二苯基丙腈

将苯基丙烯腈与苯在三氯化铝催化剂的存在下，40℃，搅拌 8h，可制得 3,3-二苯基丙腈，后者经加氢还原可制得 3,3-二苯基丙胺，它是合成心痛平药物的中间体。

$$C_6H_5CH=CHCN \xrightarrow[C-烷化]{C_6H_6/AlCl_3} (C_6H_5)_2CHCH_2CN \xrightarrow[加氢]{H_2/Al-Ni} (C_6H_5)_2CHCH_2CH_2NH_2$$

10.2.2 烯烃对芳胺的 C-烷化

芳胺在用烯烃进行 C-烷化时，如果以质子酸、Lewis 酸或酸性氧化物作催化剂，则烷基优先进入芳环上氨基的对位。如果用烷基铝类催化剂，则烷基择优地进入氨基的邻位。

10.2.2.1 4,4′-双叔辛基二苯胺（橡胶防老剂 OD）

将二苯胺与过量的二异丁烯在硅酸铝催化剂存在下，在 0.3~0.5MPa 和 130~155℃ 反应，然后蒸出未反应的二异丁烯和二苯胺，将粗品在异丙醇中重结晶，即得到工业产品。二苯胺转化率 80%。产品中含质量分数 90%~97% 的 4,4′-双叔辛基二苯胺，3%~8% 的 4-单叔辛基二苯胺和 1%~2% 的二苯胺。

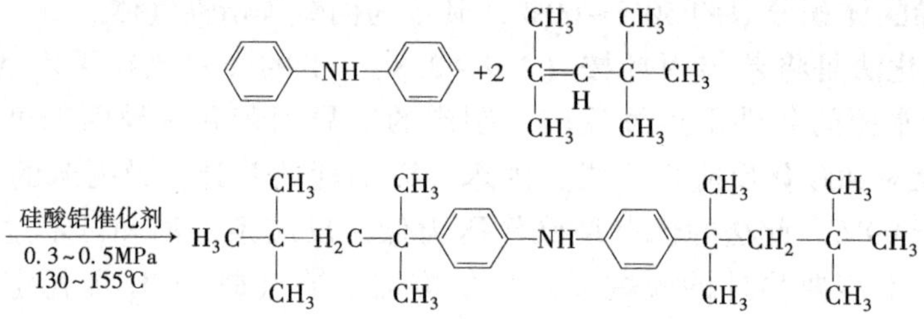

10.2.2.2 4,4′-双（α-甲基苄基）二苯胺

将二苯胺和蒙脱土催化剂加热至 125℃，然后在搅拌下向料液下层通入苯乙烯蒸气而得。产品也是橡胶防老剂。

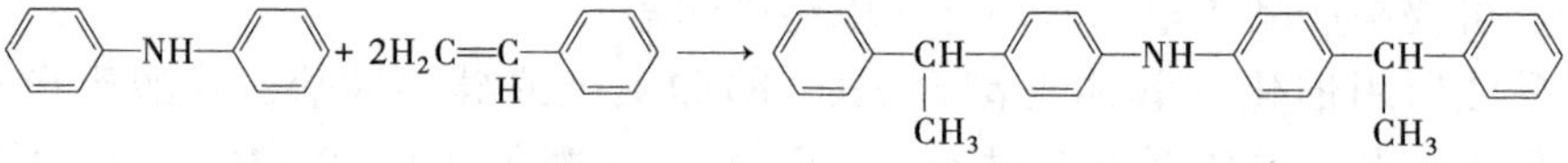

10.2.2.3 2,6-二乙基苯胺

为了将乙基引入到苯胺的两个邻位，要用乙烯作烷化剂，并且用三苯胺铝、三乙基铝或二乙基氯化铝等催化剂。在高压釜中加入苯胺和催化剂，在高温高压下通入过量的乙烯，即得到 2,6-二乙基苯胺。

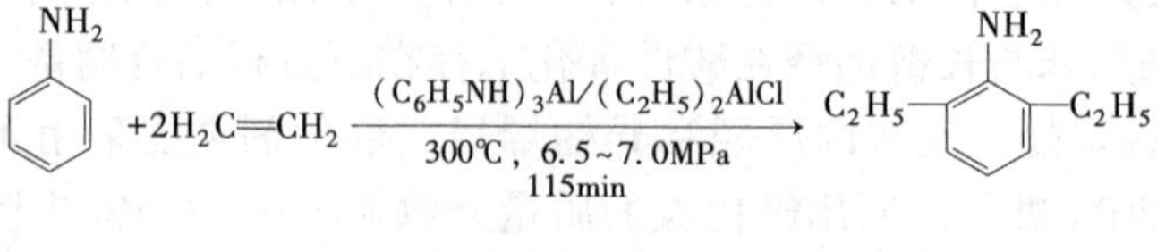

只用三苯胺铝催化时，收率只有 87%，改用二乙基氯化铝催化剂，收率可提高到 97.9%，并可降低高压釜的操作压力、缩短反应时间。在这里，过量的乙烯并不进入苯环上氨基的对位，2,6-二乙基苯胺是重要的农药中间体，国外有万吨级生产装置。

10.2.3 烯烃对酚类的 C-烷化

用烯烃对酚类进行 C-烷化时，如果用质子酸、Lewis 酸、酸性氧化物等催化剂时，烷基优先进入酚羟基的对位。如果改用三苯酚铝类催化剂，则烷基择优地进入酚羟基的邻位。而用丙烯酸酯作烷化剂时，则要用醇钾或醇钠作催化剂。

10.2.3.1 对叔丁基苯酚

由苯酚用异丁烯在酸性催化剂存在下进行 C-烷化而得。工业上曾经用过的催化剂有：$AlCl_3$、$SiO_2-Al_2O_3$ 等，但现在都已改用强酸性阳离子交换树脂催化剂。例如在常压和 110℃向含催化剂的苯酚中通入异丁烯气体，直到烷化液中对叔丁基苯酚的质量分数大于 60% 为止，将烷化液减压精馏，即得到主产品对叔丁基苯酚，副产少量的邻叔丁基苯酚和 2,4-二叔丁基苯酚，未反应的苯酚可以回收使用。此法的优点是流程短、无腐蚀和污染、产品质量好、不含水分、色泽好。

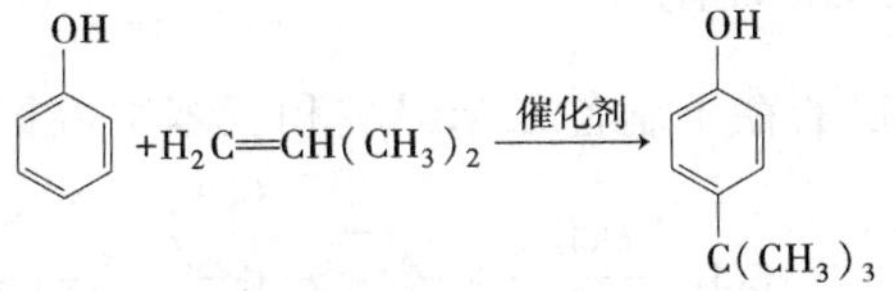

由上例可以看出：酸性催化剂是强催化剂，烷基优先进入位阻小的酚羟基的对位，当对位被占据时，烷基也可以进入酚羟基的邻位。

10.2.3.2 2,6-二叔丁基苯酚

在高压釜中加入苯酚，用氮气置换空气后，加入有机铝催化剂和理论量的异丁烯，升温至 130~135℃，在 1.6~1.8MPa 下保温 4h。苯酚的转化率 97.9%，2,6-二叔丁基苯酚的收率 85.5%，选择性 87.3%。

10.2.3.3 3-(3,5-二叔丁基-4-羟基苯基) 丙酸甲酯

该产品是制备一系列受阻酚抗氧剂的中间体，由 2,6-二叔丁基苯酚在碱性催化剂存在下，用丙烯酸甲酯进行 C-烷化而得。

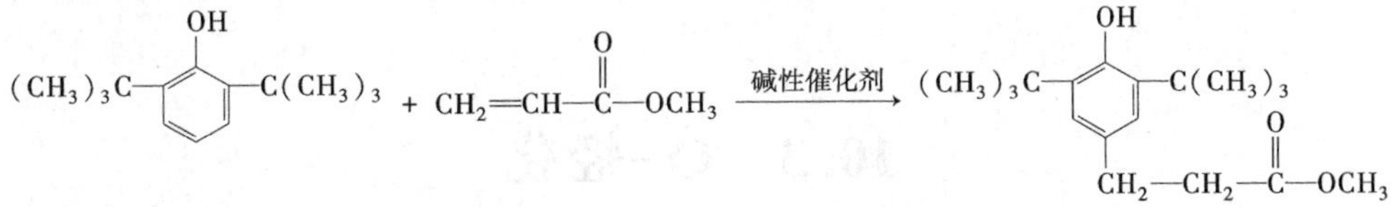

10.2.4 卤烷对芳环的 C-烷化

在不宜使用相应的烯烃或醇类时，可以卤烷作 C-烷化剂。其重要实例列举如下。

10.2.4.1 用苄基氯的 C-烷化

苄基氯分子中的氯比较活泼，在酸性催化剂的存在下，可在温和的条件下向芳环上引入苄基。例如，在反应器中加入苯和氯化锌水溶液，然后在 70℃滴加苄基氯，并在 70~75℃保温 10h，即得到医药中间体二苯甲烷，收率 95%。

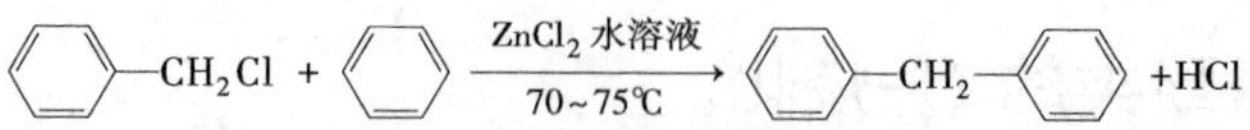

用同样的方法可以从 4-氯苄基氯和苯制得医药中间体 4-氯二苯甲烷。

10.2.4.2 用氯乙酸的 C-烷化

氯乙酸分子中的氯也比较活泼,可在芳环上引入羧甲基,但是在这里不是以无水三氯化铝或无水氯化锌作催化剂,而是以铝粉作催化剂。例如,在反应器中加入精萘、氯乙酸和铝粉,然后在 185~218℃ 搅拌 15h,即得到农药和医药中间体萘乙酸,收率 50%~70%。

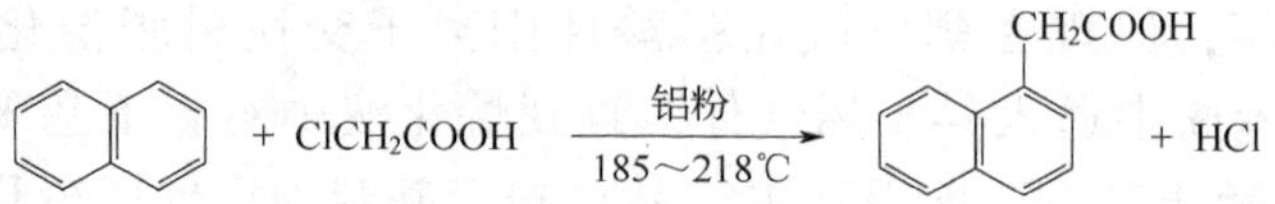

在上述反应中,真正的催化剂可能是氯乙酸铝。

10.2.4.3 用四氯化碳的 C-烷化

用四氯化碳作烷化剂,目的在于制备二苯甲烷和三苯甲烷衍生物。

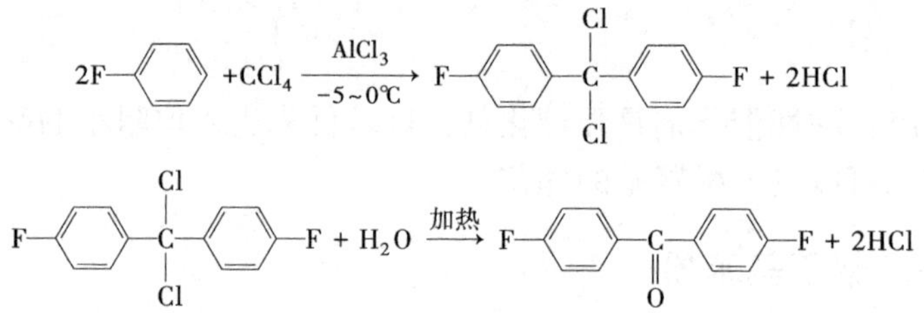

10.2.4.4 用氯代叔丁烷的 C-烷化

在芳环上引入叔丁基时,一般用异丁烯(沸点 -6.8℃)作 C-烷化剂。但是在制备小批量精细化工产品时常用氯代叔丁烷作 C-烷化剂。例如,萘和氯代叔丁烷在无水三氯化铝存在下,在 30℃ 反应,得到 2,6- 和 2,7-二叔丁基萘异构体混合物。

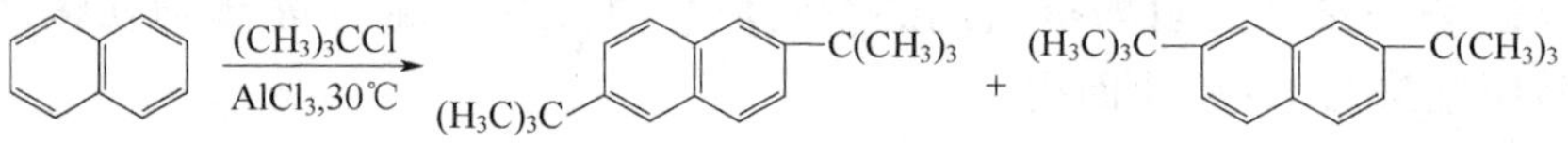

10.3 O-烃化

醇羟基或酚羟基的氢被烃基取代生成二烷基醚、烷基芳基醚或二芳基醚的反应称作 O-烃化,包括 O-烷化(也称烷氧基化)和 O-芳基化(也称芳氧基化)。

10.3.1 用醇类的 O-烷化

两个分子相同的醇脱水可以制得对称二烷基醚。但是这些醚也可以采用醇与相应的烯烃或氯烷反应。

10.3.1.1 间甲基苯甲醚

将间甲酚和甲醇按 1∶4 的摩尔比配成混合液，在 225℃ 和压力下流经高岭土（硅酸铝）催化剂，间甲酚的转化率可达 65%，间甲基苯甲醚的选择性 90%。

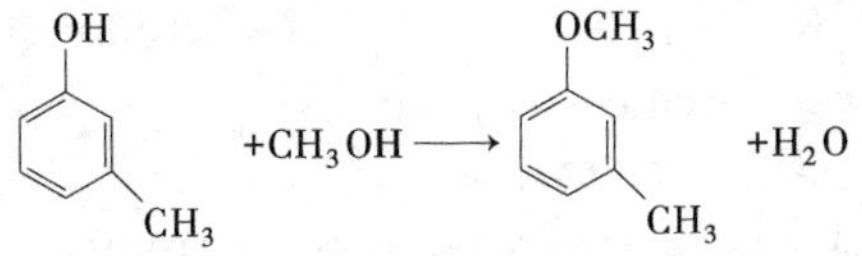

间甲酚 + CH₃OH ⟶ 间甲基苯甲醚 + H₂O

10.3.1.2 对羟基苯甲醚

将对苯二酚、甲醇、硫酸和碘化氢以 1∶13.6∶0.22∶0.01 的摩尔比回流 4h，在反应过程滴加 0.13mol 双氧水，对苯二酚的转化率可达 68.98%，对羟基苯甲醚的选择性 93.77%。对苯二酚如果用硫酸二甲酯进行单甲基化，则产品收率只有 47.18%。

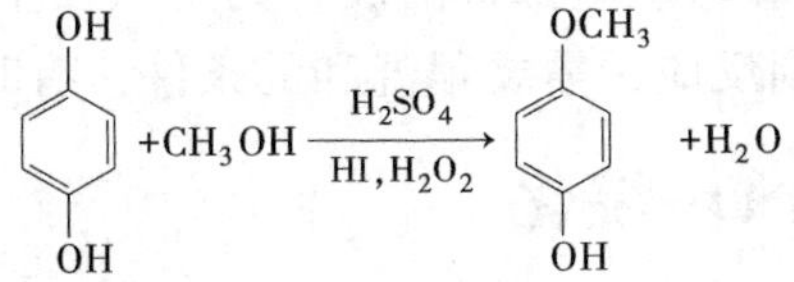

对苯二酚 + CH₃OH $\xrightarrow[\text{HI,H}_2\text{O}_2]{\text{H}_2\text{SO}_4}$ 对羟基苯甲醚 + H₂O

1-萘酚或 2-萘酚在浓硫酸存在下与甲醇或乙醇反应，也可制得相应的醚，但收率低。

10.3.2 用卤烷的 O-烷化

用卤烷的 O-烷化是亲核取代反应，卤烷是亲核试剂，对于被烷化的醇或酚来说，它们的负离子 R—O⁻ 的反应活性远远大于醇或酚本身的活性。因此，通常都是先将醇或酚与氢氧化钠、氢氧化钾或金属钠相作用生成醇钠或酚钠，然后再与卤烷反应。

$$R-OH + NaOH \longrightarrow R-O^-Na^+ + H_2O$$
$$R-O^-Na^+ + X-Alk \longrightarrow R-O-Alk + NaX$$

式中，R 表示烷基或芳基；Alk 表示烷基；X 表示卤素。所用的碱又称作缚酸剂。

当酚和卤烷都比较活泼时，O-烷化可以在水介质中进行，必要时可加入相转移催化剂。当醇和卤烷都不活泼时，要先将醇制成无水醇钠或醇钾，再与卤烷反应，以避免卤烷的水解副反应。但是，在个别情况下，可不用缚酸剂，而改用酸性催化剂。

由于氯烷价廉易得，工业上一般都用氯烷。当氯烷不够活泼时则需要使用溴烷。卤烷的种类很多，应用范围很广。实例列举如下。

10.3.2.1 用氯甲烷的 O-烷化

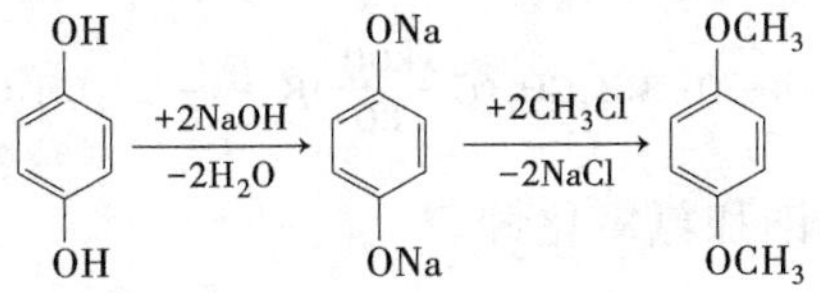

对苯二酚 $\xrightarrow[-2H_2O]{+2NaOH}$ 对苯二酚钠 $\xrightarrow[-2NaCl]{+2CH_3Cl}$ 对苯二甲醚

10.3.2.2 用氯乙酸的 O-烷化

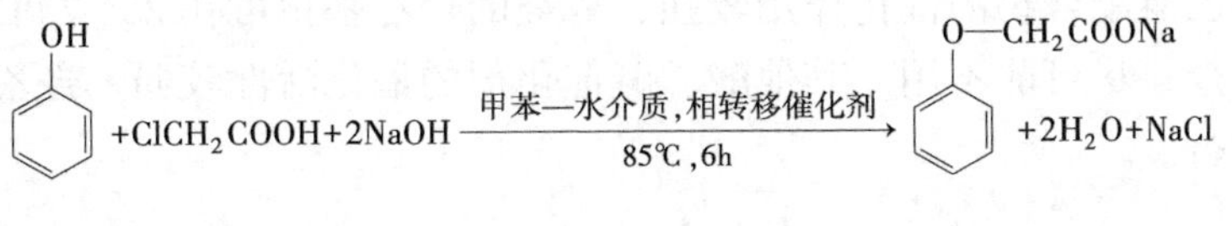

苯酚 + ClCH₂COOH + 2NaOH $\xrightarrow[85℃, 6h]{\text{甲苯—水介质,相转移催化剂}}$ 苯氧乙酸钠 + 2H₂O + NaCl

用此法可合成 4-氯苯氧乙酸、2,4-二氯苯氧乙酸、4-甲基苯氧乙酸和萘氧乙酸等一系列植物生长调节剂。

10.3.2.3 用 3-氯丙烯的 O-烷化

$$\text{PhOH} \xrightarrow[\text{CH}_3\text{ONa, NaI}]{+\text{ClCH}_2\text{CH}=\text{CH}_2, -\text{HCl}} \text{PhOCH}_2\text{CH}=\text{CH}_2$$

在这里，甲醇钠是缚酸剂，甲醇不如苯酚活泼，所以甲醇不发生 O-烷化反应，碘化钠的催化作用可能是它使 3-氯丙烯转变成活泼的 3-碘丙烯，因为碘并不消耗，所以只用很少量的碘化钠。

10.3.2.4 用环氧氯丙烷的 O-烷化

环氧氯丙烷分子中的氯基和环氧基都很活泼，为了只发生氯基置换 O-烷化反应，而不发生环氧基开环加成 O-烷化副反应，需要很温和的条件，有时甚至需改用酸性催化剂。

10.3.3 用环氧烷类的 O-烷化

10.3.3.1 反应历程

醇或酚用环氧乙烷的 O-烷化是在醇羟基或酚羟基的氧原子上引入羟乙基。这类反应是在酸或碱的催化作用下完成的。

最常用的酸性催化剂是三氟化硼（无色气体）和它的乙醚（配合物）溶液、烷基铝、磷钨酸、硅胶等。酸催化是单分子亲电取代反应，其反应历程可简单表示如下：

$$R\text{—}OH + BF_3 \rightleftharpoons R\text{—}O^- + HBF_3^+$$

$$\underset{O}{\overset{}{CH_2\text{—}CH_2}} + HBF_3^+ \underset{\text{质子化}}{\overset{-BF_3}{\rightleftharpoons}} \underset{\overset{|}{O^+}}{\overset{}{CH_2\text{—}CH_2}} \xrightarrow{\text{开环}} {}^+CH_2CH_2OH$$
$$H$$

$$R\text{—}OH + {}^+CH_2CH_2OH \xrightarrow{\text{亲电取代}} R\text{—}OCH_2CH_2OH + H^+$$

碱催化是双分子亲电加成反应，其反应历程可简单表示如下：

$$R\text{—}OH + Na^+OH^- \rightleftharpoons R\text{—}O^- \cdot Na^+ + H_2O$$

$$R\text{—}O^- + \underset{O^{\delta-}}{\overset{+\delta}{CH_2\text{—}CH_2}} \xrightarrow{\text{亲电加成}} \left[\underset{O}{\overset{}{R\text{—}O\cdots CH_2\text{—}CH_2}} \right]^-$$

$$\longrightarrow R\text{—}O\text{—}CH_2CH_2O^- \xrightarrow[-RO^-]{ROH} R\text{—}O\text{—}CH_2CH_2OH$$

常用的碱催化剂是氢氧化钠和氢氧化钾。

10.3.3.2 主要影响因素

三氟化硼—乙醚配合物的催化作用较强，醇类的羟乙基化可在 25~75℃、常压或微压下进行，但为了安全，尽可能不用。其他酸、碱催化剂的催化活性较弱。羟乙基化要在较高的温度和压力下进行。

$C_1 \sim C_4$ 低碳醇的单羟乙基化和二羟乙基化也可以采用气—固相接触催化法，催化剂可以是硅胶、三氧化二铝等。酚羟基的羟乙基化只采用碱催化法。

醇或酚在羟乙基化时，生成的一乙二醇单醚中的醇羟基还可以与环氧乙烷作用生成二乙二醇单醚、三乙二醇单醚等含有不同个数羟乙基（亦称氧乙烯基）的聚乙二醇单醚，它们也称作聚氧乙烯醚，因此反应产物总是混合物。

$$R-OH \xrightarrow{\underset{O}{CH_2-CH_2}} R-O-CH_2CH_2OH \xrightarrow{\underset{O}{CH_2-CH_2}} R-O-CH_2CH_2O-CH_2CH_2OH$$
$$\xrightarrow[(n-2)]{\underset{O}{CH_2-CH_2}} R-O(CH_2CH_2O)_{\overline{n}}H$$

另外，醇或酚与环氧丙烷反应时，可在羟基氧原子上引入一个或几个 1-甲基羟乙基（也称氧丙烯基）而生成 1,2-丙二醇的单醚。

$$R-OH \xrightarrow{\underset{O}{CH_2-CH-CH_3}} R-O-\underset{CH_3}{CHCH_2}OH \xrightarrow[(n-1)]{\underset{O}{CH_2-CH-CH_3}} R-O(\underset{CH_3}{CHCH_2}O)_{\overline{n}}H$$

10.3.4　O-芳基化（烷氧基化和芳氧基化）

O-芳基化指的是醇羟基或酚羟基与芳香族卤素化合物等相作用生成烷基芳基醚或二芳基醚的反应。但从芳香族卤素化合物来说，也称作烷氧基化或芳氧基化。这里只叙述应用实例较多的，用苯系卤素化合物的烷氧基化和芳氧基化。蒽醌系卤素化合物和硝基化合物的烷氧基化和芳氧基化，也有个别重要实例，本书从略。

10.3.4.1　苯基烷基醚的制备

苯基烷基醚最常用的制备方法是苯环上酚羟基与卤烷或硫酸二甲酯的 O-烷化法。但是当制备在邻位或对位有硝基的苯基烷基醚时，则可以采用以邻位或对位硝基氯苯或其衍生物为起始反应物与相应的醇进行 O-芳基化（即烷氧基化）的方法。这是因为邻位或对位硝基氯苯类化合物容易制备，而且分子中的氯基比较活泼，容易与醇羟基发生 O-芳基化反应。

10.3.4.2　二苯醚类的制备

氯苯衍生物和苯酚衍生物的 O-芳基化反应可用以下通式表示：

$$\underset{R^2}{\overset{R^1}{\text{Ar}}}-Cl + HO-\underset{R^3}{\overset{R^4}{\text{Ar}}} \xrightarrow{\text{缚酸剂}} \underset{R^2}{\overset{R^1}{\text{Ar}}}-O-\underset{R^3}{\overset{R^4}{\text{Ar}}} + HCl$$

上式中所用的缚酸剂可以是 Na_2CO_3、K_2CO_3、NaOH、KOH 等。

当 R^1 或 R^2 是邻位或对位硝基时，氯基比较活泼，O-芳基化反应可在较温和的条件下进行。水分的存在会引起氯基水解副反应，可在反应液中加入少量甲苯，利用共沸蒸馏法蒸出水分，在无水条件下加入聚乙二醇 600 等固—液相转移催化剂，将 $Ar-O^-$ 从固相转移到液相，可降低反应温度、缩短反应时间、提高产品的收率。

当 R^3 或 R^4 不是强吸电基时，对反应的难易影响不大。但是，当 R^3 或 R^4 是硝基时，使酚羟基的活性下降，要求较高的反应温度。

❀ 巩固与提升 ❀

1. 用卤烷为烷基化试剂，进行 N-烷基化反应过程中，为什么要用缚酸剂？常用的缚酸剂有哪些？

2. 甲醇与苯胺、苯酚或甲苯相作用，可分别发生哪些类型的反应？各生成什么主要产物？采用什么反应方式和什么催化剂？

3. 丙烯与苯胺、苯酚或甲苯相作用，可分别发生哪些类型的反应？各生成什么主要产物？各用什么催化剂及其主要反应条件。

4. 请写出以丙酮、苯酚为原料，质子酸作催化剂生成双酚 A 的反应历程。

5. 试写出下面反应的机理。

$$\text{C}_6\text{H}_6 + \text{R—HC=CH}_2 \xrightarrow{\text{AlCl}_3} \text{C}_6\text{H}_5\text{—CH(R)CH}_3$$

$$\text{C}_6\text{H}_6 + \text{R—Cl} \xrightarrow{\text{AlCl}_3} \text{C}_6\text{H}_5\text{—R}$$

6. 完成下列反应。

$$\text{C}_6\text{H}_5\text{NH}_2 \xrightarrow[\text{NaOH}]{\text{BrCH}_2\text{CF}_3} A$$

$$\text{C}_6\text{H}_5\text{NH}_2 + \text{C}_4\text{H}_9\text{OH} \xrightarrow[210℃,0.8\text{MPa}]{\text{ZnCl}_2} B \xrightarrow[240℃,2.2\text{MPa}]{\text{ZnCl}_2} C$$

$$\text{C}_{18}\text{H}_{37}\text{NH}_2 + 2\text{HCHO} + 2\text{HCOOH} \xrightarrow[50\sim 78℃]{\text{C}_2\text{H}_5\text{OH}} D$$

$$\text{RCH=CH}_2 + \text{C}_6\text{H}_6 \xrightarrow[\text{或 AlCl}_3]{\text{HF}} E$$

$$\text{C}_6\text{H}_5\text{CHO} + \text{HOCH}_2\text{CH}_2\text{OH} \xrightarrow{\text{H}_2\text{SO}_4} F$$

$$\text{H}_3\text{C—OH} + \text{H}_2\text{C=C(CH}_3)_2 \xrightarrow{\text{H}_2\text{SO}_4} G$$

$$\text{C}_6\text{H}_5\text{NH}_2 + 2\text{H}_2\text{C=CH}_2 \xrightarrow[\text{或 (C}_2\text{H}_5)_2\text{AlCl}]{\text{(C}_6\text{H}_5\text{N)AlH}} H$$

$$\text{C}_6\text{H}_5\text{OH} + \text{CH}_2\text{=C(CH}_3)\text{CH}_3 \xrightarrow[80\sim 240℃]{\text{阳离子交换树脂}} I$$

$$\text{2-萘酚} + \text{HOCH}_3 \xrightarrow[\text{回流 6h}]{\text{浓 H}_2\text{SO}_4} J$$

$$(\text{CH}_3)_2\text{C=O} + 2\text{ C}_6\text{H}_5\text{OH} \xrightarrow[-\text{H}_2\text{O}]{\text{阳离子交换树脂}} K$$

$$\text{C}_6\text{H}_5\text{CHO} + 2\text{ C}_6\text{H}_5\text{NH}_2 \xrightarrow{\text{HCl},140\sim 150℃} L$$

$$\text{HCHO} + 2\text{ C}_6\text{H}_5\text{NH}_2 \xrightarrow{\text{浓 HCl 催化},100℃,\text{烷化}} M$$

第11章

酰化反应

本章专业知识目标：

（1）熟悉酰化剂的种类，酰化剂结构与活性的关系；
（2）掌握 N-酰化反应的反应历程和影响因素（重难点）；
（3）掌握 C-酰化反应历程、特点及应用（重难点）。

本章素质能力目标：

（1）能够根据有机物反应特性和酰化剂活性规律，选用合适的酰化剂；
（2）能够完成荧光增白剂 VBL、猩红热的分子设计和制备；
（3）能够熟练运用热力学和动力学控制知识，判断芳胺和酚发生酰化反应时的异构产物比例。

11.1 概述

酰化指的是有机分子中与碳、氮、磷、氧或硫原子相连的氢被酰基所取代的反应。酰基指的是从含氧的有机酸或无机酸的分子中除去一个或几个羟基后所剩余的基团。

氨基氮原子上的氢被酰基所取代的反应称 N-酰化，生成酰胺。羟基氧原子上的氢被酰基取代的反应称 O-酰化，生成酯，故又称酯化。碳原子上的氢被酰基取代的反应称 C-酰化，生成醛、酮或羧酸。本书重点介绍 N-酰化和 O-酰化。

11.1.1 酰化剂

（1）羧酸：甲酸、乙酸和乙二酸等。
（2）酸酐：乙酐、甲乙酐、顺丁烯二酸酐、邻苯二甲酸酐、1,8-萘二甲酸酐以及二氧化碳（碳酸酐）和一氧化碳（甲酸酐）等。
（3）酰氯：碳酸二酰氯（光气）、乙酰氯、苯甲酰氯、三聚氰酰氯、苯磺酰氯、三氯氧磷（磷酸三酰氯）和三氯化磷（亚磷酸三酰氯）等。某些酰氯不易制成工业品，可用羧酸和三氯化磷、亚硫酰氯或无水三氯化铝在无水介质中作酰化剂。
（4）羧酸酯：乙酰乙酸乙酯、氯乙酸乙酯、氯甲酸三氯甲酯（双光气）和二（三氯甲基）碳酸酯（三光气）等。

(5) 酰胺：尿素和 N,N-二甲基甲酰胺等。
(6) 其他：例如乙烯酮和双乙烯酮等。

11.1.2 酰化剂的反应活性

酰化是亲电取代反应，酰化剂是以亲电质点参加反应的，其反应历程将在以后各节讨论。这里只综述各类酰化剂的反应活性与结构的关系。

最常用的酰化剂是羧酸、相应的酸酐或酰氯。在引入碳酰基时，酰基碳原子上的部分正电荷越大，酰化能力越强。因此，羧酸、相应的酸酐和酰氯的活泼性次序是：

$$\underset{\text{羧酸}}{R-\overset{\delta_1^+}{C}-OH} \;<\; \underset{\text{酸酐}}{R-\overset{\delta_2^+}{C}-O-\overset{\delta_2^+}{C}-R} \;<\; \underset{\text{酰氯}}{R-\overset{\delta_3^+}{C}\to\overset{\delta_3^-}{Cl}}$$

当 R 相同时：$\delta_1^+ < \delta_2^+ < \delta_3^+$。这是因为酸酐与相应的羧酸相比，前者的酰基碳原子上所连接的氧原子又连接了一个吸电性的碳酰基，所以 $\delta_2^+ > \delta_1^+$，即酸酐比相应的羧酸活泼。在酰氯分子中，酰基碳原子与电负性相当高的氯原子相连，所以 $\delta_3^+ > \delta_2^+ > \delta_1^+$，即酰氯比相应的酸酐和羧酸活泼。

在脂肪族酰化剂中，其反应活性随碳链的增长而变弱。因此，只有向氨基氮原子或羟基氧原子上引入甲酰基、乙酰基或羧甲酰基时才能使用价廉易得的甲酸、乙酸或乙二酸作酰化剂。在引入长碳链的脂酰基时，则需要使用活泼的羧酰氯作酰化剂。

当 R 是芳环时，由于芳环的共轭效应，酰基碳原子上的部分正电荷降低，从而酰化剂的反应活性降低。因此，在引入芳羧酰基时也要用活泼的芳羧酰氯作酰化剂。

当脂链上或芳环上有吸电基时，酰化剂的活性增强，而有供电基时则活性减弱。

由弱酸构成的酯也可以用作酰化剂，从结构上看它们的活性比相应羧酸还弱，但是在酰化时不生成水，而是生成醇。羧酰胺也是弱酰化剂，只有在个别情况下才使用。

由强酸构成的酯，例如硫酸二甲酯和苯磺酸甲酯，则是烷化剂，而不是酰化剂，这是因为强酸的酰基吸电性很强，使酯分子中烷基碳原子上正电荷较大的缘故。

$$H_3C-\overset{\delta^+}{\underset{}{O}}-\underset{\underset{\delta^-}{\overset{}{O}}}{\overset{\overset{\delta^-}{O}}{\underset{}{S}}}-\overset{\delta^+}{\underset{}{O}}-CH_3$$

11.2 N-酰化

被酰化的胺可以是脂肪胺、芳胺，可以是伯胺、仲胺。

11.2.1 反应历程

用羧酸或其衍生物作酰化剂时，酰基取代伯胺氮原子上的氢，生成羧酰胺时的反应历程可简单表示如下：

$$R-\overset{\overset{\delta^-}{\underset{\cdot\cdot}{O}}}{\underset{Z}{C}}\delta^+ + \underset{H}{\overset{H}{N}}-R' \longrightarrow \left[R-\overset{O}{\underset{Z}{C}}\cdots\overset{H}{\underset{H}{N}}-R'\right] \xrightarrow{-HZ} R-\overset{O}{\underset{}{C}}-\overset{H}{\underset{}{N}}-R'$$

  酰化剂　　　　伯胺　　　　　　过渡配合物　　　　　　羧酸胺

  首先是酰化剂的碳酰基中带部分正电荷的碳原子向伯氨基氮原子上的未共用电子对做亲电进攻，形成过渡配合物，然后脱去 HZ 而生成羧酸胺。

  在酰化剂 $R-\overset{O}{\underset{}{C}}-Z$ 分子中，—Z 可以是—OH（羧酸）、$-O-\overset{O}{\underset{}{C}}-R$（羧酸酐）、—Cl（羧酸氯）或—OR（羧酸酯）。

  酰基是吸电基，它使酰胺分子中氨基氮原子上的电子云密度降低，不容易再与亲电性的酰化剂质点相作用，即不容易生成 N,N-二酰化物。

11.2.2　胺类结构的影响

  胺类被酰化的相对反应活性是：伯胺>仲胺；脂胺>芳胺；无位阻胺>有位阻胺。即氨基氮原子上电子云密度越高，碱性越强，空间位阻越小，胺被酰化的反应活性越强。对于芳胺，环上有供电基时，碱性增强，芳胺的反应活性增加。反之，环上有吸电基时，碱性减弱，芳胺的反应活性降低。

11.2.3　用羧酸的 N-酰化

  羧酸价廉易得，但反应活性弱，一般只有在引入甲酰基、乙酰基、羧甲酰基时才使用甲酸、乙酸或乙二酸作酰化剂，且一般只用于碱性较强的胺或氨的 N-酰化。

  用羧酸的 N-酰化是可逆反应，首先是羧酸与胺或氨生成铵盐，然后脱水生成酰胺。

$$R-\overset{O}{\underset{}{C}}-OH + H_2N-R' \underset{}{\overset{\text{成盐}}{\rightleftharpoons}} R-\overset{O}{\underset{}{C}}-O^- \cdot H_3\overset{+}{N}-R' \underset{+H_2O}{\overset{-H_2O}{\rightleftharpoons}} R-\overset{O}{\underset{}{C}}-\overset{H}{\underset{}{N}}-R'$$

式中，R 和 R′可以是氢、烷基或芳基。

11.2.4　用酸酐的 N-酰化

  最常用的酸酐是乙酐。

$$\begin{matrix}H_3C-\overset{O}{\underset{}{C}}\\H_3C-\underset{O}{\underset{}{C}}\end{matrix}O + HN\begin{matrix}R^1\\R^2\end{matrix} \longrightarrow H_3C-\overset{O}{\underset{}{C}}-\underset{R^1}{\overset{}{N}}-R^2 + H_3C-\overset{O}{\underset{}{C}}-OH$$

  式中，R^1 可以是氢、烷基或芳基；R^2 可以是氢或烷基。这个反应不生成水，因此是不可逆的。反应生成的乙酸可以起溶剂的作用。乙酐比较活泼，乙酰化反应一般在 20~90℃ 即可顺利进行。乙酐的用量一般只需要过量 5%~50%。

11.2.5 用酰氯的 N-酰化

最常用的酰氯是羧酰氯、芳磺酰氯、三聚氰酰氯和光气。用酰氯进行 N-酰化的反应可用以下通式来表示：R—NH$_2$+AcCl ⟶ R—NHAc+HCl。

式中，R 表示烷基或芳基；Ac 表示各种酰基。这类反应是不可逆的。酰氯是比相应的酸酐更活泼的酰化剂，许多酰氯比相应的酸酐容易制备，因此常常用酰氯作酰化剂。

11.2.6 用羧酸酯的 N-酰化

为了代替光气，提出的 N-酰化剂有：碳酸二甲酯、氯甲酸三氯甲酯（双光气）和二（三氯甲基）碳酸酯（三光气）。

碳酸二甲酯是由一氧化碳和氢气先合成甲醇，然后将甲醇与一氧化碳和氧进行氧化羰基化而得。成本低，沸点 90.2℃，使用方便。可代替光气制备氨基甲酸酯、异氰酸酯。

$$R-NH_2 + CH_3O-\overset{O}{\underset{}{C}}-OCH_3 \longrightarrow R-NH-\overset{O}{\underset{}{C}}-OCH_3 + CH_3OH$$

$$R-NH-\overset{O}{\underset{}{C}}-OCH_3 \longrightarrow R-N=C=O + CH_3OH$$

氯甲酸三氯甲酯是先由一氧化碳和氢气合成甲醇和甲酸甲酯，然后将甲酸甲酯用氯气氯化而得，或是由甲醇先与光气反应生成氯甲酸甲酯，然后再用氯气氯化而得。

双光气是液体，使用方便，可用作代替光气的 N-酰化剂。例如，将 3,4-二氯苯胺和双光气按 1:0.65 的摩尔比在甲苯中回流，就得到 3,4-二氯苯异氰酸酯。

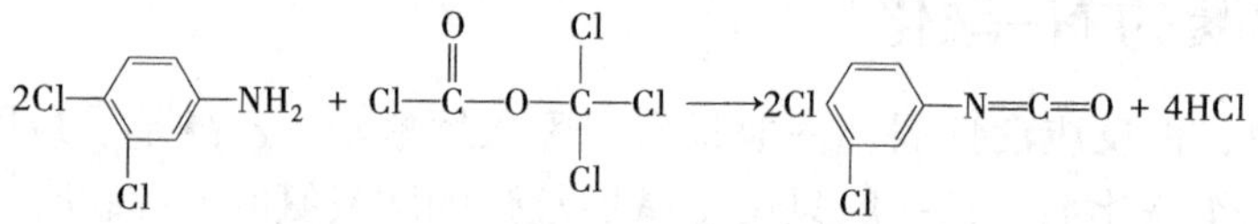

虽然双光气的成本比光气高，但使用方便，特别适用于小批量、高附加值的精细有机中间体和化工产品的生产。

二（三氯甲基）碳酸酯（三光气）是由碳酸二甲酯用氯气氯化而得。三光气是白色粉末，使用方便，也可用作代替光气的 N-酰化剂。例如将 J 酸钠盐水溶液调 pH=7.0，在 40~60℃慢加入稍过量的粉状三光气，同时不断加入氢氧化钠水溶液，保持 pH=7.0 直到反应完全，然后盐析，即得到猩红酸。

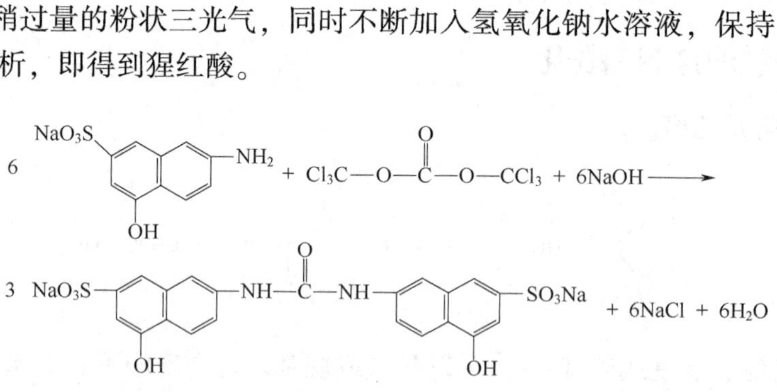

常用的羧酸酯有：甲酸甲酯、甲酸乙酯、丙二酸二乙酯、丙烯酸甲酯、氯乙酸乙酯、氰乙酸乙酯和乙酰乙酸乙酯等，它们的特点是比相应的羧酸、酸酐或氯酰较易制得，或使用方便。其 N-酰化的反应通式如下。

$$R-\underset{\underset{O}{\|}}{C}-OR' + H_2N-R'' \longrightarrow R-\underset{\underset{O}{\|}}{C}-N-R'' + HO-R'$$

式中，R 是氢或各种烷基；R′是甲基或乙基；R″是氢、烷基或芳基。

羧酸酯的结构对它的反应活性有重要影响，如果 R 有位阻，则 N-酰化速率慢，反应要在较高的温度或在一定压力下进行。如果 R 无位阻，并且有吸电基（例如羰基、氯基和氰基等），则 N-酰化反应较易进行。

乙酰乙酸乙酯曾经是制备 N-乙酰乙酰基苯胺的酰化剂，但现在已被双乙烯酮所代替，因为现在乙酰乙酸乙酯也是由双乙烯酮（与无水乙醇反应）制得的。

11.2.7　用双乙烯酮的 N-酰化

双乙烯酮是由乙酸先催化热解得乙烯酮，然后低温二聚而得到的。

$$H_3C-\underset{OH}{C}=O \xrightarrow[(700\pm20)℃]{磷酸三乙酯催化} H_2C=C=O+H_2O$$

$$H_2C=\underset{O}{C} + \underset{C=O}{CH_2} \xrightarrow[15\sim25℃]{二聚} \underset{O-C=O}{H_2C=C-CH_2}$$

双乙烯酮可以看作是乙酰乙酸的酸酐，它相当活泼，与胺类的 N-酰化反应可在较低的温度下，在水、甲苯、乙醇或丙酮等介质中进行。例如，将邻甲苯胺和双乙烯酮按 1∶(1.05～1.04) 的摩尔比同时滴入水中保持 10～15℃，搅拌 1h，过滤，即得到 N-乙酰乙酰邻甲苯胺，收率 90.5%。

11.2.8　过渡性 N-酰化和酰氨基的水解

过渡性 N-酰化指的是先将氨基转化为酰氨基，以利于某些化学反应顺利进行，在完成目的反应后再将酰氨基水解成氨基。在过渡性 N-酰化时，酰化剂的选择需要考虑的主要因素是：该酰氨基对于下一步反应有良好的效果、酰化剂的价格低、酰化反应易进行、酰化产物收率高质量好、酰氨基较易水解、收率高。

11.2.8.1　过渡性 N-乙酰化法

过渡性 N-乙酰化法的优点是乙酸价格低，乙酐酰化法工艺简单、收率高，乙酰基容易水解。将 N-乙酰芳胺在稍过量的稀氢氧化钠水溶液中在 70～100℃共热，或在稀盐酸或稀硫酸中加热，均可使乙酰氨基水解。

乙酰化法的应用很广，其重要应用实例有：对甲苯胺的乙酰化、硝化、乙酰氨基水解制邻硝基对甲苯胺；苯胺的乙酰化、氯磺化、氨化、乙酰氨基水解制对氨基苯磺酰胺和间甲苯胺的乙酰化、硝化、氧化、乙酰氨基水解制 5-氨基 2-硝基苯甲酸等。

11.2.8.2　过渡性 N-苯磺酰化法

苯磺酰氨基的特点是对碱的作用相当稳定，在稀无机酸中仍很稳定，在质量分数 75%

以上的硫酸中则易水解。苯磺酰氯价格贵，水解时硫酸废液多，限制了它的应用。

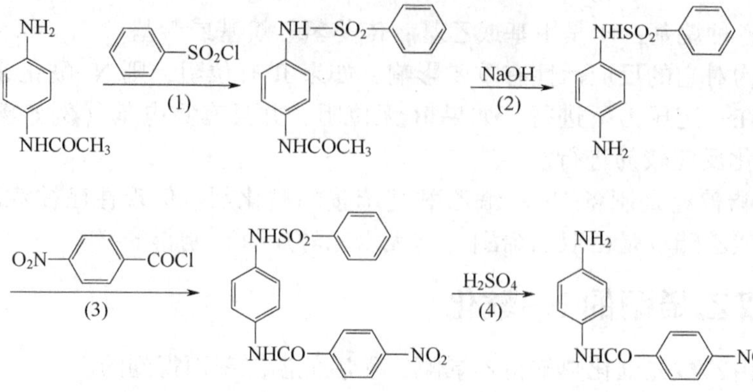

11.3 O-酰化

O-酰化指的是醇或酚分子中的羟基氢原子被酰基取代，生成酯，因此又称酯化。
羧酸酯最重要的用途是溶剂和增塑剂，还用于树脂、香料、表面活性剂、医药等。

11.3.1 用羧酸的酯化

羧酸是最常用的酯化剂，但羧酸是弱酯化剂，只能用于醇酯化，不能用于酚。

11.3.1.1 酯化的热力学和动力学

羧酸与醇的反应历程是双分子反应机理，羧酸首先质子化成为亲电试剂，然后醇分子对羰基碳原子发生亲核进攻（整个反应最慢的阶段），脱水、脱质子而生成酯。

$$R-COOH + HO-R' \xrightleftharpoons{k} R-COOR' + H_2O$$

$$R-COOH \xrightleftharpoons{H^+} \left[R-C(OH_2)(OH) \right]^+ \xrightleftharpoons[-R'OH]{+R'OH} R-C(OH)_2-O^+(R')H$$

第1步（快）　　　　第2步（最慢）

$$\rightleftharpoons R-C(O^+H_2)(OH)-R' \xrightleftharpoons[+H_2O]{-H_2O} R-C^+(OH)-O-R' \xrightleftharpoons[+H^+]{-H^+} R-C(O)-O-R'$$

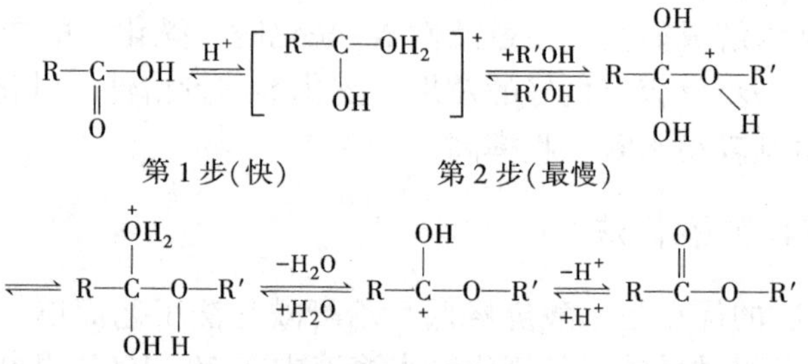

酯化是可逆反应，其平衡常数 K 可表示如下：

$$K = \frac{[RCOOR'][H_2O]}{[RCOOH][R'OH]}$$

上述酯化反应的热效应很小，因此酯化温度对 K 值的影响很小，但是羧酸的结构和醇的结构则对酯化速率和 K 值有很大影响。

1. 羧酸结构

将等摩尔比的羧酸与醇（或酚）在一定温度下反应至组成恒定，分析反应物中酸的含量，就可以算出平衡常数 K。表 11.1 给出了异丁醇与各种羧酸的酯化反应参数。

表 11.1　异丁醇与各种羧酸的酯化反应转化率、平衡常数（等摩尔比混合，155℃）

序号	羧酸	转化率/%		平衡常数 K
		1h 后	极限	
1	HCOOH	61.69	64.23	3.22
2	CH_3COOH	44.36	67.38	4.27
3	C_2H_5COOH	41.18	68.70	4.82
4	C_3H_7COOH	33.25	69.52	5.20
5	$(CH_3)_2CHCOOH$	29.03	69.51	5.20
6	$(CH_3)(C_2H_5)CHCOOH$	21.50	73.73	7.88
7	$(CH_3)_3CCOOH$	8.28	72.65	7.06
8	$(CH_3)_2(C_2H_5)CCOOH$	3.45	74.15	8.23
9	$(C_6H_5)CH_2COOH$	48.82	73.87	7.99
10	$(C_6H_5)C_2H_4COOH$	40.26	72.02	7.60
11	$(C_6H_5)CH{=}CHCOOH$	11.55	74.61	8.63
12	C_6H_5COOH	8.62	72.57	7.00
13	$p\text{-}(CH_3)C_6H_4COOH$	6.64	76.52	10.62

由表 11.1 可以看出，甲酸比其他直链羧酸的酯化速率快得多，酯化反应活性顺序：甲酸>直链羧酸>有侧链羧酸>芳香族羧酸。

应该指出，苯甲酸等虽然酯化速率很慢，但是平衡常数 K 很高，它们一旦酯化就不易水解。

2. 醇或酚结构

表 11.2 给出了相同反应条件下，乙酸与各种醇或酚发生酯化反应的情况。

表 11.2　乙酸与各种醇的酯化反应情况

序号	醇或酚	转化率/%		平衡常数 K
		1h 后	极限	
1	CH_3OH	55.59	69.59	5.24
2	C_2H_5OH	46.95	66.57	3.96
3	C_3H_7OH	46.92	66.85	4.07
4	C_4H_9OH	46.85	67.30	4.24
5	$CH_2{=}CHCH_2OH$	35.72	59.41	2.18
6	$C_6H_5CH_2OH$	38.64	60.75	2.39
7	$(CH_3)_2CHOH$	26.53	60.52	2.35
8	$(C_4H_9)(C_2H_5)CHOH$	22.59	59.28	2.12
9	$(C_2H_5)_2CHOH$	16.93	58.66	2.01
10	$(CH_3)(C_6H_{13})CHOH$	21.19	62.03	2.67
11	$(CH_2{=}CHCH_2)_2CHOH$	10.31	50.12	1.01

续表

序号	醇或酚	转化率/% 1h 后	转化率/% 极限	平衡常数 K
12	$(C_4H_9)_3COH$	1.43	6.59	0.0049
13	$(CH_9)_2(C_2H_5)COH$	0.81	2.53	0.00067
14	$(CH_3)_2(C_3H_7)COH$	2.15	0.83	0.0089
15	C_6H_5OH	1.45	8.64	0.0192
16	$(CH_3)(C_3H_7)C_6H_3OH$	0.55	9.46	5.24

从表 11.2 可以看出，伯醇的酯化速率最快，平衡常数 K 也较大。酯化反应的活性顺序：甲醇＞伯醇＞仲醇＞叔醇＞酚。

丙烯醇虽然也是伯醇，但是羧基氧原子上的未共用电子对与双键共轭，减弱了氧原子的亲核性，所以它的酯化速率比相应的饱和醇（即丙醇）慢一些，K 值也小一些。苯甲醇由于苯基的影响，其酯化速率和 K 值比乙醇低。一般地，醇分子中有空间位阻时，其酯化速率和 K 值降低，即仲醇（例如二甲基甲醇）的酯化速率和 K 值比相应的伯醇（即丙醇）低一些。而叔醇（例如三甲基甲醇）的酯化速率和 K 值都相当低。苯酚由于苯环对羟基的共轭效应，其酯化速率和 K 值也都相当低。

特别注意：在制备叔丁基酯时，不用叔丁醇而改用异丁烯；在制备酚酯时，不用羧酸而改用酸酐或羧酰氯作酯化剂。

11.3.1.2 酯化催化剂

对于许多酯化反应，温度每升高 10℃，酯化速率增加一倍。因此，加热可以增加酯化速率。但是，有一些实例，只靠加热并不能有效地加速酯化。特别是高沸点醇（例如甘油）和高沸点酸（例如硬脂酸），不加入酯化催化剂，只在常压下加热到高温并不能有效酯化。

已经发现强质子酸可以有效地加速酯化。工业上常用的酯化催化剂有氯化氢、浓硫酸、对甲苯磺酸、强酸性阳离子交换树脂等。

$$C_6H_5-CH_2-CHCOOH\ (NH_2) \xrightarrow{+HCl} C_6H_5-CH_2-CHCOOH\ (NH\cdot HCl) \xrightarrow[-H_2O]{+CH_3OH} C_6H_5-CH_2-CHCOOCH_3\ (NH\cdot HCl)$$

强酸性阳离子交换树脂，例如酚醛磺酸树脂和聚苯乙烯磺酸树脂等也有良好的催化作用，它们的特点是可以回收使用，特别适用于固定床连续酯化。

$$CH_3COOH + CH_3(CH_2)_3OH \xrightarrow[\text{室温}]{\text{树脂}-SO_3H,CaSO_4} CH_3COOC_4H_9 + H_2O$$
$$100\%$$

对于连续酯化还开发了钛酸四烃酯、氧化亚锡、草酸亚锡、氧化铝、氧化硅等非质子酸催化剂，它们的特点是无腐蚀作用、产品质量好、副反应少。

11.3.1.3 用羧酸和醇的酯化方法

用羧酸的酯化是可逆反应，酯化的平衡常数 K 都不大，当使用等摩尔比的羧酸和醇进行酯化时，达到平衡后，反应物中仍剩余相当数量的酸和醇。通常为了使羧酸尽可能完全反应，可采用以下四种方法：

（1）用过量低碳醇，此方法的优点是操作简便。但是醇的回收量太大，只适用于批量小、产值高的甲酯化和乙酯化过程，以生产医药中间体和香料等。

（2）从酯化反应物中蒸出生成的酯，此方法只适用于在酯化反应物中酯的沸点最低的情况，故只适用于制备甲酸乙酯、甲酸丙酯、甲酸异丙酯和乙酸甲酯等。甲酸甲酯的先进生产工艺是甲醇的气—固相接触催化脱氢法、甲醇的气—固相接触催化氧化脱氢法、甲醇羰基化法和合成气的一步羰基合成法。

（3）从酯化反应物中直接蒸出水，此方法适用于所用的羧酸和醇以及生成的酯的沸点都比水的沸点高得多，而且不与水共沸的情况。

（4）共沸精馏蒸水法。

11.3.1.4 羧酸和不饱和烃的加成酯化

羧酸和不饱和烃在强酸存在下的加成酯化是通过正碳离子中间体而完成的。加成反应服从 Markovnikov 规则，生成的酯是叔酯或仲酯。

$$R'-CH=CH_2 + H^+ \rightleftharpoons R'-\overset{+}{C}H-CH_3$$

$$R-\underset{O}{\overset{\|}{C}}-OH + H\overset{+}{C}-CH_3 \rightleftharpoons R-\underset{O}{\overset{\|}{C}}-O-\underset{R'}{\overset{H}{\underset{|}{\overset{|}{C}}}}-CH_3 \longrightarrow R-\underset{O}{\overset{\|}{C}}-O-\underset{R'}{\overset{H}{\underset{|}{\overset{|}{C}}}}-CH_3 + H^+$$

乙烯不能加成，高碳烯烃，特别是萜烯类则容易加成。

在精细有机合成中，最有实用价值的简单烯烃是异丁烯。

11.3.1.5 羧酸与环氧烷的酯化

$$H_2C=\underset{O}{\overset{\|}{C}}-OH + CH_2-CH_2 \xrightarrow{\text{加成酯化}} H_2C=\underset{O}{\overset{\|}{C}}-O-CH_2CH_2OH$$

11.3.1.6 羧酸盐与卤代烷的酯化

羧酸盐与卤代烷的酯化方法用于卤烷比相应的醇价廉易得，而且反应较易进行的情况，如：

$$H_3C-\underset{O}{\overset{\|}{C}}-ONa + \text{Ph}-CH_2Cl \longrightarrow H_3C-\underset{O}{\overset{\|}{C}}-O-CH_2-\text{Ph} + NaCl$$

11.3.2 用酸酐的酯化

主要用于酸酐较易获得的情况，例如乙酐、顺丁烯二酸酐和邻苯二甲酸酐等。

11.3.2.1 单酯的制备

酸酐是较强的酯化剂，只利用酸酐中的一个羧基制备单酯时，反应不生成水，是不可逆反应，酯化可在较温和的条件下进行。酯化时可以使用催化剂，也可以不使用催化剂。酸催化剂的作用是提供质子，使酸酐转变成酰化能力较强的酰基正离子。

$$R-\underset{O}{\overset{\|}{C}}-O-\underset{O}{\overset{\|}{C}}-R + H^+ \longrightarrow R-\underset{O}{\overset{\|}{C}}-OH + R-\overset{+}{\underset{O}{\overset{\|}{C}}}$$

酸酐法主要用于乙酸酯的制备，比如分散染料中间体的合成。

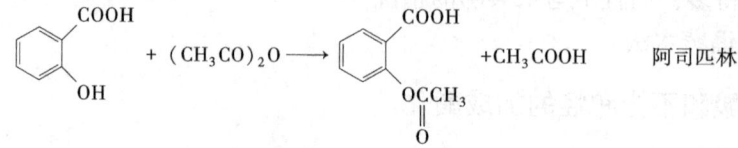

再如，阿司匹林的生产即采用乙酐作为 O-酰化试剂，其生产工艺流程见图 11.1。

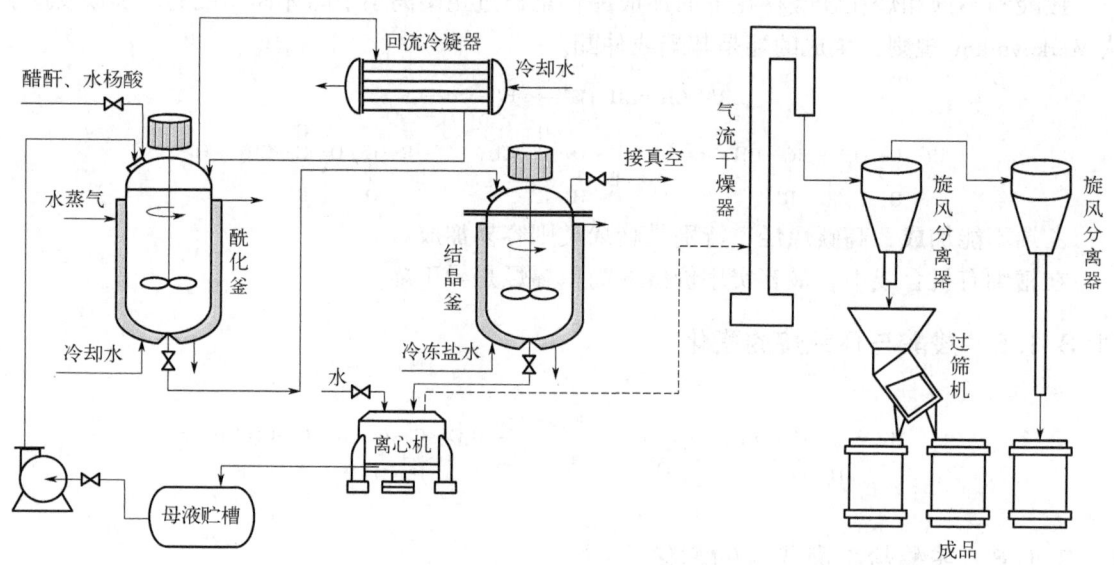

图 11.1 阿司匹林的生产工艺流程

11.3.2.2 双酯的制备

用环状羧酸酐可以制得双酯，在制备双酯时，反应是分两步进行的，即先生成单酯，再生成双酯。产量最大的双酯是邻苯二甲酸二异辛酯（DOP），它是重要的增塑剂。

11.3.3 用酰氯的酯化

用酰氯的酯化（O-酰化）和用酰氯的 N-酰化的反应条件基本上相似。最常用的有机酰氯是长碳链脂酰氯、芳羧酰氯、芳磺酰氯、光气、氨基甲酰氯、氯甲酸酯和三聚氯氰等。常用的无机酸的酰氯有：三氯化磷用于制亚磷酸酯；三氯氧磷或三氯化磷加氯气用于制磷酸酯、三氯硫磷用于制硫代磷酸酯。

　　用酰氯进行酯化时，可以不加缚酸剂，释放出氯化氢气体。但有时为了加速反应、控制反应方向或抑制氯烷的生成，需要加入缚酸剂，常用的缚酸剂有：氨气、液氨、无水碳酸钾、氢氧化钠水溶液、氢氧化钙乳状液、吡啶、三乙胺、N,N-二甲基苯胺等。

11.3.3.1　用光气的酯化

（1）氯甲酸间甲基苯酯。

$$H_3C\text{-}C_6H_4\text{-}OH + Cl\text{-}CO\text{-}Cl \longrightarrow H_3C\text{-}C_6H_4\text{-}O\text{-}CO\text{-}Cl + HCl\uparrow$$

（2）碳酸二苯酯。

$$2\ C_6H_5OH + Cl\text{-}CO\text{-}Cl + 2NaOH \longrightarrow C_6H_5\text{-}O\text{-}CO\text{-}O\text{-}C_6H_5 + 2NaCl + 2H_2O$$

11.3.3.2　用芳羧酰氯的酯化

（1）苯甲酸苯酯。

$$C_6H_5\text{-}ONa + Cl\text{-}CO\text{-}C_6H_5 \longrightarrow C_6H_5\text{-}O\text{-}CO\text{-}C_6H_5 + NaCl$$

（2）水杨酸苯酯。

$$3\ HO\text{-}C_6H_4\text{-}COOH + 3\ HO\text{-}C_6H_5 + PCl_3 \longrightarrow 3\ HO\text{-}C_6H_4\text{-}COO\text{-}C_6H_5 + H_3PO_3 + 3HCl$$

11.3.3.3　用磷酰氯的酯化

（1）磷酸三苯酯。

$$3C_6H_5OH + PCl_3 \xrightarrow{40℃} (C_6H_5O)_3P + 3HCl$$

$$(C_6H_5O)_3P + Cl_2 \xrightarrow{70℃} (C_6H_5O)_3PCl_2$$

$$(C_6H_5O)_3PCl_2 + H_2O \xrightarrow{80℃} (C_6H_5O)_3PO + 2HCl$$

　　与三氯氧磷法相比，此方法的优点是不用溶剂和液碱，而三氯氧磷又是由三氯化磷氯化—水解制得的，成本高。

（2）亚磷酸三甲酯。

$$3CH_3OH + PCl_3 + 3NaOH \xrightarrow{\text{溶剂-三乙胺}} (CH_3O)_3P + 3NaCl + 3H_2O$$

11.3.4　用双乙烯酮的酯化

　　双乙烯酮可以看作是乙酰乙酸的酸酐，它与醇在浓硫酸或三乙胺等催化剂存在下发生加成酯化可制得乙酰乙酸酯。例如，无水乙醇在催化剂存在下，在 78~130℃滴加略低于理论量的双乙烯酮，然后减压精馏即得乙酰乙酸乙酯。

$$\text{H}_2\text{C}\text{—C—O} \atop \text{H}_2\text{C—C=O} + \text{C}_2\text{H}_5\text{OH} \longrightarrow \text{CH}_3\text{COCH}_2\text{COOC}_2\text{H}_5$$

用类似的方法还可制得乙酰乙酸的甲酯、异丙酯、氯乙酯等。在制备异丁酯时，可以采用乙酰乙酸乙酯与异丁醇的酯交换法。

11.3.5 酯交换法

酯交换指的是在反应过程中原料酯与另一种反应物（醇、酸或另一种酯）发生烷氧基或烷基交换，从而生成新酯的反应，包括酯—醇交换法和酯—酸交换法。

11.3.5.1 酯—醇交换法

也称醇解法或醇交换法，是将一种低碳醇的酯与一种高沸点的醇或酚在催化剂存在下加热，可以蒸出低碳醇，而得到高沸点（醇或酚）的酯，可用于制备生物柴油。

$$\text{R—C(=O)—OR'} + \text{R''OH} \rightleftharpoons \text{R—COOR''} + \text{R'OH}$$

$$\text{C}_6\text{H}_4(\text{COOCH}_3)_2 + 2\text{C}_6\text{H}_5\text{OH} \xrightarrow{(\text{C}_4\text{H}_9\text{O})_4\text{Ti}} \text{C}_6\text{H}_4(\text{COOC}_6\text{H}_5)_2 + 2\text{CH}_3\text{OH}$$

另外，将油脂（三脂肪酸甘油酯）与甲醇在甲醇钠的催化作用下，在80℃反应，可制得脂肪酸甲酯和甘油。

$$\begin{matrix} \text{R—C(=O)—O—CH}_2 \\ \text{R—C(=O)—O—CH} \\ \text{R—C(=O)—O—CH}_2 \end{matrix} + 3\text{CH}_3\text{OH} \longrightarrow 3\text{R—C(=O)—OCH}_3 + \begin{matrix} \text{H}_2\text{C—OH} \\ \text{HC—OH} \\ \text{H}_2\text{C—OH} \end{matrix}$$

11.3.5.2 酯—酸交换法

酯—酸交换法也称酸解法或酸交换法。

$$\text{R—C(=O)—OR'} + \text{R''—C(=O)—OH} \rightleftharpoons \text{R—C(=O)—OH} + \text{R''—C(=O)—OR'}$$

例如，制备磷酸三甲酯最经济的方法是：在碳酸钾存在下，于5℃向过量的无水甲醇中滴加三氯氧磷，这时除了生成磷酸三甲酯以外，还生成等摩尔比的磷酸二甲酯钾盐。

$$2\text{POCl}_3 + 5\text{CH}_3\text{OH} + \text{K}_2\text{CO}_3 \longrightarrow (\text{CH}_3\text{O})_3\text{PO} + (\text{CH}_3\text{O})_2\text{KCl} + 5\text{HCl} + \text{CO}_2 \uparrow$$

这可以向反应液中在pH=7~8加入硫酸二甲酯，进行酯交换，将磷酸二甲酯钾盐转变为磷酸三甲酯，按三氯氧磷计，收率接近理论量。

采用上述方法是因为硫酸二甲酯价廉易得、活泼、可在温和条件下进行酯交换。

❀ 巩固与提升 ❀

1. 常用酰化剂主要有哪些？比较酰氯、酸酐和羧酸作为酰化剂的反应活性顺序。
2. 用酰氯进行 N-酰化时，缚酸剂有何作用？常用的缚酸剂有哪些？
3. 芳烃用酰氯酰化制芳酮过程中，催化剂 $AlCl_3$ 的用量与酰氯用量有何关系？酸酐酰化又如何？试做历程说明。
4. 用羧酸与醇反应制备羧酸酯，为了提高反应的产率，可以采取哪些方式？带水剂带水的原理是怎样的？
5. 为什么芳烃发生 C-酰化制芳酮时，芳环上有给电子基时对反应有利，而芳环上有吸电子基对反应不利？试用机理说明。
6. 完成下列反应。

$(CH_3CO)_2O + CH_3NH_2 \longrightarrow ($ $) + ($ $)$

$CH_3CH_2COCl + CH_3CH_2NH_2 \longrightarrow ($ $) + ($ $)$

〔邻-OH，COOH 苯〕 $+ (CH_3CO)_2O \longrightarrow ($ $)$

7. 查阅解热镇痛药扑热息痛的分子式，给出其合成路线，并写出相应的反应方程式。
8. 试设计对溴苯胺的合成路线，并写出相应的反应方程式。

第12章 氧化反应

 本章专业知识目标：

（1）了解和掌握氧化反应的反应类型及区别，氧化剂的种类；
（2）掌握空气液相氧化的一般规律和工业生产实例（重点）；
（3）掌握气固相接触催化氧化的催化剂、作用机理及重要应用（重难点）；
（4）了解重要化学氧化剂的特点、氧化性能、使用范围、应用实例。

 本章素质能力目标：

（1）能够运用空气液相氧化方法设计制备精细有机化学品；
（2）能够牢固树立绿色安全生产意识；
（3）根植生态文明建设思想，激励学生研发绿色氧化工艺。

12.1 概述

12.1.1 氧化反应的定义和重要性

氧化反应是指在有机物分子中增加氧或者脱去氢的反应，包括以下几个方面：
（1）氧对底物的加成，如乙烯转化为环氧乙烷的反应；
（2）脱氢，如烃→烯→炔，醇→醛→酸等脱氢反应均为氧化反应；
（3）从分子中除去一个电子，如酚的负离子转化成苯氧自由基的反应。

所以，利用氧化反应可以制得醇、醛、酮、羧酸、酚、环氧化合物和过氧化物等有机含氧的化合物以外，还可用来制备某些脱氢产物。比如甲苯液相空气氧化可依次制得苯甲醛、苯甲酸，生成 CO_2 和水，环己二烯脱氢生成苯，乙苯催化脱氢生产苯乙烯。

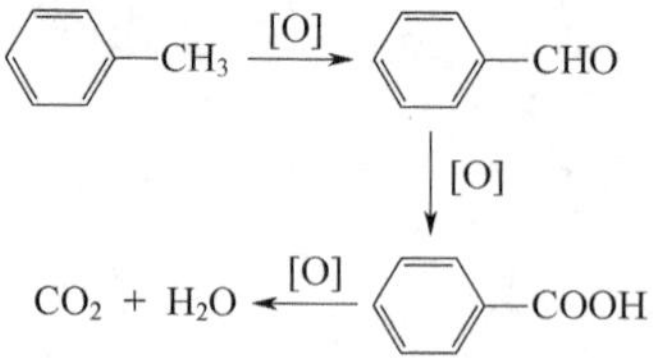

$$C_6H_5-CH_3 \xrightarrow{[O]} C_6H_5-CHO \xrightarrow{[O]} CO_2 + H_2O \xleftarrow{[O]} C_6H_5-COOH$$

12.1.2 氧化剂及反应类型

氧化反应因所用氧化剂、被氧化物的不同，反应机理不同。在精细有机合成中选择合适的氧化剂、氧化条件而使反应停留在所希望的阶段是非常重要的。

空气是工业上最价廉易得且应用最广的氧化剂。化学氧化剂则经常被用于吨位较少的精细化学品和药物的生产中，例如高锰酸钾、六价铬的衍生物、高价金属氧化物、硝酸、双氧水和有机过氧化物等。比如，二苯甲烷的氧化采用稀硝酸为氧化剂：

二苯甲烷 $\xrightarrow{\text{稀 HNO}_3}$ 紫外线吸收剂：二苯甲酮

维生素 K_3 的制备采用 CrO_3 为氧化剂：

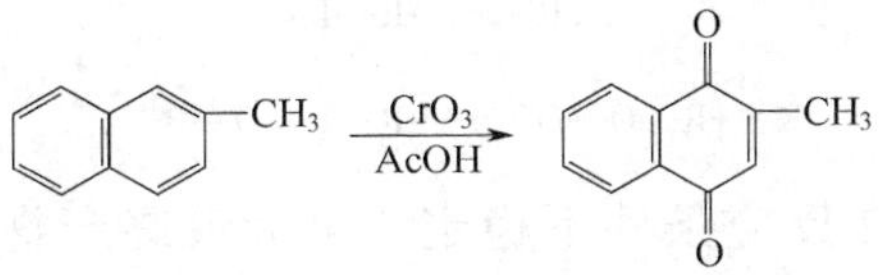

2-甲基萘 $\xrightarrow[\text{AcOH}]{\text{CrO}_3}$ 药物：维生素K_3

此外，还用到电解氧化法。

空气和过氧化氢作氧化剂、电化学氧化均属于清洁氧化，其他许多化学氧化均需要考虑环境问题。用空气作氧化剂时，根据反应物的沸点，分为空气液相氧化和空气气固相接触催化氧化两种工艺。

12.2 空气液相氧化

烃类的空气液相氧化在工业上可直接制得有机过氧化氢物、醇、醛、酮、羧酸等一系列产品。另外，有机过氧化氢物进一步反应还可制得酚类和环氧化合物等一系列产品。

12.2.1 反应历程

某些有机物在室温下在空气中会发生缓慢的氧化，这种现象称"自动氧化"。合成材料的氧化老化，以及许多富蛋白质物质的腐败均为自动氧化反应的实例。同时人们也利用这一反应于实际生产中，为了提高自动氧化的速率，需要提高反应温度，并加入引发剂或催化剂。自动氧化是自由基的链反应。

12.2.1.1 链引发

链引发是指被氧化物 R—H 在能量（热能、光辐射和放射线辐射）、可变价金属盐或自由基的作用下，发生 C—H 键的均裂而生成自由基 R· 的过程。

$$RH \longrightarrow R· + H·$$
$$RH + Co^{3+} \longrightarrow R· + H^+ + Co^{2+}$$
$$RH + X \longrightarrow R· + HX$$

式中，X 是 Cl 或 Br；R 可以是各种类型烃基。

12.2.1.2 链传递

链传递是指自由基 R· 与空气中的氧相作用生成有机过氧化氢物和再生成自由基 R· 的过程。

$$R· + O_2 \longrightarrow R-O-O·$$

$$R-O-O· + R-H \longrightarrow R-O-OH + R·$$

12.2.1.3 链终止

链终止是指自由基 R· 和 R—O—O· 在一定条件下会结合成稳定的化合物,从而使自由基销毁。也可加入自由基捕获剂以终止反应,如:

$$2R· \longrightarrow R-R$$

$$R· + R-O-O· \longrightarrow R-O-O-R$$

若所生成的过氧化氢物在反应条件下稳定,可为最终产物;若不稳定则可分解为醇、醛、酮、酸等产物,例如在金属催化剂存在下会发生以下的分解反应而生成醇、醛、酮或羧酸。所以,如要生产过氧化氢物,不宜采用可变价金属盐为催化剂。

当被氧化烃为 R—CH$_3$(伯碳原子)时,在可变价金属存在下,生成醇、醛、酸:

$$RCH_2-O-O-H + RCH_3 \xrightarrow{Co^{2+}} RCH_2OH + R\overset{·}{C}H_2 + \overset{·}{O}H + Co^{3+}$$

$$RCH_2-O-O-H + R'CH_3 \xrightarrow{Co^{2+}} RCH_2OH + R'\overset{·}{C}H_2 + \overset{·}{O}H + Co^{3+}$$

有机过氧化氢

$$RCH_2-O-O· \xrightarrow{Co^{2+}} R-\overset{O}{\overset{\|}{C}}-H + OH^- + Co^{3+}$$

有机过氧化自由基

$$R-\overset{O}{\overset{\|}{C}}-H + Co^{3+} \longrightarrow R-\overset{O}{\overset{\|}{C}}· + H^+ + Co^{2+}$$

$$R-\overset{O}{\overset{\|}{C}}· + O_2 \longrightarrow R'-\overset{O}{\overset{\|}{C}}-OO·$$

$$R-\overset{O}{\overset{\|}{C}}-OO· + R'-\overset{H}{\overset{|}{\underset{H}{C}}}-H \longrightarrow R-\overset{O}{\overset{\|}{C}}-OOH + R'-\overset{H}{\overset{|}{\underset{H}{C}}}·$$

$$R-\overset{O}{\overset{\|}{C}}-OOH + Co^{2+} \longrightarrow R-\overset{O}{\overset{\|}{C}}-O· + OH^- + Co^{3+}$$

$$R-\overset{O}{\overset{\|}{C}}-O· + R'-\overset{H}{\overset{|}{\underset{H}{C}}}-H \longrightarrow R-\overset{O}{\overset{\|}{C}}-OH + R'-\overset{H}{\overset{|}{\underset{H}{C}}}·$$

如果被氧化的是烃类分子中的仲碳原子 R$_2$CH$_2$ 或叔碳原子 R$_3$CH,则分解产物还可以是酮。实际上,烃基在自动氧化时生成醇、醛、酮、过氧化羧酸和羧酸等产物的反应是十分复杂的,这里不详细叙述,将在后面结合具体反应叙述。

12.2.2 自动氧化的主要影响因素

（1）引发剂和催化剂。在烃类的自动氧化制醇、醛、酮和羧酸时最常用的引发剂是可变价金属的盐类，有时还加入其他辅助引发剂，采用能量或其他引发剂的方法则很少。

（2）被氧化物的结构。在烃分子中 C—H 键均裂成自由基 R· 和 H· 的难易程度与烃分子的结构有关。一般是叔 C—H 键（即 R_3C—H）最易均裂，其次是仲 C—H 键（即 R_2CH_2），最弱的是伯 C—H 键（即 R—CH_3 中的甲基）。

（3）原料质量的影响。自由基捕获剂或阻化剂易与自由基结合生成稳定的化合物，而使自由基销毁，造成链终止，使自动氧化的反应速率变慢。因此，在被氧化的原料中不应含有自由基的捕获剂，如酚、胺、醌、烯烃等类化合物。

（4）氧化深度的影响。氧化深度通常以原料的单程转化率来表示。由于自动氧化反应是自由基反应，往往存在串联副反应和其他的竞争副反应。随着反应单程转化率的提高，往往会造成目的产物的分解或过度氧化，降低了反应的选择性。所以，对于自动氧化反应一般要控制适宜的单程转化率，即氧化深度，未反应的原料经分离后可循环使用。

12.2.3 空气液相氧化反应实例

12.2.3.1 烷基芳烃的氧化—酸解制酚类

在这类反应中，最重要的实例是异丙苯的氧化—酸解制苯酚。

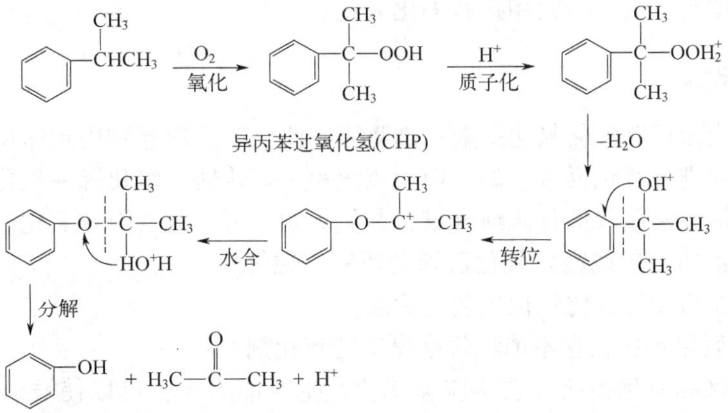

异丙苯在 110~120℃ 用空气进行液相氧化可制得异丙苯过氧化氢物（CHP）。因为，在反应条件下 CHP 会发生缓慢地热分解而产生自由基，所以 CHP 本身就是引发剂，在正常连续操作时不需要加入任何引发剂。为了减少 CHP 的热分解损失，氧化液中 CHP 的浓度不宜过高，异丙苯的单程转化率一般在 20%~25% 为宜。应该指出，氧化温度如果超过 120℃，会使 CHP 产生剧烈的链锁自动分解而导致爆炸。

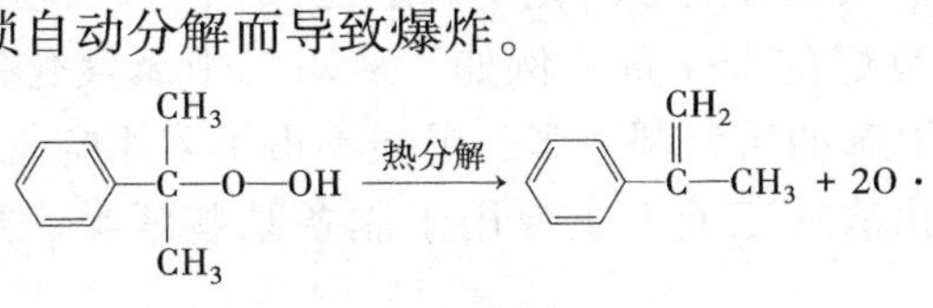

CHP 在强酸性催化剂（例如硫酸或强酸性阳离子交换树脂）的存在下，在 60~80℃ 就很容易分解为苯酚和丙酮。其酸解反应历程如下：

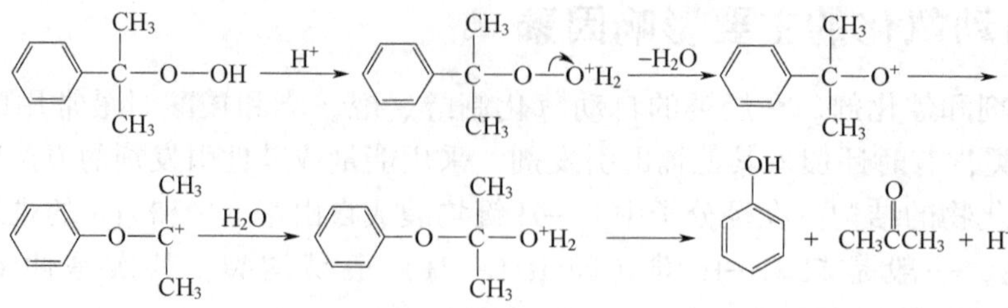

$$\text{PhC(CH}_3\text{)}_2\text{OOH} \xrightarrow{H^+} \text{PhC(CH}_3\text{)}_2\text{O}^+\text{H}_2 \xrightarrow{-H_2O} \text{PhC(CH}_3\text{)}_2\text{O}^+ \longrightarrow$$

$$\text{PhOC}^+(\text{CH}_3)_2 \xrightarrow{H_2O} \text{PhOC(CH}_3)_2\text{O}^+\text{H}_2 \longrightarrow \text{PhOH} + \text{CH}_3\text{CCH}_3 + \text{H}^+$$

12.2.3.2 羧酸的制备

由液相自动氧化法可制备一系列的脂肪族与芳香族羧酸，如甲苯在环烷酸钴的催化作用下，在170℃、0.8MPa下进行空气液相氧化可制得苯甲酸。

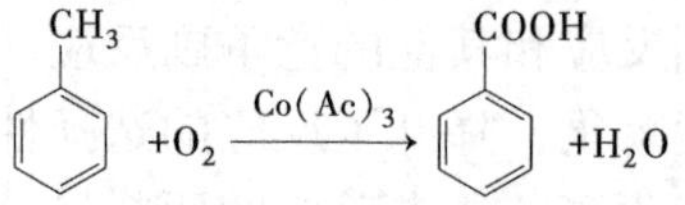

$$\text{PhCH}_3 + O_2 \xrightarrow{\text{Co(Ac)}_3} \text{PhCOOH} + H_2O$$

二甲苯的自动氧化可停止在甲基苯甲酸阶段。如要制备苯二羧酸需要采取特殊措施。

12.3 空气的气—固相接触催化氧化

将有机物的蒸气与空气的混合气体在高温下通过催化剂床层，使有机物适度氧化生成目的产物的反应称作空气的气—固相接触催化氧化。

12.3.1 特点

空气的气—固相接触催化氧化一般在沸腾床、流化床反应器和固定床反应器中，使用过渡金属氧化催化剂进行氧化反应。如：使用氧化钼—氧化铋、氧化锑—氧化锡催化丙烯氧化制丙烯醛；使用钒系催化剂催化硫酸合成、萘氧化制苯酐、邻二甲苯氧化制邻二甲酸酐；选用银系催化剂（银网、负载银）催化乙烯制环氧乙烷等。

空气的气—固相接触催化氧化工艺的优点：

（1）与化学氧化相比，它不消耗价格昂贵的氧化剂；

（2）与空气液相氧化相比，它反应速率快，生产能力大，可以使被氧化物基本上完全参加反应，不需要溶剂，后处理简单，设备投资费用低；

（3）反应温度一般要在300℃以上。

缺点：

（1）由于反应温度高，就要求反应原料和氧化产物在反应条件下具有足够的热稳定性，而且要求目的产物对进一步氧化有足够的化学稳定性；

（2）很难筛选出性能良好的催化剂，例如，从对二甲苯氧化制对苯二甲酸时，容易发生脱羧副反应，因此对二甲苯的氧化制对苯二甲酸不得不采用空气液相氧化法。

气—固相接触催化氧化法在工业上主要用于制备某些醛类、羧酸、酸酐、醌类和腈类（氨氧化法）等产品。

12.3.2 醛类的制备

醛类容易进一步氧化，所以气—固相接触催化氧化只适用于个别醛类的制备，并要求选用接触时间短的高效温和催化剂，并控制空气的用量，一般还要用水蒸气将空气稀释。

（1）烯烃的氧化制醛。此法主要用于丙烯的氧化制丙烯醛。丙烯醛主要用于生产甘油和蛋氨酸等产品，最大生产装置可年产 2.4 万吨丙烯醛。

$$CH_2=CH-CH_3 \xrightarrow{O_2} CH_2=CH-CHO + H_2O$$

（2）醇的氧化制醛。醇氧化制醛的方法工业上主要用于从甲醇制甲醛。制法有脱氢氧化法和氧化法两种。

$$CH_3OH \xrightarrow{-H_2} HCOH$$
$$\xrightarrow{[O]} HCOH + H_2O$$

脱氢法工艺使用银催化剂（银丝网、负载银、结晶银、电解银），在 600~720℃，略高于常压的条件下进行；为使甲醇转化完全，需同时加入一定的水，同时也有利于催化剂活性的稳定；催化剂活性高，处理能力大，过程的热效应较小，离开反应器的气体经过废热锅炉快速冷至 150℃，用水吸收得 37%~42% 产品溶液。

氧化法工艺是基于减少产品中甲醇含量而发展起来的工艺。该方法一方面需要提高原料甲醇的转化率，另一方面又需要抑制过度氧化副反应。采用较为温和的催化剂 Fe-Mo 复合氧化物催化剂，在列管式固定床反应器中于 350~450℃ 进行反应，甲醇单程转化率 95%~99%，选择性 91%~94%，收率 91%~92%，产品中甲醛含量 40%~50%，甲醇含量 0.3%。

乙醛的生产国外主要采用乙烯的均相络合催化空气氧化法。但乙醇的脱氢氧化法制乙醛，工艺技术要求低，设备投资少，国内主要采用此法。

另外，从相应的醇利用脱氢氧化法还可以分别制得正丁醛、异戊醛和丁二醛等脂醛。这些醛也可以用其他合成方法来制备。

12.3.3 羧酸和酸酐的制备

气—固相接触催化氧化主要用于制备热稳定性好而且抗氧化性好的羧酸和酸酐。例如，从丁烯、丁烷、C_4 馏分或苯的氧化制顺丁烯二酸酐，从 3-甲基吡啶的氧化制 3-吡啶甲酸（烟酸），从苊氧化制 1,8-萘二甲酸酐，从邻二甲苯或萘的氧化制邻苯二甲酸酐。

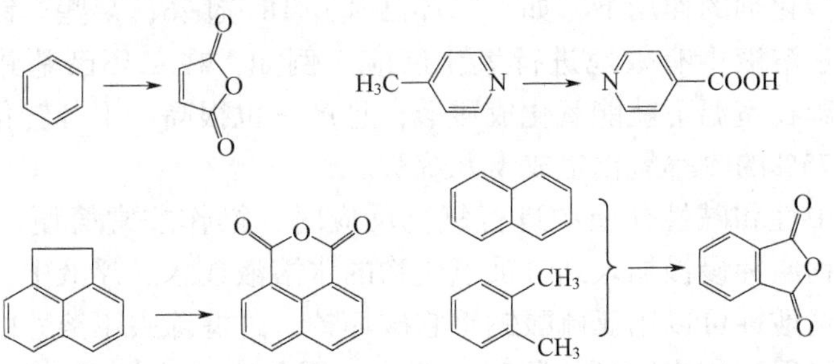

（1）萘的氧化制邻苯二甲酸酐（简称苯酐）。自 1926 年，萘的氧化制苯酐就已采用气—固相接触催化氧化法。一般选择钒系催化剂，主要活性成分为五氧化二钒，添加铁、

钾、铋等助催化剂（比如多孔型 V_2O_5-K_2SO_4/SiO_2），在填充床或流化床反应器中，350～380℃用空气与按照一定速度喷入的熔融萘进行反应。

（2）邻二甲苯的氧化制苯酐。根据所使用催化剂的不同，又分为低温低空速、高温高空速和低温高空速三种工艺，其中低温高空速工艺应用最广。该工艺所用催化剂的活性组分是 V_2O_5-TiO_2，载体是低比表面积的三氧化二铝或带釉瓷球等。

12.4 化学氧化

一般来说，把空气与 O_2 以外的氧化剂总称为化学氧化剂，并把使用化学氧化剂的反应统称为"化学氧化"。通常化学氧化反应条件温和，反应选择性高；但是化学氧化剂一般价格高，三废治理困难，间歇操作、设备能力较低、腐蚀严重。

用于有机物氧化的试剂很多，通常可分为以下几种类型。

（1）金属元素的高价化合物。例如，$KMnO_4$、MnO_2、CrO_3、$K_2Cr_2O_7$、PbO_2 等。

（2）非金属元素的高价化合物。例如，HNO_3、N_2O_4、SO_3、$NaClO$、$NaClO_3$ 等。

（3）其他无机富氧化合物。例如，臭氧、双氧水、过氧化钠、过碳酸钠与过硼酸钠等。

（4）有机富氧化合物。例如，有机过氧化合物、硝基苯、间硝基苯磺酸、2,4-二硝基氯苯等。

（5）非金属元素。例如，卤素、硫黄等。

不同的氧化剂的特点各异，可适用于不同的氧化反应以制备不同的产物。下面仅简要介绍几种重要的化学氧化剂和典型的氧化反应。

12.4.1 高锰酸钾

高锰酸盐是一种常用的强氧化剂，但选择性较差。它的活性和选择性在很大程度上取决于介质的酸碱性，主要用于将甲基、伯醇基氧化为羧酸。在酸性水介质中 Mn^{7+} 被还原成 Mn^{2+}，在中性和碱性水介质中，通常被还原成 MnO_2。

高锰酸钾通常要在水溶液中使用，优点是所生成的羧酸可以钾盐或钠盐的方式溶解于水，然后酸析就可得到产品，但由于大部分有机物难溶于水，而且大部分有机溶剂也难避免高锰酸盐的氧化，这也就限制了高锰酸盐的广泛应用。只有在某些特殊情况下，该反应可以在醋酸、叔丁醇、丙酮和吡啶中进行。

另外在相转移催化剂的作用下，如：二环己基并18-冠-6，某些季铵盐或季鏻盐的存在下，高锰酸钾能在水溶液中有效地进行氧化反应。例如，在二环己基并18-冠-6存在下，烯、醇、醛和烷基苯在室温下就能氧化成羧酸，且产率也很高。甲苯转化为苯甲酸的产率为78%；二十碳烯以75%的收率氧化生成十九烷酸。

用高锰酸钾在中性和碱性介质中进行氧化反应时，操作非常简便，只要在40～100℃，将稍过量的固体高锰酸钾慢慢加入到含被氧化物的水溶液或水悬浮液中，氧化反应就可以顺利完成。过量的高锰酸钾可以用亚硫酸钠将它破坏掉。过滤除去不溶性的二氧化锰后，用无机酸进行酸化，就可得到相当纯净的羧酸。例如，用此法可从2-乙基己醇为原料经氧化得到2-乙基己酸，从对氯甲苯的氧化得到对氯苯甲酸。

用高锰酸钾氧化时，如果生成的氢氧化钾能引起其他副反应，可以向反应液中加入硫酸

镁或通入 CO_2 消除介质碱性增强对反应的影响。

$$2KOH + MgSO_4 \longrightarrow K_2SO_4 + Mg(OH)_2 \downarrow$$
$$2KOH + CO_2 \longrightarrow K_2CO_3 + H_2O$$

例如，在甲基乙酰苯胺氧化合成乙酰氨基苯甲酸的氧化反应中，加入硫酸镁或通入二氧化碳，均可以显著抑制乙酰氨基的水解，氧化产率显著提高。

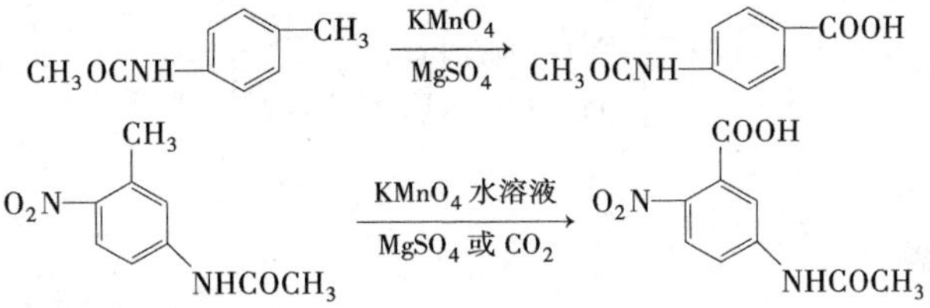

12.4.2 二氧化锰

二氧化锰是一种温和的氧化剂，一般是在各种不同浓度的硫酸中使用。

$$MnO_2 + H_2SO_4 \longrightarrow [O] + MnSO_4 + H_2O$$

作为氧化剂，二氧化锰可用于芳醛、醌类以及在芳环上引入羟基等。例如，二氧化锰可将 2,4-二磺酸基甲苯氧化为 2,4-二磺酸基苯甲醛，将苯胺氧化为对苯二醌。

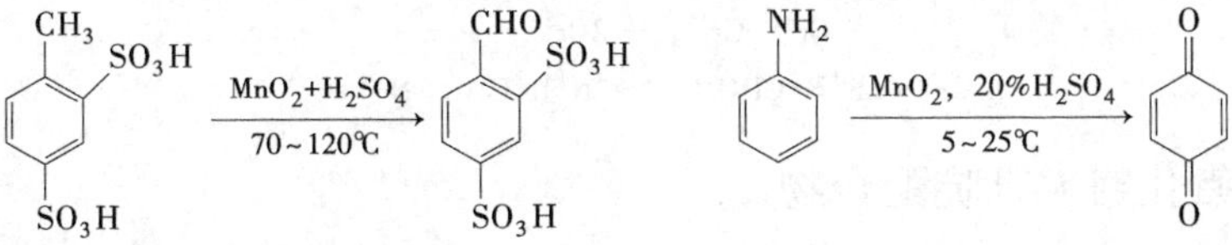

二氧化锰特别适合于烯丙基和苄基羟基的氧化，反应在中性溶剂中进行（水、苯、石油醚等），反应条件温和。但所需要的二氧化锰要经特殊方法制备才能具备较高氧化活性；最好方法是用硫酸锰和高锰酸钾在碱性介质中制备而得。

最重要的是碳碳不饱和键与二氧化锰可不发生反应，此反应广泛地用于类胡萝卜素和维生素系列中多元不饱和醇的氧化。

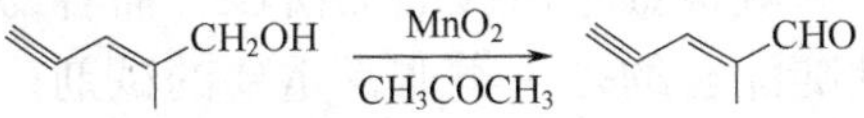

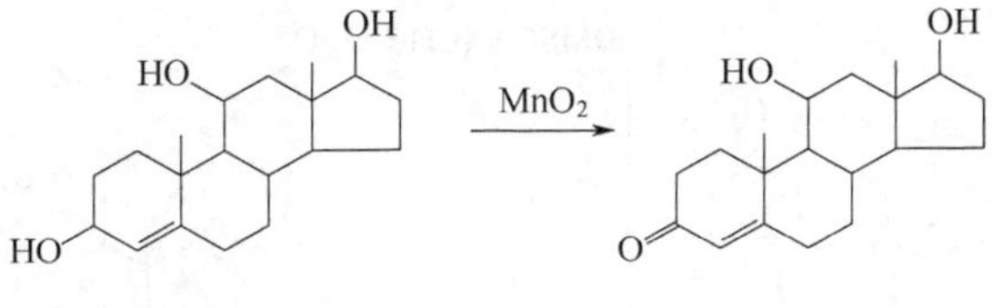

12.4.3 铬的氧化物及配合物

12.4.3.1 重铬酸钠（或重铬酸钾）

重铬酸钠虽然比较容易潮解，但价格便宜，在水中溶解度大，故在工业上一般都使用重铬酸钠。它通常是在各种浓度的硫酸中使用。其氧化反应可简单表示如下：

$$Na_2Cr_2O_7 + 4H_2SO_4 \longrightarrow 3[O] + Cr_2(SO_4)_3 + Na_2SO_4 + 4H_2O$$

所生成的硫酸铬与硫酸钠的复盐称"铬钒"，可用于制革和印染工业。重铬酸钠主要用于使芳环的侧链甲基氧化成羧酸。

铬酸在有机合成中的最重要的用途之一是对醇的氧化,特别是将仲醇氧化成酮。这一反应通常是在乙酸中进行的。通常,铬酸不能氧化叔丁醇,但能使1,2-二元醇迅速裂解得到两个羰基化合物或二元酮,这是由于它们能形成环状铬酸酯。例如1,2-二甲基环戊二醇氧化成2,6-庚二酮。

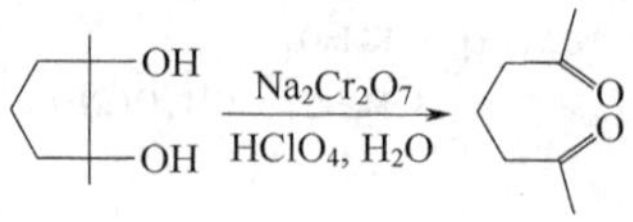

12.4.3.2 三氧化铬

三氧化铬也是有机合成中常用的氧化剂之一。最典型的就是它的硫酸水溶液(Jones 试剂),该方法就是将化学计量的三氧化铬的硫酸水溶液,滴加到冷的被氧化醇的丙酮溶液中,就可得到高收率的羧酸或酮。在许多情况下,加入理论量的氧化剂后,通过观察铬酸的红色是否消失就很容易判断反应的终点。这样就可以避免或减轻过度氧化,不饱和仲醇就可以选择性地氧化成不饱和酮,而不发生明显的双键氧化和重排反应。

$$Cr^{6+}+2R^1R^2CHOH \longrightarrow 2R^1R^2CHO+2H^+ +Cr^{4+}$$
$$Cr^{6+}+Cr^{4+} \longrightarrow 2Cr^{5+}$$
$$Cr^{5+}+2R^1R^2CHOH \longrightarrow 2R^1R^2CHO+2H^+ +Cr^{3+}$$

12.4.3.3 三氧化铬—吡啶配合物

三氧化铬的吡啶配合物是将三氧化铬加入吡啶中获得的,是有机合成中应用非常广泛的温和氧化剂,主要用于将伯醇—OH 氧化成醛和酮。当分子中含有对酸敏感的官能团时,使用三氧化铬的吡啶衍生物(Collin's 试剂)是非常适宜的。在无水条件下,用这种配合物的二氯甲烷溶液,即 Collin's 试剂进行氧化是非常有效的,伯醇和仲醇可以给出高收率的醛和酮,而对酸敏感的官能团不受影响。

由于在醇的氧化过程中,一般很难停留在醛的阶段,而容易进一步氧化为羧酸,所以能给出高收率醛的三氧化铬—吡啶配合物是一类非常重要的试剂。

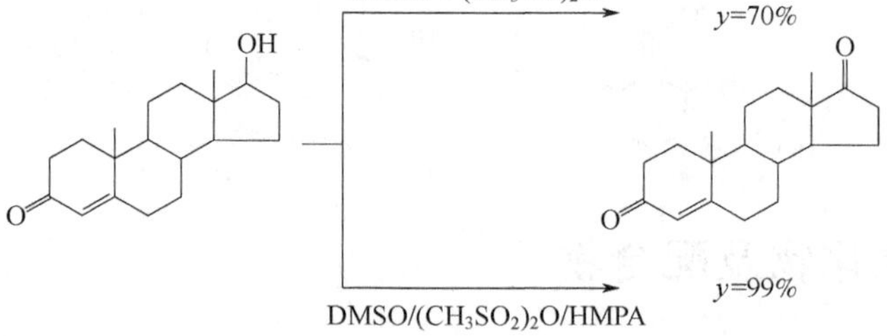

12.4.4 双氧水与有机过氧化物

12.4.4.1 过氧化氢 (H_2O_2)

过氧化氢俗称双氧水,是比较温和的氧化剂。市售双氧水的浓度通常是 42% 或 30% 的水溶液。双氧水的最大优点是在反应后生成水,而无有害物质生成。但是双氧水稳定性差,只能在低温下使用，这就限制了它的广泛应用。某些催化剂（包括过渡金属离子）与过氧化氢形成络合物，是一种有效的氧化剂。在工业上，它主要用于制备有机过氧化物和环氧化物。也用于分子中杂原子的氧化。工业上也用双氧水将苯或苯酚氧化成苯二酚。

$$HOOH+OH^{-} \rightleftharpoons HOO^{-}+H_2O$$

$$HOOH+H^{+} \rightleftharpoons HO-\underset{\displaystyle H}{\underset{|}{O^{+}}}H$$

$$RCOOH+HOOH \rightleftharpoons RCOOOH+H_2O$$

$$HOOH+Fe^{2+} \longrightarrow HO\cdot+Fe(OH)^{2+}$$

1. 碱性过氧化氢：亲核加成反应

在碱性条件下过氧化氢以 HOO^- 形式存在而具有亲核能力，可以选择性氧化 α-，β-不饱和羰基或硝基等衍生物的双键（具有亲电性），形成环氧化物。其机理如下：

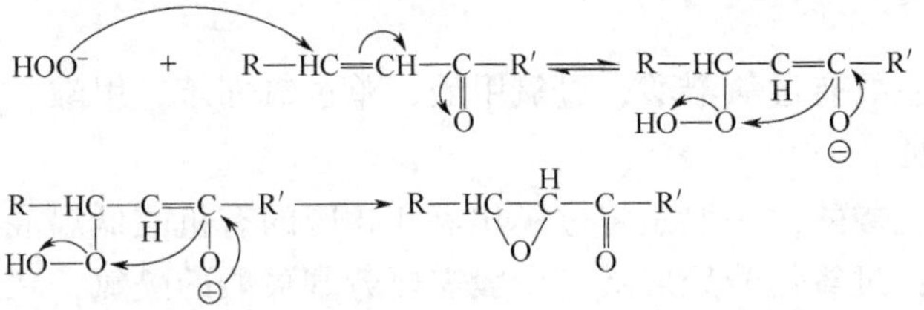

碱性过氧化氢与活性较大的氰基进行亲核加成时，首先生成不稳定的过氧亚酰胺酸，然后再与过量的过氧化氢作用生成酰胺：

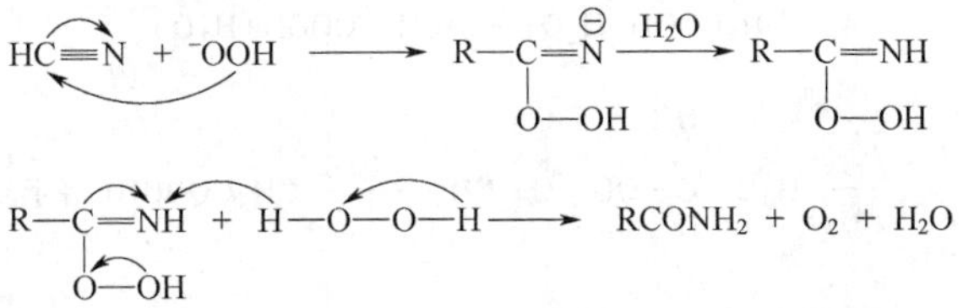

过氧亚酰胺酸本身是一种很好的氧化剂，可以氧化烯烃成环氧化物。

有机腈类化合物（乙腈、苄腈等）可以催化过氧化氢，使不活泼的烯烃环氧化；邻位或对位有羟基的芳醛/芳酮，在碱性过氧化氢作用下，可以将醛基/酮基变成羟基，生成多羟基化合物（Darkin 氧化反应）；Darkin 氧化反应的机制是：首先 HOO^- 与羰基进行亲核加成，经重排生成甲酸酚酯，再水解成酚。

该种情况主要生成有机过氧化羧酸。

有机过氧化羧酸与烯烃进行亲电性顺式加成，生成环氧化物，立即与有机酸作用，进行反式开环，生成反式二醇单酯，后者水解得到反式二醇——制备反式二醇的常用方法。

$$RCOOH+H_2O_2 \longrightarrow RCOOOH$$

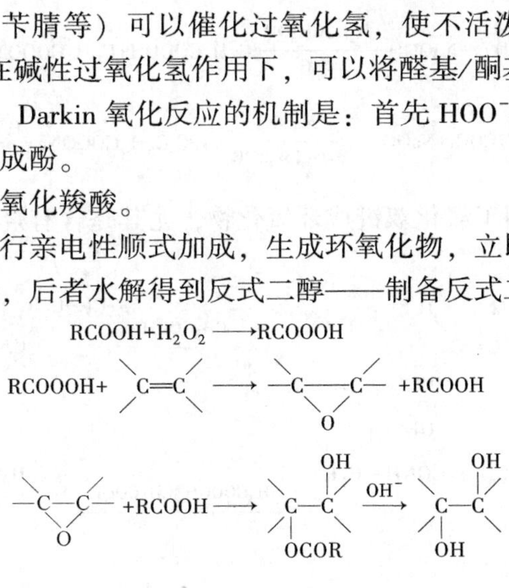

2. 还原性金属离子催化过氧化氢的氧化反应

在 Fe^{2+} 存在下，过氧化氢形成羟基自由基——Fenton 试剂。

Fenton 试剂直接用于芳核羟基化，收率低；但在体系中加入 EDTA、维生素 C 并通入氧气，可以对某些芳核羟基化。

$$\text{邻羟基苯甲酸} \xrightarrow[O_2]{H_2O_2/Fe^{2+}/EDTA/Vc} \text{2,4-二羟基苯甲酸} \quad y=55\%$$

$$\text{对羟基苯乙胺} \xrightarrow[O_2]{H_2O_2/Fe^{2+}/EDTA/Vc} \text{3,4-二羟基苯乙胺} \quad y=25\%$$

12.4.4.2 有机过氧化物

过氧化物氧化剂主要有过氧醋酸、过氧甲酸、单过氧邻苯二甲酸、过氧三氟乙酸、过苯甲酸、过氧间氯苯甲酸。

简单的有机过氧化羧酸，一般是将过氧化氢和相应的有机酸低温混合反应即可，如过氧化甲酸、过氧化乙酸；过氧化芳烃羧酸，一般需要芳基羧酸的酰氯，在碱性条件下和过氧化氢作用得到，如间氯过氧苯甲酸；或者过氧化苯甲酰和醇钠反应得到。

$$HCOOH + H_2O_2 \longrightarrow HCOOOH + H_2O$$

$$CH_3COOH + H_2O_2 \longrightarrow CH_3COOOH + H_2O$$

$$CH_3CHO \xrightarrow[0℃]{O_2 / CH_3COOC_2H_5} H_3C\underset{H}{\overset{OH}{C}}-OO-\overset{O}{C}-CH_3 \xrightarrow{100℃} CH_3COOOH (溶于 CH_3COOC_2H_5)$$

$$(C_6H_5COO)_2 + NaOCH_3 \xrightarrow{CH_2Cl_2, 0℃} C_6H_5COOCH_3 + C_6H_5COOONa \xrightarrow{H^+} C_6H_5COOOH$$

$$(C_6H_5COO)_2 + NaOOH \xrightarrow{H_2O, CH_3OH}_{20℃} C_6H_5COOOH + C_6H_5COOONa \xrightarrow{H^+} C_6H_5COOOH$$

$$m\text{-}ClC_6H_4COCl + NaOOH \xrightarrow[H_2O, 15\sim25℃]{MgSO_4} m\text{-}ClC_6H_4COOONa \xrightarrow{H^+} m\text{-}ClC_6H_4COOOH$$

过氧化羧酸主要用于氧化双键成环氧化物，尤其是含有羟基和羰基情况下 C=C 的选择性氧化。

$$\underset{H}{\overset{p\text{-}Cl\text{-}C_6H_4}{C}}=\underset{CH\text{-}C_6H_4\text{-}Cl\text{-}p}{\overset{H}{C}}\text{，}\underset{OH}{} \xrightarrow{CH_3COOH} \underset{H}{\overset{p\text{-}Cl\text{-}C_6H_4}{C}}\underset{O}{\overset{H}{-}}\underset{CH\text{-}C_6H_4\text{-}Cl\text{-}p}{\overset{}{C}}\underset{OH}{}$$

$$\underset{H}{\overset{H_3C(H_2C)_7}{C}}=\underset{H}{\overset{(CH_2)_7CONH\text{-}C_6H_{13}}{C}} \xrightarrow{CH_3COOOH/CH_3COOH} \underset{H}{\overset{H_3C(H_2C)_7}{C}}\underset{O}{\overset{}{-}}\underset{H}{\overset{(CH_2)_7CONH\text{-}C_6H_{13}}{C}}$$

🌸 巩固与提升 🌸

1. 为什么溴化或碘化过程中需要加入氧化剂？常用氧化剂是什么？
2. 空气液相氧化法与空气气相氧化法各有什么特点？所用催化剂有何区别？
3. 烷烃自动氧化的机理是什么？所谓"诱导期"指的是什么？在自动氧化过程中，引发剂起到什么作用？哪些物质可作为引发剂？
4. 列出下列化合物在空气液相氧化时由难到易的顺序：

   甲苯，乙苯，异丙苯，叔丁苯。

5. 利用 $KMnO_4$ 作氧化剂，为什么一般是碱性条件下进行？而有的反应过程中，为什么要加入硫酸镁？

$$\underset{\text{邻甲基乙酰苯胺}}{\text{Ar}} \xrightarrow[MgSO_4]{KMnO_4, H_2O} (\quad)$$

6. 分别写出苯甲酸氧化脱羧生产苯酚、异丙苯氧化生产苯酚的化学反应过程。
7. 完成下列反应。

$$\text{异丙苯} \xrightarrow[110\sim120℃]{\text{空气}} A \xrightarrow[\text{或强酸性阳离子交换树脂}]{H_2SO_4} B$$

$$\text{2-异丙基萘} \xrightarrow{[O]} C \xrightarrow{\text{酸解}} D$$

$$\text{甲苯} \xrightarrow[150℃, 0.3MPa]{\text{空气，环烷酸钴}} E$$

$$2 \text{ 甲苯} + 3O_2 + 2NH_3 \xrightarrow[350℃]{V-Cr} F$$

$$2H_2C=CH-CH_3 + 3O_2 + 2NH_3 \xrightarrow{400\sim500℃} G$$

$$CH_3OH + 1/2 O_2 \xrightarrow{Ag} H$$

$$\text{邻氯甲苯} \xrightarrow[100℃]{KMnO_4, H_2O} I$$

$$\text{甲苯} \xrightarrow[40℃]{MnO_2, 65\%H_2SO_4} J$$

$$\text{苯胺} \xrightarrow[5\sim25℃]{MnO_2, 20\%H_2SO_4} K$$

$$\text{环己醇} \xrightarrow[55\sim67℃]{67\%HNO_3, V_2O_5} L$$

$$\text{邻二甲苯} + 3O_2 \xrightarrow{V_2O_5-TiO_2/Al_2O_3} M$$

$$\text{萘} + 4.5O_2 \xrightarrow{V_2O_5-K_2SO_4/SiO_2} N$$

$$H_3C-\underset{O}{\overset{\|}{C}}-CH_3 + H_2O_2 \xrightarrow{H_2SO_4} O$$

$$2C_6H_5COCl + H_2O_2 + 2NaOH \longrightarrow P$$

第13章

水解反应

本章专业知识目标：

（1）掌握脂链上卤基的水解反应和芳环上卤基的水解反应（重难点）；
（2）掌握芳环上磺酸基及其盐类、硝基、氨基的水解反应（重点）；
（3）了解酯类的水解反应；
（4）明确碱熔和酸性水解的区别和选择标准（重点）。

本章素质能力目标：

（1）能够熟练运用水解反应进行卤基、磺酸基、硝基官能团转换；
（2）能够综合运用已学单元反应完成含羟基化合物的分子设计；
（3）培养学生绿色化学理念，增强绿色合成意识；
（4）强化学生爱国情怀和国家能源安全意识；
（5）进一步培养学生的辩证思维能力；
（6）引导学生关注废弃资源回收利用。

13.1 水解反应概述

向有机化合物分子中引入羟基的反应称羟基化反应。羟基化方法主要包括羧酸及衍生物氢化、羰基化—还原、缩合反应、重排、氧化以及碱性条件下的水解。本章主要介绍碱性条件下的水解反应。

水解指的是有机化合物 X—Y 与水的复分解反应，通式可以简单表示为：

$$X-Y + H_2O \longrightarrow H-X + Y-OH$$

水解的方法很多，包括卤素化合物的水解、芳磺酸及其盐类的水解、芳环上硝基的水解、芳伯胺的水解、酯类的水解及碳水化合物的水解等。在精细有机合成中应用最广的是卤素化合物的水解和芳磺酸及其盐类的水解。

13.2 脂链上卤基的水解

脂链上的卤基比较活泼，它与氢氧化钠在较温和的条件下相作用即可生成相应的醇，主要用于制备环氧类及醇类化合物。

$$R-X + NaOH \longrightarrow R-OH + NaX$$

$$\underset{O}{H_2C-CH-CH_2Cl} \xrightarrow[NaOH]{H_2O} \underset{OH\ OH\ \ \ OH}{H_2C-CH-CH_2}$$

脂链上的卤基水解反应历程属于亲核取代反应。

工业生产中，氯素化合物价廉易得，脂链上的卤基水解主要采用氯基水解法，但溴基的水解比氯基活泼。

13.2.1 丙烯的氯化、水解制环氧丙烷

环氧丙烷的工业合成法主要有以丙烯为原料的氯醇法、间接氧化法、电化学氯醇法和直接氧化法等四种工艺路线，其中后两者尚未工业化，氯醇法占48%左右。

丙烯的氯醇法是目前国外主要采用的方法，它是以丙烯为原料，经次氯酸加成氯化制得氯丙醇，再经碱皂化而得，其反应方程式可简单表示如下：

$$Cl_2 + H_2O \longrightarrow HOCl + HCl$$

$$2H_3C-CH=CH_2 + HOCl \longrightarrow \underset{Cl}{\overset{OH}{CH_3-CH-CH_2}} + \underset{OH}{\overset{Cl}{CH_3-CH-CH_2}}$$

$$\xrightarrow{\text{脱氯化氢,环合}} 2H_3C-\underset{O}{CH-CH_2}$$

13.2.2 丙烯的氯化、水解制1,2,3-丙三醇（甘油）

甘油最初主要来自油脂的皂化水解制肥皂。随着合成洗涤剂的出现，肥皂的生产日益减少，而甘油的需求量却日益增加。目前，合成甘油已占世界甘油总产量的一半以上。在合成法中丙烯的氯化水解法约占80%，是生产甘油的主要方法。从丙烯制甘油包括四步反应：（1）丙烯的高温取代氯化生成烯丙基氯；（2）烯丙基氯与次氯酸加成氯化生成二氯丙醇；（3）二氯丙醇的石灰乳水解脱氯化氢环合生成环氧氯丙烷；（4）环氧氯丙烷水解生成甘油。

$$H_2C=CH-CH_3 + Cl_2 \xrightarrow{450\sim500\ ℃} H_2C=CH-CH_2Cl$$

$$H_2C=CH-CH_2Cl + HOCl \xrightarrow[pH=0.5\sim2.0]{25\sim30\ ℃} \underset{Cl}{\overset{OH}{H_2C-CH-CH_2Cl}} + \underset{OH}{\overset{Cl}{H_2C-CH-CH_2Cl}}$$

$$\underset{OH}{\overset{Cl}{CH_2-CH-CH_2Cl}} \xrightarrow[Ca(OH)_2]{50\sim90\ ℃} H_2C-\underset{O}{CH-CH_2Cl}$$

$$H_2C-\underset{O}{CH-CH_2Cl} \xrightarrow{+H_2O} \underset{OH}{\overset{OH}{H_2C-CH-CH_2Cl}} \xrightarrow{-HCl} \underset{O}{\overset{OH}{H_2C-CH-CH_2}}$$

$$\text{H}_2\text{C}-\text{CH}-\text{CH}_2\text{Cl} \xrightarrow{+\text{H}_2\text{O}} \underset{\text{OH}}{\text{H}_2\text{C}}-\underset{\text{OH}}{\text{CH}}-\text{CH}_2\text{Cl} \xrightarrow{-\text{HCl}} \underset{\text{OH}}{\text{H}_2\text{C}}-\text{CH}-\text{CH}_2$$

$$\underset{\text{OH}}{\text{H}_2\text{C}}-\text{CH}-\text{CH}_2 \xrightarrow{+\text{H}_2\text{O}} \text{H}_2\text{C}-\text{CH}-\text{CH}_2\underset{\text{OH}}{}$$

13.2.3 苯氯甲烷衍生物的水解

苯环侧链甲基上的氯很活泼，水解反应可在弱碱性缚酸剂或酸性催化剂存在下进行。

13.2.3.1 苯一氯甲烷（一氯苄）水解制苯甲醇

苯甲醇的工业生产方法主要是氯苄的碱性水解法，分为间歇法和连续法。

间歇法是将一氯苄与碳酸钠水溶液充分混合并在80~90℃反应，水解产物经油水分离后得粗苯甲醇，再经减压分馏得到苯甲醇，收率为70%~72%，主要副产物是二苄醚。

主反应：

$$2\,\text{C}_6\text{H}_5\text{CH}_2\text{Cl} + \text{Na}_2\text{CO}_3 + \text{H}_2\text{O} \longrightarrow 2\,\text{C}_6\text{H}_5\text{CH}_2\text{OH} + 2\text{NaCl} + \text{CO}_2\uparrow$$

副反应：

$$2\,\text{C}_6\text{H}_5\text{CH}_2\text{OH} + 2\,\text{C}_6\text{H}_5\text{CH}_2\text{Cl} + \text{Na}_2\text{CO}_3 \longrightarrow 2\,\text{C}_6\text{H}_5\text{CH}_2-\text{O}-\text{CH}_2\text{C}_6\text{H}_5 + 2\text{NaCl} + \text{CO}_2\uparrow$$

连续法是将氯化苄与碱的水溶液在高温（180℃）及加压（1~6.8MPa）下充分混合后通过反应区，反应只需要几分钟。采用塔式反应器，用质量分数10%的碳酸钠水溶液在145℃及1.8MPa下水解反应可得到纯度为98%的苯甲醇。

13.2.3.2 苯二氯甲烷（二氯苄）水解制苯甲醛

二氯苄比一氯苄容易水解，一般都采用酸性—碱性联合水解法。

酸性水解：

$$\text{C}_6\text{H}_5\text{CHCl}_2 + \text{H}_2\text{O} \longrightarrow \text{C}_6\text{H}_5\text{CHO} + \text{HCl}\uparrow$$

碱性水解：

$$\text{C}_6\text{H}_5\text{CHCl}_2 + \text{NaCO}_3 \longrightarrow \text{C}_6\text{H}_5\text{CHO} + \text{NaCl} + \text{CO}_2\uparrow$$

13.3 芳环上卤基的水解

13.3.1 氯苯水解制苯酚

卤素的碱性水解是亲核取代反应，氯苯分子中的氯很不活泼，它的水解需要极强的反应条件。水解方法有两种：(1) 高压碱性水解；(2) 常压气固相接触催化水解。

$$\text{C}_6\text{H}_5\text{-Cl} + 2\text{NaOH} \xrightarrow[\substack{\text{高压管式反应器} \\ 20\text{min}}]{\substack{30\sim36\text{MPa} \\ 360\sim390\text{℃}}} \text{C}_6\text{H}_5\text{-ONa} + \text{NaCl} + \text{H}_2\text{O}$$
10%~15%   92%~98%

$$\text{C}_6\text{H}_5\text{-Cl} \xrightarrow[\substack{400\sim450\text{℃} \\ \text{Ca}_3(\text{PO}_4)_2/\text{SiO}_2 \text{催化剂}}]{\text{H}_2\text{O, 水解}} \text{C}_6\text{H}_5\text{-OH} + \text{HCl}$$

此法的缺点是催化剂活性下降快，单程转化率 10%~15%。目前，氯苯水解法制取苯酚已逐渐被异丙苯氧化—酸解法所取代，详见 12.2.3 小节。

13.3.2 硝基卤代苯的水解

当苯环上氯基的邻位或对位有硝基时，氯基的水解较易进行。

氯基水解是制备邻、对硝基酚类的重要方法，将这些硝基酚类还原可制得相应氨基酚类，它们都是重要的精细化工中间体。

对硝基氯苯 + NaOH (10%~15%水溶液) $\xrightarrow{160\text{℃, 0.6MPa}}$ 对硝基酚钠 + NaCl + H$_2$O

2,4-二硝基氯苯 + NaOH (10%水溶液) $\xrightarrow{90\sim100\text{℃, 常压}}$ 2,4-二硝基酚钠 + NaCl + H$_2$O

13.3.3 蒽醌环上卤基的水解

蒽醌环上 α-位的氯基，特别是溴基比较活泼。例如，1-氨基-2,4-二溴蒽醌在浓硫酸中、硼酸存在下，120℃ 进行酸性水解，可制得分散染料中间体 1-氨基-2-溴-4-羟基蒽醌。

1-氨基-2,4-二溴蒽醌 $\xrightarrow[120\text{℃}]{\text{H}_2\text{SO}_4}$ 分散红 3B

13.4 芳磺酸及其盐类的水解

脂链的磺酸基非常稳定，不易水解。但芳环上的磺酸基较易水解，而且随着水解介质的不同，所得产品也不同，包括酸性水解和碱性水解。

13.4.1 芳磺酸的酸性水解

芳磺酸的酸性水解是指芳磺酸在稀硫酸介质中磺酸基被氢原子置换的反应。

$$\text{Ar-SO}_3\text{H} + \text{H}_2\text{O} \longrightarrow \text{Ar-H} + \text{H}_2\text{SO}_4$$

酸性水解是磺化反应的逆反应，是亲电取代反应历程，可用来除去芳环上的磺酸基。

13.4.2 芳磺酸盐的碱性水解——碱熔

碱熔是指芳磺酸盐在高温下与苛性碱相作用，使磺酸基被羟基置换的水解反应。工业上通过磺化—碱熔法制备酚类物质，生成的酚钠盐用无机酸酸化，即转变为游离酚。

$$Ar—SO_3Na + 2NaOH \longrightarrow ArONa + Na_2SO_3 + H_2O$$

$$2Ar—ONa + H_2SO_4 \longrightarrow 2Ar—OH + Na_2SO_4$$

13.4.2.1 碱熔反应历程

碱熔反应属于以 OH^- 为进攻质点的亲核置换反应。

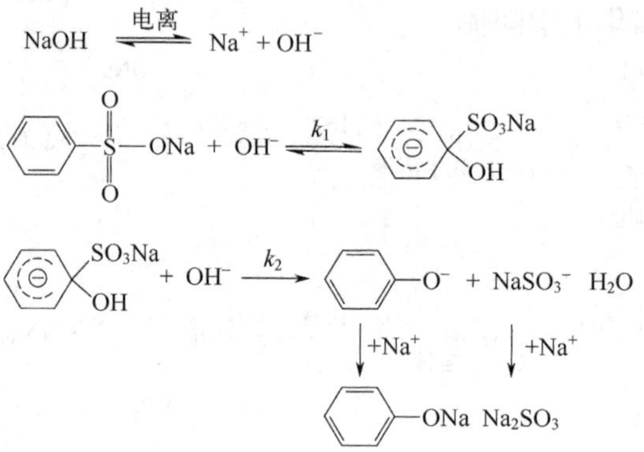

$$NaOH \xrightleftharpoons{\text{电离}} Na^+ + OH^-$$

13.4.2.2 碱熔反应的影响因素

1. 芳磺酸及其衍生物的结构

（1）取代基的影响。当环上含有吸电子基时，会对磺酸基的碱熔起活化作用。但是硝基在碱熔条件下会氧化而使反应复杂化，氯基则更容易被羟基置换。当环上含给电子基（氨基、羟基）时，不利于磺酸基碱熔，起钝化作用。比如羟基苯磺酸的碱熔，需要使用活泼性较强的苛性钾（或苛性钾与苛性钠的混合物）作碱熔剂，对羟基苯磺酸不能碱熔制对苯二酚。多磺酸碱熔时，第二个磺酸基碱熔比较困难，如对苯二磺酸，即使使用苛性钾作碱熔剂，也只能得到对羟基苯磺酸，而得不到对苯二酚。

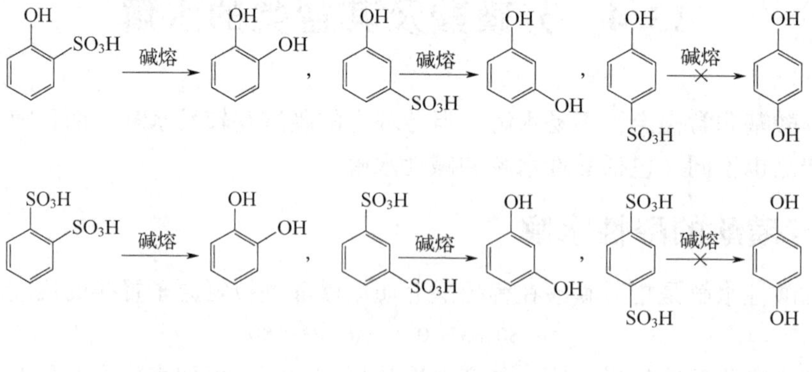

(2) —SO₃H 的位置。多个—SO₃H 在不同环上活性不同，可控制反应条件进行部分碱熔。

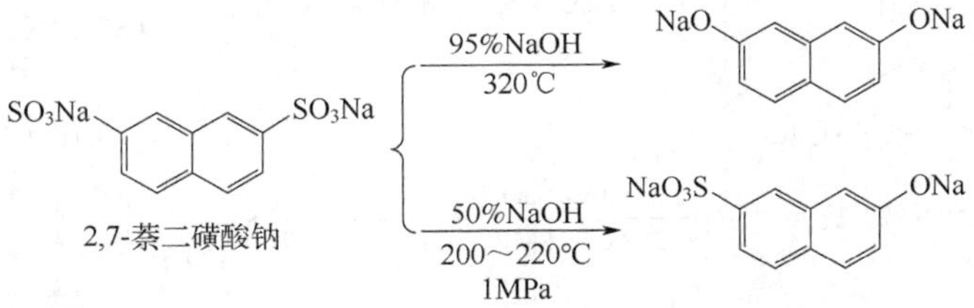

α-位—SO₃H 比 β-位活泼，易发生碱熔反应，比如 J 酸的制备。

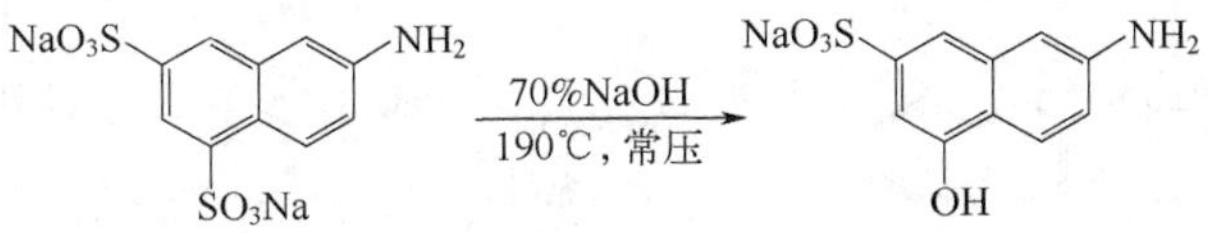

2. 碱熔温度与时间

不活泼的—SO₃H 采用高温常压碱熔，300～400℃；较活泼的（α-）—SO₃H 采用中温常压碱熔，180～270℃；更活泼的萘系多磺酸采用中温加压碱熔，180～230℃。

高温碱熔反应时间短，一般加完料保持 10min 即到达终点；中温加压碱熔反应时间长，加完磺酸盐后保温几小时，甚至 10～20h。

由于上述反应温度远超稀碱液的常压沸点，所以碱熔过程需要在压热釜中进行。通过控制温度和碱浓度来控制多磺酸中磺酸基被置换的数目或控制芳环上的氨基是否被水解。

3. 碱的浓度和用量

(1) 高温碱熔。当使用 >90% 熔融碱时，常压反应，2.5mol/mol 磺酸（即碱过量 25%），适用于单磺酸或多磺酸基团全部被羟基置换，如苯酚、间苯二酚、α-萘酚、β-萘酚。

当使用 20%～30% 稀碱时，加压反应，适用于多磺酸中的一个被羟基置换，如 H 酸。碱熔时若使用的 NaOH 浓度为 16%，增大碱熔压力，延长碱熔时间，α-SO₃H 也发生碱熔。

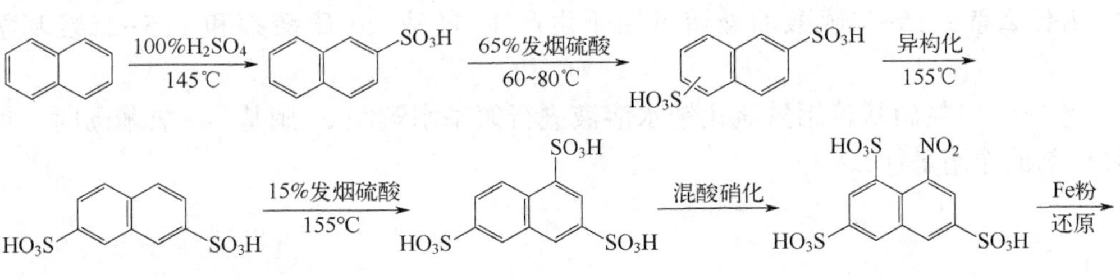

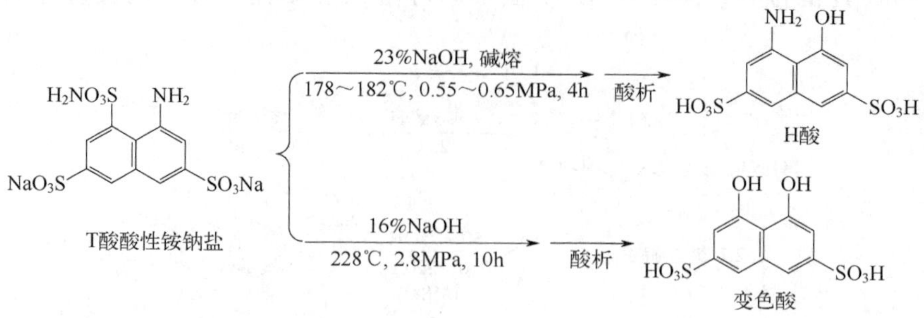

(2) 中温碱熔。当使用 70%~80% 浓碱时，常压反应，适用于多磺酸中的活泼者被置换为羟基，如 J 酸、γ 酸。

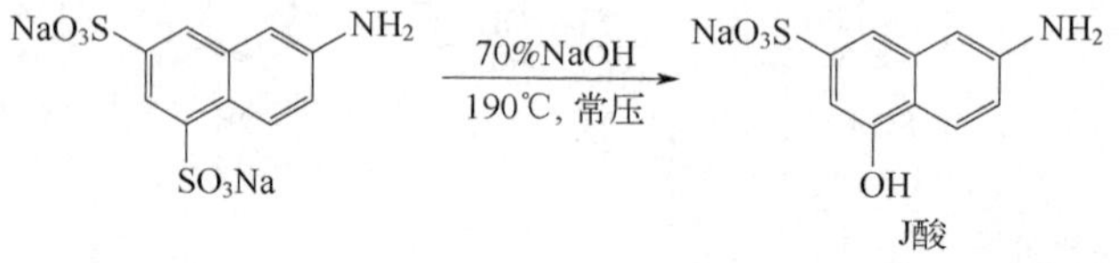

当使用 20%~30% 稀碱时，加压反应，适用于易水解的物质，如—NH_2 水解，6~8mol/mol 磺酸。

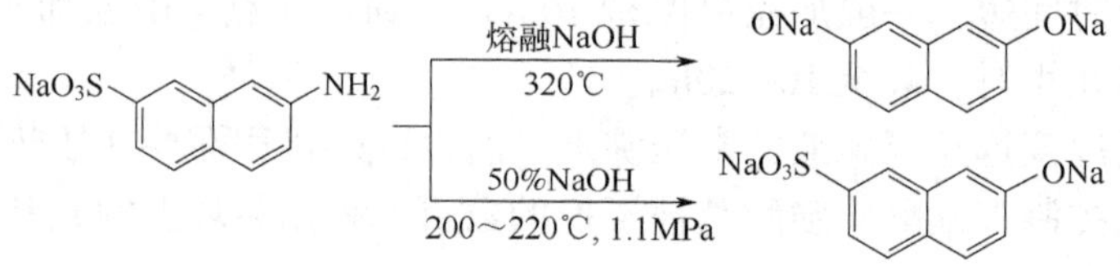

4. 无机盐

Na_2SO_4、NaCl 在熔融的苛性碱中溶解度很小，过多会导致体系黏稠甚至结块，影响流动性，造成局部过热甚至导致反应物的焦化、燃烧，因此要求控制在 10%（质量分数）以下。

❀ 巩固与提升 ❀

1. 简述制备对苯二酚的几种工业生产方法，比较它们的优缺点。
2. 碱熔的影响因素有哪些？碱熔反应在精细有机化学品生产中有哪些应用？
3. 苯酚的工业生产方法有几种？请写出它们的合成路线，并指出各自的优缺点。
4. 为什么萘-1,5-二磺酸的碱熔可用于生产 1-羟基-5-磺酸萘和 1,5-二羟基萘两个产品？
5. 将 2,5-二氯硝基苯用氢氧化钠水溶液进行氯基水解制 2-硝基-4-氯苯酚时，加入相转移催化剂的作用是什么？

第14章 缩合反应

本章专业知识目标：

（1）掌握脂链中亚甲基和甲基上的酸性活泼氢被取代而形成新的碳—碳键的缩合反应（重难点）；

（2）掌握乙醛自身缩合反应的反应历程（难点）；

（3）了解羧酸及其衍生物的缩合反应。

本章素质能力目标：

（1）能够熟记并熟练运用人名反应进行缩合反应设计；

（2）强化职业伦理，帮助学生树立正确的价值观和世界观。

14.1 概述

缩合反应的含义很广，凡是两个分子互相作用失去一个小分子，生成一个较大分子的反应，以及两个分子通过加成作用生成一个较大分子的反应都可称作"缩合反应"。

本章只讨论脂链中亚甲基和甲基上的酸性活泼氢，与羰基化合物间缩合而形成新的碳—碳键的缩合反应，通过这类缩合反应可制得一系列精细有机化学品。

14.1.1 脂链中亚甲基和甲基上氢的酸性

脂链中亚甲基和甲基上有较强的吸电基时，这个亚甲基或甲基上的氢一般都表现出一定的酸性，其酸性可以用 pK_a 值来表示，即酸性越强，pK_a 越小。

各种吸电基 Y 对 α-甲基上氢的活化能力的次序如下：

$$-NO_2 > -\overset{O}{\underset{\|}{C}}-R > -\overset{O}{\underset{\|}{C}}-OR > -C\equiv N, -\overset{O}{\underset{\|}{C}}-NH_2$$

14.1.2 一般反应历程

强吸电基的 α-C 上的氢，在碱（B）催化作用下，可以 H^+ 形式脱去形成碳负离子。

$$H_3C-\underset{\underset{O}{\|}}{C}-H + B \xrightarrow[\text{(快)}]{\text{脱质子}} \left[^-CH_2-\underset{\underset{O}{\|}}{C}-H \rightleftharpoons CH_2=\underset{\underset{O^-}{|}}{C}-H \right] + BH^+$$

$$H_2C\underset{\underset{COC_2H_5}{|}}{\overset{\overset{COC_2H_5}{|}}{}} + B \xrightarrow[\text{(快)}]{\text{脱质子}} ^-HC\underset{\underset{COC_2H_5}{|}}{\overset{\overset{COC_2H_5}{|}}{}} + BH^+$$

这类碳负离子可以与醛、酮、羧酸酯、羧酸酐以及烯键和炔键发生亲核加成反应,或与卤烷发生亲核取代反应。

14.2 羟醛缩合反应

含有活泼 α-H 的醛或酮,在碱或酸的催化作用下生成 β-羟基醛或 β-羟基酮的反应统称为羟醛缩合反应（Aldol 缩合反应）。它包括醛醛缩合、酮酮缩合和醛酮交叉缩合三种反应类型。

14.2.1 催化剂

Aldol 缩合反应一般都采用碱催化法。最常用的碱催化剂是 NaOH 水溶液。

14.2.2 一般反应历程

以乙醛的自身缩合为例,它在碱的作用下先脱质子生成碳负离子,后者再与另一分子乙醛中的羰基碳原子发生亲核加成反应而生成 3-羟基丁醛（英文名 acealdol,简称 Aldol）。

$$H_3C-\underset{\underset{O}{\|}}{C}-H + OH^- \xrightleftharpoons[\text{(快)}]{\text{脱质子}} ^-CH_2-\underset{\underset{O}{\|}}{C}-H + H_2O$$

$$H_3C-\overset{\delta+}{\underset{\underset{O\delta-}{\|}}{C}}-H + ^-CH_2-\underset{\underset{O}{\|}}{C}-H \xrightleftharpoons[\text{(快)}]{\text{亲核加成}} H_3C-\underset{\underset{O^-}{|}}{CH}-CH_2-\underset{\underset{O}{\|}}{C}-H$$

$$H_3C-\underset{\underset{O^-}{|}}{CH}-CH_2-\underset{\underset{O}{\|}}{C}-H + H_2O \xrightleftharpoons{\text{加质子}} H_3C-\underset{\underset{OH}{|}}{CH}-CH_2-\underset{\underset{O}{\|}}{C}-H + OH^-$$

3-羟基丁醛

决定反应速率的最慢步骤是亲核加成反应。

如果醛分子中有两个以上活泼 α-H,而且缩合时反应温度较高和催化剂的碱性较强,则 β-羟基醛可以进一步发生消除反应,脱去一分子水而生成不饱和醛。例如：

$$H_3C-\underset{\underset{OH}{|}}{CH}-CH_2-\underset{\underset{O}{\|}}{C}-H \xrightarrow[\text{消除脱水}]{\text{加热,或酸催化}} H_3C-CH=CH-\underset{\underset{O}{\|}}{C}-H + H_2O$$

α,β-丁烯醛

为了保证各步反应的收率,消除脱水反应也可另外在酸性催化剂（例如稀硫酸、乙酸等）存在下完成。

14.2.3 醛醛缩合

醛醛缩合可分为同分子醛的自身缩合和异分子醛之间的交叉缩合两大类。

14.2.3.1 同分子醛的自身缩合

$$CH_3CH_2CH_2-\underset{O}{\overset{}{C}}-H + H_2\underset{O}{\overset{CH_3CH_2}{C}}-H \xrightarrow[80\sim130℃,0.3\sim1.0MPa]{\text{自身缩合,消除脱水},20\%NaOH\text{催化}}$$

$$CH_3CH_2CH_2-\underset{}{\overset{CH_3CH_2}{C}}=\underset{O}{\overset{}{C}}-H \xrightarrow[150\sim160℃,1.42MPa]{Ni,\text{气相加氢}} CH_3CH_2CH_2-\underset{}{\overset{CH_3CH_2}{CH}}-\underset{OH}{\overset{}{CH}}-H$$

14.2.3.2 异分子醛的交叉缩合

异分子醛交叉缩合时可能生成 4 种羟基醛：

$$RCH_2\underset{}{\overset{OH}{CH}}-\underset{R'}{\overset{}{CH}}-\underset{O}{\overset{}{C}}-H \;;\; R'CH_2\underset{}{\overset{OH}{CH}}-\underset{R}{\overset{}{CH}}-\underset{O}{\overset{}{C}}-H$$

$$RCH_2\underset{}{\overset{OH}{CH}}-\underset{R}{\overset{}{CH}}-\underset{O}{\overset{}{C}}-H \;;\; R'CH_2\underset{}{\overset{OH}{CH}}-\underset{R'}{\overset{}{CH}}-\underset{O}{\overset{}{C}}-H$$

举例如下：

$$H_3C-\underset{O}{\overset{}{C}}-H + {}^-CH-\underset{O}{\overset{}{C}}-H \xrightarrow[\text{碱催化}]{\text{亲核加成加质子}} H_3C-\underset{}{\overset{OH}{CH}}-\underset{H_5C_2}{\overset{}{CH}}-\underset{O}{\overset{}{C}}-H$$

$$\xrightarrow{\text{消除脱水}} H_3C-CH=\underset{}{\overset{C_2H_5}{C}}-\underset{O}{\overset{}{C}}-H \xrightarrow[+H_2]{\text{催化加氢}} H_3C-CH_2-\underset{}{\overset{C_2H_5}{CH}}-\underset{O}{\overset{}{C}}-H$$

14.2.3.3 芳醛与脂醛的交叉缩合

$$C_6H_5-\underset{O}{\overset{}{C}}-H + H_3C-\underset{O}{\overset{}{C}}-H \xrightarrow[OH^-\text{催化}]{\text{交叉缩合}} C_6H_5-\underset{OH}{\overset{}{CH}}-CH_2-\underset{O}{\overset{}{C}}-H$$

$$\xrightarrow{\text{消除脱水}} C_6H_5-CH=CH-\underset{O}{\overset{}{C}}-H + H_2O$$

14.2.3.4 甲醛与其他醛的交叉缩合

甲醛虽然没有 α-H，但是甲醛的氢氧化钠水溶液，在 94℃ 连续地经过分子筛催化剂，仍然可以自身缩合生成乙醇醛。但是，甲醛分子中的羰基更易与含有活泼 α-H 的脂醛所生成的碳负离子发生交叉缩合，主要生成 β-羟甲基醛。

$$H-\overset{H}{\underset{O}{C}} + H-\overset{H}{\underset{O}{C}} \xrightarrow{\text{自身缩合}} H_2\overset{OH}{\underset{}{C}}-\overset{H}{\underset{O}{C}}$$

$$H-\overset{H}{\underset{O}{C}} + H-\overset{CH_3}{\underset{CH_3}{C}} \xrightarrow[\text{碱催化}]{\text{亲核加成}} H_2\overset{OH}{\underset{}{C}}-\overset{CH_3}{\underset{CH_3}{C}}-\overset{H}{\underset{O}{C}}$$

$$\xrightarrow[\text{骨架镍}]{\text{催化加氢}} HO-CH_2-\overset{CH_3}{\underset{CH_3}{C}}-CH_2-OH$$

利用甲醛向醛（或酮）分子中的羰基 α 碳原子上引入一个或多个羟甲基的反应称羟甲基化或 Tollens 缩合，利用这个反应还可以制备多羟基化合物。

例如，过量的甲醛在碱的催化作用下，与含有三个活泼 α-H 的乙醛交叉缩合可制得三羟甲基乙醛，它经过量甲醛还原而得到季戊四醇（四羟甲基甲烷）。

$$3H-\overset{O}{\underset{}{C}}-H + H-\overset{O}{\underset{CH_3}{C}}-H \xrightarrow[\text{碱催化}]{\text{交叉缩合}} (HOCH_2)_3-\overset{O}{\underset{}{C}}-H$$

$$(HOCH_2)_3-\overset{O}{\underset{}{C}}-H + H-\overset{O}{\underset{}{C}}-H + NaOH \xrightarrow{\text{交叉 Cannizzaro 反应}} (HOCH_2)_4C + HCOONa$$

将甲醛、乙醛、氢氧化钠水溶液按 5:1:(1.1~1.5) 的摩尔比在 40~70℃ 反应 0.5~3h，按乙醛计，季戊四醇的收率 87.7%。甲醛过量可抑制乙醛的自身缩合，但如果碱过量太多，pH 值偏高，将会促进甲醛的自身缩合。

14.2.4 酮酮缩合

酮的羰基，由于位阻关系，缩合不如醛基方便，因此酮酮缩合较醛醛缩合困难，要用较活泼的催化剂或较强烈的反应条件。

14.2.4.1 对称酮的自身缩合

含有 α-H 的对称酮自身缩合的产物比较单纯。

$$H_3C-\overset{O}{\underset{}{C}}-CH_3 + H-CH_2-\overset{O}{\underset{}{C}}-CH_3 \xrightarrow[\text{碱催化}]{\text{自身缩合}} H_3C-\overset{CH_3}{\underset{OH}{C}}-CH_2-\overset{O}{\underset{}{C}}-CH_3$$

工业上所用的碱催化剂是固体氢氧化钠、氢氧化钙或阴离子交换树脂。

14.2.4.2 不对称酮的交叉缩合

含有 α-H 的不对称酮，特别是两个不同结构的不对称酮在碱催化剂存在下，可以发生交叉缩合反应，它虽然可能生成四种产物，但是通过可逆平衡可以主要生成一种产物。例如，丙酮和甲乙酮交叉缩合时，主要生成 2-甲基-2-羟基-4-己酮，它再经消除脱水、催化加氢还原可制得 2-甲基-4-己酮（乙基异丁基酮）。

$$H_3C-\underset{O}{\underset{\|}{C}}-CH_3 + H-CH_2-\underset{O}{\underset{\|}{C}}-C_2H_5 \xrightarrow[\text{碱催化}]{\text{交叉缩合,亲核加成}} H_3C-\underset{OH}{\overset{CH_3}{\underset{|}{C}}}-CH_2-\underset{O}{\underset{\|}{C}}-C_2H_5$$

$$\xrightarrow{\text{消除脱水}} H_3C-\underset{}{\overset{CH_3}{\underset{|}{C}}}=CH-\underset{O}{\underset{\|}{C}}-C_2H_5 \xrightarrow[+H_2]{\text{催化加氢}} H_3C-\overset{CH_3}{\underset{|}{CH}}-CH_2-\underset{O}{\underset{\|}{C}}-C_2H_5$$

14.2.5 醛酮交叉缩合

醛酮交叉缩合既可以生成 β-羟基醛，又可以生成 β-羟基酮，不易得到单一产物，因此主产物的收率都不太高。

$$H_3C-\overset{CH_3}{\underset{|}{CH}}-CH_2-\underset{O}{\underset{\|}{C}}-H + H-CH_2-\underset{O}{\underset{\|}{C}}-CH_3 \xrightarrow[\text{碱催化}]{\text{交叉缩合,亲核加成}}$$

$$H_3C-\overset{CH_3}{\underset{|}{CH}}-CH_2-\overset{}{\underset{OH}{\underset{|}{CH}}}-CH_2-\underset{O}{\underset{\|}{C}}-CH_3 \xrightarrow[\text{碱催化,}-H_2O]{\text{消除脱水}}$$

$$H_3C-\overset{CH_3}{\underset{|}{CH}}-CH=CH-CH_2-\underset{O}{\underset{\|}{C}}-CH_3 \xrightarrow[\text{约50℃,约1.5MPa}]{\text{催化加氢,Pd/C}} H_3C-\overset{CH_3}{\underset{|}{CH}}-CH_2-CH_2-CH_2-\underset{O}{\underset{\|}{C}}-CH_3$$

$$(CH_3)_2CO + CH_3CH=CH-N\overset{}{\underset{}{\bigcirc}} \xrightarrow{\text{AcOH}} (CH_3)_2\overset{CH_3}{\underset{|}{C}}=\overset{}{\underset{}{C}}-CHO$$

$$\xrightarrow{CH_3CH=CH-N\bigcirc} (CH_3)_2\overset{CH_3}{\underset{|}{C}}=CH-\overset{CH_3}{\underset{|}{C}}H-\overset{CH_3}{\underset{|}{C}}=CH-CHO$$

14.3 羧酸及其衍生物的缩合

酯基对 α-H 的活化作用比酮基和醛基对 α-H 的活化作用低。但是，在亚甲基上除了连有一个酯基以外，还连有另一个吸电基时，则亚甲基上的氢的酸性明显增加，这个 α-H 的活性比酮基、醛基的 α-H 高得多，较易脱质子形成碳负离子，然后与酮、醛、羧酸酯、羧酰胺、腈或卤烷等发生缩合反应。

简单的羧酸酯和酸酐在较强条件下也能脱质子形成碳负离子，然后发生缩合反应。

没有 α-H 的酯不能形成碳负离子，但是它们可以同由其他亚甲基化合物形成的碳负离子发生缩合反应。

14.3.1 Perkin 反应

Perkin 反应指的是脂肪族的酸酐，在相应的脂肪酸碱金属盐的催化作用下，与芳醛（或不含 α-H 的脂醛）进行缩合，生成 β-芳基丙烯酸类化合物的反应。它也是一个亲核加成反应，其反应历程可简单表示如下（R 表示烃基或氢）：

$$RCH_2-\overset{O}{\underset{}{C}}-ONa \rightleftharpoons_{离解} RCH_2-\overset{O}{\underset{}{C}}-O^- + Na^+$$

$$RCH_2-\overset{O}{\underset{}{C}}-O^- + RCH_2-\overset{O}{\underset{}{C}}-O-\overset{O}{\underset{}{C}}-CH_2R \xrightarrow{氢转移} RCH_2-\overset{O}{\underset{}{C}}-OH + R\overset{-}{C}H-\overset{O}{\underset{}{C}}-O-\overset{O}{\underset{}{C}}-CH_2R$$

$$Ar-\overset{H}{\underset{O}{C}}+R\overset{-}{C}H-\overset{O}{\underset{}{C}}-O-\overset{O}{\underset{}{C}}-CH_2R \xrightarrow{亲核加成} Ar-\overset{H}{\underset{O^-}{\underset{|}{C}}}-\overset{}{\underset{R}{C}}H-\overset{O}{\underset{}{C}}-O-\overset{O}{\underset{}{C}}-CH_2R$$

$$\xrightarrow[+H^+,-H_2O]{消除脱水} Ar-\overset{H}{\underset{R}{C}}=\overset{}{C}-\overset{O}{\underset{}{C}}-O-\overset{O}{\underset{}{C}}-CH_2R$$

β-芳基-2-烃基丙烯酸-羧酸酐

$$\xrightarrow[+H_2O]{水解} Ar-\overset{H}{\underset{R}{C}}=\overset{}{C}-\overset{O}{\underset{}{C}}-H + R-CH_2-\overset{O}{\underset{}{C}}-OH$$

β-芳基-2-烃基丙烯酸

羧酸酐是活性较弱的亚甲基化合物，而羧酸盐催化剂又是弱碱，所以要求较高的反应温度（150~200℃）。催化剂一般用无水羧酸钠，但有时钾盐的效果比钠盐好，反应速率快，收率也较高。

例如：$C_6H_5CHO + (CH_3CO)_2O \xrightarrow[2.\ 170\sim180℃,\ 15h]{1.\ CH_3COONa} C_6H_5-CH=CHCOOH$

Perkin 反应的收率与芳醛的环上取代基的性质有关，环上带有吸电基（例如硝基和卤基）时，亲核加成反应较易进行，收率较高。反之，芳环上有供电基时，亲核加成反应较难进行，副反应多，收率低。这时就需要改用 Knoevenagel-Doebner 反应来制备芳环上有强供电基的肉桂酸衍生物。

14.3.2　Knoevenagel 反应

Knoevenagel 缩合是指含有强活泼亚甲基的化合物 $X-CH_2-Y$，在碱的催化作用下，脱质子以碳负离子亲核试剂的形式与醛或酮的羰基碳原子发生 Aldol 型亲核加成—消除脱水反应，生成 α,β-不饱和化合物的反应。其详细反应历程尚未取得肯定意见，这里只写出总的反应式。

$$\overset{R^1}{\underset{R^2}{C}}=O + \overset{H}{\underset{H}{C}}\overset{X}{\underset{Y}{}} \xrightarrow[碱催化]{脱水缩合} \overset{R^1}{\underset{R^2}{C}}=\overset{X}{\underset{Y}{C}} + H_2O$$

式中，R'代表烷基或芳基；R_2 代表烷基、芳基或氢；X 和 Y 代表吸电基。

常用的活泼亚甲基化合物有：氰乙酸酯、乙酰乙酸酯、丙二酸酯、氰乙酰胺、丙二酸单酯单酰胺和丙二氰等。

常用的催化剂有吡啶、哌啶、乙酸、哌啶、乙二胺等有机碱，以及氨和乙酸铵等。这类弱碱性催化剂的特点是它们只能使含有强活泼亚甲基的化合物脱质子转变为碳负离子，而对于亚甲基不够活泼的醛或酮，则不易使它们脱质子转变为碳负离子，因此可以避免 Aldol 缩合副反应。

例如，2,3-二氯苯甲醛与等摩尔比的乙酰乙酸甲酯在苯中在少量乙酸—哌啶催化剂的存在下，回流5h、分离、精制得2,3-二氯苯亚甲基乙酰乙酸甲酯，收率72.7%。

$$\text{2,3-Cl}_2\text{C}_6\text{H}_3\text{CHO} + \text{CH}_3\text{COCH}_2\text{COOCH}_3 \xrightarrow[\text{乙酸-哌啶催化}]{\text{脱水缩合}} \text{2,3-Cl}_2\text{C}_6\text{H}_3\text{CH=C(COCH}_3)\text{COOCH}_3 + \text{H}_2\text{O}$$

丙二酸在吡啶介质中在哌啶催化剂的存在下与醛脱水缩合时，还同时发生脱羧反应而生成 β-取代丙烯酸。例如，3,4-二甲氧基苯甲醛和丙二酸按 1∶2 的摩尔比在吡啶中在少量哌啶的存在下回流2h，冷却、倒入含盐酸的冰水中，即析出3,4-二甲氧基肉桂酸，精制后收率91.6%。

$$\text{3,4-(CH}_3\text{O)}_2\text{C}_6\text{H}_3\text{CHO} + \text{CH}_2(\text{COOH})_2 \xrightarrow[\text{哌啶催化}]{\text{脱水缩合脱羧}} \text{3,4-(CH}_3\text{O)}_2\text{C}_6\text{H}_3\text{CH=CHCOOH} + \text{H}_2\text{O} + \text{CO}_2\uparrow$$

这个反应称作 Knoevenagel-Doebner 反应，用这个反应制备 β-取代丙烯酸衍生物的优点是：可适用于与有各种取代基的芳醛或脂醛的缩合，反应条件温和、时间短、收率高、产品质量好。但是丙二酸的价格比乙酐贵得多，在制备只含稳定基团的 β-芳基丙烯酸时，不如前述 Perkin 反应经济。

14.3.3 酯酯 Claisen 缩合

Claisen 缩合是指酯的亚甲基活泼 α-H，在强碱性催化剂作用下，脱质子形成碳负离子，然后与另一分子酯的羰基碳原子发生亲核加成，并进一步脱烷氧基而生成 β-酮酸酯。

最简单的典型实例是两分子乙酸乙酯在无水乙醇钠催化作用下，生成乙酰乙酸乙酯。

$$\text{C}_2\text{H}_5\text{O}^- + \text{H}_3\text{CCOOC}_2\text{H}_5 \rightleftharpoons {}^-\text{CH}_2\text{COOC}_2\text{H}_5 + \text{CH}_3\text{CH}_2\text{OH}$$

$$\text{H}_3\text{CCOOC}_2\text{H}_5 + {}^-\text{CH}_2\text{COOC}_2\text{H}_5 \rightleftharpoons \text{H}_3\text{C-CH}_2\text{-C-OC}_2\text{H}_5$$

异酯交叉缩合时，如果两种酯都有活泼 α-H，则可能生成四种不同的 β-酮酸酯，难以分离精制，没有实用价值。如果其中一种酯没有活泼 α-H，那么在缩合时有可能生成单一的产物。常用的没有活泼 α-H 的酯主要有：甲酸酯、苯甲酸酯、乙二酸酯和碳酸二酯等。

14.3.4 酮酯 Claisen 缩合

如果酯没有 α-H，或者酯的 α-H 比酮的 α-H 酸性低，则强碱性催化剂优先使酮脱质子形成碳负离子，然后与酯的羰基碳原子发生亲核加成反应和脱烷氧基负离子反应而生成 β-二羰基化合物。例如，丙酮、草酸二乙酯和甲醇钠的甲醇溶液按 1∶1∶1 的摩尔比在甲苯中在 40℃下搅拌2h，酸化后得2,4-二酮戊酸乙酯反应液，可直接用于下一步反应。

$$\text{H}_3\text{C-CO-CH}_3 + \text{C}_2\text{H}_5\text{O-CO-CO-OC}_2\text{H}_5 \xrightarrow[\text{CH}_3\text{ONa催化}]{\text{Claisen缩合}} \text{H}_3\text{C-CO-CH}_2\text{-CO-CO-OC}_2\text{H}_5 + \text{C}_2\text{H}_5\text{OH}$$

在上述反应中，酯的羰基碳原子是亲电试剂，如果它的亲电活性太低，则可能发生酮酮自身缩合的副反应。另外，如果酯 α-H 的酸性比酮 α-H 高，则可能发生酯酯自身缩合和 Knoevenagel 副反应。如果酯没有活泼 α-H，则容易得到单一产物，如上例所示。

酮酯 Claisen 缩合的反应条件和酯酯 Claisen 缩合基本上相似。

14.3.5 Stobbe 缩合

Stobbe 缩合指的是醛或酮与丁二酸二酯在强碱性催化剂存在下缩合生成 α-亚烃基丁二酸单酯的反应，其总的反应式可简单表示如下：

$$R^1R^2C=O + H\text{-}CH(COC_2H_5)\text{-}CH_2\text{-}CO\text{-}OC_2H_5 + R^3\text{-}ONa \xrightarrow[\text{脱乙醇}]{\text{Stobbe缩合}} R^1R^2C=C(COC_2H_5)\text{-}CH_2\text{-}CONa + C_2H_5OH + R^3\text{-}OH$$

式中，R^1，R^2 代表烷基、芳基或氢；R^3 代表烷基。

在 Stobbe 缩合反应中，首先是丁二酸二酯在强碱的催化作用下脱质子，形成碳负离子，然后向醛或酮分子中的羰基碳原子做亲核进攻，其反应历程见文献。

Stobbe 缩合所用的碱性催化剂和反应条件与 Claisen 缩合基本上相似。

Stobbe 缩合主要用于酮化合物，如果对称酮分子中不含活泼 α-H 则只得到一种产物，收率很好，如果是不对称酮，则得到顺反异构体的混合。例如，3,4-二氯二苯甲酮、丁二酸二乙酯和叔丁醇钾按 1∶1.6∶0.95 的摩尔比在叔丁醇中在氮气保护下，回流 16h，经酸化，后处理得 α-(3,4-二氯二苯基)亚甲基丁二酸单乙酯粗品，收率 80%，作为医药中间体可直接用于下一步反应。

$$\text{(3,4-Cl}_2\text{C}_6\text{H}_3\text{)(C}_6\text{H}_5\text{)C=O} + H\text{-}CH(COC_2H_5)\text{-}CH_2\text{-}CO\text{-}OC_2H_5 + (H_3C)_3\text{-}OK$$

$$\xrightarrow[\text{叔丁醇溶剂}]{\text{Stobbe缩合}}_{\text{回流16h}} (3,4\text{-}Cl_2C_6H_3)(C_6H_5)C=C(COC_2H_5)\text{-}CH_2\text{-}COK + C_2H_5OH + (CH_3)_3\text{-}OH$$

14.3.6 Darzens 缩合

Darzens 缩合反应指的是 α-卤代羧酸酯在强碱的作用下，活泼 α-H 脱质子生成碳负离子，然后与醛或酮的羰基碳原子进行亲核加成，再脱卤素负离子而生成 α,β-环氧羧酸酯的反应。其反应通式可简单表示如下：

$$R^4\text{—ONa} + H\text{—}\underset{X}{\overset{R^3}{C}}\text{—}\underset{O}{\overset{}{C}}\text{—OC}_2H_5 \underset{\text{碱催化}}{\overset{\text{脱质子}}{\rightleftharpoons}} R^4\text{—OH} + Na^+ \ \underset{X}{\overset{R^3}{C}}\text{—}\underset{O}{\overset{}{C}}\text{—OC}_2H_5$$

(或 NaNH$_2$ 催化剂)　　　　　　　　　　　　(或 NH$_3$)

$$\begin{array}{c}\text{R}^1\\\text{R}^2\end{array}\!\!C\!=\!O + \text{Na}^+ \begin{array}{c}\text{R}^3\\|\\\text{C}-\text{OC}_2\text{H}_5\\|\;\;\;\|\\\text{X}\;\;\;\text{O}\end{array} \xrightarrow{\text{亲核加成}} \begin{array}{c}\text{R}^1\;\;\;\text{R}^3\\|\;\;\;\;\;|\\\text{R}^2-\text{C}-\text{C}-\text{OC}_2\text{H}_5\\|\;\;\;\;\;|\;\;\;\|\\\text{O}^-\text{Na}^+\;\text{X}\;\;\text{O}\end{array}$$

$$\xrightarrow{-\text{X}^-} \begin{array}{c}\text{R}^1\;\;\;\;\;\text{R}^3\\\;\;\;\diagdown\;\;/\\\;\;\;\;\text{C}-\text{C}-\text{OC}_2\text{H}_5 + \text{NaX}\\\;\;/\;\;\diagup\;\;\|\\\text{R}^2\;\;\text{O}\;\;\;\;\text{O}\end{array}$$

所用的卤代羧酸酯一般都是氯代羧酸酯。另外，这个反应也可用于 α-卤代酮的缩合。

这个反应除用于脂醛收率不高外，用于芳醛、脂芳酮、脂环酮以及 α,β-不饱和酮时，都可得到良好结果。

当用氯乙酸酯时，由 Darzens 缩合制得的 α,β-环氧羧酸酯用碱性溶液使酯基水解，再酸化得游离羧酸，再加热脱羧和开环，可制得比原料酮（或醛）多一个碳原子的酮（或醛）。例如，苯乙酮、氯乙酸乙酯和氨基钠按 1∶1∶1.2 的摩尔比在无水苯中在室温反应 2h，经后处理得 3-苯基-2,3-环氧丁酸乙酯，收率 62%~64%。将上述酯和乙醇钠按 1∶1.05 的摩尔比在无水乙醇中成盐，然后向其中慢慢加入水，进行水解，即析出 3-苯基-2,3-环氧丁酸钠盐，收率 80%~85%。最后，将上述钠盐放入稀盐酸中加热 1.5h，即脱羧而得到 2-苯基丙醛，收率 65%~70%。

$$\text{PhCOCH}_3 + \text{H}\!-\!\underset{\text{Cl}}{\overset{\;}{\text{C}}}\!-\!\text{COOC}_2\text{H}_5 \xrightarrow[\substack{+\text{NaNH}_2\text{催化}\\-\text{NH}_3,-\text{NaCl}}]{\text{亲核加成}} \text{Ph}\underset{\text{O}}{\overset{\text{CH}_3}{\diagup\!\!\!\diagdown}}\text{CH}\!-\!\text{COOC}_2\text{H}_5$$

$$\xrightarrow[\substack{+\text{NaOH}\\-\text{C}_2\text{H}_5\text{OH}}]{\text{酯基水解}} \text{Ph}\underset{\text{O}}{\overset{\text{CH}_3}{\diagup\!\!\!\diagdown}}\text{CH}\!-\!\text{COONa} \xrightarrow[\substack{+\text{HCl}\\-\text{NaCl}}]{\text{酸化}} \text{Ph}\underset{\text{O}}{\overset{\text{CH}_3}{\diagup\!\!\!\diagdown}}\text{CH}\!-\!\text{COOH}$$

$$\xrightarrow[-\text{CO}_2]{\text{脱羧，开环}} \text{Ph}\underset{\text{CH}_3}{\overset{\;}{\text{CH}}}\!-\!\text{CHO}$$

14.4 缩合反应生产实例

14.4.1 Perkin 法合成香豆素

香豆素（Coumarin），又名 1,2-苯并吡喃酮、邻氧萘酮，是一种有机化合物，化学式为 $C_9H_6O_2$，是一种重要的香料，常用作定香剂、脱臭剂，配制香水和香料，也用作饮料、食品、香烟、塑料制品、橡胶制品等的增香剂。2017 年 10 月 27 日，世界卫生组织国际癌症研究机构公布的致癌物清单初步整理参考，香豆素在 3 类致癌物清单中。

$$\text{PhOH} + 3\text{NaOH} + \text{CHCl}_3 \longrightarrow \text{o-HOC}_6\text{H}_4\text{CHO} + 3\text{NaCl} + 3\text{H}_2\text{O}$$

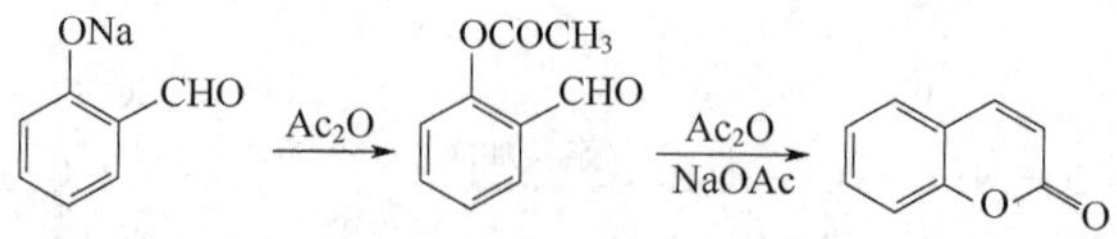

14.4.2 甲基香豆素

甲基香豆素是香豆素的甲基衍生物，有 6 种异构体，可用作有机合成中间体和香料，是我国 GB 2760 规定允许使用的食用香料，主要用于配制椰子、香草和焦糖等香精。

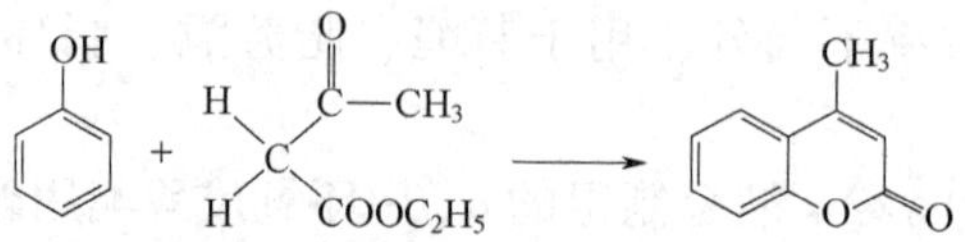

14.4.3 Darzens 法合成布洛芬中间体

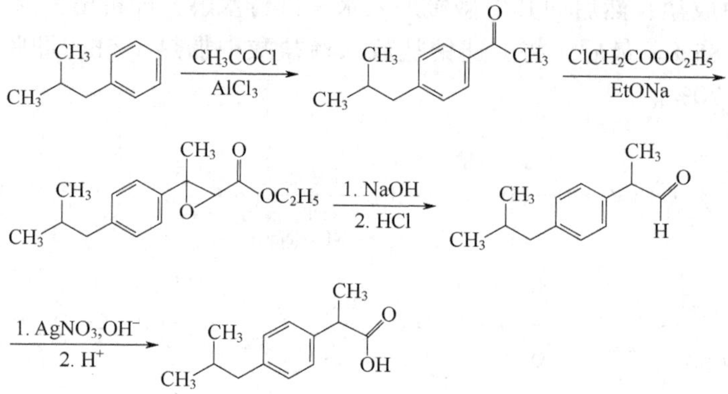

🌸 巩固与提升 🌸

1. 请写出乙酰乙酸乙酯在酸催化下的烯醇化反应机理和碱催化下的烯醇化反应机理。
2. 将丙醛、丙酮、丙酸及其衍生物的 α-H 按酸性由强到弱的顺序排列，并阐明理由。
3. 将丙酮和乙酸乙酯在碱性体系中反应，能生成几种缩合产物？写出相应的反应机理，并指出每种缩合产物是通过哪种类型的缩合反应形成的。
4. 写出制备维生素 B_6 所用中间体甲氧基乙酰丙酮的合成路线、各步反应的名称和主要反应条件。
5. 完成下列反应。

$$CH_3COCH_3 + HCHO \xrightarrow{\text{稀 NaOH}} (\qquad)$$

$$2CH_3COCH_3 \xrightarrow{\text{稀 NaOH}} (\qquad) \xrightarrow{H_3PO_4} (\qquad)$$

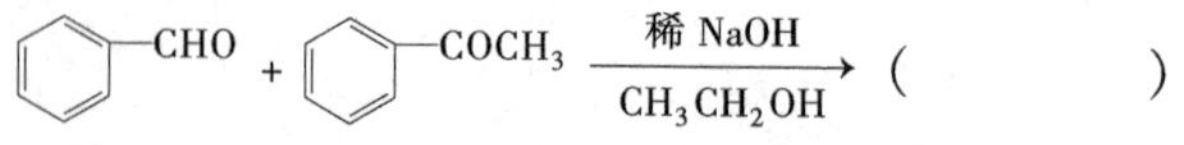

$$\text{PhCHO} + \text{PhCOCH}_3 \xrightarrow[CH_3CH_2OH]{\text{稀 NaOH}} (\qquad)$$

第15章 成环反应

本章专业知识目标:

(1) 了解有机成环反应的类型;
(2) 掌握成环反应的基本理论——分子轨道理论和前线轨道理论(难点);
(3) 掌握环加成反应的反应条件和方式选择(重难点);
(4) 了解电环化反应和 σ 键迁移反应的反应条件和方式选择。

本章素质能力目标:

(1) 能根据具体条件完成指定的成环反应;
(2) 引导学生用发展的眼光看问题,培养学生的辩证思维。

15.1 成环反应概述

有机成环反应主要包括两种:一种是含有两个相同或不同官能团的有机物分子(如多元醇、羟基酸、氨基酸),通过脱去小分子(水、氨或卤化氢)等而成环;另一种是通过聚合反应、加成反应来实现成环。生成的环上含有 5 个或 6 个碳原子时比较稳定。

缩合和聚合反应在本书中有独立章节,本章仅重点介绍成环反应中的环加成反应。

15.1.1 成环反应策略

15.1.1.1 非环体系的环化

非环体系的环化涉及的反应机理除了常见的离子型反应、自由基型反应外,还有一种分子型反应。

离子型反应和自由基型反应,都生成稳定的或不稳定的中间体。

分子型反应在反应过程中不产生离子或自由基等活性中间体;反应不受溶剂极性的影响,一般也不被酸或碱所催化;反应为一步到位过程且只经过一个多中心环状过渡态;旧键的断裂和新键的形成是同步发生的。因为反应的同步性,所以分子型反应又称为协同反应,又因为反应均通过环状过渡态,分子型反应又称成环反应。

简单说，成环反应是一种通过环状过渡态进行，并同时有超过一个键在环内生成或断裂的协同反应，协同反应机理是被广泛接受的 Diels-Alder 反应机理：

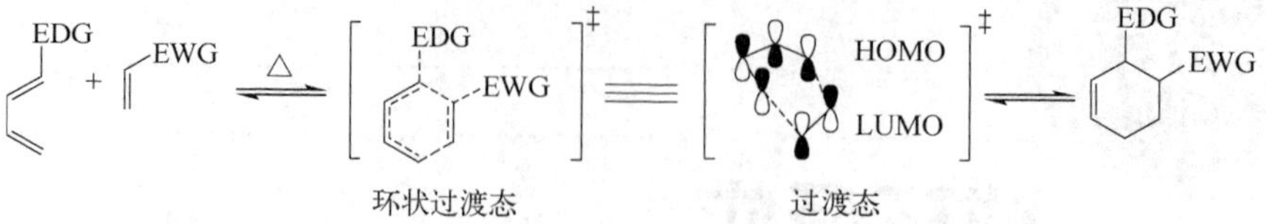

一般使用富电子的双烯体 EDG（ERG）和缺电子亲双烯体 EWG 进行环化反应。EDG（ERG）是给电子基团，EWG 是吸电子基团。

EWG 基团：CHO，COOH，SO_2CH_3，NO_2，CN，以及

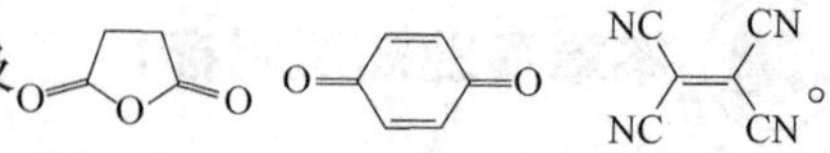

EDG 基团：CH_3，OCH_3，NCH_3，SPh，$OSi(CH_3)_2$，OAc，Danishefsky 双烯

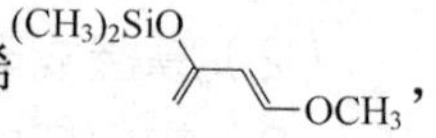

以及关环双烯

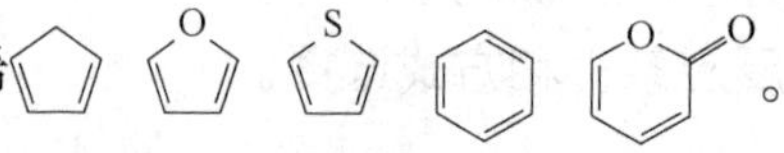

分子型的成环反应主要有三种不同类型：电环化反应、环加成反应、σ-迁移反应。其中环加成反应是本章的重点阐述内容。

电环化反应：

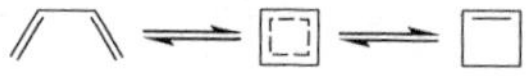

环加成反应：

σ-迁移反应：

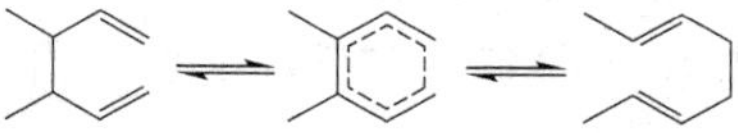

15.1.1.2 已有环的修饰

通过环修饰的方式环化包含了扩环和缩环的重排反应以及环交换反应。

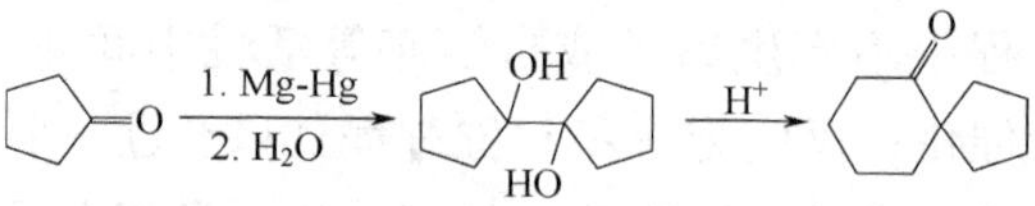

15.1.2 成环反应类型

15.1.2.1 缩合成环反应

（1）多元醇分子内或分子间脱水成环，多元酸脱水成环。

$$\begin{array}{c} CH_2CH_2OH \\ | \\ CH_2CH_2OH \end{array} \xrightarrow[\triangle]{浓H_2SO_4} \begin{array}{c} H_2C-CH_2 \\ | \quad O \\ H_2C-CH_2 \end{array} + H_2O$$

$$\begin{array}{c} CH_2OH \\ | \\ CH_2OH \end{array} + \begin{array}{c} CH_2OH \\ | \\ CH_2OH \end{array} \longrightarrow \begin{array}{c} CH_2-O-CH_2 \\ | \qquad \qquad | \\ CH_2-O-CH_2 \end{array} + 2H_2O$$

（2）多元醇与多元酸酯化反应生成环状酯。

$$\begin{array}{c} CH_2OH \\ | \\ CH_2OH \end{array} + \begin{array}{c} O \\ \parallel \\ C-OH \\ | \\ C-OH \\ \parallel \\ O \end{array} \xrightarrow[\triangle]{浓H_2SO_4} \begin{array}{c} O \\ \parallel \\ C-O-CH_2 \\ | \qquad \quad | \\ C-O-CH_2 \\ \parallel \\ O \end{array} + 2H_2O$$

$$\begin{array}{c} H_3C-CH-OH \\ | \\ CH-OH \\ | \\ O=C-OH \end{array} + \begin{array}{c} HO-C=O \\ | \\ HO-CH \\ | \\ CH_3 \end{array} \longrightarrow \begin{array}{c} H_3C \quad O \\ \quad \diagup \\ \quad O \\ \quad \diagdown \\ O \quad CH_3 \end{array} + 2H_2O$$

$$HO-CH_2CH_2CH_2-\overset{O}{\underset{\parallel}{C}}-OH \xrightarrow{\triangle} \begin{array}{c} \bigcirc=O \end{array} + H_2O$$

（3）氨基酸发生分子内缩合生成内酰胺，或分子间缩合生成交酰胺。

$$\underset{\parallel}{\overset{O}{NH_2CCH_2CH_2-CH_2-OH}} \xrightarrow{\triangle} \begin{array}{c} \bigcirc \\ NH \end{array} + H_2O$$

$$\begin{array}{c} H_2N-CH_2-\overset{O}{\underset{\parallel}{C}}-OH \\ + \\ HO-\underset{\parallel}{\overset{O}{C}}-CH_2-NH_2 \end{array} \longrightarrow \begin{array}{c} O \\ \parallel \\ HN \quad NH \\ \parallel \\ O \end{array} + H_2O$$

15.1.2.2 聚合成环反应

乙炔的聚合：$3HC{\equiv}CH \longrightarrow \bigcirc$

醛的聚合：甲醛、乙醛等容易聚合而成环状化合物。

$$3HCHO \longrightarrow \begin{array}{c} \text{(三聚甲醛环)} \end{array}$$

15.1.2.3 双边环化与环加成反应

双边环化涉及协同或非协同的环加成反应或多步连续单边环化反应。比如 Diels-Alder 反应，共轭二烯烃与含有 C═C 的化合物能进行 1,4 加成反应生成六元环状化合物。再如卡宾与苯甲醛发生 [1+2] 环加成，制备扁桃酸。

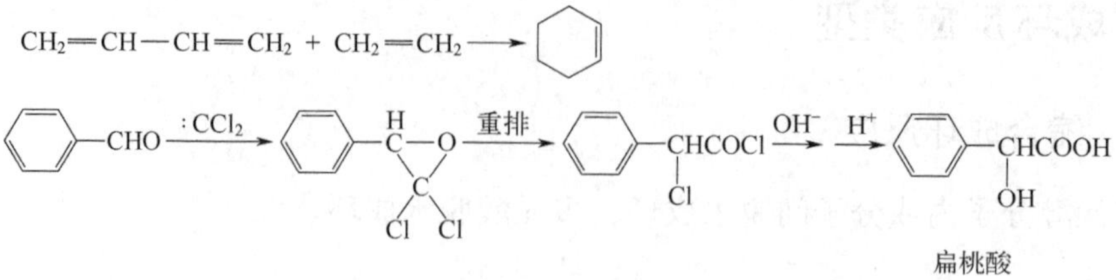

$$CH_2=CH-CH=CH_2 + CH_2=CH_2 \longrightarrow \text{环己烯}$$

$$PhCHO \xrightarrow{:CCl_2} Ph\overset{H}{\underset{Cl}{\overset{|}{C}}}\overset{O}{\underset{Cl}{\overset{|}{C}}} \xrightarrow{\text{重排}} PhCHCOCl \xrightarrow{OH^-} \xrightarrow{H^+} PhCHCOOH$$
$$\qquad\qquad\qquad\qquad\qquad\qquad\qquad\qquad\quad\; Cl \qquad\qquad\qquad\qquad OH$$
扁桃酸

15.2 环加成反应

环加成反应在有机合成中有非常重要的应用，尤其是 Diels-Alder 反应，在六元环系合成中起着不可替代的作用，其基础理论前线轨道理论也是有机化学中一个非常重要的理论。本小节将简介环加成反应、前线轨道理论以及前线轨道在环加成反应中的分析应用。

环加成反应是在光或热的作用下，两个或多个带双键、共轭双键或孤对电子的分子相互作用，生成一个稳定的环状化合物。环加成反应的逆反应称环消除，亦统称环加成。这类反应是合成单环及多环化合物的一种重要方法。有关环加成反应最早是德国化学家 Diels 与其学生 Alder 等在 1928 年通过环戊二烯与顺丁烯二酸酐发生 [4+2] 环加成实现的。常见的环加成反应类型除 [4+2] 外，还包括 [3+2]，[2+2+2]，[3+2+2]，[4+2+2] 等。

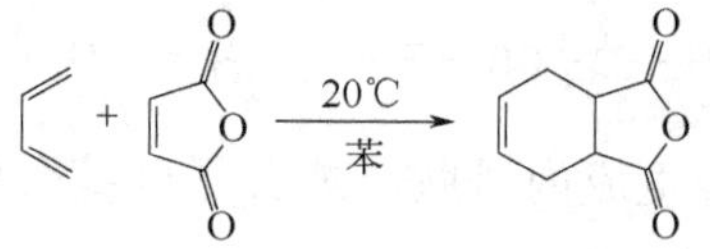

环加成反应的主要特点是可以将不饱和链状化合物直接转变成环状化合物，包括三元、四元到九元、十元环等，且原子利用率高，在天然产物的全合成、药物化学等领域有着广泛的应用。

15.2.1 前线轨道理论简介

前线轨道是由日本理论化学家福井谦一提出的，他指出化合物分子的许多性质主要由最高占据分子轨道和最低未占分子轨道所决定。凡是处于前线轨道的电子，可优先配对，这对选择有机合成反应路线起决定性作用。鉴于前线轨道理论对于有机化学发展的重要性，1981 年福井谦一被授予诺贝尔化学奖。

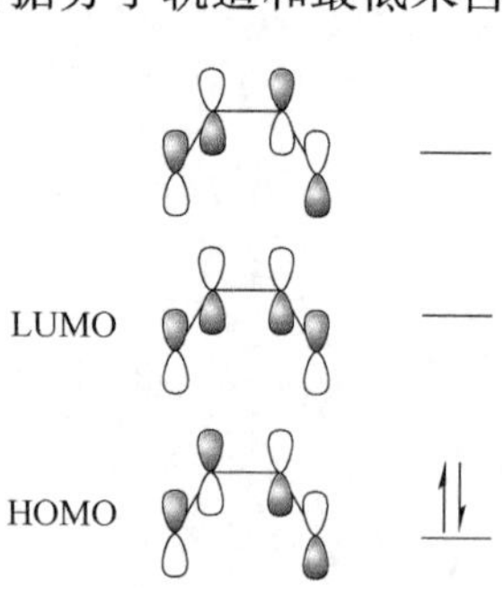

15.2.1.1 前线轨道的基本概念

分子周围的电子云，根据能量的不同，可以分为不同的能级轨道，根据能量最低原理，电子优先排入能量低的轨道。前线轨道理论中，将占有电子的能级最高的轨道称为最高占有轨道，用 HOMO 表示；未占有电子的能量最低的轨道称为最低占有轨道，用 LUMO 表示（图 15.1）。有的共轭轨道中含有奇数个电子，它的最高已占有轨道只有一个电子，

图 15.1 丁二烯前线轨道示意图

这种单电子占有的轨道称为单占轨道，用 SOMO 表示。在分子中，HOMO 轨道对于电子的束缚最为薄弱，LUMO 轨道对电子的吸引力最强，因而前线轨道理论认为，分子间发生化学反应，本质上就是 HOMO 轨道与 LUMO 轨道的相互作用，形成新的化学键的过程。特别的，SOMO 在前线轨道理论中既可作为 HOMO 处理，也可作为 LUMO 处理。将 HOMO 轨道和 LUMO 轨道统称为前线轨道，用 FOMO 表示，前线轨道上的电子称为前线电子。所以，在分子间化学反应过程中，最先作用的轨道是前线轨道，起关键作用的电子为前线电子。

15.2.1.2　前线轨道间的相互作用

两个分子中的轨道相互作用，必然产生两个新的分子轨道，一个轨道的能量降低 ΔE，另一个轨道的能量升高 ΔE^*，由于反键效应，ΔE^* 略大于 ΔE。

当两个 HOMO 轨道相互作用时，如图 15.2 所示，结果使总的分子轨道的能量增加，体系更加不稳定，因而 HOMO 轨道间无相互作用，不能成键。

当 HOMO 与 LUMO 轨道相互作用时，形成两个新的轨道，一个能量降低，较 HOMO 轨道低，另一个轨道能量升高，较 LUMO 轨道高，电子优先排入能量较低的轨道，使整体能量降低，体系趋于稳定，因而可以成键（图 15.3）。

即 HOMO 轨道间互相排斥，而 HOMO 轨道与 LUMO 轨道之间互相吸引。

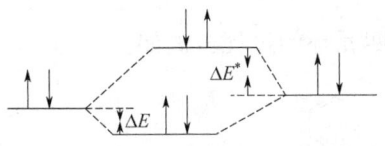

图 15.2　HOMO 轨道间的相互作用

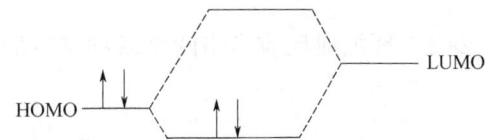

图 15.3　HOMO 轨道与 LUMO 轨道的相互作用

15.2.1.3　前线轨道处理环加成反应的原则

大部分环加成反应为双分子环加成反应，前线轨道理论认为，双分子间的环加成反应，必须满足如下要求：

（1）双分子加成反应过程中，反应的驱动力是生成两个新的 σ 键。起作用的轨道是一个分子的 HOMO 轨道和另一个分子的 LUMO 轨道，反应过程中，电子从一个分子的 HOMO 轨道流入另一个分子的 LUMO 轨道。

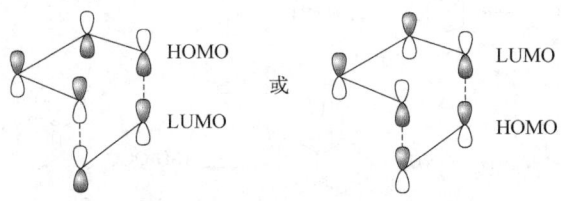

（2）能量相近规则。相互作用的 HOMO 和 LUMO 轨道，能量必须接近，能量越接近，反应越容易进行。两轨道能量越接近，形成成键轨道能量越低，成键后能量降低得更多，体系更稳定。

（3）轨道最大重叠规则。在双分子环加成反应过程中，电子云密度大的原子倾向于与电子云密度大的原子相连，以这种方式成键后新化学键的键能更高，体系更稳定。

（4）对称性匹配原则。一个分子的 HOMO 轨道和另一个分子的 LUMO 轨道必须以正与正重叠、负与负重叠的方式互相接近进行反应。要根据符号相同的轨道相互作用时成键，符号不同的轨道相互作用时成反键的原则，来判断对称性是否匹配。

15.2.2 环加成反应类型

15.2.2.1 [2+1] 环加成反应

[2+1] 环加成反应是指一个双键与卡宾（碳烯）发生加成反应生成三元环的过程，例如：

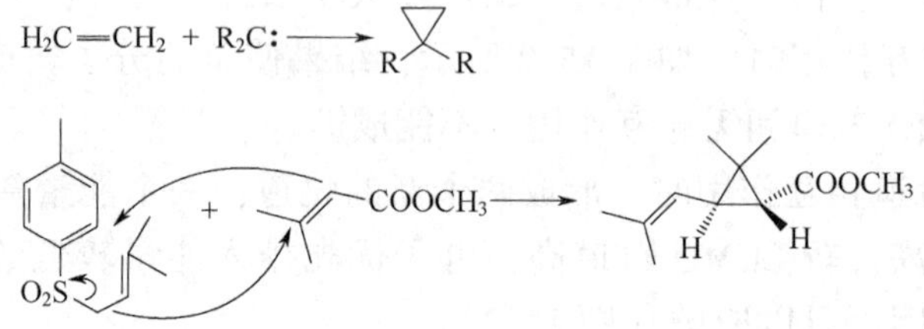

除虫菊酯

15.2.2.2 [2+2] 环加成反应

[2+2] 环加成反应是指两个双键发生加成反应生成四元环的过程，例如：

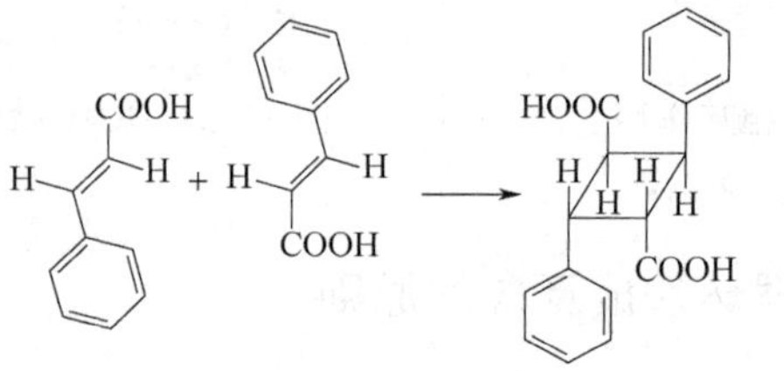

15.2.2.3 [4+1] 环加成反应

一个杂原子或含杂原子的官能团与含四个碳原子的链状化合物发生关环反应，这是合成单杂原子不饱和五元环的重要方法。

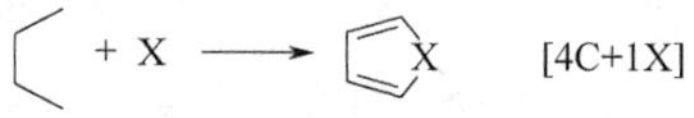

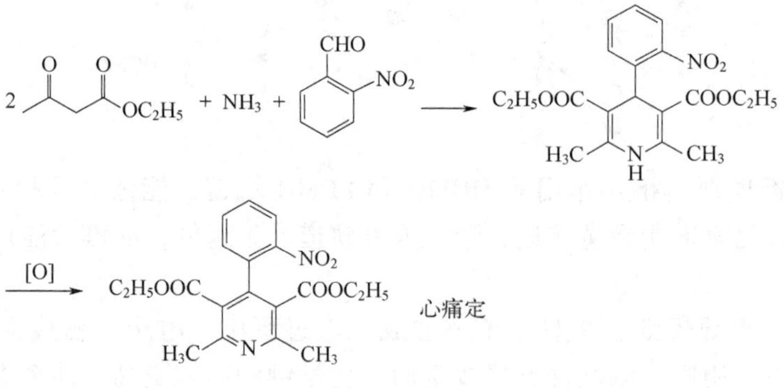

心痛定

15.2.2.4 [4+2]环加成反应

[4+2]环加成反应又称狄尔斯—阿尔德反应(Diels-Alder reaction),是烯烃(或不饱和键)与丁二烯发生的1,4环加成,生成含六元环的有机化合物的反应,是最重要的环加成反应。狄尔斯-阿尔德反应用很少能量就可以合成六元环,反应有丰富的立体化学呈现,兼有立体选择性、立体专一性和区域选择性等,是有机化学合成反应中非常重要的碳碳键形成手段之一,也是现代有机合成里常用的反应之一。例如,丁二烯与顺丁烯二酸酐发生[4+2]环加成:

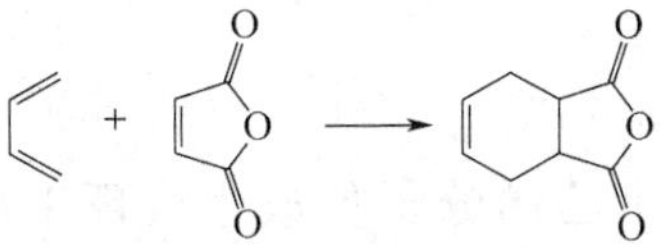

狄尔斯—阿尔德反应有如下规律:

(1) 区域选择性。反应产物往往以"假邻对位"产物为主,即若把六元环产物比作苯环,那么环上官能团(假设有两个官能团)之间的相互位置以邻位(如1)或者对位为主(如3)。

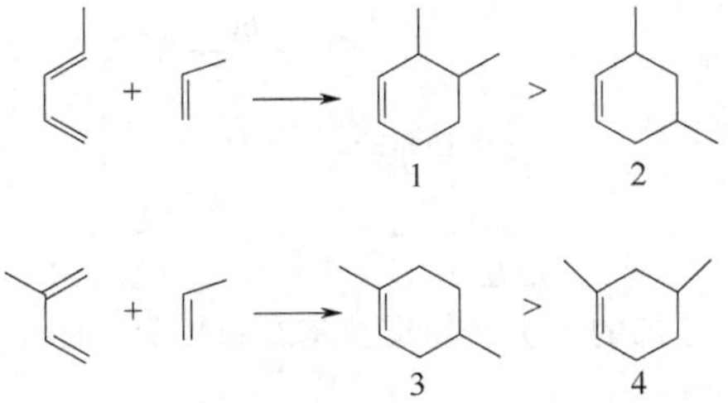

(2) 立体选择性。反应产物以"内型"为主,即主产物是经过"内型"过渡态得到的。

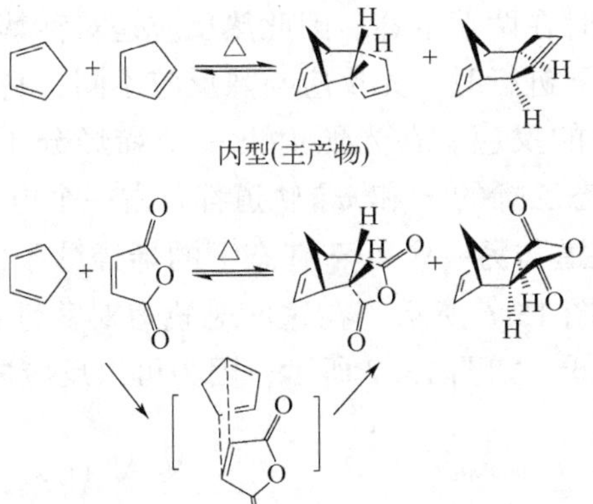

(3) 立体专一性。加热条件下产物以"顺旋"产物为唯一产物,光照条件下以"对旋"产物为唯一产物。

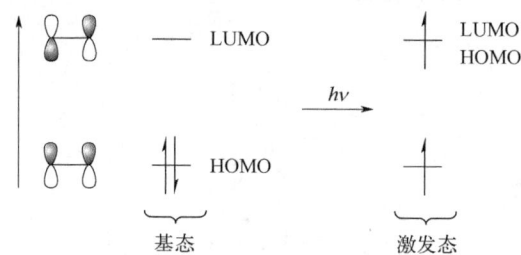

15.2.3 前线轨道在环加成反应中的分析应用

15.2.3.1 [2+2] 环加成

根据前线轨道理论来分析两个乙烯分子加成生成环丁烷的反应。乙烯分子含有分子轨道，当分子处于基态时，两个 π 电子位于能量较低的成键轨道上，反键轨道上没有电子；当电子吸收能量处于激发态时，有一个电子跃迁到反键轨道上，从而使成键轨道与反键轨道上各有一个电子，如图 15.4 所示。

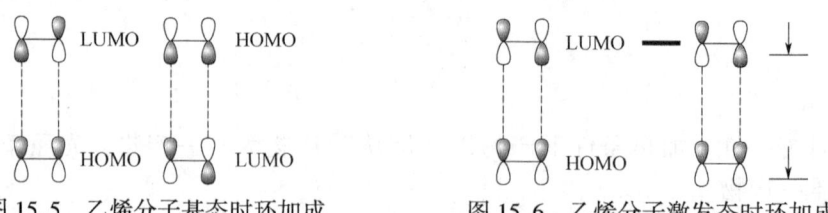

图 15.4 乙烯的 π 分子轨道及基态和激发态时 π 电子分布

按照前线轨道理论，在加成反应时，必须是一分子的 HOMO 轨道中的电子流入另一分子的 LUMO 轨道中。反应在加热条件下进行时，分子处于基态，一个烯烃分子的 HOMO 即 π 键，和另一烯烃分子的 LUMO 即 π* 键面对面互相接近，由于烯烃的 HOMU 和 LUMO 具有不同的对称性，它们不能同时在两端重叠，因此热反应是对称禁阻，如图 15.5 所示。

当乙烯分子在光照条件下进行时，光反应与热反应不同，它是一个处于激发态的分子与另一个处于基态的分子之间的反应。在光照射下一个烯烃分子中的一个 π 电子从原来的 HOMO 跃迁至 LUMO，激发态乙烯的 π 和 π* 轨道都各占一个电子，形成两个单占分子轨道 SOMO。激发态的单占 π* 轨道与另一个处于基态下的烯烃分子的 LUMO 对称性相同，可以重叠，是对称允许反应，如图 15.6 所示。在这两对轨道对称性都匹配，进行反应时，总体的结果都是使体系的能量降低，如图 15.7 所示，因为可以反应成键。

图 15.5 乙烯分子基态时环加成　　图 15.6 乙烯分子激发态时环加成

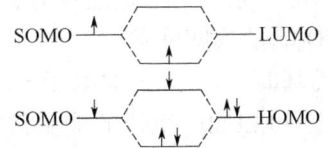

图 15.7 激发态乙烯与基态乙烯环加成反应

从上述分析可以看出：在光的作用下，[2+2] 环加成是对称允许反应；在加热条件，[2+2] 环加成对称禁阻。

15.2.3.2 [4+2] 环加成反应

1. 对称性匹配原则

以丁二烯与乙烯的反应为例进行分析。基态时，丁二烯与乙烯的分子轨道见图 15.8。

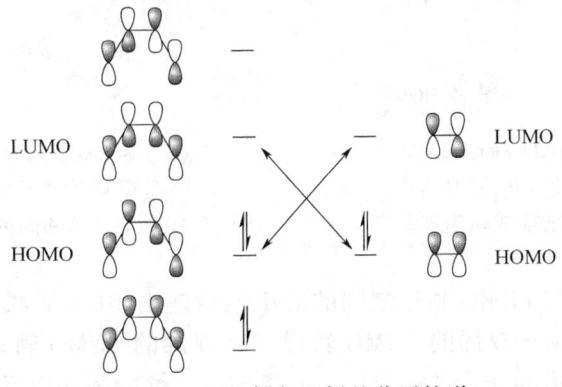

图 15.8 丁二烯与乙烯的分子轨道

在基态时，无论是丁二烯的 LUMO 轨道与乙烯的 HOMO 轨道，还是丁二烯的 HOMO 轨道与乙烯的 LUMO 轨道，都是对称性匹配的，因而在加热的条件下，丁二烯与乙烯的 [4+2] 环加成反应是可以顺利进行的。因为两种轨道重叠方式都是对称允许的，而环加成反应只需一种重叠方式符合前线轨道理论要求反应就可以进行，因为根据电子的流向可将 [4+2] 环加成反应分为三类。将电子从双烯体系的 HOMO 轨道流入乙烯的 LUMO 轨道的 [4+2] 环加成反应称为正常的 D-A 反应；将电子由亲双烯体的 HOMO 轨道流入双烯体的 LUMO 轨道的 [4+2] 环加成反应称为反常的 D-A 反应；电子双向流动的反应称为中间的 D-A 反应。

如何才能确定电子的流向呢？这需要用前线轨道理论中的能量相近原则进行判断。尽管丁二烯与乙烯的反应是对称允许的，但实际上，反应并不能很顺利地进行。如果在乙烯或者丁二烯分子中增加取代基，那么反应就能很顺利地进行了。这主要是因为引入取代基后一对 HOMO 轨道与 LUMO 轨道的能量差减小，从而有利于反应的进行。电子流动方向也是沿着能量差小的 HOMO 轨道流入 LUMO 轨道。下面进行具体分析。

2. 能量相近原则

类比原子的电子亲和能和电子解离能，HOMO 轨道的能量采用分子电离能的负值，可以从光电子能谱或其他近代物理测量方法得到，比较可靠。LUMO 能量数据，尽可能采用电子亲和能负值，但有些有机分子的电子亲和能数据还没有，就需从其他方法估计或采用计算数据，因而 LUMO 能量不如 HOMO 能量数据可靠。

当双烯或者亲双烯体连有取代基时，由于 π 键电子云受取代基影响发生偏移，并且电子云密度改变，从而其 HOMO 轨道和 LUMO 轨道的能量都将发生改变。取代基对分子轨道的能量影响如下：（1）吸电子基团，可以降低 HOMO 和 LUMO 的能量；（2）给电子基团，可以增高 HOMO 和 LUMO 的能量；（3）共轭碳链增长，可以增高 HOMO 能量，降低 LUMO 能量。

当烯烃双键上连有—CHO、—CN、—NO$_2$ 等吸引电子取代基时，丁二烯与乙烯的反应更容易进行，这是由于取代基的作用，乙烯的 LUMO 轨道能量降低，从而丁二烯的 HOMO 轨道与之能量差减小，反应容易进行。不含取代基的 D-A 反应与含吸电子取代基的 D-A 反应的前线轨道能量图如 15.9、图 15.10 所示。

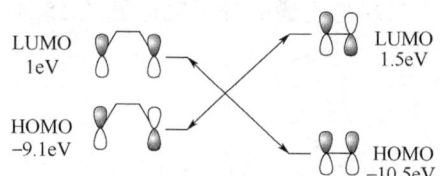 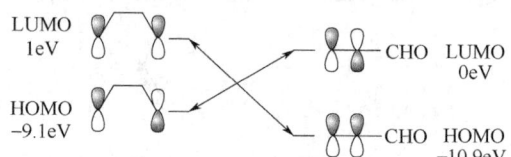

图 15.9　丁二烯和乙烯的前线轨道能量图　　　图 15.10　丁二烯和丙烯醛的前线轨道能量图

可见，HOMO 轨道与 LUMO 轨道之间的最小能量差由 10.6eV 减小到 9.1eV，能量差减小，反应更容易进行。由于双烯的 LUMO 轨道与亲双烯的 LUMO 轨道能量差和双烯 HOMO 轨道与亲双烯 LUMO 轨道的能量差很接近，乙烯与丁二烯的环加成反应属于中间 D-A 反应；当烯烃上连有吸电子取代基后，其 HOMO 轨道、LUMO 轨道能量均下降，导致双烯 HOMO 轨道与亲双烯体的 LUMO 轨道能量差更小，属于正常的 D-A 反应，若在亲双烯体中增加给电子基团，其 HOMO 轨道能量上升，双烯 HOMO 轨道与亲双烯体 LUMO 轨道能量差会变得更小，这种现象更明显，例如 1-甲氧基-1,3-丁二烯和丙烯醛的 D-A 反应，其最小能级差仅有 8.5eV，如图 15.11 所示。

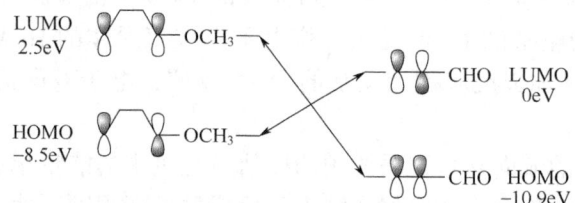

图 15.11　1-甲氧基-1,3-丁二烯和丙烯醛的前线轨道能量图

如果在双烯体上增加吸电子取代基，在亲双烯体上增加给电子取代基，乙烯的 HOMO 轨道能量上升，丁二烯的 LUMO 轨道能量降低，这两个轨道间的能量差将小于丁二烯 HOMO 轨道与乙烯 LUMO 轨道的能量差，从而电子将由乙烯的 HOMO 轨道流入丁二烯的 LUMO 轨道，为反常的 D-A 反应。

三种 D-A 反应的能级示意图如图 15.12 所示。

图 15.12 Diels-Alder 反应的三种类型

3. 轨道最大重叠原则

根据上述的两个原则，还是无法判断 D-A 反应过程中的立体选择性，例如刚才提到的 1-甲氧基-1,3-丁二烯和丙烯醛的反应，只知道电子由双烯体系流入亲双烯体系，但是无法解释产物中甲氧基与醛基为什么处于邻位而非处于间位。这需要用轨道最大重叠原则来判断。

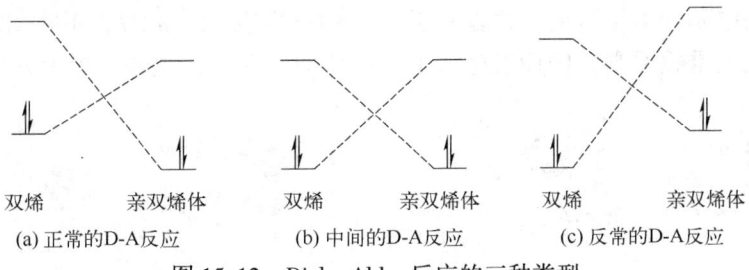

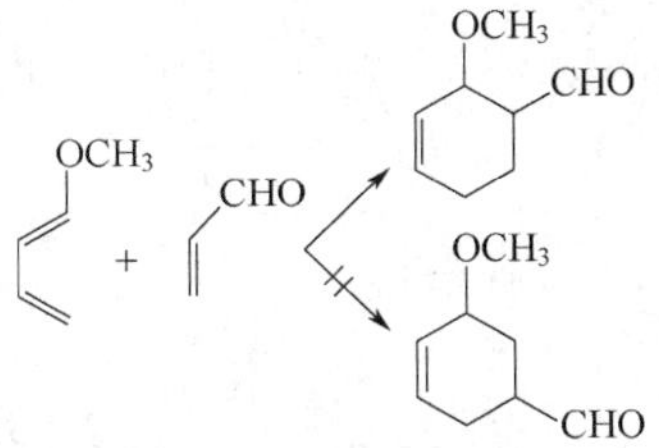

轨道最大重叠原则是说在形成新 C—C 键的过程中，电子云密度高的原子倾向于与电子云密度高的原子形成化学键。在前线轨道理论中，电子云密度用轨道系数来表示，轨道系数越大，表示电子云密度越大。图 15.13 描述的为 1-甲氧基-1,3-丁二烯和丙烯醛的前线轨道图，图中的圆圈大小粗略正比于轨道系数大小，黑白代表取向。显然，左边的情况符合轨道最大重叠原则，所以采用左图的形式成键，产物中甲氧基与醛基处于邻位。

图 15.13 1-甲氧基-1,3-丁二烯和丙烯醛前线轨道

用同样的方法，还可以判断环反应得到的是 [4+6] 加成物而不是 [4+2] 加成物。

首先考虑 [4+6] 环加成的对称性是否匹配，卓酮与环戊二烯的分子轨道在基态时对称性匹配，轨道如图 15.14 所示。

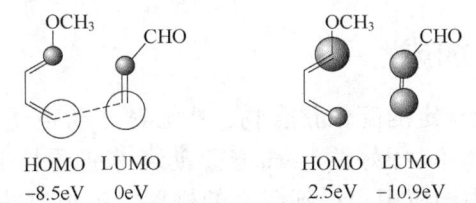

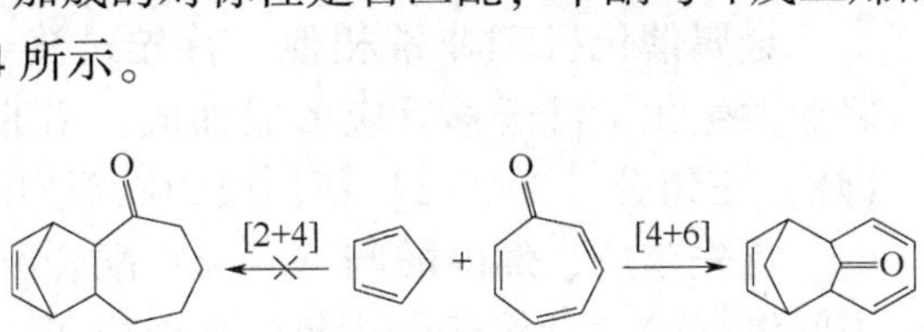

图 15.14 [4+6] 环加成反应

能量相近不影响产物的判断，这里略去其分析。卓酮与环戊二烯的轨道系数如图 15.15 所示，无论是采取哪种电子流向，卓酮轨道最大的系数在 C2 和 C7，不在 C2 和 C3，1,6 加成更符合轨道最大重叠原则，因而发生 [4+6] 环加成反应，生成一个十元环。

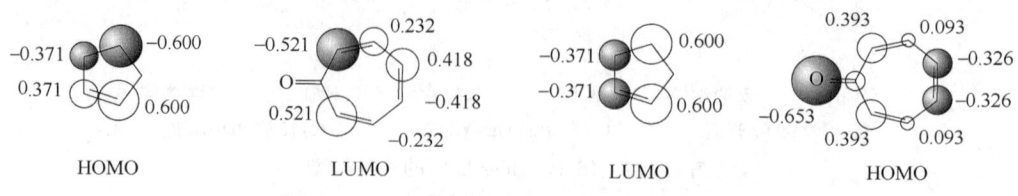

图 15.15　环戊二烯和卓酮的前线轨道系数

4. 次级相互作用

环戊二烯和顺丁烯二酸酐发生 Diels-Alder 反应，有可能得到内型和外型两种异构体。由于反应是经内型过渡态进行的，内型产物为动力学产物，外型产物为热力学产物。

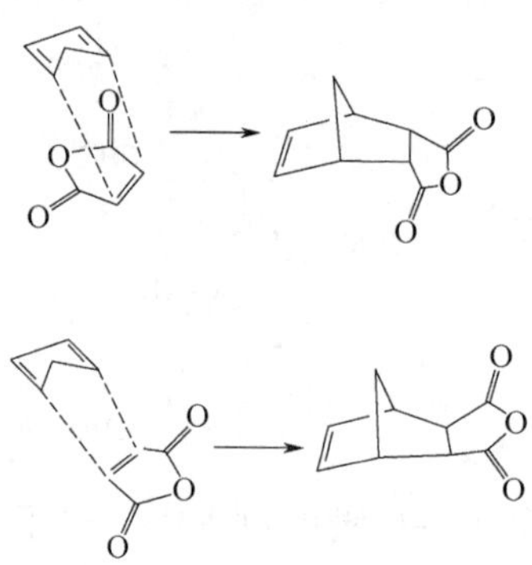

在一般情况下，反应常常得到内型产物，这是丁二烯与顺丁烯二酸酐上羰基的 π 轨道发生次级相互作用导致的，这种作用也可以用前线轨道理论来解释。在环加成反应过程中，两个羰基的 π 轨道与环戊二烯 C2、C3 位的轨道是对称性匹配的，可以发生一定的重叠。次级相互作用如图 15.16 所示。

15.2.4　金属催化环加成

过渡金属与配体能形成稳定的配位化合物，中心离子价电子排布为 d^8，其空轨道可以 d^2sp 杂化方式接受电子，因而是很好的 Lewis 酸。近年来钯手性 Lewis 酸催化剂的研制及其在不对称 Diels-Alder 反应中的应用，得到巨大的进展，已报道的这类催化剂中，许多具有催化效率高，用量少，立体选择性和区域选择性好，易制备的特点，在合成化学选择性和区域选择性的六元环和多取代苯上有许多独特优势。目前，已知的可催化环加成的金属有 Pd、Ir、Co、Ni 等。

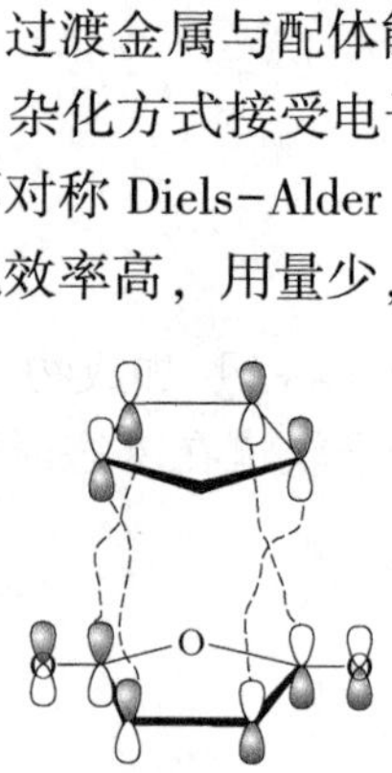

金属催化机理非常相似，首先过渡金属与烯烃形成配合物，之后发生化学键迁移反应形成加成，Ni 催化碳硼炔—单炔—单炔（烯）三组分 [2+2+2] 环加成的机理如图 15.17 所示。

首先苯炔、烯丙酸与 Ni（0）配合物氧化偶联形成五元镍环中间体（a），活泼烯烃中氧的孤对电子与镍的空 d 轨道配位有助

图 15.16　Diels-Alder 反应的次级相互作用

于该中间体的稳定，随后极化炔烃插入 Ni-Caryl 键得到七元镍环中间体（b），再通过还原消除得到最终产物二氢化萘衍生物（c）。

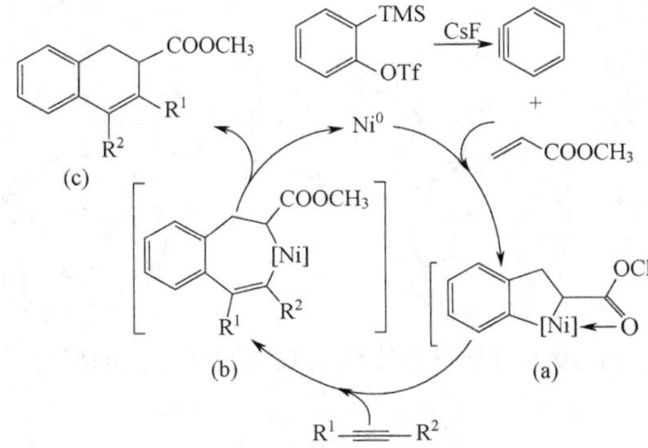

图 15.17　碳硼炔—单炔—单炔（烯）三组分 [2+2+2] 环加成

15.2.5　富勒烯环加成

C_{60} 具有缺电子烯烃性质，可以发生一系列环加成反应。由于环加成反应条件温和、收率高、稳定性较好，易得到单加成产物，因而成为对 C_{60} 进行化学修饰的热门反应。主要反应类型包括 [2+1]，[2+2]，[2+3]，[2+4]，其中 [2+3] 环加成反应的研究较多。

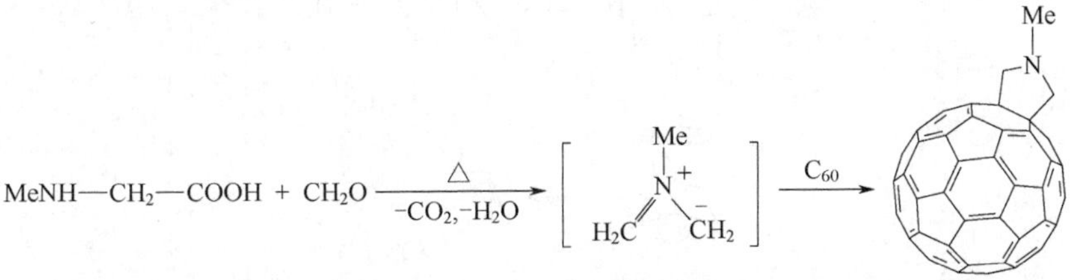

将亚胺叶立德中引入不同的官能团可以得到不同修饰的富勒烯，如图 15.18 所示。

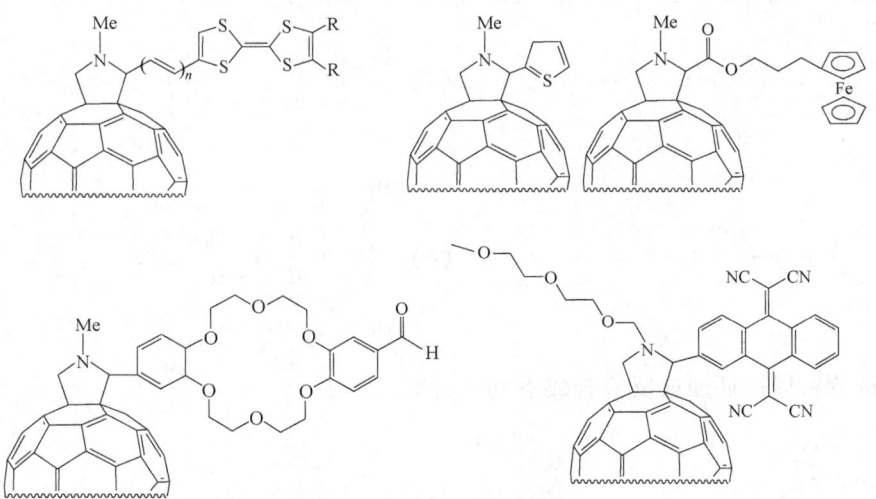

图 15.18　不同修饰的富勒烯

此外，还可以将两个或多个富勒烯通过加成反应连接成一个大分子（图 15.19）。

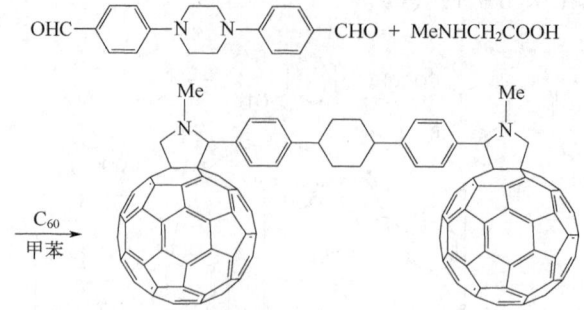

图 15.19　两分子富勒烯与双亚胺叶立德的反应

❀ 巩固与提升 ❀

1. 解释下列现象。

(1) 在狄尔斯—阿尔德反应中，2-丁叔基-1,3-丁二烯反应速率比 1,3-丁二烯快很多。

(2) 在 -78 ℃ 时，下面反应中（b）的反应速率比（a）快 10^{22} 倍。

(a) ［结构式］ ⟶ ［结构式］ + N_2

(b) ［结构式］ ⟶ ［结构式］ + N_2

(3) 化合物 ［结构式］=CH$_2$ 重排成甲苯放出大量的热，但它本身却相当稳定。

2. 推测下列化合物发生环加成反应，所得产物的结构。

(1) ［结构式］ + ［结构式］ $\xrightarrow{\Delta}$ 　　　　(2) ［结构式］ + ［结构式］ $\xrightarrow{\Delta}$

(3) ［结构式］ + ［结构式］ $\xrightarrow{\Delta}$ 　　　　(4) ［结构式］ + ［结构式］ $\xrightarrow{\Delta}$

3. 自选原料通过环加成反应合成下列化合物。

(1) ［结构式］　　　　(2) ［结构式］

第16章 聚合反应

本章专业知识目标：

（1）了解聚合反应在高分子合成材料方面的重要意义；
（2）掌握自由基连锁聚合反应的反应机理（重点）；
（3）掌握配位聚合反应的基本原理和应用（重难点）；
（4）明确多种自由基聚合实施方法间的区别。

本章素质能力目标：

（1）能够根据聚合单体的分子结构选择合适的聚合方法；
（2）通过配位催化的学习，激发学生对催化剂的学习和研究热情；
（3）学会运用唯物辩证思维分析问题，善于用发展的眼光看问题。

本章属于高分子化学范畴。由低分子单体合成聚合物的反应称为聚合反应。通过聚合反应可制备一类精细化学品——功能高分子材料。本章仅简明介绍自由基连锁聚合和配位聚合的特点、机理和实施方法。

16.1 概述

16.1.1 聚合反应及其分类

由小分子合成聚合物的反应称为聚合反应，能够发生聚合反应的小分子称作单体。

16.1.1.1 加聚反应和缩聚反应

（1）加聚反应主要指烯类单体在活性种进攻下打开双键、相互加成而生成大分子的聚合反应。加聚物的分子量是单体分子量的整数倍。如：

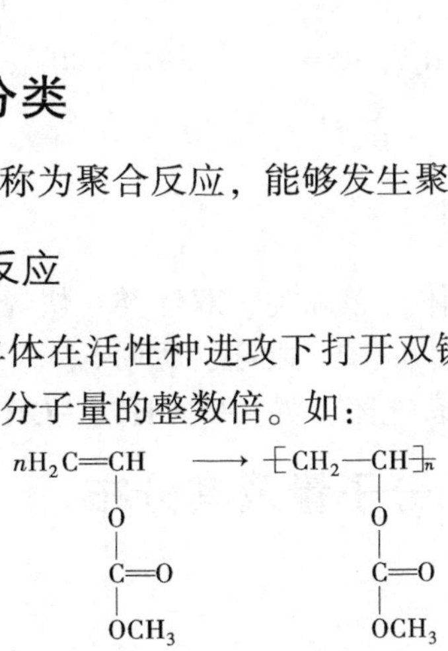

（2）缩聚反应主要指带有两个或多个可反应官能团的单体，通过官能团间多次缩合而

生成大分子，同时伴有水、醇、氯化氢等小分子生成的聚合反应。如：

$$n\text{HOOC(CH}_2)_4\text{COOH} + n\text{NH}_2(\text{CH}_2)_6\text{NH}_2 \longrightarrow \text{H}\text{+}\text{NH(CH}_2)_6\text{NH}\text{—}\overset{O}{\overset{\|}{\text{C}}}(\text{CH}_2)_4\overset{O}{\overset{\|}{\text{C}}}\text{]OH} + (2n+1)\text{H}_2\text{O}$$

由于低分子副产物的析出，缩聚物结构单元要比单体少若干原子，其分子量不再是单体分子量的整数倍。大部分缩聚物是杂链聚合物，分子链中留有官能团的结构特征，如酰胺键、酯键、醚键等。因此，容易被水、醇、酸等水解、醇解和酸解。

16.1.1.2 连锁聚合反应和逐步聚合反应

（1）连锁聚合反应。连锁聚合反应过程由链引发、链增长、链终止等基元反应组成，体系始终由单体、高分子量聚合物和微量引发剂组成，没有分子量递增的中间产物。随聚合时间延长，聚合物的生成量（转化率）逐渐增加，而单体则随时间而减少。烯类单体的加聚反应大部分属于连锁聚合反应。根据活性中心不同，可以将连锁聚合反应分成自由基聚合、阳离子聚合、阴离子聚合和配位聚合。其中配位聚合发展迅速，也是研究热点，将在16.3 小节单独介绍。

（2）逐步聚合反应。逐步聚合反应是逐步进行的。反应初期，大部分单体很快聚合成二聚体、三聚体、四聚体等低聚物（连锁聚合反应则是单体在极短的时间形成高聚物），短期内转化率很高。随后低聚物间继续反应，直至转化率很高（>98%）时，分子量才逐渐增加到较高的数值。绝大多数缩聚反应和合成聚氨酯的反应属于逐步聚合反应。

16.1.1.3 开环聚合反应

指由杂环状单体开环而聚合成大分子的反应。常见单体为环醚、环酰胺（内酰胺）、环酯（内酯）、环状硅氧烷等。开环聚合反应的聚合机理可能是连锁聚合或者是逐步聚合。

聚合条件对聚合机理有重要的影响，如己内酰胺，用碱作引发剂时按连锁机理进行；用酸作催化剂有水存在时，按逐步聚合机理进行。其中环醚、内酯及环状硅氧烷的开环聚合所得到的聚环氧乙烷（PEG）、聚环氧丙烷（PPG）、聚己内酯（PCL）、聚硅氧烷对涂料工业非常重要。

$$n(\text{CH}_2)_5\underset{\underset{\text{H}}{\text{N}}}{\text{—C=O}} \longrightarrow \text{[}\text{NH—(CH}_2)_5\overset{O}{\overset{\|}{\text{C}}}\text{]}$$

16.1.1.4 单体的聚合选择性

连锁聚合单体通常是烯类单体（单烯类、双烯类、炔烃），含羰基—C=O 化合物（醛、酮、酸）和杂环化合物（环乙烷、呋喃、吡咯、噻吩）。

逐步聚合单体通常具有典型官能团，如—COOH、—OH、—COCl、—NH$_2$ 等。

16.1.2 高分子化合物的分子量及其分布

16.1.2.1 分子量及其分布

为表征分子量的大小，应引入平均分子量的概念。采用不同的统计方法、测试方法可以得到不同的平均分子量。常用的有以下几种：

（1）数均分子量。

$$\overline{M}_n = \frac{W}{\sum N_i} = \frac{\sum N_i M_i}{\sum N_i} = \sum n_i M_i$$

式中　W——聚合物试样的质量，g；
　　　N_i——i 聚体的物质的量，mol；
　　　M_i——聚体的摩尔质量，g/mol；
　　　n_i——i 聚体的摩尔分数。

测定方法有端基分析法、按照数性测定法（包括冰点下降法、沸点升高法、渗透压法和蒸气压降低法）。

（2）重均分子量。

$$\overline{M}_w = \frac{\sum W_i M_i}{\sum W_i} = \sum w_i M_i$$

式中，W_i——i 聚体的质量，g；
　　　w_i——i 聚体的质量分数，%。

测定方法有光散射法、凝胶渗透色谱法（GPC 法）。

（3）黏均分子量。

$$\overline{M}_v = \left[\frac{\sum W_i M_i^\alpha}{\sum W_i}\right]^{\frac{1}{\alpha}} = \left[\sum w_i M_i^\alpha\right]^{\frac{1}{\alpha}}$$

$$[\eta] = KM^\alpha$$

式中　$[\eta]$——聚合物稀溶液的特性黏数；
　　　α——Mark 方程中的一个常数，$0.5 < \alpha < 1$；
　　　M——试样的黏均分子量。

$\overline{M}_n$、$\overline{M}_w$ 及 $\overline{M}_v$ 三者的关系为 $\overline{M}_n \leq \overline{M}_v \leq \overline{M}_w$，只有对单分散试样，才能取等号。

16.1.2.2　聚合物分子量多分散性的表示方法

（1）多分散系数法。

$\lambda = \dfrac{\overline{M}_w}{\overline{M}_n} \geq 1$，其中，$\lambda$ 为多分散系数。

λ 越大分子量分布越宽，对单分散试样 $\lambda = 1$。

（2）分子量分布曲线法。分子量分布曲线法通常由沉淀分级法及溶解分级法绘制。

不同用途、成型方法对分子量分布的要求也不同。如：合成纤维用树脂分布宜窄；合成橡胶用树脂则可较宽，其低分子量组分起到内增塑的作用；塑料用树脂的分布居中。

16.2　自由基连锁聚合反应

连锁聚合反应是合成高分子化合物的一类重要聚合反应。现代合成高分子材料 70% 是按连锁聚合反应完成的，而其中 60% 是由自由基聚合而成，如高压聚乙烯、聚氯乙烯、聚四氟乙烯、聚醋酸乙烯、聚甲基丙烯酸甲酯、丁苯橡胶、丁腈橡胶、ABS 树脂等。

16.2.1 烯类单体结构与聚合类型

单烯烃、共轭双烯烃、炔烃、羰基化合物和一些杂环化合物大多数在热力学上能够聚合。然而，各种单体对不同聚合机理的选择性具有较大的差异。

碳碳双键既可均裂也可异裂，可以进行自由基聚合或离子聚合。比如氯乙烯只能进行自由基聚合，异丁烯只能进行正离子聚合，甲基丙烯酸甲酯可进行自由基和负离子聚合，苯乙烯却可进行自由基、负离子、正离子聚合和配位聚合等。上述差异，主要取决于碳碳双键上取代基的结构，取决于取代基的电子效应和位阻效应。按照单烯 CH_2=CHX 中取代基 X 电负性次序，将取代基与聚合选择性的关系排列，如图 16.1 所示。

```
                            ├—— 阳离子聚合 ——┤
取代基X：  NO₂  CN  COOCH₃  CH₂=CH₂  C₆H₅  CH₃  OR
              ├———— 自由基聚合 ————┤
       ├—— 阴离子聚合 ——┤

       ←—— 吸电子能力增强    供电子能力增强 ——→
```

图 16.1　乙烯基单体取代基类型对连锁聚合反应机理的影响

（1）无取代基。CH_2=CH_2 结构对称，无诱导效应和共轭效应，在高温高压下进行自由基聚合，得到低密度聚乙烯。在配位聚合引发体系中也可进行常温低压配位聚合，得到高密度聚乙烯。

（2）X 为给（推）电子基基团。带给电子基团的烯类单体易进行阳离子聚合，如 X = —R、—OR、—SR、—NR$_2$ 等。

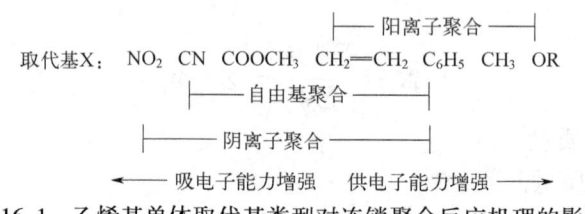

给电子能力较弱的丙烯和丁烯通过阳离子聚合只能得到低分子的油状物。异丁烯是烯烃中唯一能进行阳离子聚合的单体。

（3）X 为吸电子基基团。带吸电子基团的烯类单体易进行阴离子聚合，如 X = —R、—OR、—SR、—NR$_2$ 等。

$$H_2C=\underset{X}{C}H + 阴离子活性物种 \longrightarrow R-CH_2-\underset{X}{\overset{H}{C}}^{\ominus}$$

由于阴离子与自由基都是富电性的活性种，因此带吸电子基团的烯类单体易进行阴离子聚合与自由基聚合，如 X = —CN、—CO— 等；取代基吸电子性太强时一般只能进行阴离子聚合，如同时含两个强吸电子取代基的单体 CH_2=$C(CN)_2$ 等。

（4）具有共轭体系的烯类单体。π 电子云流动性大，易诱导极化，可随进攻试剂性质的不同而取不同的电子云流向，可进行多种机理的聚合反应，如苯乙烯、丁二烯等。

卤素原子既有诱导效应（吸电子），又有共轭效应（推电子），最终呈弱吸电子效应，因此既不能进行阴离子聚合，也不能进行阳离子聚合，只能进行自由基聚合。如氯乙烯、氟乙烯、四氟乙烯均只能按自由基聚合机理进行。

烷氧基的共轭效应要强于诱导效应，进行阳离子聚合。

$$H_2C=CH\underset{R}{\overset{\ddot{\ddot{O}}:}{|}} \longrightarrow \sim\sim H_2C-\underset{R}{\overset{\ddot{\ddot{O}}:}{\underset{|}{C^+}}}\overset{H}{|}$$

常见烯类单体的聚合类型见表 16.1。

表 16.1 常见烯类单体的聚合类型

单体		聚合类型			
中文名称	分子式	自由基	阴离子	阳离子	配位
乙烯	$CH_2=CH_2$	⊕			⊕
丙烯	$CH_2=CHCH_3$				⊕
正丁烯	$CH_2=CHCH_2CH_3$				⊕
异丁烯	$CH_2=C(CH_3)_2$			⊕	+
丁二烯	$CH_2=CHCH=CH_2$	⊕	⊕	+	⊕
异戊二烯	$CH_2=C(CH_3)CH=CH_2$	+	⊕	+	⊕
氯丁二烯	$CH_2=CClCH=CH_2$	⊕			
苯乙烯	$CH_2=CHC_6H_5$	⊕	+	+	+
α-苯乙烯	$CH_2=C(CH_3)C_6H_5$	⊕	+	+	+
氯乙烯	$CH_2=CHCl$	⊕			
偏二氯乙烯	$CH_2=CCl_2$	⊕	+		
氟乙烯	$CH_2=CHF$	⊕			
四氟乙烯	$CF_2=CF_2$	⊕			
六氟丙烯	$CF_2=CFCF_3$	⊕			
偏二氟乙烯	$CH_2=CF_2$	⊕			
烷基乙烯基醚	$CH_2=CHOR$			⊕	
醋酸乙烯酯	$CH_2=CHOCOCH_3$	⊕			
丙烯酸甲酯	$CH_2=CHCOOCH_3$	⊕	+		+
甲基丙烯酸甲酯	$CH=C(CH_3)COOCH_3$	⊕	+		+
丙烯腈	$CH_2=CHCN$	⊕	+		
偏二腈乙烯	$CH_2=C(CN)_2$		⊕		
硝基乙烯	$CH_2=CHNO_2$		⊕		

注：⊕——工业化；+——可以聚合。

16.2.2 自由基种类

自由基是化合物的共价键发生均裂反应，形成两个带未成对电子的中性基团，也称游离基，具有很高的反应活性。根据引发条件的不同，可分为三种类型。

原子自由基：$Cl:Cl \xrightarrow{h\nu} 2Cl\cdot$

基团自由基：

$$H_3C-\underset{\underset{CN}{|}}{\overset{\overset{CH_3}{|}}{C}}-N=N-\underset{\underset{CN}{|}}{\overset{\overset{CH_3}{|}}{C}}-CH_3 \xrightarrow{\triangle} 2H_3C-\underset{\underset{CN}{|}}{\overset{\overset{CH_3}{|}}{C}}\cdot + N_2$$

离子自由基：$K_2S_2O_8 \xrightarrow{\triangle} 2K^+ + 2SO_4^-\cdot$

16.2.3 自由基连锁聚合反应机理

1935年，Staudinger指出连锁聚合反应至少由三个基元反应组成：链引发、链增长、链终止，还可能伴有链转移等反应。

$$I \longrightarrow R\cdot \xrightarrow{H_2C=CH-X} RH_2C-\underset{X}{\overset{|}{C}}H \cdots \xrightarrow{H_2C=CH-X} \sim\sim H_2C-\underset{X}{\overset{|}{\dot{C}}H} \longrightarrow 聚合物$$

  链引发   链增长   链终止

其中链增长反应是形成大分子链的主要反应，同时决定分子链上重复单元的排列方式。以单取代单体（$CH_2=CHX$）为例，单体与链自由基反应时，可以按三种方向连接到分子链上：头—尾、头—头和尾—尾相接，且以头—尾连接方式为主（一般98%~99%）。从立体结构看来，自由基聚合分子链上取代基在空间的排布是无规的，因此自由基聚合产物往往是无定形的。

$$\begin{matrix}\sim\sim CH_2CH\cdot \\ \underset{X}{|} \\ 或 \\ \sim\sim CHCH_2\cdot \\ \underset{X}{|}\end{matrix} + H_2C=CH-X \longrightarrow \begin{matrix} \sim\sim CH_2CH-CH_2CH\cdot & 头—尾 \\ \sim\sim CH_2CH-CHCH_2\cdot & 头—头 \\ \sim\sim CHCH_2-CH_2CH\cdot & 尾—尾 \end{matrix}$$

链终止反应绝大多数为两个链自由基之间的反应，也称双基终止。但在某些聚合过程中，也存在一定量的单基终止。对于均相聚合体系，双基终止是最主要的终止方式，但随着单体转化率的增加，单基终止反应随之增加，甚至成为主要终止方式。沉淀聚合、乳液聚合较难发生双基终止。

究竟以何种方式终止，一方面取决于单体结构或活性，活性大时利于歧化；另一方面取决于反应条件，如升高温度，k_{td} 提高幅度大于 k_{tc}，即更有利于歧化终止。取代基大时，歧化终止的可能性增加，聚合温度低时有利于偶合终止反应。表16.2 给出了几种常见单体的聚合反应终止方式。

表 16.2　常见单体自由基聚合反应的终止方式

单体	聚合温度/℃	偶合终止/%	歧化终止/%
苯乙烯	0~60	100	0
对氯苯乙烯	60、80	100	0
对甲氧基苯乙烯	60	81	19
	80	53	47
甲基丙烯酸甲酯	0	40	60
	25	32	68
	60	15	85
乙酸乙烯酯	90		约 100

在聚合过程中，链自由基除与单体进行正常的聚合反应外，还可能从单体、溶剂、引发剂或已形成的大分子上夺取一个原子而终止，同时使被抽取原子的分子转变成为新的自由基，该自由基能引发单体聚合，使聚合反应继续进行。这种反应称链转移反应。

实际工业生产中，可以利用链转移反应控制分子量。例如，利用温度对单体链转移的影响调节聚氯乙烯的分子量，利用硫醇链转移剂控制丁苯橡胶分子量，乙烯和四氯化碳经调聚反应和进一步反应可制备各种氨基酸等。

链转移反应并不改变链自由基的数目，仅是活性中心转移到另一个分子、原子或基团，并形成新的活性链，通常也不影响聚合速率，而是降低了聚合度，改变了分子量和分子量分布。链自由基与单体、溶剂、引发剂或已形成的大分子之间的链转移反应是自由基聚合过程中常见的转移反应。

$$\sim\sim CH_2\overset{X}{C}H\cdot + YS \longrightarrow \sim\sim CH_2\overset{X}{C}HY + S\cdot$$

YS：单体、引发剂、溶剂、大分子或特殊的链转移剂等。

16.2.4　自由基连锁聚合反应特征

（1）自由基反应在微观上可以明显区分成链的引发、增长、终止、转移等基元反应。其中引发速率最小，是控制总聚合速率的关键。可概括为：慢引发、快增长、速终止、易转移。

（2）只有链增长才使聚合度增加。在聚合反应中单体自由基一旦形成，则迅速与单体加成使链增长。链增长速度极快，在极短的时间内就可形成高聚物，反应体系仅由单体、高聚物及浓度极小的活性链组成。

（3）在聚合过程中，单体浓度逐渐减小，而聚合转化率随反应时间而逐渐增加，聚合度或聚合物的平均分子量与反应时间基本无关。

（4）少量（0.01%~0.1%）阻聚剂足以使自由基聚合反应终止。因此，自由基聚合要求用高纯度的单体。

16.2.5　自由基聚合实施方法

自由基聚合实施方法按照聚合配方、工艺特点可分为四种：本体聚合，溶液聚合，悬浮聚合，乳液聚合。其中乳液聚合是一种非常重要的自由基聚合方法。四种实施方法的配方、聚合机理、工艺条件及产品性能各有特点，列于表 16.3。

表 16.3 丙烯酸酯的溶液聚合原料及配方

实施方法	本体聚合	溶液聚合	悬浮聚合	乳液聚合
配方成分	单体、引发剂	单体、引发剂、溶剂	单体、引发剂、分散剂、水	单体、引发剂、乳化剂、水
聚合场所	单体内	溶剂内	单体内	胶束内
聚合机理	自由基聚合机理,聚合速率上升,聚合度下降	容易向溶剂转移,聚合速率和聚合度都较低	类似本体聚合	能同时提高聚合速率和聚合度
生产特征	设备简单,易制备板材和型材,一般间歇生产,热不容易导出	传热容易,可连续生产,产物为溶液状	传热容易,间歇生产,后续工艺复杂	传热容易,可连续生产,产物为乳液状,制备成固体,后续工艺复杂
产品特性	聚合物纯净,分子量分布较宽	分子量较小,分布较宽,聚合物溶液可直接使用	较纯净,留有少量分散剂	留有乳化剂和其他助剂,纯净度较差

16.3 配位聚合反应

配位聚合最早是由 Natta 解释 α-烯烃在 Ziegler-Natta 引发剂作用下的聚合机理而提出的新概念。虽同属链式聚合机理,但配位聚合与自由基、离子聚合的聚合方式不同,最明显的特征是其活性中心是过渡金属（Mt）—碳键。若先不考虑活性中心的具体结构,以乙烯单体为例配位聚合过程可表示如下:

链引发、链增长:

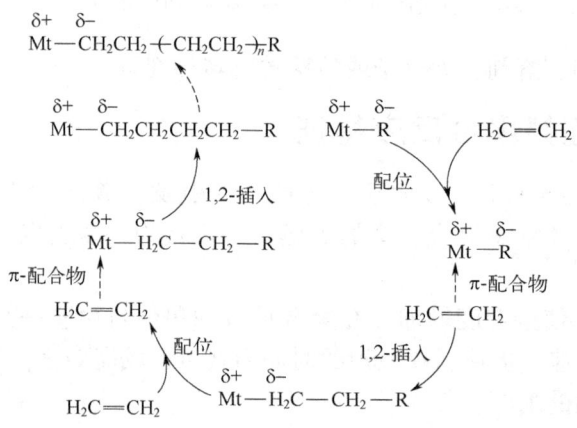

配位聚合又称为插入聚合。

链转移（单体、助引发剂、H_2）:

$$Mt-CH_2CH_2\sim + H_2C=CH_2 \xrightarrow{k_{tr},M} Mt-CH_2CH_3 + H_2C=CH\sim$$

$$Mt-CH_2CH_2\sim + Al(C_2H_5)_3 \xrightarrow{k_{tr}} Mt-CH_2CH_3 + \begin{matrix}C_2H_5\\C_2H_5\end{matrix}Al-CH_2CH_2\sim$$

$$Mt-CH_2CH_2\sim + H_2 \xrightarrow{k_{tr}} Mt-H + CH_3-CH_2\sim$$

$$\underset{\text{再引发}}{\big| H_2C=CH_2} \quad Mt-CH_2CH_3$$

其中向 H_2 的链转移反应在工业上被用来调节产物分子量,即 H_2 是分子量调节剂,相应过程称为"氢调"。

链终止:主要是醇、羧酸、水等一些含活泼氢化合物与活性中心反应而使其失活。

$$Mt-CH_2CH_2\sim + \begin{cases} ROH \\ RCOOH \\ RNH_2 \\ H_2O \end{cases} \longrightarrow \begin{cases} RO-Mt \\ RCOO-Mt \\ RNH-Mt \\ HO-Mt \end{cases} + CH_3-CH_2\sim$$

O_2、CO_2 等也能使链终止,因此配位聚合时,体系要严格排除空气。

16.3.1 聚合物的立体异构

Natta 以 $TiCl_3/Al(C_2H_5)_3$ 首次获得高结晶性、高熔点的聚丙烯。Natta 进一步研究发现,所得到的聚丙烯具有立体结构规整性,且正是这种有规立构规整性使之具有高结晶性、高熔点的特性。因此 Ziegler-Natta 引发剂的发现,不仅开创了配位聚合这一新研究领域,同时也确定了有规立构聚合的这一新概念。

有规立构聚合,又称定向聚合,是指形成有规立构聚合物为主(≥75%)的聚合。

任何聚合反应(自由基、阴离子、阳离子、配位)或任何聚合实施方法(本体、溶液、乳液、悬浮等)只要它主要形成有规立构聚合物,都属于定向聚合。配位聚合一般可以通过选择引发剂种类和聚合条件制备多种有规立构聚合物,但并不是所有的配位聚合都是定向聚合,即二者不能等同。

聚合物立体异构现象是由分子链中的原子或原子团的空间排列即构型不同引起的。

构型异构有两种:光学异构(对映体异构)和几何异构(顺反异构)。

(1) 光学异构体。

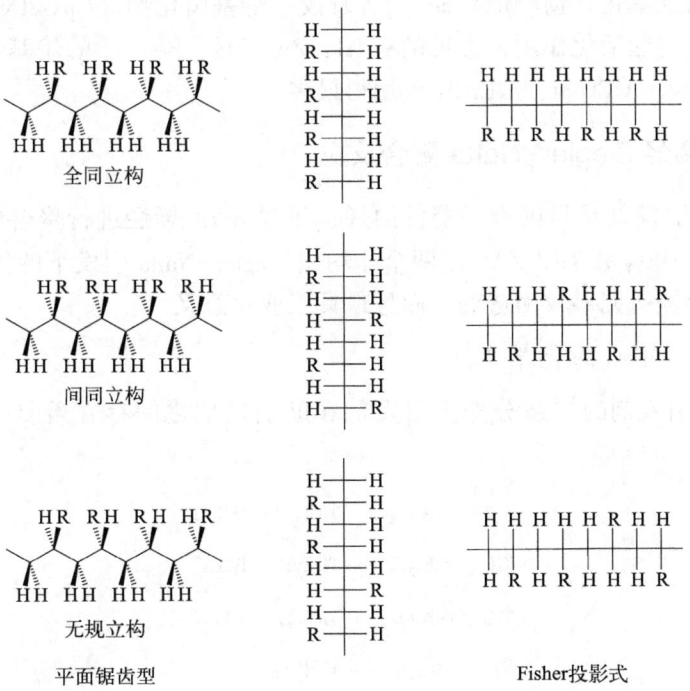

平面锯齿型　　　　　　　　　　　　Fisher投影式

（2）几何异构体。

$$H_2C=CH-CH=CH_2$$
$$\downarrow 1,4\text{-聚合}$$
$$-CH_2-CH=CH-CH_2-$$

顺式-1,4-聚1,3-丁二烯　　　　　　　反式-1,4-聚1,3-丁二烯

16.3.2　配位聚合的 Ziegler-Natta 引发体系

16.3.2.1　Ziegler-Natta 引发剂

Ziegler 引发剂 $TiCl_4/Al(C_2H_5)_3$ 和 Natta 引发剂 $TiCl_3/Al(C_2H_5)_3$ 一起被称为 Ziegler-Natta 引发剂。广义的 Zieler-Natta 催化剂指的是由Ⅳ~Ⅷ族过渡金属化合物与Ⅰ~Ⅲ族金属元素的金属烷基化合物所组成的一类催化剂。其通式可写为：

$$Mt_{IV-VIII}X + Mt_{I-III}R$$
主引发剂　　　助引发剂

常用的过渡金属化合物：Ti、V、Cr、Co、Ni 的卤化物（MtX_n），氧卤化合物（$MtOX_n$），乙酰丙酮基化合物 $[Mt(acac)_n]$，环戊二烯基卤化物（Cp_2MtX_2）。

金属烷基化合物起活化作用，常见的有 Al、Zn、Mg、Be、Li 的烷基化合物，其中以有机铝化合物如 $AlEt_3$、$AlEt_2Cl$、$AlEtCl_2$ 等用得最多。

16.3.2.2　α-烯烃 Ziegler-Natta 聚合反应

Ziegler-Natta 引发剂是目前唯一能使丙烯、丁烯等 α-烯烃进行聚合的一类引发剂。本节主要讨论 $TiCl_3/AlEt_3$ 和 $TiCl_4/AlEt_3$ 两个非均相 Ziegler-Natta 引发下的配位定向聚合反应，二者不仅在理论上被研究得较为透彻，而且最具工业化意义。

1. 链增长活性中心的化学本质

Ziegler-Natta 引发剂的二组分即主引发剂和助引发剂之间存在着复杂的化学反应。以 $TiCl_4-AlEt_3$ 为例：

$$TiCl_4 + AlEt_3 \longrightarrow TiCl_3Et + AlEt_2Cl$$
$$TiCl_4 + AlEt_2Cl \longrightarrow TiCl_3Et + AlEtCl_2$$
$$TiCl_3Et + AlEt_3 \longrightarrow TiCl_2Et_2 + AlEt_2Cl$$
$$TiCl_3Et \longrightarrow TiCl_3 + Et\cdot$$

$$TiCl_3 + AlEt_3 \longrightarrow TiCl_2Et_2 + AlEt_2Cl$$
$$2Et \cdot \longrightarrow 歧化或偶合$$

实际上的反应可能要更复杂，但可以肯定的是 $TiCl_4$ 烷基化、还原后产生 $TiCl_3$ 晶体，再与 $AlEt_3$ 发生烷基化反应形成非均相 Ti-C 引发活性中心。因此实际上可直接用 $TiCl_3$ 代替 $TiCl_4$。

2. Ziegler-Natta 引发剂下的配位聚合机理

有关其引发下的聚合机理问题一直是这个领域最活跃、最引人注目的研究课题。聚合机理的核心问题是引发剂活性中心的结构、链增长方式和立构定向原因。至今为止，虽已提出许多假设和机理，但还没有一个能解释所有实验现象。在众多的假设中以两种机理模型最为重要，即双金属活性中心机理和单金属活性中心机理。

1) 双金属活性中心机理

双金属活性中心机理首先由 Natta 于 1959 年提出，该机理的核心是 Ziegler-Natta 引发剂两组分反应后形成含有两种金属的桥形络合物活性中心：

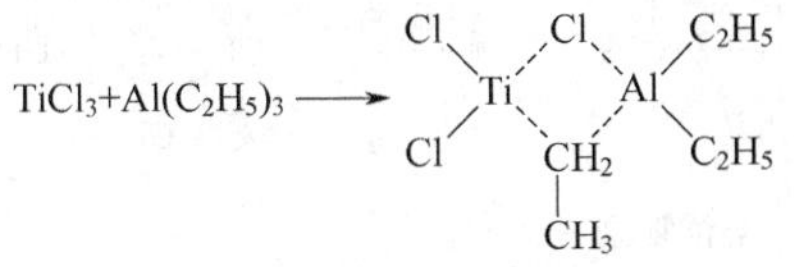

双金属活性中心

双金属活性中心机理首先提出配位、插入等有关配位聚合机理的概念。

双金属活性中心的形成是在 $TiCl_3$ 晶体表面上进行的。α-烯烃在这种活性中心上引发、增长。单体（丙烯）的 π 键先与正电性的过渡金属 Ti 配位，随后 Ti—C 键打开、单体插入形成六元环过渡态，该过渡态移位瓦解重新恢复至双金属桥式活性中心结构，并实现了一个单体单元的增长，如此重复进行链增长反应。

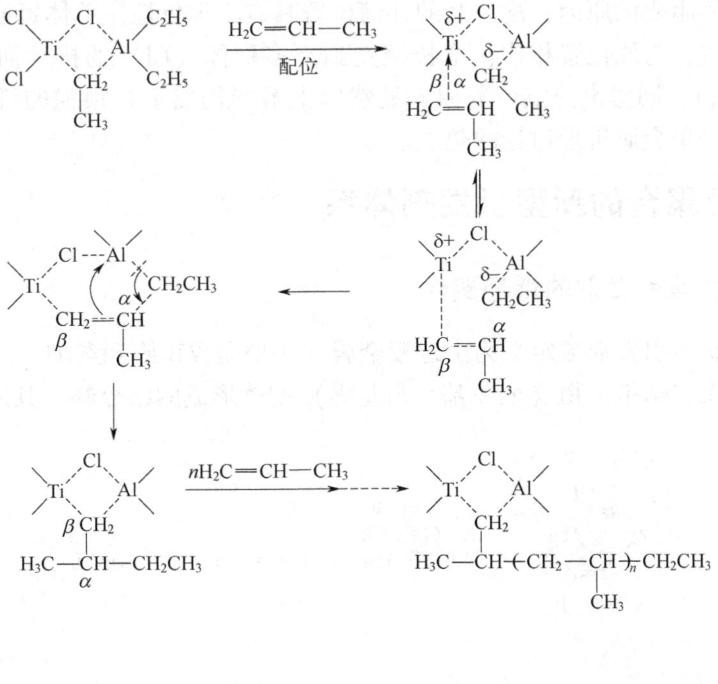

2) 单金属活性中心机理

单金属活性中心机理认为，在 $TiCl_3$ 表面上烷基铝将 $TiCl_3$ 烷基化，形成一个含 Ti—C 键、以 Ti 为中心的正八面体单金属活性中心。

单金属活性中心的链增长机理：单体（丙烯）的双键先与 Ti 原子的空 d 轨道配位，生成 p-配位化合物，并形成一个四元环过渡态。随后 Ti—R 键打开、单体插入而实现一次链增长。此时再生出一个空位，但其位置发生了改变，相应构型也与原来相反。如果第二个单体在此位置上配位、插入增长，应得到间同立构聚合物。根据生成全同立构聚合物这一实验事实的要求，必须假设单体每次插入前，增长链必须"飞回"到原位而使空位复原。

单金属活性中心机理的一个明显弱点是空位复原的假设，在解释这种可能性时认为，由于立体化学和空间阻碍的原因，配位基的几何位置具有不等价性，单体每插入一次，增长链迁移到另一个位置，与原位置相比，增长链受到更多配体（Cl）的排斥而不稳定，因此它又"飞回"到原位，同时也使空位复原。显然以上解释仍然不具很强的说服力，有关空位复原的动力仍然是单金属机理讨论的热点。

16.3.3 配位聚合的新型引发剂体系

16.3.3.1 茂金属引发剂的烯烃聚合

广义上的茂金属引发剂被定义为由过渡金属（主要是ⅣB族元素 Ti、Zr、Hf）和至少一个环戊二烯或环戊二烯衍生物（如茚基、芴基等）配体形成的络合物，其通式可表示为：

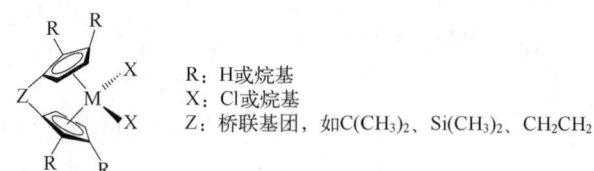

R：H或烷基
X：Cl或烷基
Z：桥联基团，如$C(CH_3)_2$、$Si(CH_3)_2$、CH_2CH_2

茂金属引发剂最重要的特点：

（1）均相体系，单一结构活性中心，从而聚合产物的分子量分布较窄（$M_w/M_n=2$）。而传统的非均相 Ziegler-Natta 引发体系有多种活性中心，聚合物的分子量分布变宽（$M_w/M_n=3\sim8$）。

（2）可通过改变其分子结构（如配体或取代基）来调控聚合产物的分子量及立构规整性等，从而可以按照应用的要求"定制"产物的分子结构。

16.3.3.2 MAO 的作用机理

MAO 是三甲基铝的部分水解产物，其结构复杂，可能是含有线型、环状和三维结构的混合物，其中线型结构可表示为：

$$(CH_3)_2Al\!-\!\!(O\!-\!\!\underset{\underset{CH_3}{|}}{Al})_n\!\!-\!OAl(CH_3)_2 \quad (n=50\sim20)$$

MAO 在茂金属引发体系中的作用除了同烷基铝一样可以除去体系中对聚合不利的杂质之外，更重要的是参与活性中心的形成，以最简单茂金属络合物 Cp_2TiCl_2 为例，可表示如下：

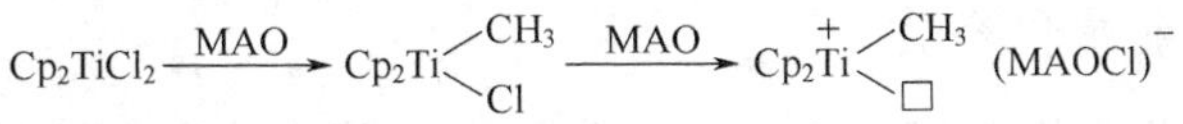

$$Cp_2TiCl_2 \xrightarrow{MAO} Cp_2Ti{\overset{CH_3}{\underset{Cl}{<}}} \xrightarrow{MAO} Cp_2Ti^+{\overset{CH_3}{\underset{\square}{<}}} \;(MAOCl)^-$$

16.3.3.3 茂金属引发剂的立体定向性

非桥联茂金属络合物如 Cp_2TiCl_2 等在 MAO 活化下对 α-烯烃具有高的引发活性，但由于茂金属化合物中的环戊二烯基能以金属元素为轴线自由旋转，使其产生的活性中心为非手性的而无立体定向性，因此一般只能得到无规聚合物。而在茂环上引入桥基后，给茂金属配体带来了刚性，使得两个环戊二烯基无法自由旋转而易使茂金属化合物产生手性化的活性中心，具有高的立体定向性。

1. C_2-对称性茂金属化合物

C_2-对称性茂金属化合物通常是外消旋体即一对对映体的混合物，以 rac-$(CH_3)_2Si(Ind)_2ZrCl_2$（Ind 为茚基）为例：

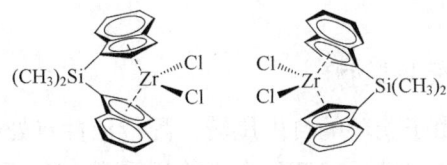

rac-$(CH_3)_2Si(Ind)_2ZrCl_2$

两个配位活性点是等价的，并具有手性特征。因此，按照引发剂活性中心控制机理应得到全同聚合物。但由于是外消旋体，因此得到的应是两种立体构型相反的全同聚合物。

2. C_s-对称性茂金属化合物

茂金属化合物中若存在一对称镜面，便是具有 C_s-对称性。如对称镜面可以是与茂环平行：

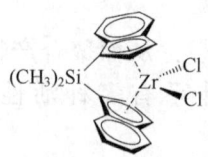

meso-(CH₃)₂Si(Ind)₂ZrCl₂(meso表示内消旋)

两个配位活性点是非手性的，因此得到无规聚合物。如对称镜面也可以是与茂环垂直：

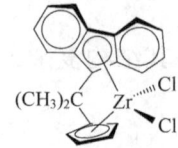

Me₂C(Cp)(Flu)ZrCl₂(Flu为芴基)

两个配位活性点具有手性且构型相反（互成对映体），两个配位活性点与单体配位的方向相反，所以得到间同聚合物。与传统的均相 Ziegler-Natta 引发剂不同，茂金属均相引发剂导致间同聚合物的产生可以由引发剂活性中心控制机理而不是增长链末端控制机理决定。

3. C_1-对称性茂金属化合物

C_1-对称性茂金属化合物无任何轴或面对称元素，其立体定向性随茂环配体及配体上取代基的不同而变化很大，可以得到各种立体异构聚合物。其中值得关注的是半全同立构聚合物：每隔一个重复单元符合全同结构，而相邻重复单元则是无规结构。

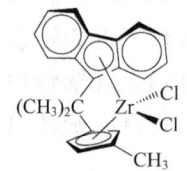

Me₂C(3-CH₃-Cp)(Flu)ZrCl₂

在较拥挤（带甲基取代基的茂环）一侧的配位活性点具有立体选择性，单体在此位置上只能以二个面中的一个面进行配位，而另一个配位活性点立体障碍小、无立体选择性，单体能以二个面中的任何一个面进行配位。链增长反应在两个配位活性点上交替进行，从而得到半全同聚合物。

4. 等规—无规立构嵌段共聚物

无桥基的茂金属化合物由于茂环的自由旋转，配位活性点处于非手性环境而无立体定向性，但在茂环上引入适当的取代基后，茂环自由旋转受阻，有可能只出现几种特定的构象异构体，如 (2-Ph-Ind)₂ZrCl₂ 存在以下两种构象异构体：

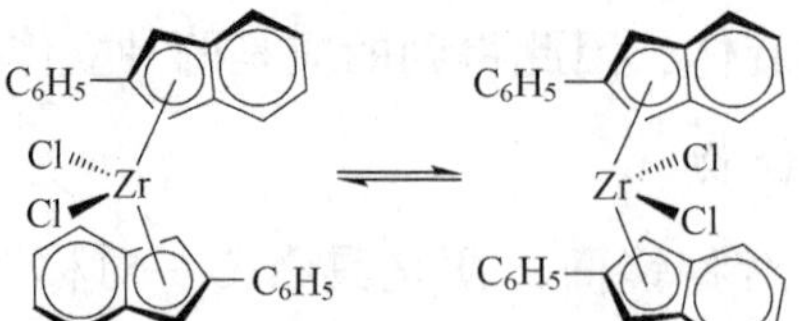

左边异构体的两个配位活性点是手性的,可导致等规聚合物生成;右边异构体的两个配位活性中心是非手性的,导致无规聚合物的生成。由于在聚合过程中上两种构象异构体不断转化,所以得到等规—无规立构嵌段聚合物,它是一种新型热塑弹性体材料。

16.3.3.4 后过渡金属引发剂的烯烃聚合

后过渡金属引发剂是指以Ⅷ族金属 Ni、Pd、Fe、Co 等的络合物为主引发剂,在 MAO 等助引发剂存在下使烯烃聚合的一类引发剂,它是继茂金属引发剂之后出现的又一类新型均相单活性中心引发体系。

后过渡金属引发剂的活性与茂金属引发剂相当甚至更高,除保持了茂金属引发剂诸如聚合产物分子量分布窄、结构可控等优点以外,还有一些茂金属引发剂没有的突出特点,如引发剂比较稳定,助引发剂 MAO 用量少,甚至可以不用等。最关键的是后过渡金属的亲氧性较弱,能用于极性单体与烯烃的共聚合,合成性能优异的功能化聚烯烃材料。而传统的 Ziegler-Natta 引发剂和茂金属引发剂对极性基团非常敏感,易中毒而失活,因而难以实现极性单体的聚合。

Brookhart 等于 1995 年首次报导了含 α-二亚胺配体的 Ni(或 Pd)后过渡金属引发剂,在 MAO 活化下对乙烯及 α-烯烃具有很高的活性。

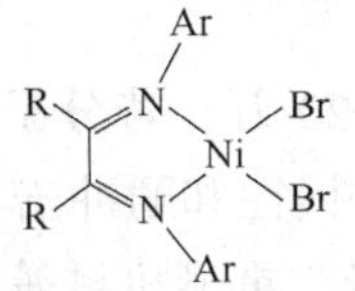

乙烯在上述引发体系下聚合可生成高度支化的聚乙烯,这点具有重要的应用意义,因为目前采用传统的 Ziegler-Natta 引发剂合成支化的线型低密度聚乙烯时,必须使用昂贵的乙烯、辛烯等 α-烯烃共聚单体。α-二亚胺 Ni 或 Pd 类引发体系之所以可以合成支化聚乙烯,这与乙烯在聚合时发生 β-氢转移有关:

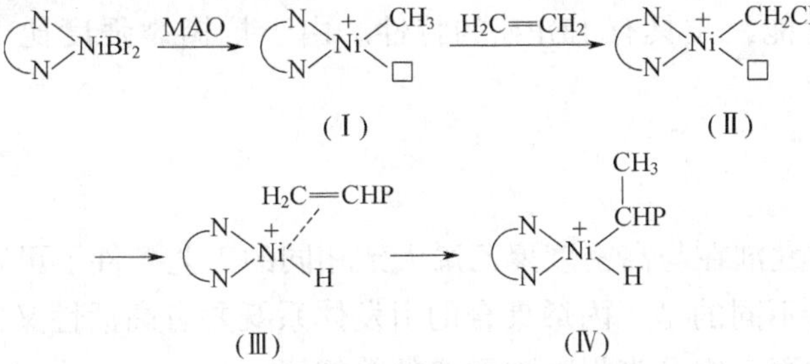

α-二亚胺 Ni 在 MAO 作用下生成引发活性中心(Ⅰ),按正常的链增长方式形成增长链活性中心(Ⅱ)。活性链末端上的 β-氢向过渡金属 Ni 上转移,形成带乙烯基末端的大分子链,该大分子链像单体一样通过末端双链与金属 Ni 配位(Ⅲ),随后插入 Ni—H 键形成甲基支化的聚合物链(Ⅳ)。

16.3.4　α-烯烃 Ziegler-Natta 聚合的工业应用

16.3.4.1　实施方法

目前工业上乙烯、丙烯及其他 α-烯烃配位聚合的实施方法有淤浆法、本体聚合法和气相法。

淤浆法：在庚烷等非极性溶剂中，在低的压力、温度（50~80℃）下进行聚合。由于聚合产物和引发剂都不溶于溶剂中，聚合体系呈淤浆状，故称淤浆法。

本体聚合法：用液态单体（高压液化）本身作稀释剂进行的淤浆聚合。

气相法：温度为70~105℃，压力为2~3MPa，反应体系为引发剂、聚合物粉末及气相单体的混合物。聚合后放空，便可将聚合产物与单体分离，后者可循环使用。与淤浆法比较，气相法最大优点是不使用溶剂，于是省去了溶剂的回收与精制等工序。

16.3.4.2 高密度聚乙烯

用Ziegler-Natta引发剂引发乙烯配位聚合，由于聚合条件温和不易发生向大分子的链转移反应，产物基本无支链，所以称线型聚乙烯。其具有较高的结晶度和较高的相对密度（0.94~0.96），因此又称高密度聚乙烯（HDPE）。与之相反，高温高压法自由基聚合得到的聚乙烯，由于产物支化度高而具有较低的结晶度和较低的相对密度（0.91~0.93），故称低密度聚乙烯（LDPE）。

与低密度聚乙烯相比，高密度聚乙烯具有更高的强度、硬度、耐溶剂性和上限使用温度，因此应用范围更广。其主要用于注塑和中空成型制品，如家用器皿、玩具、桶、箱子、板材、管材等。

一般用途的HDPE分子量为5万~20万，若分子量高于150万，被称为超高分子量聚乙烯（UHMWPE），是热塑性塑料中抗磨损性和耐冲击性最好的品种，可用于代替金属制造齿轮、轴承、锭子，并在开矿、武器制造、重型机械等行业中得到应用。

16.3.4.3 线型低密度聚乙烯

乙烯与少量α-烯烃（如1-丁烯、1-己烯、1-辛烯等）进行配位共聚合，所得产物分子链结构仍属线型，但因带有侧基而密度降低，所以称线型低密度聚乙烯（LLDPE）。

它具有HDPE的性能，又具有LDPE的特性。由于抗撕裂强度比LDPE高，膜可以更薄，可以省料20%以上。

16.3.4.4 聚丙烯

用Ziegler-Natta引发剂在与高密度聚乙烯大致相同的工艺条件下可顺利得到高分子量聚丙烯。不过与乙烯聚合不同的是，丙烯聚合的引发体系既要有高活性又要有高的定向性，为此引发体系中都要添加第三组分来提高聚丙烯的等规度。

等规聚丙烯在主要的塑料品种中是最轻的（相对密度$d=0.90~0.91$），因而具有很高的强度/质量比。它的熔点较高（165~175℃），最高使用温度达到120℃，与HDPE相比耐热性要好。

聚丙烯的用途十分广泛，可以用作塑料（建筑、家具、办公设备、汽车、管道等）、薄膜（压敏胶带、包装膜、保鲜袋等）和纤维（地毯、无纺布、绳）。

16.3.4.5 乙丙橡胶

采用均相Ziegler-Natta引发剂，如$VOCl_3-AlEt_2Cl$，在甲苯中进行乙烯丙烯共聚合，控制共聚物中乙烯摩尔分数为40%~90%时，便得到乙烯—丙烯共聚物弹性体，即乙丙橡胶。

为了提高乙丙橡胶的硫化性能，在共聚体系中加入 3%~4%（摩尔分数）的双环戊二烯、乙叉降冰片烯或 1,4-己二烯等作为第三单体进行三元共聚。

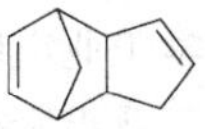

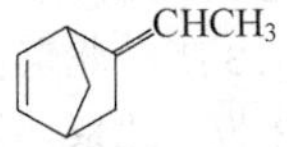

$$\text{(双环戊二烯)} \qquad \text{(乙叉降冰片烯, =CHCH}_3\text{)} \qquad CH_2=CH-CH=CHCH_3$$

乙丙橡胶的特点是密度低，是所有合成橡胶中最轻的。另外，它的化学稳定性特别是耐臭氧、耐化学品、耐老化性很好，用途包括电线电缆、汽车部件（散热管、挡风雨条）、传送带、生活用品等。

❀ 巩固与提升 ❀

1. 下列烯类单体适合何种机理（自由基聚合，阳离子聚合或阴离子聚合）？并说明理由。

$CH_2=CHCl$ $\qquad$ $CH_2=CCl_2$ $\qquad$ $CH_2=CHCN$ $\qquad$ $CH_2=C(CN)_2$

$CH_2=CHCH_3$ $\qquad$ $CH_2=C(CH_3)_2$ $\qquad$ $CH_2=CHC_6H_5$ $\qquad$ $CF_2=CF_2$

$CH_2=C(CN)COOR$ $\qquad\qquad\qquad$ $CH_2=C(CH_3)-CH=CH_2$

2. 什么是本体聚合？以 PMMA 为例写出本体聚合反应机理。

3. 在自由基聚合中，为什么聚合物链中单体单元大部分按头尾方式连接，且所得的聚合物多为无规立构？

4. 在 Ziegler-Natta 催化剂引发 α-烯烃聚合的理论研究中，曾提出过自由基、阳离子、络合阳离子和阴离子机理，但均未获得公认。试对其依据和不足之处加以讨论。

5. 举出两个用 Ziegler-Natta 引发剂引发聚合的弹性体的工业例子，并说明选用的引发剂体系和产物的用途。

6. 写出尼龙-66 的结构式，两个 6 分别指的是什么？尼龙-66 有何用途？

7. 聚氨酯是如何生成的？写出其反应通式和生产过程的特点。

参 考 文 献

[1] 王明慧. 精细化学品化学 [M]. 3版. 北京：化学工业出版社，2020.
[2] 周立国，段洪东，刘伟. 精细化学品化学 [M]. 3版. 北京：化学工业出版社，2021.
[3] 冯亚青，王世荣，张宝. 精细有机合成 [M]. 3版. 北京：化学工业出版社，2018.
[4] 薛叙明，赵玉英. 精细有机合成技术 [M]. 3版. 北京：化学工业出版社，2021.
[5] 程侣柏. 精细化工产品的合成及应用 [M]. 5版. 大连：大连理工大学出版社，2014.
[6] 李和平. 精细化工工艺学 [M]. 3版. 北京：科学出版社，2014.
[7] 徐燏，王训，马啸华. 精细化工生产技术 [M]. 北京：化学工业出版社，2016.
[8] 向杰. 精细化工概论 [M]. 3版. 北京：化学工业出版社，2016.
[9] 殷国强，龚党生，鄢冬茂. 微通道反应器在危险工艺中的应用研究 [J]. 染料与染色，2020，57 (01)：55-61.
[10] 刘红波，郝宏强. 精细化工设备 [M]. 北京：科学出版社，2009.
[11] 张晓娟. 精细化工反应过程与设备 [M]. 北京：中国石化出版社，2021.
[12] 乔庆东，李琪. 精细化工工艺学 [M]. 北京：中国石化出版社，2008.
[13] 左识之. 精细化工反应器及车间工艺设计 [M]. 上海：华东理工大学出版社，1996.
[14] 杨春晖，郭亚军. 精细化工过程与设备（修订版）[M]. 哈尔滨：哈尔滨工业大学出版社，2005.
[15] 邢其毅，裴伟伟，等. 基础有机化学 [M]. 4版. 北京：北京大学出版社，2016.
[16] 孔祥文. 基础有机合成反应 [M]. 北京：化学工业出版社，2014.
[17] 张大国. 精细有机单元反应合成技术手册 [M]. 北京：化学工业出版社，2014.
[18] 程能林. 溶剂手册 [M]. 5版. 北京：化学工业出版社，2015.
[19] 中石化上海工程有限公司. 化工工艺设计手册 [M]. 3版. 北京：化学工业出版社，2018.
[20] 濮存恬. 精细化工过程及设备 [M]. 北京：化学工业出版社，2005.
[21] 李和平. 现代精细化工生产工艺流程图解 [M]. 北京：化学工业出版社，2014.
[22] 宋启煌，方岩雄. 精细化工工艺学 [M]. 4版. 北京：化学工业出版社，2018.
[23] 揭芳芳，曹子英，狄宁. 精细化工生产技术 [M]. 北京：化学工业出版社，2015.
[24] 刘德峥，黄艳芹，赵昊昱，等. 精细化工生产技术 [M]. 3版. 北京：化学工业出版社，2018.
[25] 黄培强. 有机人名反应、试剂与规则 [M]. 2版. 北京：化学工业出版社，2019.
[26] Eric V Anslyn，Dennis A Dougherty. 现代物理有机化学 [M]. 计国桢，佟振合，译. 北京：高等教育出版社，2010.
[27] 潘祖仁. 高分子化学 [M]. 5版. 北京：化学工业出版社，2011.
[28] 熊联明. 高分子化学简明教程 [M]. 北京：化学工业出版社，2010.